Cora Garlin

Morgana

DIE FARBE VON BLUT

Dunkelstern Verlag

Trehebitian
Krähenschnabel
Mahir
Gol Ahdist
Gol Voljage
Lhagrazh
Nagrobeck
Minuath
Cyrian
Ravenhall
Aang Hai
Dansk
Camelot
Pain
Dahn Brisk
Rar
Avalon
Roi
Alsahyid
Land von Voyar

DunKel Stern Verlag

Dunkelstern Verlag GbR
Lindenhof 1
76698 Ubstadt-Weiher
http://www.dunkelstern-verlag.de
E-Mail: info(at)dunkelstern-verlag.de

Lektorat: Hannah Koinig
Korrektorat: Hannah Koinig
Satz und Layout: Dunkelstern Verlag
Illustrationen: Dunkelstern Verlag unter Verwendung von
Grafiken von www.unsplash.com und www.pixabay.com
Umschlagdesign: Fabula Coverdesign

Druck und Vertrieb:
Nova MD GmbH, Raiffeisenstr. 4, 83377 Vachendorf/Germany

ISBN: 978-3-98595-158-1

Ungekürzte Taschenbuchausgabe.

Für Mom und Dad – denen ich einfach alles zu verdanken habe – und meiner kleinen Chaya.
Für meinen Bruder, der immer da war, obwohl er nicht bei mir war.
Für Kim, die jetzt vermutlich ausflippt, wenn sie ihren Namen hier liest.
Und nicht zu vergessen, für dich.

Teil Eins

Zeiten des verlorenen Friedens

Schmerz und Furcht können uns zerreißen.
Aber sie können auch vereinen.
Und wenn wir aus ihnen lernen, werden sie heilen.

Eins

Ich war wieder dort.
Allein.

In diesem Meer von Leichen.

Überall lagen sie um mich herum, verstreut vor einer gigantischen Burg wie ein Fleckenteppich aus rotem Blut, blasser Haut und weißen Knochen.

Die Sonne ging auf, aber statt Wärme zu bringen, zeigte sie nur den Schrecken, den die Nacht mit sich gebracht hatte. Doch die leblosen Körper waren nicht einmal das Schlimmste. Am schlimmsten waren die Augen – dieses eine Paar Augen. Es starrte mich an, starrte durch mich hindurch ins Nichts.

Ich schreckte auf, wie immer heftig atmend, Panik und Angst in meinen Knochen. Meine Kleidung durchnässt von meinem Schweiß.

Isaacs setzte sich auf, sein Bett stand gegenüber von meinem, in seinen Augen lag diese schreckliche Mischung aus Unsicherheit, Besorgnis und noch etwas – etwas, das aussah wie Angst, aber keine wirkliche Angst war.

Ich hasste es, wenn er mich so ansah, sein Blick eindringlich leuchtend, trotz der Dunkelheit, seine Silhouette steif, starr, als hätte er selbst erlebt, was ich eben noch gesehen hatte. Eine Weile lang sah er mich einfach nur an.

Es war nicht die erste Nacht, in der ich diesen Traum gehabt hatte, diesen Traum, der sich nicht anfühlte wie einer. Es war auch keiner. Aber es war die erste Nacht gewesen, in der Isaacs zusammen mit mir zu Pathosth gegangen war, um ihn endlich darüber zu unterrichten.

Raznar begrüßte uns zuerst, er war der Phönix unseres Schulleiters – ein majestätisches Tier, mit Flügeln einer Palette aus Gold und Blut gleichend. Im nächsten Moment kam Pathosth. Ich war überrascht, ihn noch wach zu sehen. Isaacs öffnete seinen Mund, doch noch bevor die Worte seine Lippen verlassen konnten, sprach der Schulleiter.

»Es freut mich, zu sehen, dass du mich endlich aufsuchst«, sagte er zu mir, woraufhin er sich meinem Freund zuwandte, »ich danke dir, Isaacs. Aber Parzival und ich benötigen Zeit allein.«

Meine Kinnlade fiel nach unten.

Isaacs sah mich unsicher an, als wäre diesen Turm zu verlassen das Letzte, was er tun wollte.

Er war wie ein Bruder für mich und ich wollte auch nicht, dass er ging. Aber dann gehorchte er unserem Schulleiter. Er ließ uns allein.

»Erzähl mir von deinen Träumen«, sagte dieser, sobald Isaacs die Tür hinter sich geschlossen hatte.

Ich bereute es, meinen Mund geschlossen zu haben, denn jetzt fiel mir die Kinnlade erneut hinunter. Pathosth gab ein leises Schmunzeln von sich, als ob er nichts anderes erwartet hatte.

»Ich mag Geheimnisse vor dir bewahren können, Parzival, aber das heißt nicht, dass dir dieselbe Fähigkeit gegönnt ist, mein Junge.«

Nach all den Jahren in meiner Schule hätte es mich nicht überraschen sollen. Manchmal wusste Pathosth einfach Dinge – Dinge, die niemand sonst wissen konnte.

Ich schloss meinen Mund, schluckte die Verwunderung hinunter. Nach jahrelangen Albträumen erzählte ich ihm endlich davon. Erzählte ihm, was er schon längst gewusst hatte.

»Was du beschreibst, ist kein Albtraum«, sagte er schließlich in einem Ton, der mir verriet, dass ich ihm nicht einmal davon hätte erzählen müssen, »es ist eine Vision. Sie zeigt dir Ausschnitte aus der Zukunft – deiner Zukunft.«

Sie war es, vor der ich mich am meisten fürchtete: meine Zukunft.

Sobald sie davon erfahren hatten, sahen es meine Professoren als eine Art Zeichen an, weil sie glaubten, es wäre eine Gabe, die mir erlauben würde, etwas in dieser Welt zu bewirken; die Dinge, wie sie jetzt waren, zu verändern. Ich betrachtete es als einen Fluch, eine Plage, die mir schreckliche Nächte bereitete und mich bis an mein Lebensende verfolgen würde. Was ich sah, wollte ich nicht als meine Zukunft haben, denn die Visionen versprachen mir nichts als Tod und Blutvergießen.

»Visionen kommen nicht häufig vor, Parzival«, sagte mir mein Schulleiter dann.

Parzival.

Das war einst mein Name. Mein Schulleiter hatte ihn mir gegeben und seither riefen sie mich so – meine Professoren, meine Freunde, alle. Sie nannten mich alle so, obwohl es nicht der Name gewesen war, den man mir am Tag meiner Geburt gegeben hatte.

Pathosth hatte von Anfang an viel Hoffnung in mich gesetzt – Hoffnung, die ich nicht verstand, da ich zu jener Zeit noch an meinem Können gezweifelt hatte. Die Taten, die mir ersehen waren, schienen nicht mit dem Jungen übereinzustimmen, der ich war, denn schließlich war ich nichts weiter als ein Junge – ein Kind, das nichts von der Welt außerhalb der Tore seiner Heimatstadt wusste, abgesehen von den Geschichten, die in den Büchern niedergeschrieben standen, die es las.

Das war alles – Bücher. Sie waren meine Welt, meine Abenteuer und mein Wissen von der Vergangenheit.

»Nur den mächtigsten aller Magier ist es gegönnt, einen Blick in ihre Zukunft zu werfen«, erklärte Pathosth.

»Ein Schlachtfeld übersät von Leichen scheint mir keine besonders gute Aussicht zu sein, Professor«, äußerte ich.

Ich hoffte. Hoffte so sehr, er würde mir sagen, dass dieses Ereignis nicht zwingend stattfinden müsste.

Alles, wovor ich mich fürchtete, war das Eintreffen dieser Visionen. Immerhin sah ich die Folgen einer Schlacht und ich hielt mich für den Letzten, der in einer Schlacht kämpfen würde – von der Tatsache, sie zu überleben, ganz abgesehen.

Ich zog Bücher einem Schwert vor, sie stellten das Wissen dar, welches ich zum Überleben brauchte.

»Ob gut oder schlecht spielt keine Rolle, Parzival. Es ist eine Gabe, die dir geschenkt wurde. Nutze sie und setzte sie zu deinem Vorteil ein.«

Er legte seine Hand auf meine Schulter, schaute mich an, mit dem Silber in seinen Augen, als hätte er Mitleid mit mir, als hätte er es bereits erlebt – das Elend, das in der Zukunft auf mich wartete.

Manchmal erwies es sich als eine ziemliche Herausforderung, den Rat meines Schulleiters umzusetzen. Manchmal trieben mich seine Worte sogar noch mehr in die Verzweiflung.

Bei Raznars Asche, ich hatte keine Ahnung, wie ich diese Visionen zu meinem Vorteil einsetzten sollte. Ich wusste nichts über sie, außer das, was sie mir zeigten.

Ich kannte den Ort nicht, an dem diese Schlacht stattfinden würde. Ich kannte den Grund nicht, für den all diese Menschen ihre Leben lassen würden, und ich wusste nicht, ob mir die Visionen die Zukunft zeigten, die eintreffen würde oder die Zukunft, die eintreffen könnte.

Niemand wusste das.

Nicht einmal Pathosth, der sonst immer alles zu wissen schien.

Es machte mir Angst.

Doch trotz allem hatte ich in den Jahren, in denen ich in meiner Schule aufgewachsen war, gelernt, dass jeder Rat meines Schulleiters kostbar war. Zum Ende hin erwiesen die Ratschläge sich immer als eine willkommene Hilfe.

Ich fragte mich, ob es auch diesmal so sein würde.

Ich hoffte es.

Auch Jahre nach dieser Nacht hatte ich weitere Visionen – immer dieselbe. Alles blieb so, wie es immer gewesen war. Bis mich Pathosth eines Tages erneut in seinen Turm rief.

Dieser Tag änderte mein ganzes Leben.

Raznar war nicht bei ihm – er hatte den Phönix vor Monaten ausgesandt, aber anscheinend war er noch immer nicht zurück. Raznar brauchte sonst nie mehr als einen Monat, um eine Nachricht zu überbringen.

Nie.

»In dir ist etwas, dass ich bei keinem meiner Schüler jemals zuvor gesehen habe. Eine große Verantwortung steht dir bevor, Parzival, und eine noch größere Herausforderung. Du wirst Entscheidungen treffen, die dir das Herz brechen werden. Du trägst eine Bürde mit dir, mein Junge, und es plagt mich, dass ich sie dir nicht abzunehmen vermag. Sie ist für dich bestimmt und nur du allein kannst lernen, mit ihr umzugehen. Und – obwohl du Zweifel an dir hegst, setze ich mein höchstes Vertrauen in dich. Du bist noch nicht bereit, aber du wirst es sein. Der Tag wird kommen, an dem du dich der Macht entgegenstellen wirst, die auf dieses Land zumarschiert. Deine Entscheidungen werden alles verändern.«

Mein Blick musste sich deutlich verändert haben, während er sprach. Er wusste etwas; etwas, das niemand sonst wusste. Es lehrte mich das Fürchten und er sah es. Er sah es immer.

»Hab keine Angst, Parzival. Du wirst nicht allein sein; du wirst Hilfe brauchen und sie erhalten, wenn du nach ihr fragst. Aber meine Arbeit ist getan.«

So hatte er sich von mir verabschiedet.

Zu jener Zeit verstand ich nicht. Ich verstand nicht, warum er das getan hatte.

Die Tränen verließen meine Augen schneller, als ich sie verhindern konnte. Ich hatte Angst. Ich hatte solche Angst.

Als ich Isaacs erzählte, ich müsste die Schule verlassen, wusste er es bereits.

Seine braunen Augen sahen mich hilflos an. Er wusste etwas …

Etwas, von dem ich erst lange Zeit später erfahren sollte.

Sie alle hatten es gewusst, alle außer mir.

Isaacs gab mir eine Kette – seine Kette – die ich von diesem Tag an nur einmal ablegen würde. Sie war das Einzige, was mir von ihm bleiben würde, von ihnen allen. Sie sollte mich auf all meinen Reisen begleiten, mir Halt geben, wenn die Erinnerungen an sie wieder schmerzten.

Isaacs entfernte sie damals von seinem Hals und hielt sie mir hin. Es war ein einfaches Stoffband, an dem sich ein schwarzer Anhänger befand, der fast wie der Fangzahn eines Wolfes aussah.

»Er ist aus Obsidian«, erklärte er mir.

Ich wusste, wie viel diese Kette ihm bedeutete; ich hatte sie schon oft an ihm gesehen und hatte ihn dabei beobachtet, wie seine Hände dazu neigten, nach dem Anhänger zu greifen, wann immer er den Halt brauchte, den diese Kette ihm versprach.

Ich erkannte den Kummer in seinen Augen, als er sie mir entgegenhielt – aber da war noch etwas anderes in seiner Miene, das ich nicht entziffern konnte.

»Ich verstehe nicht«, gab ich von mir, mit Verzweiflung in der Stimme und Tränen in den Augen.

Er gab mir keine eindeutige Antwort.

»Manchmal musst du Dinge tun, die du nicht tun willst. Und jetzt, … jetzt musst du gehen, obwohl du es nicht willst, und ich muss mich von dir verabschieden, obwohl ich es nicht will.«

Isaacs gab mir ein Lächeln; seine Augen füllten sich mit Tränen, doch noch bevor eine von ihnen seine Haut berühren konnte, schoss er auf mich zu. Seine Arme schlangen sich um meinen Oberkörper. Sie hielten mich fest, während Isaacs seinen Kopf auf meine Schulter legte und den Stoff meines Hemdes mit seinen Tränen durchnässte. Ich spürte sie auf meiner Haut, die warmen Tropfen, die sich sacht auf meine Haut legten wie ein Blatt, das langsam vom Ast eines Baumes auf den Boden wanderte.

Ich drückte ihn, presste seinen Körper an meinen, weil es das letzte Mal war, dass ich die Gelegenheit dazu hatte.

Dann löste Isaacs die Umarmung.

Er hielt mir wieder seine Kette entgegen.

»Hier, nimm sie«, sagte er, »sie gehört dir.«

Als ich mich keinen Millimeter rührte, legte er sie um meinen Hals.

»Solltest du dich auf deinem Weg verirren, sieh sie an und sei versichert, dass ich immer bei dir sein werde.«

Es war das letzte Mal, dass ich ihn lebend sah; das letzte Mal, dass ich sein Lächeln erblickte und seine Stimme hörte.

Erneut nahm er mich in den Arm und legte seinen Kopf auf meine Schulter. Diesmal spürte ich, wie auch mir die Tränen kamen.

Als er diesmal die Umarmung löste, wusste ich, es war so weit. Es war an der Zeit für mich, meine Heimat zu verlassen. Und ich kannte nicht einmal den Grund dafür.

Der Schulleiter begleitete mich mit einigen anderen Professoren zu den Toren meiner Schule, in der mir jegliche Magie beigebracht worden war – wenn auch aufgrund meines jungen Alters noch nicht sonderlich viel. Obwohl man mich einige Dinge gelehrt hatte, bemerkte ich in den Jahren, die verstrichen, wie viel von meiner Ausbildung noch gefehlt hatte.

Damals verstand ich den Grund meines Gehens nicht. Ich fühlte mich wie ein Verstoßener: Jeder schien den Grund zu wissen und dennoch nannte ihn mir niemand.

Ich verstand nicht, warum sie taten, was sie getan hatten. Und ich verstand nicht, dass das nicht das Einzige gewesen war.

Sie waren Helden – mein Schulleiter, meine Professoren, meine Mitschüler, meine Freunde. Meine Familie. Sie waren alle Helden.

Und dennoch werden ihre Namen niemals in den Geschichtsbüchern stehen. Niemand wird wissen, was sie getan haben, welches Opfer sie erbracht haben.

»Du musst Avalon verlassen. Geh nach Westen, dort wirst du ein Dorf finden. Und Hilfe.«

Mein Schulleiter – Pathosth – legte seine Hand auf meine Schulter. Sein linker Mundwinkel zuckte auf eine bemitleidenswerte Art nach oben. Ein Lächeln formte sich auf seinem Gesicht, kein normales Lächeln, sondern eines voller Kummer und … und noch etwas anderem.

»Wir wünschen dir alles Glück dieser Welt, Parzival«, sagte er dann.

Zum Abschied gab er mir ein weiteres Lächeln … und ein Nicken.

Das war‘s. Das war der Tag, der alles veränderte.

Sie drehten sich um und schlossen die Tore, ohne ein weiteres Wort zu sagen. Zum ersten Mal seit all meiner Zeit in Avalon fühlte ich mich so allein wie noch nie.

Obwohl man mir gesagt hatte, ich sollte gehen, konnte ich es nicht. Nahrung hatten sie mir reichlich mitgegeben, doch es fühlte sich falsch an, meine Heimat zu verlassen, ohne den Grund dafür zu erfahren.

Noch nie war ich meinem Zuhause so nah und gleichzeitig so fern gewesen. Es war meine erste Nacht, die ich auf dem kalten Stein statt in einem weichen Bett verbracht hatte, und ich bezweifelte, dass ich mich jemals daran gewöhnen würde. Ich hoffte einfach, dass, wenn ich

in Avalon bliebe, man mich zurück in meine Schule aufnehmen würde.
Doch die Hoffnung war vergebens.
Ich lernte schnell, dass ich die Gelegenheit hätte ergreifen sollen, solange sie noch bestand. Ich hätte Avalon verlassen sollen.

Der Angriff erfolgte in der nächsten Nacht.
Noch nie zuvor wurde ich Zeuge eines solchen Ereignisses. In Büchern hatte ich über gewaltige Schlachten gelesen, aber es stellte sich heraus, dass zwischen dem Lesen und dem selbst Erleben solcher Dinge ein gewaltiger Unterschied bestand.
Es war das reinste Chaos.
Es war nicht einmal eine Schlacht – es war ein Gemetzel; und ich befand mich mittendrin, als die Reiter durch die Stadttore brachen wie das Wasser durch einen Damm.
Sie brachen durch das Holz hindurch und überfluteten die Stadt in der Farbe des Blutes.
Zuerst hörte ich das Stapfen der Hufe und aggressive Schreie. Dann vernahm ich Gekreische. Es kam näher. Nach wenigen Minuten verwandelten sich die Straßen meiner Heimatstadt in rote Flüsse.
Flammen zischten; sie peitschten, während sie die Häuser verschlangen wie Wölfe, die ein Reh rissen. Der Rauch stieg hinauf in den schwarzen Himmel.
Angst erfüllte diese Nacht. Angst, Feuer und Blut.
Das Geschrei der Bewohner Avalons erhob sich in die kühle Luft. Eine einst aufblühende Stadt, die Stadt der Magie – dem Untergang geweiht. Der Tod breitete sich schneller aus als die Pest.
Dies war die Nacht, in der das Haus le Fay fast ausgelöscht wurde. Die Nacht, in der Morgan le Fay ihre Eltern verlor. Ihr Zuhause. Ihre Heimat.

Zwei

Sie war ein lebhaftes Mädchen gewesen, hatte sich aus der Burg geschlichen, um die Stadt, über die sie eines Tages regieren sollte, kennenzulernen. Sie liebte Abenteuer und im Gegensatz zu mir zog sie es vor, ihre eigenen zu erleben, statt von denen anderer zu lesen.

Als ihre Eltern davon mitbekamen, stellten sie Wachen vor ihrem Gemach auf, aber nicht einmal die konnten Morgana daran hindern, sich aus der Burg zu schleichen. Allerdings wusste sie sich zu benehmen. Die Gepflogenheiten einer Lady schienen ihr keinesfalls fremd – sie erschienen ihr nur einfach langweilig.

Morgana hatte mir alles erzählt. Sie hatte mir erzählt, welchen Ärger es gegeben hatte, als sie trotz Wachen vor der Tür, mit verschmutzten Kleidern vor den Toren ihrer Eltern stand. Sie hatte mir erzählt, auf welchen Dächern sie geklettert und welche Gassen sie erkundet hatte.

Und sie hatte mir von jener Nacht erzählt, in der das Feuer unsere Heimat verschlungen hatte.

»Warum musst du uns nur immer solch Kummer bereiten, Morgan?«, tadelte ihre Mutter einst, nachdem ihre Tochter völlig zerzaust von einer ihrer Wanderschaften zurückgekehrt war.

»Ich kann nichts dagegen tun, Mutter«, verteidigte sich die junge Dame.

Ihrer Mutter entging der Sarkasmus keinesfalls, als ihre Tochter deren klagende Stimme imitierte. Morgana bekam einen strengen Blick von ihrer Mutter zugeworfen.

»Irgendwann sterbe ich noch vor Langeweile!«

»Manchmal frage ich mich, wo du wirklich aufgezogen wurdest«, entgegnete Ida le Fay, »in dieser Burg oder auf der Straße?«

Morgana zuckte mit den Schultern.

Ihre Mutter stupste mit einem Tuch auf die Nasenspitze ihrer Tochter.

»Mir soll es egal sein«, sagte Ida, »du könntest dich in ein Schwein verwandeln, ich würde dich noch immer lieben, du kleines Monster.«

»In ein hässliches Schwein?«

»In das hässlichste Schweinchen im ganzen Land von Voyar«, lachte ihre Mutter.

Morgana lachte ebenso.

»Ich frag mich nur, wie wir das deinem Vater erklären«, meinte Ida dann.

Sie schmunzelte ihre Tochter an und diese erwiderte die Geste. Beide lachten, betrachteten einander, als gäbe es kein Morgen. Als würde dieser Moment niemals enden.

Es war dieser eine bezaubernde Moment voller Unbekümmertheit, der Moment, in dem man einfach nur glücklich war und von dem man sich wünschte, dass er niemals endete, der dann jedoch schneller erlosch als eine Kerze im Wind.

Eine Wache platzte in das Gemach. Morgana wusste bereits dann, dass etwas Schreckliches geschehen sein musste – so wie der Mann aussah.

Der Schock stand in sein blasses Gesicht geschrieben.

Die Wache verkündete der Lady aufgebracht, dass ihr Gemahl sie dringend zu sprechen verlangte. Morganas Mutter blieb ruhig – nicht, weil sie keine Angst hatte, sondern weil sie nicht wollte, dass sich ihre Tochter fürchtete.

Als sie zurückkehrte, war ihr Lächeln verschwunden. In ihrem Gesicht spiegelte sich derselbe Terror wie in dem der Wache wider.

»Mutter«, gab Morgana zögerlich von sich, »Mutter, was –«

»Ich möchte, dass du in deinen Gemächern bleibst, Morgan.«

»Aber Mutter –«

»Keine weiteren Ausflüge! Du bleibst hier und diese Tür bleibt geschlossen. Hast du verstanden?«

Morgana starrte demütig auf den Boden. Sie versprach, zu gehorchen, wusste aber, dass es etwas gab, dass Ida le Fay ihr nicht erzählte.

So wie ich gewusst hatte, dass Pathosth mir etwas nicht erzählt hatte.

Erst als die Schreie deutlich zu hören waren, verstand sie die Besorgnis ihrer Mutter.

Morgana wurde von ihnen geweckt. Zuerst dachte sie, es wäre ein Albtraum gewesen; ein solcher, der einen aus dem Schlaf riss und dafür sorgte, dass man sich in der Dunkelheit fürchtete.

Diese Schreie, … so etwas hatte sie noch nie gehört. Sie klangen schmerzvoll, voller Terror. Und als Morgana sie erneut hörte, wusste sie, es war real. Sie rannte zu ihrem Fenster. Orange-rotes Licht leuchtete; es war ein penetrantes Licht, unnatürlich warm. Vor ihrer Tür hörte sie das Klirren von Stahl.

Regungslos stand sie inmitten ihres Gemaches, gefesselt von der Angst, die sie wie das Eisen einer Kette auf den Boden drückte.

Jemand kämpfte in den Gängen. Ein schwaches Stöhnen ertönte. Dann ein dumpfes Geräusch. Ihre Tür öffnete sich und Morganas Vater stand vor dem verängstigten Mädchen, mit dem Schwert in der Hand und Blut an der Klinge und im Gesicht. Er trug keine Rüstung – der Angriff traf ihn ebenso unerwartet wie jeden anderen in der Stadt. Sein grau-meliertes Haar, einst schwarz wie die Nacht, klebte an seiner Stirn. Er atmete schwer. Morgana gab keinen Ton von sich – erstarrt vor Schreck.

»Morgan«, rief ihr Vater, »komm!«

Er winkte sie mit großzügigen Gesten zu sich. Blut überzog seinen gesamten Arm. Es dauerte einen Moment, doch als sich Morgana aus ihrem erstarrten Zustand befreien konnte, lief sie auf ihren Vater zu, die Hände nach ihm ausgestreckt.

Seine Tochter fest an sich gedrückt, humpelte Barthold le Fay voran. Zusammen begaben sie sich durch Gänge, die Morgana vorher nie betreten hatte. Sie hatte mir davon erzählt, wie dunkel es gewesen war, wie kalt und feucht, und davon, dass ihr das Humpeln ihres Vaters mehr Angst eingejagt hatte als die Dunkelheit.

Ihrem Vater ging die Kraft aus, weshalb Morgana irgendwann ihren Vater stützen musste. Jeder Schritt zerrte an ihm und mit jedem weiteren Schritt fürchtete Morgana, er würde zusammenbrechen.

Sie hatte Angst. Und es kostete sie mehr als alles andere, diese Angst vor ihrem Vater zu verbergen.

Sie tat es für ihn, so wie ihre Mutter es zuvor für sie getan hatte.

Morgana war eine Lady und dennoch hatte sie sich stets gewünscht, jemand anderes zu sein.

Jetzt, wo sie ihren Vater ansah, in dem Zustand, in dem er sich befand, bereute sie es.

Stets hatte sie sich nach einem Abenteuer gesehnt. Doch nun, wo ihr erstes gerade mal begann, wünschte sie sich die Langeweile zurück.

Erst in diesem Moment verstand sie, dass das langweilige Leben, welches sie gelebt hatte, eines im Frieden war – eines ohne Sorge um das Wohlergehen ihrer Eltern, ohne sie bluten zu sehen, sterben zu sehen.

Nun, da sie um das Leben ihres Vaters bangte, verstand sie, weshalb ihre Eltern Morganas Ausflüge nicht so mochten, wie die junge Lady es getan hatte.

Ihr Vater führte sie sicher aus der Burg hinaus. Eine Tür versperrte den Ausgang. Mit letzter Kraft warf sich Morganas Vater gegen diese. Er brach sie gewaltsam auf, landete auf dem Boden, weil er dem Schwung nichts mehr entgegensetzen konnte.

Hier, außerhalb der Burg, konnte Morgana die Schreie noch deutlicher hören, die Hitze noch deutlicher spüren. Sie hörte die peitschenden Flammen. Sie sah dabei zu, wie sie die Häuser der Einwohner verschlangen. Wie die gesamte Stadt in ihnen versank. Die Wachen hatten keine Chance – nicht gegen eine gesamte Armee, die wie aus dem Nichts gekommen war.

Ihr Vater versuchte aufzustehen, aber er schaffte es nicht. Er schaffte es nur, sich hinzuknien.

Sein Blick zuckte in Morganas Richtung. Zuerst dachte sie, er würde sie anstarren, aber als sie genauer hinblickte, erkannte sie, dass er etwas ansah, das sich hinter ihr befand.

Plötzlich hörte sie das Klirren hinter sich – jemand war ihnen gefolgt.

»Lauf!«, befahl ihr Vater, die Angst in seinen Augen deutlicher als der Tod auf den Straßen.

Morgana erstarrte.

»Wo ist Mutter?«, wollte sie wissen.

»Morgan, uns bleibt keine Zeit. Geh! Lauf!«

Sie schaffte es nicht mehr, stark zu sein. Sie schaffte es nicht mehr, die Tränen zu verdrängen. Ihre Augen wurden glasig und ihre Sicht verschwamm– als würde sie durch eine flüssige Wand aus Wasser und Glas hindurch starren.

»Vater, ich … ich versteh nicht –«

Der Mann packte seine Tochter an beiden Armen.

Er packte sie nur mit solcher Gewalt, wenn sie frech war oder sich weigerte, ihrer Mutter zu gehorchen. Ihr Vater hatte stets einen festen Griff gehabt und immer, wenn er sie so angepackt hatte, war sie innerlich zusammengezuckt.

Dieses Mal auch.

Doch nicht aufgrund dieser seltsamen Mischung aus Angst und Respekt. Nein, diesmal zuckte sie zusammen, weil die Kraftlosigkeit ihres Vaters sie erschreckte.

»Morgan«, sagte er, mit einem seltsamen Funkeln in den Augen, auf das sie sich keinen Reim machen konnte, »meine Tochter, mein ganzer Stolz, mein wunderbares, wunderbares Mädchen. Deine Mutter – deine Mutter und ich haben nichts jemals mehr geliebt als dich. In dir steckt so viel mehr, als das bloße Auge sieht.«

Er ließ sie mit der einen Hand los. Seine Finger strichen ihr sanft das Haar aus dem Gesicht. Das Lächeln, das er ihr in diesem Moment gab, würde sie nie vergessen.

Es hatte ihr mehr Angst gemacht als das Blut in seinem Gesicht.

»Meine Tochter«, sagte er, »mein tapferes, tapferes Mädchen.«

Er ließ sie los und stieß sie erschöpft von sich.

Ihre Verfolger näherten sich – und sie würden Morgana nicht verschonen, weil sie ein Kind war. Oh nein, diese Männer waren gekommen, um alles und jeden zu vernichten.

»Jetzt geh! Lauf, so schnell du kannst. Und sieh nicht zurück.«

Morgana rannte mit Tränen in den Augen.

Sie weinte um ihren Vater, der es nicht schaffen würde, gegen jene zu kämpfen, die ihnen gefolgt waren.

Sie weinte um ihre Mutter, die es nicht aus der Burg geschafft hatte.

Und sie weinte um sich, weil sie ihre Eltern niemals wiedersehen würde.

All die Leichen der Männer, Frauen und Kinder verschwammen vor ihren Augen.

Sie hastete durch das Getümmel, ihre Schuhe durchnässt vom Blut, das auf den Straßen floss. Morgana sah ihre Eltern nie wieder.

Genau wie ich verlor sie in jener Nacht alles, was ihr jemals etwas bedeutet hatte.

Sie wusste es. Sie hatte es bereits gewusst, als ihr Vater ihr nicht erzählen wollte, wo ihre Mutter war – und schon vorher, als ihre Mutter in ihr Gemach gekommen war, ihr gesagt hatte, sie solle es nicht verlassen.

Sie hatte es gewusst, als sie die Flammen aus ihrem Fenster gesehen hatte.

Morgana war allein. Und allein lief sie an den brennenden Häusern vorbei; achtete nicht einmal darauf, wohin sie rannte. Ihre Füße trugen sie einfach immer weiter.

Niemand kannte diese Straßen besser als sie, doch nun hatte sie keine Ahnung, dass sie nur noch tiefer in das Maul der Schlange kroch.

Rings um sie herum kreischten die Menschen, während der Stahl ihre Körper durchbohrte.

Morgana sah nicht, wie die Kehlen aufgeschlitzt und die Bäuche mit einem Hieb durchtrennt wurden – sie hörte es; hörte es, als würde sie es sehen.

Sie schloss ihre Augen, verdeckte ihre Ohren mit ihren Händen und lief immer weiter und weiter, hinein in das Gemetzel, als sie plötzlich in jemanden hineinrannte.

***

Mit dem Gekreische kamen auch die Angreifer näher. Auf ihren Pferden drangen sie rasch bis ins Zentrum der Stadt vor – wie Schatten in der Nacht bewegten sie sich; kaum ein Farbton heller als die Dunkelheit um sie herum.

Einige hielten Fackeln. Sie warfen sie auf die Dächer, um die Leute aus ihren Häusern zu locken. Andere verbarrikadierten die Türen, sodass die Menschen in ihren Wohnungen verbrannten. Die gesamte Stadt füllte sich mit dem Geschrei der Sterbenden.

Plötzlich sah ich einen der Reiter auf mich zurasen, sein Schwert hielt er in der Hand. Als er es nach mir schwang, schaffte ich es nur knapp auszuweichen. Rasch drehte ich mich um – ich rechnete mit einem erneuten Angriff. Doch der Mann ritt einfach weiter. Genau als ich ihm hinterherblickte, rammte mich etwas zu Boden. Ich fiel mit dem Gesicht voran, fing mich jedoch noch rechtzeitig mit den Händen ab. Als wäre der Fall an sich noch nicht genug gewesen, landete ein Körper auf mir und presste mein Gesicht gegen den harten Stein.

Der Körper entfernte sich von mir. Ich drehte mich um und sah in das Gesicht eines verschreckten Mädchens. Ihr schwarzes Haar wanderte in mehreren Wellen an ihrem Kopf hinunter, bis es auf halbem Weg zur Hüfte endete. Grüne Augen starrten mich an. Noch nie zuvor hatte ich solch Augen gesehen. Ich wusste sofort, dass von ihr keinerlei Gefahr ausging – denn ich wusste, wer sie war.

Der Lord von Avalon – Barthold le Fay – hatte meinen Schulleiter oft zu sich in die Burg eingeladen. Auch an Feierlichkeiten durften einige Professoren meiner Schule am beinahe königlichen Festmahl teilnehmen. Ein einziges Mal durfte ich meinen Schulleiter begleiten.

Da hatte ich sie gesehen, wenn auch nur für einen kurzen Augenblick: Morgan le Fay. Sie war dabei gewesen, als uns der Lord und die Lady der Burg empfangen hatten. Allerdings hätte ich niemals gedacht, sie wiederzusehen – jedenfalls nicht unter solchen Umständen.

Sie sprang hastig nach oben, ihr Brustkorb hob und senkte sich panisch.

»Alles in Ordnung«, versicherte ich ihr, »ich werde Euch nicht wehtun.« Mit meinen ausgestreckten Händen wollte ich ihr verdeutlichen, dass von mir keine Gefahr ausging.

Sie nickte, ihre Miene war noch immer vollkommen verschreckt.

»Seid Ihr verletzt?«, fragte ich.

Sie schüttelte den Kopf.

»Wo sind Eure Eltern?«, wollte ich dann wissen.

Sie gab mir keine Antwort. Es war auch nicht nötig, ich hatte es bereits gefürchtet – obwohl ich gehofft hatte, dass ich mich irrte. Schließlich waren ihre Eltern Barthold und Ida le Fay, mit deren Hilfe es bestimmt wesentlich einfacher gewesen wäre, Schutz vor dem Gemetzel zu finden.

»Kommt mit mir«, meinte ich dann, »ich bringe Euch von hier weg.«

Sie nickte und ich erwiderte die Geste, als ich ihr meine Hand entgegenhielt. Sie nahm sie.

»Bleibt dicht hinter mir«, sagte ich und rannte los.

Wir schlichen uns dicht an den Häusern vorbei – dort war es trotz des Feuers sicherer als mitten auf der Straße, wo diese Reiter ihre Schwerter nach jedem schwangen, der ihnen über den Weg lief.

Als Morgana und ich eine breite Kreuzung erreichten, blieb ich stehen, um zu sehen, wohin wir als Nächstes gehen mussten. Aus Avalon gab es nur einen Weg hinaus: das Stadttor. Es stand nicht weit von der Burg der le Fays entfernt.

An dem Haus schräg vor uns stiegen fünf Männer von ihren Pferden ab. Einer von ihnen riss die Tür auf und er und die anderen vier stürmten hinein. Als sie wieder herauskamen, waren ihre Klingen blutverschmiert. Danach machten sie sich auf zum nächsten Haus. Sobald sie verschwunden waren, griff ich nach Morganas Handgelenk.

»Kommt schnell«, sagte ich und zog sie hinter mir her.

Die Männer hatten ihre Pferde stehen lassen und wir würden uns genau zwei davon ausborgen. Doch plötzlich blockierte ein gigantischer Schatten unseren Weg. Das schwarze Pferd stützte sich auf seinen Hinterbeinen, während es wild wieherte. Der Reiter, der auf dem Sattel des Tieres saß, trug ein großes Breitschwert in der einen und eine Fackel in der anderen Hand. Morgana und ich wichen den Hufen des Pferdes aus. Wir sprangen zur Seite. Der Reiter hatte uns keinerlei Beachtung geschenkt, er warf die Fackel auf das Dach des Hauses und ritt weiter.

»Das war knapp«, meinte Morgana.

Ich erschrak, völlig überrascht, ihre Stimme gehört zu haben. Zum allerersten Mal hatte ich sie gehört. Sie war sanft und rau zugleich – wie das Wellenrauschen einer See, während des ruhigen Morgens und der stürmischen Nacht.

Morgana lief voran, während ich ihr hinterher starrte wie ein Affe, der zum ersten Mal in seinem Leben ein hübsches Mädchen mit einer hübschen Stimme gesehen hatte.

Der nächste Schrei, den ich hörte, brachte mich zurück in die Realität. Ich riss mich wieder zusammen. Folgte ihr.

Die Pferde wieherten unruhig, als wir ihnen näher kamen. Morgana nahm sich die Zügel und beruhigte eines der Tiere. Sie zog es sanft zu sich nach unten und streichelte seine lange Schnauze.

»Pst, ruhig«, sagte sie.

Das Pferd beruhigte sich und mit ihm auch die anderen.

»Ihr könnt ziemlich gut mit Pferden«, meinte ich zu ihr und bereute noch im selben Moment, was ich gesagt hatte.

Ihr könnt ziemlich gut mit Pferden? Toll gemacht! Ich war ein Vollidiot.

Sie streichelte das Tier weiter, betrachtete es mit dem Funkeln in ihren Augen, das –

Sie riss ihren Kopf zu mir.

»Hilf mir hoch.«

Für einen Augenblick hätte ich schwören können, dass Morgana kurz gelächelt hatte – auch wenn es nur für den Bruchteil einer Sekunde gewesen war. Anscheinend schien sie sich über die Überforderung in meinem Blick zu amüsieren. Jedenfalls hoffte ich, dass es das war und nicht die Sache, die ich vorher zu ihr gesagt hatte.

»Mach einen Graben«, erklärte sie mir, aber ihre Antwort verwirrte mich nur noch mehr.

»Einen Graben?«

»Mit deinen Händen … so!«

Sie steckte alle Finger ihrer Hände zusammen und hielt sie vor sich, sodass ihre Handflächen eine Kuhle bildeten. Ich machte es ihr nach und bildete mit meinen Fingern ebenfalls eine Kuhle.

»Jetzt geh noch ein bisschen in die Knie. Ja, genau so. Und wenn ich mich von dir abstütze, dann streckst du die Knie wieder.«

Sie legte ihre linke Hand sanft auf meine rechte Schulter und platzierte ihren Fuß auf meine Handflächen. Ich tat, was sie gesagt hatte und streckte meine Knie, als sie sich von mir abstütze. Im nächsten Moment saß sie stolz auf dem großen Pferd, mit den Zügeln in der Hand.

»Jetzt du«, sagte sie, »nimm dir ein Pferd.«

Ich zögerte. Morgana legte ihre Stirn in Falten.

»Was ist?«, fragte sie.

»Ich … ich kann nicht reiten.«

Woran ich vielleicht hätte denken sollen, bevor ich mich entschlossen hatte, zwei Pferde zu stehlen, statt mir eines mit ihr zu teilen.

Morgana winkte mit der Hand, als sie ihren Kopf schüttelte.

»Das ist nicht schwer«, erklärte sie, »du musst einfach gerade sitzen und deine Knie an das Tier drücken. Sonst verlierst du das Gleichgewicht. Und wenn du die Zügel hältst, dann nicht zu locker, aber auch nicht zu fest, oder das Pferd läuft entweder wohin es will oder im Kreis. Und pass auf –«

»EYYYY!!!«

Morgana und ich zuckten zusammen. Wir beide rissen unsere Köpfe gleichzeitig in jene Richtung, aus der die Stimme kam. Sie war tief – die Stimme eines Mannes – und hörte sich an, als zerbreche jemand einen Knochen mit bloßen Händen.

Hinter uns standen diese fünf Männer. Jene, die von Haus zu Haus gegangen waren. Sie hatten eine lange Blutspur hinter sich gelassen. Aus einigen Häusern hatten sie die Bewohner herausgezogen und die Leichen auf der Straße zurückgelassen.

Jetzt, wo sie sahen, dass wir ihre Pferde stahlen, rasten sie auf uns zu, blutverschmierte Schwerter in den Händen.

»Steig auf!«, gab Morgana panisch von sich.

Sie hielt mir ihre Hand hin. Ich starrte sie an, rührte mich jedoch kein Stück. Mein Blick wanderte an ihrem Arm entlang, hoch zu ihrem Gesicht. Ich starrte in ihre Augen, in ihre grünen Augen, die sich langsam mit Panik füllten. In ihnen sah ich, wie die Männer hinter mir schnell näher kamen.

»Was hast du vor?«

»Geht«, sagte ich ihr, »reitet nach Westen, dort ist ein Dorf –«

»Wo ist Westen?«

»Das Stadttor blickt nach Norden«, erklärte ich ihr.

Isaacs hatte mir es einst so erzählt.

Seine braunen Augen funkelten wie die Sterne am Himmel, als er mit seinem Zeigefinger auf das Tor zeigte. In ihnen verbarg sich so viel Neugierde, Fragen, die nach einer Antwort suchten. Der Junge schaute in die Ferne; er lächelte den Horizont an wie einen alten Freund, den er lange nicht gesehen hatte: So viel Freude strahlte er aus, aber gleichzeitig Kummer – Fernweh.

»Es blickt nach Norden. Dort wird meine Reise beginnen. Dort – wo die Sonne niemals zu sehen ist.«

»Hast du keine Angst?«, fragte ich ihn.

»Nein«, antwortete er ruhig, auf seinen Lippen ein faszinierendes Lächeln, in seinen Augen noch immer dasselbe Funkeln, »nein.«

Gänsehaut bildete sich auf meinem Körper. Ein Schauer lief mir den Rücken hinunter.

Isaacs.

»Westen ist da«, sagte ich hastig und deutete in die entgegengesetzte Richtung der Burg der le Fays.

Morganas Blick folgte meinem Finger, sie starrte hinaus in die Nacht. In ihren Augen spiegelten sich die Flammen, rot-orange Tentakel, die wild um sich fuchtelten und nach ihrer Beute schnappten, um sie unter ihren tödlichen Griffen zu verschlingen. Morganas Augen weiteten sich vor Schock; sie spürte die Präsenz des Todes, sie sah ihn deutlich vor sich und fürchtete seine Anwesenheit.

Dann sah sie zu mir.

»Ich werde auf dich warten«, meinte sie und ritt davon.

Ich schaute ihr einen Moment lang hinterher, sah, wie sich ihr Körper in eine Silhouette verwandelte, die sich mit der Dunkelheit vermischte.

Ich dachte an Isaacs und nahm mir vor, zu meiner Schule zurückzukehren, ihm und meinen Freunden aus der Stadt zu helfen, wie ich Morgana geholfen hatte.

Nur – wer hätte es gedacht – würde es dazu nicht kommen.

Aus meinen Augenwinkeln sah ich mehrere Gestalten. Als ich mich umdrehte, standen sie direkt vor mir: fünf Männer von Kopf bis Fuß in Rüstung gekleidet. Wie Statuen türmten sich ihre Häupter vor mir – einem kleinen Jungen – auf. Einer von ihnen trug eine Axt, die anderen Schwerter. Wie groß sie auch gewesen sind, am meisten fürchtete ich das Blut auf ihren Klingen. Meine Augen fixierten es, als gäbe es nichts anderes auf der Welt, wodurch ich nicht einmal bemerkte, dass meine rechte Hand die Kette um meinen Hals umklammerte.

»Tut mir leid, Kind«, sagte der Mann in der Mitte, der mit der Axt.

Er war mit Abstand der größte von ihnen und redete mit sympathischer Stimme. Keinerlei Hass verbarg sich in seinen Augen. Als empfände er … Mitleid.

»Was ich gleich tun werde, ist nichts Persönliches.«

Widerwillig bewegte sich der Mann auf mich zu. Ich riss meinen Blick von den Klingen und sah stattdessen ihn an. Mit dem Gesicht formte er eine Grimasse, die mir einen nasskalten Schauer den Rücken hinunter laufen ließ. Breite Finger packten meinen Arm und rissen mich näher an den Mann heran. Sein rechter Ellenbogen zeigte zu mir, die Axt befand sich direkt über seinem Kopf, der von einem Helm geschützt wurde. Ein einziger roter Tropfen fiel von der Kante der Klinge. Dann geschah es.

Ich schrie, rüttelte, versuchte, mich von seinem Todesgriff zu befreien. Doch alles vergeblich. Schließlich formte ich mit meiner linken Hand eine Faust – ich sah es als letzten Versuch meiner Befreiung an, bezweifelte jedoch im gleichen Atemzug, dass ich erfolgreich sein würde – und rammte sie dem Mann gegen seinen Brustharnisch.

Bevor er die Klinge in meine Nähe bringen konnte, flog er nach hinten, krachte gegen die Hauswand hinter ihm. Seine Finger hatten meinen Arm endlich losgelassen, hinterließen aber einen Schmerz, als hätte jemand ein Seil um meine Haut gebunden, das sich bei jeder Bewegung automatisch fester zog.

Die restlichen vier Männer starrten alle dem Körper hinterher. Der Mann mit der Axt war gegen die Wand eines Hauses geknallt. Er lag auf dem Boden, bewegte sich nicht.

Was hatte ich getan?

Ich wusste es nicht. Wusste nicht, was ich getan hatte – wie ich es getan hatte. Ich hatte nur versucht, nicht zu sterben. Dieser Mann hatte mich töten wollen und dennoch starrte ich ihn an, erstarrt in völligem Schock.

Dann, wie auf Kommando, drehten sich die anderen vier Männer zu mir um. Noch vor wenigen Sekunden hatten sie mich bemitleidenswert angesehen – beinahe, als hätten sie meinen Tod nicht gewollt. Jetzt bohrten sich ihre Blicke durch mich hindurch wie Speere durch Fleisch.

Gleichzeitig traten sie auf mich zu; der Tod legte seine schwarzen Flügel über ihre Häupter, deren Schatten mich ins Dunkel warfen.

»Kommt nicht näher!«, warnte ich sie.

Sie lachten über die Angst in meiner Stimme.

Ich trat zurück. Doch nur nach zwei Schritten blockierten die Pferde den Weg. Ich war gefangen wie eine Maus zwischen den Pfoten einer Katze, die langsam ihre Krallen ausfuhr.

Plötzlich kam mir eine Idee. Ich erinnerte mich an den ersten Zauber, den ich gelernt hatte: Feuer.

Aber dazu brauchte ich Ruhe. Und Konzentration – beides Voraussetzungen, welche die gegebene Situation nicht erfüllte.

Dennoch versuchte ich es.

Als die vier Männer vor mir näher traten, rieb ich meine Handflächen aneinander. Ich machte eine Kreisbewegung; mit jeder Drehung verkleinerten sich die Kreise und die Hitze stieg an. Ich hielt sie fest – die Hitze – und spürte es in all meinen Muskeln: Leben – ein wildes Lodern in meinen Fasern, das ich kaum kontrollieren konnte.

Dann ließ ich es frei.

Ich streckte meine Arme schnell nach vorne und übertrug es auf die Monster vor mir. Flammen schossen von den Spitzen meiner Finger wie ein Rudel Wölfe, das einem Reh nachjagte. Vor den Füßen der Männer sprang das Feuer in die Höhe. Es bildete eine Mauer zwischen mir und ihren Schwertern.

Ihr oranges Licht erhellte die Gesichter der Männer, legte tiefe Schatten unter ihren Augen.

Monster.

Die Hitze überwältigte sie; sie pressten ihre Arme vor ihre Gesichter, drehten sich weg von dem, womit sie die Menschen dieser Stadt getötet hatten.

Hinter mir wieherten die Pferde, drei von ihnen rissen sich los, flohen vor dem Feuer. Bevor auch das vierte verschwinden konnte, griff ich nach den Zügeln.

Der Steigbügel befand sich zu weit oben – ich war zu klein, konnte ihn mit meinem Fuß nicht erreichen. Als ich verzweifelt versuchte, irgendwie auf das Pferd heraufzukommen, hörte ich das Gebrüll.

Ich zuckte zusammen.

Die Männer knurrten wie hungrige Wölfe. Sie würden es nicht

wagen, dachte ich, durch die Flammen zu treten; das Feuer würde sie verschlingen.

Doch sie taten es – wie hungrige Wölfe, so sahen auch sie die Gefahr nicht, die sich direkt vor ihnen befand.

Das Feuer verschlang sie allesamt. Ihr Gebrüll verwandelte sich in Kreischen – in das Kreischen jener Menschen, die sie ermordet hatten und das Kreischen jener, die noch starben.

Die Männer fuchtelten wild mit ihren Armen umher. Sie versuchten, die Flammen auf ihrer Haut zu ersticken, aber es hörte nicht auf. Es schmolz ihre Rüstungen, brannte ihnen das Fleisch von den Knochen, denn das Feuer eines Magiers war zugleich das Feuer eines Drachen.

Es brannte durch Knochen und Stein, durch Eisen und Stahl.

Ihre Schreie verschmolzen mit denen der Bewohner. Einer der Männer sackte vor mir auf dem Boden zusammen. Ich nutzte ihn als Hocker und schaffte es so auf das Pferd. Dann krallte ich mir die Zügel, doch bevor ich das Tier überhaupt in eine Richtung lenken konnte, raste es los.

Das ständige Auf und Ab beförderte mich um ein Haar aus dem Sattel. Ich erinnerte mich an Morganas Worte: Ich richtete mich gerade auf, drückte meine Knie gegen die Schenkel des Pferdes, hielt die Zügel weder zu fest noch zu locker.

Aber so sehr ich mich auch daran hielt, das Tier gehorchte nicht meinem Willen. Es ritt zum Stadttor. Aber ich wollte nicht dorthin – noch nicht.

Ich wollte zurück, aber es gehorchte nicht. Ich musste zu Isaacs. Ich wollte nach Hause. Aber das Pferd ritt weiter. Es ritt immer weiter und weiter und statt es zurückzuzwingen, konnte ich mich nur an den Sattel krallen und hoffen, dass ich nicht stürzte.

Das Pferd trug mich durch den Tunnel, aus dem Tor und aus der Stadt hinaus.

Von den Schreien weg.

Bevor wir den Wald erreichten, drehte ich mich um. Ich sah die dicken Rauchwolken in den Himmel steigen und die Flammen die Dächer der Häuser verschlingen.

Ich sah den Turm – Pathosths Turm. Den Turm meines Schulleiters.

Ich sah zu, wie er brannte. Ich sah zu, wie meine Heimat zu Asche zerfiel. Alles, was ich jemals gekannt hatte – meine ganze Welt. Zerstört.

Ich hörte ihre Schreie. Hörte, wie der Tod seine Flügel ausbreitete und Avalon verschlang. Sah dabei zu, wie mir alles genommen wurde; wie ich innerhalb einer Nacht alles verlor. Der Rauch stieg auf und vermischte sich mit den Wolken am Nachthimmel.

Selbst als ich schon tief in den Wald geritten war, hörte ich die schrillen Schreie in der Ferne. Sie verfolgten mich bis ans Ende; bis zum Schluss vibrierten ihre Töne in meinen Ohren. Bis ans Ende der Zeit würde ich meine Familie schreien hören.

Und obwohl ich nicht bei ihnen gewesen war, würde ich sie immer im Feuer sterben sehen.

Ich hatte sie im Stich gelassen. Und dafür hasste ich mich.

Drei

Das Pferd ritt im rasenden Tempo weiter, als verfolgte uns ein Monster. Vielleicht war es auch so.

Mittlerweile hatte ich es aufgegeben, dem Tier mithilfe der Zügel Befehle zu geben. Es war mir egal, wohin es mich tragen würde. Es war mir sogar egal, ob uns die Monster einholen würden.

Wieso hatten sie nichts getan? Pathosth und meine Professoren, … sie hätten die Angreifer einfach ohne Weiteres abwehren können und dennoch …

Sie hätten die gesamte Stadt verteidigen können und dennoch hatten sie zugelassen, dass Avalon brannte. Wieso?

Mit meinen Händen klammerte ich mich um den Hals des Pferdes, mein Gesicht in die sanfte Mähne gelegt. Ich stellte mir vor, es wäre mein Schulleiter; ich stellte mir vor, er wäre es, den ich umarmte, während ich weinte.

Als ich aufwachte, schmerzten meine Augen. Ich konnte sie kaum öffnen. Es fühlte sich an, als hätte ich die gesamte Nacht geweint, obwohl ich irgendwann – vermutlich aus Erschöpfung – eingeschlafen sein musste.

Mein Körper glitt vom Sattel, landete mit einem dumpfen Geräusch auf dem Boden. Meine Augen öffneten sich und der Schmerz vom Aufprall schoss sofort durch meinen Schädel, als hätte ihn jemand mit einem Messer durchbohrt.

Sonnenlicht blendete mich. Es war hell, mitten am Tag, denn als ich näher hinschaute, stellte ich fest, dass die Sonne ihren höchsten Punkt bereits hinter sich gelassen hatte. Über mir türmten sich hohe Bäume auf wie die Säulen eines heiligen Tempels. Ich wunderte mich, wo ich war – im Westen, kurz vor dem Dorf? Vermutlich nicht.

Plötzlich versperrten zwei überdimensional große Nasenlöcher meine Sicht zum Himmel. Warme Luft kam mir entgegen, als das Pferd ausatmete. Es hatte schwarzes Fell, doch als die Sonne direkt auf sein langes Gesicht schien, schimmerte es dunkelviolett. Wie die Schuppen eines Drachen.

Die Augen des Tieres waren schwarz, mit einem gelegentlichen Braunton in der Iris. Als ich meine Hand nach oben hob, um die Schnauze zu streicheln, realisierte ich, wie erschöpft ich tatsächlich war. Nach zweimal streicheln hatte ich keine Kraft mehr. Meine Hand fiel auf den Boden und landete auf weichem Gras. Als ich meinen Kopf zur Seite drehte und meine Augen schloss, fühlte es sich fast an wie die Mähne des Pferdes, in die ich zuvor mein Gesicht gepresst hatte.

Ich zog meine Arme und Beine an meine Körpermitte heran. Auch wenn ich weinen wollte, kamen keine Tränen heraus – als hätte ich sie alle in der letzten Nacht aufgebraucht.

Der Boden vibrierte. Ich spürte, wie mehrere Hufe auf den Boden stampften. Plötzlich stupste mich das Pferd mit seiner Schnauze an.

Ich regte mich nicht.

Wieder stampften mehrere Hufe auf dem Boden. Diesmal stupste mich die Schnauze im Gesicht an. Ich zog meinen Kopf zurück, zwang meine Augen, sich zu öffnen. Ich schreckte zusammen, als ich realisierte, wie dunkel es geworden war.

Vorsichtig richtete ich mich auf, erstaunt, dass das Pferd die ganze Zeit über bei mir geblieben war; dass es nicht weggeritten war.

Es schien wohl, als wäre mir ein Freund geblieben, nach alldem, was ich verloren hatte.

Ich stand auf und wollte dem Pferd einen Apfel geben, von dem ich wusste, dass er sich in meiner Tasche befand – meine Tasche!

Als ich nach ihr griff, tastete ich ins Leere. Ich stöhnte verzweifelt, der Tatsache ausgeliefert, dass mir nichts mehr zu Essen blieb. Dann sah ich die Satteltaschen. Wie ein gieriges Tier stürzte ich mich auf sie.

Ein erleichtertes Stöhnen entwich mir, als ich feststellen durfte, dass sich dort nicht nur Brot und jede Menge Karotten befanden, sondern auch eine lederne Feldflasche voll mit Wasser.

Ich trank, ließ die Flüssigkeit meinen rauen Hals befeuchten. Nachdem ich sie zurückgesteckt hatte, kramte ich weiter in der Tasche herum. Ein Tuch – mit Rosinen. Ich nahm ein paar und aß sie. Dem Pferd gab ich eine Karotte.

Dann kontrollierte ich die zweite Satteltasche und stellte fest, dass dieses Pferd eine laufende Schatztruhe war. Mindestens ein Dutzend Kupferschillinge befanden sich in der Tasche, etwa zehn Bronzepfennige und sogar ganze drei Silbermünzen. Mit diesem Geld hätte ich Wochen in einem Gasthaus verbringen können – wenn nicht sogar Monate.

Stolz klopfte ich dem Tier gegen seine Schulter, fütterte es mit einer weiteren Karotte, als hätte es irgendeinen Einfluss darauf, was sich in seinen Satteltaschen befand.

Nicht weit weg stand ein etwas größerer Stein. Ich benutze ihn, um auf das Pferd zu steigen. Als ich dann auf dem Sattel saß, mit den Zügeln in den Händen, ritt ich in den Sonnenuntergang – wenn auch recht ungeschickt.

Westen, ich ritt gen Westen.

***

»Du musst Avalon verlassen. Geh nach Westen, dort wirst du ein Dorf finden. Und Hilfe.«

Das Pferd musste bereits in die richtige Richtung geritten sein, denn nur wenige Stunden nach Sonnenaufgang erreichte ich tatsächlich ein Dorf. Es war weder sonderlich groß noch sonderlich klein und besaß – soweit ich wusste – nicht einmal einen Namen.

Nachdem ich recht unbeholfen vom Pferd abgestiegen war, entdeckte ich einen Mann. Mit mürrischer Miene hatte er gerade sein Haus verlassen. In seinem Gesicht breitete sich die typische Trägheit eines kränklichen, alten Menschen aus. Er trug ein schmutziges Hemd und eine braune Hose. Dann grüßte er einen weiteren Mann, der ihm entgegenkam.

Weiter hinten stand eine Scheune mit Kühen und Schweinen. Die beiden Männer, die sich eben noch begrüßt hatten, marschierten auf sie zu wie alte Kriegsveteranen: In ihrem Gang befand sich derselbe

Stolz, dieselbe Kühnheit, die sie wohl einst als Jünglinge besessen hatten; doch ihre Knochen schwächelten – dünn und gebrechlich unter dem Gewicht ihres restlichen Körpers.

Während sie sich auf den Weg zur Scheune machten, glitt mein Blick über die Häuser des Dorfes und die Menschen, die es bewohnten und die ihren üblichen Tätigkeiten nachgingen. Meine Augen stoppten, als sie auf das größte Gebäude trafen.

Ein Gasthaus.

Es war nichts Besonderes, die Wände bestanden aus einfachem Stein, an dem Sträucher entlang wuchsen wie Moos auf dem Stamm eines Baumes. Hier und dort befanden sich einige Fenster, schwarzes Glas, durch das ich nicht hinein und vermutlich auch niemand hinaus schauen konnte. Vor der Eingangstür standen zwei Pferde, die man an einem Holzbalken angebunden hatte.

Zuerst wollte ich meines neben den anderen anbinden, doch ich zögerte und entschied mich, es stattdessen hinter das Gebäude zu bringen. Anschließend nahm ich etwas Geld aus den Satteltaschen und begab mich hinein.

Der Geruch von gebrautem Bier schoss mir entgegen, begleitet von den Stimmen mehrerer Menschen. Hinter der Theke stand ein dicker Mann mit einem Bierkrug in der einen und einem schmutzigen Tuch in der anderen Hand. Er spuckte in den Krug und wischte ihn anschließend mit dem Tuch aus.

Höchstwahrscheinlich war er der Wirt.

Sein verschwitztes Gesicht drehte sich zu mir. Argwöhnisch kniff er die Augen zusammen, mit denen er jeden Schritt verfolgte, den ich bis zu ihm machte.

»Ich hätte gerne eine warme Mahlzeit und etwas Wasser, mein Herr«, begann ich vorsichtig.

Der Wirt zog die rechte Seite seiner Lippe nach oben, als würde er mich anknurren.

»Hast du Geld? He?«

»Sicher, mein Herr«, meinte ich und zeigte ihm einen Kupferschilling.

»Eine warme Mahlzeit und Wasser kostet mehr als das da.«

»Ich habe mehr.«

Erneut kniff der Wirt die Augen zusammen. Er sah mich an wie einen Dieb – wie ein Kind, das um Essen bettelte, während seine Freunde im Hintergrund lauerten und die richtige Gelegenheit abpassten, um dem Mann sein Geld aus der Tasche zu stehlen.

»Drei. Drei Kupferschillinge. Wenn du nicht bezahlen kannst, verschwinde.«

Ich war mir ziemlich sicher, dass mir der Mann einen überteuerten Preis nannte, nur um mich loszuwerden. Wäre ich etwas älter gewesen, hätte ich vielleicht den Mut gehabt, ihn damit zu konfrontieren. Aber ich war weder älter noch mutig.

Ich war ein Feigling und würde es immer sein; also legte ich zwei weitere Kupferschillinge auf den Tresen und hoffte, dass das Essen schmeckte und tatsächlich warm war.

Ich erkannte die Enttäuschung in dem Gesicht des Wirtes, als er das Geld vor sich betrachtete. Er neigte seinen Kopf zu mir und sah mich an, als hätte ich mich in eine Ratte verwandelt.

»Wo hast du das geklaut, he?«

»Was interessiert es Euch, solange Ihr bezahlt werdet?«

Mein Herz pochte und ich bereute die Worte, sobald sie meinen Mund verlassen hatten.

»Es interessiert mich, weil meine Beine in der Luft baumeln, wenn ich es annehme und der Falsche davon erfährt. Verschwinde, Bursche.«

Ohne das Geld zu nehmen, drehte er sich zur Wand um. Er stellte den Bierkrug auf einem Regal ab.

»Bitte«, flehte ich, »ich habe Hunger.«

»Scher dich weg!«

In einer Geschwindigkeit, die ich nicht von einem Mann seiner Statur erwartet hatte, schwang der Wirt seinen Körper zurück zu mir, beide Arme auf den Tresen gestützt und die Zähne gefletscht wie ein hungriger Wolf.

»Wenn du Mitleid willst, such dir einen anderen Narren. Und nimm dein Geld mit, ich will es hier nicht haben.«

Ich erschrak, nahm die drei Kupferschillinge und begab mich hastig und zögerlich zugleich zur Tür. Sie öffnete sich, noch bevor ich sie erreicht hatte.

Ein großer Mann kam mir entgegen, dünn wie ein Stock und dennoch größer als die Balken, welche die Decke des Gasthauses stützte. Er musste sich ducken, um zu verhindern, dass sein Kopf gegen den Türrahmen krachte. Unter seinem Arm hatte er einen Helm geklemmt, in demselben Pechschwarz wie der Rest seiner Rüstung.

Die Farbe verlieh dem Mann den Hautton einer Leiche: erst seit Kurzem gestorben, aber bereits im ersten Stadium der Verwesung.

Graugrüne Augen starrten mich an, seine dünnen Lippen waren zu einer strengen Linie gezogen. Nur für den Bruchteil einer Sekunde schenkte er mir Beachtung. Dann drängte er mich zur Seite und schritt voran zum Tresen, wo der Wirt mit zittrigen Knochen stand.

Als der Mann an mir vorbeiging, bemerkte ich seine spitze Nase; sein kurzes Haar, in einem Farbton heller als seine Rüstung, es ließ sein Gesicht nur noch blasser wirken. Dem Mann – höchstwahrscheinlich ein Ritter oder, wenn nicht das, dann Soldat – folgten sechs weitere Männer in derselben pechschwarzen Rüstung.

Obwohl sich der Lehrstoff meines Unterrichts hauptsächlich auf die Magie konzentriert hatte, so hatte mich mein Schulleiter viele Dinge über die verschiedenen Häuser gelehrt. Daher wusste ich, diese Männer gehörten dem Hause von Cornwall an. Ich erkannte es an der Rüstung. An den Worten, die nur in den Stahl eingearbeitet waren, den der blasse Mann an seinem Körper trug: *Als Raben fliegen wir. Als Helden sterben wir.*

Das Tier verzierte jedoch die Brustharnische von ihnen allen.

Der Rabe – das Wappentier dieses Hauses; so wie der Fennek das Wappentier der le Fays und der Phönix das Wappentier meiner Schule war.

Ich vermutete, dass Raznar – Pathosths Phönix – der Grund dafür gewesen war – nicht nur für das Wappen, sondern auch für die Worte, die darunter standen. Er hatte einst ein solches Tier besessen.

»Professor, wo ist Raznar?«

Es war nicht ungewöhnlich, dass der Phönix meines Schulleiters nicht ständig bei ihm war, denn es gab Tage, da sandte er sein Tier aus, um Botschaften für ihn zu überbringen.

Raznar war ein intelligentes Tier, voller Stolz und Treue, und es dauerte nie länger als vier Wochen, bis er zurückkehrte. Nur war es dieses Mal anders. Ich wusste es, als mir Pathosth diesen kuriosen Blick gab, den er mir seit kurzem ständig gegeben hatte: eine Mischung aus Kummer, Leid und Stolz. Jedes Mal, wenn er mich so ansah, fühlte ich mich verängstigt wie ein kleines Kind, einsam und unsicher.

»Habt Ihr ihn wieder ausgesandt?«

Ein Lächeln zeichnete sich auf seinen Lippen, aber es war kein normales. Früher hatte er anders gelächelt, jetzt lächelte er, als ob stets ein dunkler Hintergedanke Schatten über seine Miene legte.

»Das habe ich in der Tat«, antwortete er, »aber ich fürchte, dieses Mal wird er nicht zurückkehren.«

Der Wirt zuckte zusammen, als der mit dem Hautton einer Leiche seinen Helm auf den Tresen knallte.

»Ist dir vor Kurzem ein Mädchen über den Weg gelaufen?«, fragte der Mann, seine Stimme kalt wie Eis.

Gänsehaut bildete sich auf meinen Armen. Der Wirt nickte heftig, sein ganzer Körper rüttelte, als er seinen speckigen Kopf hoch und runter riss.

»Wie sah sie aus?«

»Sie – eh – sie war recht jung und – und dreckige Klamotten und – und –«

Der blasse Mann wurde ungeduldig.

»Schwarzes Haar?«, zischte er.

Der Wirt nickte erneut übertrieben.

»Trug sie ein Kleid?«, fragte der blasse Mann.

Der Wirt nickte wieder.

»Ist sie noch hier?«

Jetzt schüttelte der Wirt seinen Kopf; all seine Muskeln zitterten aus Angst vor der Reaktion seines bereits ungeduldigen Gegenübers.

»Nein – eh – nein, mein Herr. Kam her und wollte Essen kaufen mit – mit gestohlenem Geld. Hab ihr gesagt, sie soll sich wegscheren und dann kommt der Bursche her.« Mit seinem fetten Finger deutete der Wirt auf mich.

Ich erstarrte.

Innerhalb einer Sekunde starrten alle Augen mich an, aber nur die des blassen Mannes, jagten mir einen kalten Schauer den Rücken hinunter.

Ich drehte mich um, öffnete die Tür.

»Steckt bestimmt mit ihr unter einer Decke, der Bursche«, hörte ich die Stimme des Wirtes sagen.

Die Tür flog zu und erst dann sprintete ich um die Ecke.

Bis jetzt folgte mir keiner der Männer, aber ich war mir nicht sonderlich sicher, dass es dabei bleiben würde.

Rasch rannte ich hinter das Gebäude. Ich wollte schleunigst auf mein Pferd steigen und verschwinden, doch als ich es erreicht hatte, erstarrte ich erneut.

Neben meinem Pferd stand ein weiteres. Plötzlich packte mich eine Hand. Sie umklammerte meinen Arm und riss mich zu jener Person, der sie gehörte. Mein Mund stand vor Erstaunen offen, als ich sie sah.

Ich wusste nicht einmal, welche Gefühle es waren, die mich durchfuhren: Freude, Schock, Erstaunen, Erleichterung – oder absoluter Terror? Ich hatte keine Ahnung. Ich wusste nur, dass mir die Kinnlade nach unten gefallen war, als ich in die grünen Augen starrte.

»Du hast es geschafft!«, sagte Morgana, mit ihrem zerzausten Haar und dem Funkeln in den Augen.

Wie eine Sternschnuppe am Nachthimmel.

An ihren Augenlidern erkannte ich, dass sie vermutlich – genau wie ich – die vergangenen Nächte hauptsächlich mit Weinen verbracht hatte; sie waren ebenso angeschwollen.

Trotzdem hatten sie keinerlei Einfluss auf ihre Erscheinung. Nicht einmal ihr zerzaustes Haar machte sie weniger hübsch. Morgana war nicht das erste Mädchen, das ich gesehen hatte, immerhin lebten in meiner Schule ebenso viele Mädchen wie Jungen – oder hatten gelebt. Aber sie … sie war anders. Morgana war anders: die Art, wie ihre grünen Augen funkelten und wie sich ihre Lippen bewegten, während sie sprach.

Ich schüttelte den Kopf – schüttelte mich selbst aus meinen Gedanken. Genug, genug, genug.

»Du hast es tatsächlich geschafft«, lachte sie erstaunt, »ich hab dich ins Gasthaus gehen sehen, wollte dir aber nicht hinterherlaufen, weil – der Wirt ist ein ziemlich misstrauischer Kerl. Unhöflich noch dazu! Wäre ich nur ein bisschen größer, hätte ich ihn an seinen Ohren gepackt und ihn über seinen dämlichen Tresen gezogen wie ein –«

Morgana stoppte, legte ihre Stirn in Falten.

»Was ist los? Du siehst aus, als hättest du einen Geist gesehen.«

»Wir müssen gehen«, sagte ich, »in dem Gasthaus sind Leute, die nach Euch suchen.«

Morgana schüttelte ihren Kopf, sichtlich verwirrt. Doch bevor sie etwas sagen konnte, hörte ich die Stimme hinter mir.

»Da ist sie ja.«

Sie klang rau, tief. Morganas Augen starrten an mir vorbei. Ich drehte mich um, den Herzschlag bis hinauf in meinem Kopf spürend wie Trommelschläge vor einer Schlacht. Vor uns standen zwei Männer in schwarzer Rüstung.

»Greif dir den Jungen, ich schnapp mir das Mädchen«, sagte dieselbe Stimme.

Kaum hatte der erste Mann die Worte ausgesprochen, packte mich der zweite an meinem Gewand. Als ich versuchte, mich zu wehren, griff er so fest zu, dass ich vor Schmerz aufschrie.

»Was wollt Ihr?«, verlangte Morgana, als wäre sie einen Kopf größer als der größte von den beiden.

Der erste Mann gab ihr keine Antwort. Er ging auf sie zu, mit leerem Gesichtsausdruck. Morgana trat zurück.

Gerade als der Mann nach ihr greifen wollte, ertönte eine weitere Stimme. Im Gegensatz zu den anderen war sie tiefer – rau und hart wie die alten Seiten eines Buches.

»Ihr habt hier nichts verloren.«

Allesamt rissen wir unsere Köpfe in jene Richtung, aus der die Stimme gekommen war, nur um einen alten Mann in silberner Rüstung zu sehen.

»Lasst die Kinder los«, meinte er.

Auf seinem Kopf befanden sich nur wenige millimeterkurze Haare im selben Grauton wie die Bartstoppel um seinen Mund herum. Jede Menge Falten zierten sein Gesicht, die verdeutlichten, wie sehr ihn die Jahre mitgenommen hatten.

Blaue Augen, zu Schlitzen zusammengekniffen, musterten die Männer in ihren schwarzen Rüstungen.

Der Mann, der eben noch Morgana packen wollte, stieß heftig die Luft aus. Es hörte sich an wie ein verspottendes Lachen.

»Ihr tragt die Rüstung des Feindes. So wie ich das sehe, habt *Ihr* hier nichts verloren, Sir. Jetzt geht oder ich schicke Euch in das Grab, das bereits seit zehn Jahren auf Euch wartet!«

Der alte Mann zog sein Schwert aus der Scheide. Beide Männer in schwarzer Rüstung taten das Gleiche. Die Hand, die mich gepackt hatte, ließ mich los und warf mich gegen die Wand.

»Wir sind zu zweit und Ihr seid ein alter Mann. Denkt nicht, wir würden Rücksicht auf Eure Gebrechlichkeit nehmen!«

Gleichzeitig traten die Männer in ihren Rüstungen auf ihn zu, Schritt für Schritt, Atemzug für Atemzug, ihre Schwerter in den Händen. Der Alte hingegen blieb stehen.

Ich beobachtete, wie er sein rechtes Bein nach vorne platzierte. Vorsichtig konzentrierte er sich auf seine Gegner, die plötzlich ihre Schwerter schwangen. Der Alte blockierte ihre Schläge und das Klirren von Stahl dröhnte wie der Glockenschlag einer Kirche.

Irgendwie waren die Männer in schwarzer Rüstung langsamer. Ehe ich realisierte, was geschehen war, sank der erste stöhnend auf den Boden, die Hände um jene Stelle seines Körpers gepresst, an der sein schwarzer Harnisch endete und seine Haut nicht mehr schützte.

Vor nur zwei Tagen war ich dem Tod kaum entkommen. Jetzt begegnete ich ihm erneut.

Ich erstarrte bei dem Anblick; erstarrte, als seine Haut so schnell ihren Farbton verlor. Schweißperlen tropften von seiner Stirn. Seine Pupillen verschwanden nach oben in seinen Kopf.

Als ich diesen Mann so sah, stellte ich fest, wie sehr ich den Anblick verabscheute.

Und fürchtete – ich wollte nicht an seiner Stelle sein.

Im nächsten Moment kniete der zweite vor dem alten Mann.

»Dafür werdet Ihr mit Eurem Leben bezahlen«, spuckte er die Worte wie Gift aus seinem Mund.

Der Alte schwang sein Schwert und mit nur einem Zug schlitzte er ihm die Kehle auf. Blut goss in Strömen aus seinem Hals. Doch am schlimmsten waren die Geräusche, die er von sich gab – als hätte er

Wasser im Mund und würde damit gurgeln.

Er erstickte an seinem Blut.

Langsam.

Dann verstummten die Geräusche.

Der alte Mann wischte das Blut von seiner Klinge, bevor er das Schwert zurück in die Scheide steckte.

Er kam auf uns zu. Morgana warf sich vor mich, hielt ihre Arme schützend nach hinten.

»WAS WOLLT IHR?«, verlangte sie zu wissen.

Das war der Moment, in dem ich merkte, dass sie deutlich taffer war als ich.

»Euch helfen«, antwortete der alte Mann, seine Stimme ruhiger als zuvor, »euch beiden.«

»Wer seid ihr?«, fragte Morgana.

»Mein Name ist Ector.«

»Ihr seid Ritter …«

»Ja –«

»Welchem Herrn folgt ihr?«, fragte ich streng nach.

Ector legte seinen Kopf leicht nach hinten, kniff seine Augen zusammen, als würde er abwägen, welche Antwort er mir geben sollte.

»Ich wurde von Uther Pendragon zum Ritter geschlagen.«

Ich kannte dieses Haus. Ich kannte auch den Namen, konnte allerdings kein Gesicht mit ihm in Verbindung bringen.

»Uther Pendragon ist tot«, meinte ich streng.

»Ja«, antwortete der Ritter, »ich folge seinem Sohn: Arthur.«

Auch diesen Namen kannte ich.

Arthur Pendragon, Sohn von Uther und Igraine Pendragon.

Mein Schulleiter hatte mich über diese Familie unterrichtet, über die Namen der Familienmitglieder, Feindschaften und Verbündete. Das Haus Pendragon, mit dem Drachen als Wappentier, war stets eines der angesehensten gewesen, doch seit Uther Pendragons Tod und der Ernennung seines Sohnes zum Lord hatten sie viele Verbündete verloren – darunter die Häuser Elfenbein, Ceresc und die le Fays.

Den Grund dafür hatte mir mein Schulleiter nie genannt.

Was die Cornwalls anging, so hatte seit Jahrzehnten, wenn nicht sogar

Jahrhunderten, eine regelrechte Erbfeindschaft zwischen ihnen und den Pendragons bestanden. Den Grund dafür kannte ich auch nicht.

»Warum habt Ihr uns geholfen?«, fragte Morgana dann misstrauisch.

Der alte Ritter antwortete nicht. Sein Körper versteifte sich urplötzlich wie der einer verschreckten Katze. Aus den Augenwinkeln starrte er so weit hinter sich, wie sie es ihm ohne weitere Bewegung möglich war.

»Wir haben keine Zeit«, sagte er, »die anderen werden bald kommen und bevor es so weit ist, müssen wir verschwunden sein.«

Morgana kniff ihre Augen zu Schlitzen zusammen.

»Warum? Was wollen die von uns?«

»Ich weiß es nicht«, entgegnete der alte Ritter, »aber ich garantiere euch, ihr wollt es lieber nicht herausfinden.«

Morgana zögerte, doch dann drehte sie sich zu ihrem Pferd. Der alte Ritter kam auf sie zu, um ihr hochzuhelfen. Sobald seine Hände ihre Taille berührten, schlug sie diese von sich.

»Ich kann das allein«, zischte sie ihn an.

Dann drehte sie ihren Kopf zu mir.

»Hilfst du mir bitte?«, sagte sie.

Ich schaute sie einen Moment lang verwirrt an. Mit ihren grünen Augen deutete sie auf das Pferd neben sich, wobei sie ihren Kopf leicht in dieselbe Richtung neigte. Trotz meiner Verwirrung eilte ich zu ihr und formte mit meinen Händen einen Graben – wie sie es mir gezeigt hatte.

»Danke«, meinte sie, die Stirn hochgehalten und mit den Augen auf Ector hinab schauend.

Der alte Ritter kniff seine Lippen auf seltsame Weise zusammen und ein lauter Pfiff ertönte. Drei Sekunden später tauchte ein Pferd hinter ihm auf.

Jetzt musste nur noch ich irgendwie auf mein Pferd gelangen.

Ich atmete tief ein und griff die unterste Kante des Sattels. Dann versuchte ich mit meinem linken Fuß irgendwie den Steigbügel zu erreichen.

»Brauchst du Hilfe?«, fragte die Stimme des Ritters.

Ich drehte mich zu ihm um, mein Blick tanzte verunsichert von ihm zu Morgana und anschließend wieder zu ihm.

»Eigentlich – ehm«, ich gab auf, »ja.«

Ector zog seinen Mundwinkel nach oben. Die Geste sorgte nur dafür, dass sich noch mehr Falten in seinem Gesicht bildeten.

Dann half er mir auf mein Pferd und wir ritten weiter nach Westen: in die Richtung der untergehenden Sonne.

Vier

»Ihr seid in Sicherheit, keine Sorge.«

Der alte Ritter sah mich an, als versuchte er, ein verschrecktes Reh zu beruhigen. Ich sah mich weiter um. Trotz der wärmenden Flammen vor mir fühlte es sich an, als lauerten tausende Schatten im Gebüsch. Als warteten sie darauf, dass wir einschliefen.

Immer wenn ich wegschaute, fühlte es sich an, als würden die Schatten nach mir greifen; als würden sie versuchen, mich in die Dunkelheit zu ziehen.

Nicht einmal das Knistern des Holzes konnte mich beruhigen – im Gegenteil, es machte alles nur noch gespenstischer.

Ich erinnerte mich an den Kamin im Turm meines Schulleiters. Dort hatte sich das Knistern des Feuers stets angehört wie das Rauschen der Blätter im Wind. Jedes Feuer hatte sich so angehört. Aber nicht jenes, das Avalon verschlungen hatte.

Jetzt erinnerte es mich an die Schreie, an das Blut. Und an die aufgeschlitzten Kehlen. Es erinnerte mich an die knirschenden Holzbalken, die sich unter den Flammen gebeugt hatten und an die Häuser, die eingestürzt waren.

Wenn ich meine Augen schloss, konnte ich alles wieder vor mir sehen – die Flammen, das Blut und die Toten auf den Straßen. Ich konnte den Turm meines Schulleiters in der Ferne sehen, konnte sehen und hören, wie er brannte.

»Es wird dauern, ehe sie uns einholen«, versicherte Ector uns, »wenn wir ihnen nicht begegnen wollen, musst du lernen zu reiten, Junge.«

Rot-oranges Licht tanzte im Gesicht des Ritters. Hier in der Dunkelheit wirkte er sogar etwas jünger. Seine blauen Augen sahen mich innig an, starrten beinahe durch mich hindurch, wie in Gedanken verloren.

Es stimmte, ich musste lernen zu reiten. Die ganze Zeit über hatte ich damit gekämpft, einerseits das Pferd zum Sprint zu bringen und andererseits das Pferd in die richtige Richtung zu lenken. Ich hatte versucht, mich an Morganas Instruktionen zu halten, aber sie schienen nicht viel zu helfen. Ständig lag ich hinterher, was sich in der Dunkelheit als äußerst nachteilig erwies. Einmal dachte ich sogar, ich hätte sie verloren. Doch in dem Moment, in dem ich mich der Verzweiflung hingegeben hatte, war der alte Ritter plötzlich aus dem Nichts aufgetaucht.

Dann hatte er beschlossen, eine Pause einzulegen und hier saßen wir nun, mit dem Feuer zwischen uns.

Ector saß gegenüber von mir, Morgana lag neben mir und schlief. Nachdenklich betrachtete ich den alten Ritter, stets im Bewusstsein der Schatten um mich herum – ich beobachtete sie nervös aus den Augenwinkeln.

Geh nach Westen, hatte mein Schulleiter gesagt, dort wirst du ein Dorf finden.

Und Hilfe.

Ich betrachtete den alten Ritter, beobachtete, wie das Licht seine pappige Haut im sanften Orange färbte. Ich betrachtete ihn und fragte mich, ob er jene Hilfe war, die Pathosth gemeint hatte. Ich griff nach der Kette um meinen Hals, umklammerte den Anhänger durch meine Kleidung hindurch und fragte mich, ob ich ihm vertrauen konnte.

»Um deine Reitfähigkeit kümmern wir uns morgen. Jetzt solltest du lieber schlafen.«

Ich drehte meinen Kopf zur Seite, beobachtete die zappelnden Schatten der Bäume. Nach einigen Minuten verschwand das Licht der Flammen, es wurde schwächer und immer kleiner, bis es schließlich verblasste und nichts als Dunkelheit zurückließ.

Plötzlich erschien eine Burg. Gigantische Türme ragten weit in den Himmel hinauf, kratzen an der Wolkendecke. Vor der Burg lagen sie – die Körper. Die Leichen. Sie lagen überall vor mir auf dem Boden verteilt wie Sand am Meer. Keine von ihnen bewegte sich.

Ich schaute weg von ihnen, weil ich den Anblick nicht ertragen konnte. Ich schaute nach unten. Augen starrten mich an, leere Augen. Sie stachen durch mich hindurch.

Ich schreckte auf, mein Körper schweißgebadet, meine Brust heftig auf und ab gehend.

Auf meiner Schulter befand sich eine große Hand und blaue Augen sahen mich an. Die Pupillen reflektierten mich wie die Oberfläche eines Spiegels: ein verschreckter kleiner Junge, unsicher und gebrechlich, mit mehr Angst in ihm, als sein Körper Platz dafür hatte.

Ein Kind, das den Tod gesehen hatte.

Meine grauen Augen starrten mich aus der Spiegelung hilflos an; sie waren noch immer angeschwollen.

»Komm, Junge«, meinte der Ritter, »uns läuft die Zeit davon.«

Seine Finger gruben sich in den Stoff meines Hemdes und zogen mich nach oben. Es war noch immer düster, der Himmel in seinem blassesten Dunkelblau – die Sonne ging bald auf.

Morgana stand vor ihrem Pferd und wartete. Ich ging zu ihr und half ihr auf das Tier.

»Wo bringt Ihr uns hin?«, wollte sie wissen.

Anscheinend sprach sie nur mit dem Ritter, wenn sie sich auf einer höheren Ebene als er befand. Wie letzten Abend blickte sie auf ihn herab. Allerdings sah sie ihn nicht mit Abscheu an, sondern mit Vorsicht. Ich vermutete, dass auch sie sich noch nicht entschlossen hatte, ob sie dem alten Ritter trauen konnte.

»An den einzigen Ort, an dem wir alle drei vor den Männern sicher sind, die uns verfolgen«, antwortete er, als er mir auf mein Pferd half.

Der alte Ritter packte mich mit beiden Händen an meiner Taille und hob mich nach oben, als wäre ich nichts weiter als ein Stapel Bücher, den er ins Regal einräumte.

»Nach Camelot«, sagte er dann.

Morgana legte ihre Stirn in Falten.

»Das sind Cornwalls Männer, nicht wahr?«, meinte ich zu ihm.

Mit seinen Augen – himmelblau waren sie – gab er mir einen interessierten Blick. Als er mich so ansah, überkam mich das Gefühl, als kenne ich ihn länger als nur einen Tag. Es war eine seltsame Mischung aus Gewohnheit und Wiedererkennung, die sich hinter den Falten in seinem Gesicht verbarg.

Als hätte ich schon viel früher in dieses Gesicht geblickt und es vergessen.

Es verwirrte mich; ich wusste nichts damit anzufangen.

»Ja«, meinte er, woraufhin er meine Körperhaltung von oben bis unten musterte.

»Setz dich aufrecht hin«, sagte er dann und drückte seine Hand gegen meine Wirbelsäule, »gerader Rücken.«

»Was wollen sie von uns?«, fragte Morgana.

»Zum einen«, gab er von sich und drehte sich zu dem kleinen Mädchen auf ihrem viel zu großen Pferd, »mich töten – meinetwegen haben sie zwei ihrer Männer verloren. Abgesehen davon herrscht böses Blut zwischen den Cornwalls und den Pendragons. Was euch angeht ... ich weiß nicht, was sie von euch wollen, aber ich bin sicher, es ist nichts Gutes. Deshalb gehen wir nach Camelot. Hoffen wir nur, dass wir es schaffen, sie uns vom Leibe zu halten, bis wir in der Nähe der Burg sind. Cornwalls Männer wagen sich nie weit vor, so wie Pendragons Männer nie weit nach Ravenhall vordringen. Oder Gol Ahdist.«

»Die Schwarze Feste«, schoss es aus mir heraus, bevor ich es mir überlegen konnte.

Ector drehte sich zu mir um, erneut mit Interesse in seinen Augen.

»Ja«, meinte er.

Morgana legte ihre Stirn in Falten.

Gol Ahdist war der Sitz der Familie von Cornwall – weit oben im Nordosten. Die Steine, aus denen die Burg bestand, waren pechschwarz, erinnerten an die Brandnarben, die nur Drachenfeuer auf solchen Steinen hinterlassen konnte.

Daher der Name.

Schwarze Feste.

In den Büchern der Bibliothek meiner Schule hatte ich darüber gelesen, dass sich die Cornwalls die schwarze Farbe zu Nutze machten, um somit ihre Feinde einzuschüchtern – Gol Ahdist war nicht ihr ursprünglicher Sitz, Ravenhall war es – und von den Abbildungen, die ich in Büchern gesehen hatte, konnte ich sagen, dass es wirkte.

Immer wenn ich die Zeichnungen gesehen hatte oder einfach daran dachte, hoffte ich, sie eines Tages selber sehen zu können, mit meinen eigenen Augen die schwarzen Brandmale zu betrachten.

Gol Ahdist – die Schwarze Feste.

Ich erschrak. In Gedanken versunken, hatte ich völlig vergessen, dass der alte Ritter noch immer vor mir stand. Ich zuckte zusammen, als er plötzlich meinen Fuß griff und ihn auf dem Steigbügel platzierte.

»Drück die Fersen nach unten«, wies er mich an, als er meinen Fuß in die richtige Position lenkte, »etwa so. Nicht zu doll, deine Wade muss an ihrem Bauch bleiben.«

»Ihrem?«, gab ich geschockt von mir.

Der Ritter zog seinen rechten Mundwinkel in einem halben Lächeln nach oben. Mit der Hand streichelte er die Stute, seine blauen Augen auf das Tier fixiert wie die wachsamen Augen eines Adlers, der seine Brut beschützte.

»Glaubt Ihr, sie werden uns verfolgen?«, fragte Morgana.

Ob ihre Stimme unsicher oder gespannt klang, konnte ich nicht sagen. Irgendwie war es eine Mischung aus beidem – die Befürchtung einer Verfolgung und gleichzeitig der Beginn eines Abenteuers.

Ich konnte ihre Begeisterung nicht teilen – ich hatte einfach nur höllische Angst.

»Daran besteht kein Zweifel. Wenn es um die Ritter der Pendragons geht, ist den Cornwalls keine Mühe zu groß – und wenn wir alle unsere Köpfe auf unseren Schultern behalten wollen, sollten wir uns beeilen.«

Dann wandte sich der alte Ritter wieder mir zu.

»Wenn du willst, dass sie schneller läuft«, erklärte Ector, »gibst du ihr einen Impuls mit deinen Schenkeln.«

Anschließend begab sich der Ritter zu seinem eigenen Pferd. Er stieg auf. Sein linker Fuß befand sich auf dem Steigbügel, während sein rechtes Bein mit einer Eleganz, die ich nicht von einem Mann seines Alters erwartet hatte, über den Sattel zur anderen Seite des Tieres schwang.

Anschließend sah er zu mir, sein Blick musterte mich, analysierte mich.

»Deine Zügel«, meinte er, »sie sind zu locker. So hast du keine Kontrolle über das Pferd. Halt sie kürzer – etwa so – und achte darauf, dass sie gleich lang sind, oder du läufst im Kreis. Bereit?«

»Ehm –«, begann ich, doch bevor mein Mund richtige Worte formen konnte, drehte sich der alte Ritter um.

»Dann los«, meinte er und verpasste seinem Tier einen leichten Stoß mit seinen Schenkeln.

Er ritt voran, Morgana hinter ihm. Sie lenkte ihr Pferd an mir vorbei, sodass es nun dem alten Ritter hinterherschaute.

»Versuch, mitzuhalten«, meinte sie, mit einem sympathischen Lächeln im Gesicht.

Wir ritten weiter in die Richtung, die ich als Westen vermutete. Zwei Stunden später sollte sich meine Vermutung befürworten, als sich hinter uns die ersten Sonnenstrahlen am Horizont zeigten. Dort, wo der Himmel auf die Erde traf, ging das Dunkelblau langsam in Orange über – viel sanfter und zarter als das der Flammen des Lagerfeuers.

Wie der Kuss einer Mutter.

Die Dunkelheit zog sich zurück und der Wald erblühte im frischen Leben.

»Warum reiten wir schneller?«, rief Morgana dem alten Ritter hinterher, ihre Stimme klang alarmiert.

Ich hatte die gesamte Zeit über Probleme mit dem Reiten gehabt, sodass ich nicht einmal bemerkte, dass Ector das Tempo erhöht hatte. Aber jetzt, wo Morgana ihn darauf angesprochen hatte, fiel es mir auf. Ich bemerkte es am Abstand zwischen uns. Sowohl Ector als auch Morgana lagen weit vor mir – weiter als sonst jedenfalls.

Wäre es dunkel gewesen, hätte ich sie womöglich nicht einmal gesehen.

Ich gab meinem Pferd einen Stoß, in der Hoffnung, die anderen einzuholen – in der Hoffnung, dass dieses Tier überhaupt einmal tat, was ich wollte.

Das Resultat war zwar, dass mein Pferd schneller lief, ich aber auch mehr und mehr damit kämpfte, nicht vom Sattel zu fallen und gleichzeitig die Zügel richtig zu halten, um nicht auf einmal in die entgegengesetzte Richtung zu reiten.

Es war die reinste Katastrophe.

Ich mochte mein Pferd, wirklich, und ich glaubte, dass es mich ebenfalls mochte, doch irgendwie schien es mir das Reiten nicht gerade zu erleichtern.

Es grenzte an ein Wunder, als ich die anderen ein wenig einholte; ich kam ihnen nahe genug, um zu verstehen, was sie sagten.

»Sie sind dicht hinter uns«, rief der alte Ritter.

Kaum hatte er die Worte ausgesprochen, hörte ich das Wiehern eines Pferdes. Nichts daran war ungewöhnlich – abgesehen von der Tatsache, dass es von hinter mir kam.

Ehe ich es mich versah, heftete er sich an meinen Fersen: eine dunkle Gestalt auf einem Pferd, mit Fell so pechschwarz wie die Rüstung seines Reiters.

Panisch gab ich meinem Pferd einen Stoß. Es rannte schneller, unkontrolliert schnell. Ich schaffte es gerade so, mich auf dem Sattel zu halten.

Mein Pferd galoppierte nach vorne, lief Morgana und Ector auf ihren Pferden hinterher. Erst dachte ich, ich hätte die Gestalt hinter mir gelassen, das Wiehern war verstummt, ebenso wie das Geräusch vier weiterer Hufe. Aber exakt in jenem Moment, in dem mir der Gedanke durch den Kopf gegangen war, erschien er direkt neben mir. Ein Mann gekleidet in schwarzer Rüstung, ein Rabe auf dem Brustharnisch eingraviert.

Der Helm verdeckte sein Gesicht, doch es war nicht sein Gesicht, das meine Aufmerksamkeit auf sich zog, sondern seine Hand, die er nach mir ausstreckte.

Sie war nah, zu nah, und kam näher. Die Finger streckten sich nach meiner Kleidung aus wie die Krallen einer Eule, die eine Maus fing. Ich geriet in Panik. Um seinem Griff auszuweichen, lehnte ich mich zur Seite. Was sich als verehrender Fehler herausstellte.

Mit einem Mal verlor ich das Gleichgewicht. Mein Körper flog vom Sattel und schlug heftig auf den Boden.

Ein lautes Piepen dröhnte in meinem Kopf; das Geräusch blendete alle anderen aus. Mein Schädel schmerzte. Die Augen halb geschlossen, sah ich die Beine eines Pferdes vor mir. Ein dumpfes Geräusch ertönte, als anschließend zwei schwarze Eisenschuhe auf dem Boden landeten.

Die Hände, die sich nach mir ausgestreckt hatten, packten mich am Kragen. Sie zogen mich hoch und schüttelten mich. Hellbraune Augen sahen mich aus den dünnen Schlitzen des Helmes an.

»Wo ist sie? Wo ist das Mädchen?«

Die Stimme des Mannes klang, als hätte er ein Tuch vor seinem Mund.

Er schüttelte mich und stellte seine erste Frage erneut. Ich starrte ihn verängstigt an, doch in seinen Augen erkannte ich keinerlei Anzeichen von Wut oder Hass mir gegenüber. Viel mehr wirkte er aufgebracht, beinahe, als wäre das »Mädchen« ein Gegenstand gewesen, den er einst besessen, aber vor langer Zeit verloren hatte.

»LASS IHN LOS!«, ertönte eine Stimme.

Morganas Stimme, aufgebracht und wütend wie eine Hündin, deren Welpe Gefahr drohte.

Wie aus dem Nichts kam sie auf ihrem Pferd angeritten. Der Mann riss seine Augen auf, als er realisierte, dass Morgana in vollem Tempo auf ihn zuritt.

Die Hände lösten sich von meiner Kleidung und der Mann warf seinen Körper aus der Bahn des Pferdes.

Er entkam nur knapp. Die Wucht, mit der er sich von mir gelöst hatte, beförderte uns beide auf den Boden. Diesmal war der Sturz weniger schmerzhaft.

Als ich das nächste Mal aufschaute, sah ich Ector. Der alte Ritter stand mit gezogener Klinge vor dem Mann in schwarzer Rüstung. Der hatte sein Schwert ebenfalls in der Hand und hielt es Ector entgegen.

Im nächsten Atemzug kreuzten sich ihre Klingen in der Luft. Der Stahl reflektierte das Licht der Sonne, blendete mir ins Gesicht, während das Klirren ertönte – wie ein Glas, das mit einem Messer in Berührung kam.

Der Mann nutze seinen Vorteil gegenüber Ector, er holte mit dem Kopf aus und rammte seinen Helm gegen die Stirn des alten Ritters. Die Klingen lösten sich voneinander, Ector taumelte nach hinten. Der Mann verpasste ihm einen Tritt und Ector stürzte. Als ich das Blut an seiner Stirn sah, dachte ich, das war es.

Aber als der alte Ritter wieder aufsprang, nachdem er nicht einmal zwei Sekunden gelegen hatte, überraschte er mich wie schon zuvor. Für einen Mann seines Alters war er erstaunlich agil.

Er verfestigte seinen Griff und schwang die Klinge nach seinem Gegner. Dieser wich aus. Ector machte sich bereit für einen erneuten Schlag, doch noch während der alte Ritter Schwung holte, sprang der Mann auf sein Pferd.

Wie ein Schatten, der vor dem Licht floh, verschwand er hinter den Bäumen.

»Er ist weg«, sagte ich, eher zu mir selbst als zu einem der anderen.

»Das ist gut, oder?«, meinte Morgana.

Ector, der dem Reiter bis jetzt noch hinterher gesehen hatte, drehte sich zu uns um.

»Er wird wiederkommen«, sagte der alte Ritter, »und mit ihm der ganze Rest.«

Der alte Ritter kam auf mich zu, er reichte mir seine Hand und half mir erst auf die Beine und anschließend auf mein Pferd.

»Alles in Ordnung, Junge?«

»Warum kam er allein?«, fragte ich ihn.

»Er war ein Kundschafter.«

»Was wollte er auskundschaften?«, wollte Morgana wissen.

Sie lehnte sich weiter nach vorne, in den Sattel hinein, die eine Augenbraue erwartungsvoll hochgezogen.

»Uns«, antwortete Ector, nachdem er auf sein Pferd gestiegen war.

Er ritt voran.

Während Morgana ihr Pferd mit den Zügeln in die richtige Richtung lenkte, gab sie mir ein zartes Lächeln. Ihre Augen funkelten wie Smaragde im Sonnenlicht.

»Alles in Ordnung?«, fragte sie.

Ich nickte. Dann ritt sie los und ich folgte ihr.

***

»Glaubst du, wir können ihm trauen?«, fragte Morgana.

In dieser Nacht hatte Ector kein Feuer gemacht – er glaubte, es würde den Schwarzen Reitern somit schwerer fallen, uns zu finden. Ich betete, dass er recht hatte.

Wir waren den ganzen Tag durchgeritten, hatten nur wenige kurze Pausen eingelegt, damit sich die Pferde erholen konnten. Mittlerweile stand der Mond weit oben, die Sterne neben ihm funkelten wie Kristalle in einer Höhle.

Unter dem Lichtschein wirkte Morganas Haut blasser als sonst – aber nicht weniger schön. Ector lag vor uns, seine Brust bewegte sich sanft auf und ab, seine Augen waren geschlossen.

»Was glaubt Ihr?«, entgegnete ich ihr.

»Ich glaube schon«, antwortete sie.

Ich gab ihr ein Nicken.

»Ich weiß, es klingt seltsam, aber … es fühlt sich an, als würde ich ihn irgendwoher kennen – beinahe, als würde ich ihn schon länger kennen …«

Morganas Augen sahen mich nachdenklich an. Ich sah zu, wie sie Stück für Stück an mir hinunterwanderten, von meinen Augen zu meinem Kinn und von dort aus weiter hinunter, bis sie etwa in der Mitte meines Brustkorbes zum Stehen kamen. Sie neigte ihren Kopf schräg zur Seite.

»Was hältst du in deiner Hand?«

Ich blickte auf meine rechte Hand und stellte überrascht fest, dass ich die Kette durch meine Kleidung umklammerte.

Ich ließ sie los, hastig, als hätte sie sich plötzlich in eine Kakerlake verwandelt.

»Ist schon gut«, meinte Morgana dann, »du musst es mir nicht sagen, wenn du nicht willst.«

»Nein!«, gab ich hastig von mir.

Dann erschrak ich, weil ich fürchtete, dass sie mich missverstand.

»Nein – ich, es ist nur – ich meine …«

Ich hielt die Luft an. Bevor ich es mit meinen Worten vermasseln konnte, holte ich das Stoffband mit dem Anhänger hervor. In der Dunkelheit konnte man den Obsidian kaum erkennen, es war, als wäre er nur ein Teil von ihr, nur ein weiterer Schatten im Schwarz der Nacht.

»Ein Freund gab sie mir«, erklärte ich, »ein sehr guter Freund.«

Die letzten Tage hatten mir kaum Zeit gelassen, in Trauer zu versinken. Das Einzige, worauf ich mich konzentriert hatte, war nicht vom Pferd zu fallen. Aber jetzt, wo ich wieder an ihn erinnert wurde …

Es war hart, nicht zu weinen. Schier unmöglich. Aber Morgana weinte nicht; also würde ich es auch nicht tun.

Ich sah den brennenden Turm, sah die Rauchwolken und Isaacs

glasige Augen vor mir. Aber ich ließ sie nicht näher kommen – ich ließ die Erinnerungen nicht tief genug in mir vordringen, um Tränen zu verursachen.

Vor den Flammen fürchtete ich mich am meisten; vor dem orangerotem Licht, das wie brennende Phönixe emporragte, die Flügel weit ausgebreitet, den gesamten Nachthimmel erleuchtend.

Morgana erkannte die Trauer in meiner Stimme.

»Dein Verlust tut mir leid«, meinte sie mitfühlend.

Ich erschrak – ich hatte mich gehen lassen, mich völlig in Gedanken verloren und trauerte ihr vor, was ich verloren hatte.

»Nein«, gab ich panisch von mir, »nein, nein, das muss es nicht – ich meine, Ihr müsst nicht –«

Morgana neigte ihren Kopf erneut zur Seite.

»Warum nennst du mich so?«

Meine Muskeln erstarrten.

»Was?«, gab ich von mir.

»*Ihr*«, erklärte sie, »du sagst ständig ‚Ihr' zu mir, seit unserer ersten Begegnung …«

Sie machte eine kurze Pause, in der sie nachdachte. Dann kniff sie ihre Augen zu Schlitzen zusammen.

»Du weißt, wer ich bin, nicht wahr?«

Ich nickte. Sie schüchterte mich ein.

»Ihr seid Morgan le Fay«, antwortete ich ihr.

Diesmal war sie es, die nickte.

Eine Weile verging, in der wir beide einfach nur schwiegen.

»Ich möchte, dass du mich mit ‚Du' ansprichst«, sagte sie dann.

Plötzlich kam mir ein Gedanke – einer, der mir schon viel früher hätte kommen sollen. Morganas Augen weiteten sich vor Schock, als sie meinen Gesichtsausdruck sah.

»Was ist?«, fragte sie.

»Die Schwarzen Reiter«, erklärte ich ihr, »sie suchen nach *Euch*. In dem Gasthaus, da hatte einer von ihnen den Wirt nach Euch gefragt und jetzt – heute Morgen – der Mann, er fragte mich, wo Ihr seid.«

Morgana starrte nachdenklich auf den Boden, ihre Miene besorgt. Dann fiel ihr Blick auf den alten Ritter.

»Glaubst du, Ector weiß, wer ich bin?«
Ich dachte kurz darüber nach.
»Ich glaube nicht«, meinte ich dann.
»Gut«, entgegnete sie, »dabei soll es bleiben. Der Angriff auf Avalon geschah nicht grundlos. Ich weiß nicht, wer dahinter steckt, aber von nun an ist es besser, wenn wir niemandem erzählen, woher wir kommen.«
Hinter ihrer tapferen Miene und dem selbstbewussten Auftreten erkannte ich ihren Kummer – selbst, wenn sie versuchte, ihn vor mir zu verbergen. Und wenn es keine Gemeinsamkeit gegeben hatte, die uns verband, so teilten wir nun dieselbe Vergangenheit; wir teilten denselben Kummer, denselben Schmerz.
Ich hatte ja keine Ahnung, was wir noch teilten. Ich hatte keine Ahnung, welche Gemeinsamkeit uns noch verband, und ich hatte keine Ahnung, dass uns eines Tages alles verbinden würde, was uns voneinander trennte.
Wir beide hatten keine Ahnung, was uns bevorstand.
»Wir können niemandem trauen außer uns selbst«, meinte sie dann, »wenn diese Schwarzen Reiter wirklich nach mir suchen, darf nicht einmal Ector erfahren, wer ich bin.«
»Glaubt Ihr – du! – glaubst du, er würde dich ihnen ausliefern?«
Morgana überlegte.
»Ich weiß es nicht, aber wir dürfen kein Risiko eingehen.«
»Ich glaube nicht, dass er das tun würde«, meinte ich.
Ich hoffte es mehr, als ich es glaubte. Morgana zuckte mit den Schultern.
»Ich weiß es nicht, aber Misstrauen ist besser als Naivität. Verstehst du?«
Sie sah mich ernst an, beinahe besorgt. Ich verstand.
»Von jetzt an bin ich nicht mehr Morgan le Fay«, sagte sie, ihre Stimme gespannt, als wäre all das nur ein Spiel der Vortäuschung.
Aber in ihr verbarg sich auch etwas, das sich anfühlte wie Abschied – als wäre die Gespanntheit nur da, um mich von der Wahrheit abzulenken.
Das war er, der Moment, in dem sie sich von allem verabschiedete – von dem Namen, der ihr gezeigt hatte, wer sie war, und von der Welt, in der sie einst gelebt hatte.
Es war vorbei – der Frieden war vorbei. Für uns jedenfalls.
Ich beneidete sie – für ihre Stärke, mit der sie ihre Eltern einfach

vergaß. Denn ich schaffte es nicht. Ich würde meine Familie niemals vergessen können, die Erinnerungen niemals aus meinem Kopf streichen können, ohne es für den Rest meines Lebens zu bereuen.

Die Erinnerungen machten mich zu dem, der ich war – selbst, wenn ich nur ein Feigling war, selbst wenn die Erinnerungen mehr schmerzten als ein Dolch in meinem Körper.

Doch was ich nicht realisierte, war, dass Morgana ihre Eltern nie wirklich losgelassen hatte. Sie hatte sie nie wirklich vergessen – wie könnte sie auch? Denn hätte sie es getan, hätte die Zukunft, die uns bevorstand, womöglich einen völlig anderen Lauf genommen.

Ich presste meine Augen gewaltsam zu, presste noch härter, als würde es mir helfen, gegen den Schmerz anzukämpfen. Dann griff ich wieder nach meiner Kette. Ich hielt sie fest und ließ sie nicht wieder los.

»Von jetzt an bin ich Morgana«, sagte sie schließlich.

Ihre Stimme hallte in der Dunkelheit.

»Morgana? Gar kein abstrakterer Name wie … Amelia oder … Elayne oder –«

Ich schloss meinen Mund bei dem Blick, den sie mir gab.

»Oder Morgana«, sagte ich dann und tat so, als würde ich angestrengt nachdenken, »ja: Morgana – der gefällt mir am besten.«

Sie lachte. Ich atmete tief durch, als ich bemerkte, was dieses Lachen mit mir machte.

Ich lächelte sie an.

»Es ist ein schöner Name«, gab ich flüsternd von mir.

Trotz der Dunkelheit konnte ich sehen, wie Morganas Augen funkelten. Doch dann weiteten sie sich urplötzlich, als würde sie ein Monster sehen; als befände sich dieses Monster direkt hinter mir, als würde es seine Krallen ausfahren, um mich mit sich in die Finsternis zu reißen.

»Ich kenne nicht einmal deinen Namen!«, gab sie empört von sich.

Erneut atmete ich tief durch.

»Parzival«, erklärte ich ihr, erleichtert, dass es nur das war und nicht das mit dem Monster, »mein Name ist Parzival.«

Das Lächeln kehrte in ihr Gesicht zurück.

»Nun dann, *Parzival*. Danke.«

»Wofür?«

»Dafür, dass du mir das Leben gerettet hast.«

Ihr Lächeln intensivierte sich. Doch dann drehte sie sich um und legte sich schlafen. Ohne jegliche Kontrolle darüber zu haben, grinste ich. Meine Wangen wurden ganz heiß.

***

»Parzival«, hörte ich Morganas Stimme.

Sie klang weit entfernt und dennoch so unheimlich nah, als würde sie durch ein Portal sprechen, das zwei völlig unterschiedliche Welten miteinander verband.

»Parzival, wach auf! Ector hat Geräusche gehört«, flüsterte sie eindringlich.

Ich wachte auf, öffnete meine Augen und sah ihr Gesicht vor mir, das schwarze Haar zerzaust vom Schlaf, mit wenigen Blättern und Grashalmen darin. Ihre Miene wirkte alarmiert, weshalb ich mich rasch aufrichtete.

»Was ist –«

»Sch!«, hisste der alte Ritter.

Er stand hinter Morgana, sein Blick auf die Schatten der Bäume gerichtet, das Schwert in der Hand. Wie ein Fuchs lauschte er dem Flüstern des Waldes, die Ohren gespitzt und die Augen weit aufgerissen.

»Geht«, meinte er dann, »reitet weiter nach Westen, bis der Wald endet. Dann reitet ihr weiter nach Norden. Ich hole euch ein, sobald ich hier fertig bin.«

Ich wusste nicht, ob es nur meine Panik war, aber irgendwie bezweifelte ich, dass der alte Ritter uns tatsächlich wiederfinden würde. Immerhin war eine Voraussetzung dafür, dass Morgana und ich den richtigen Weg einschlagen würden.

Wir zögerten.

Fünf der Schwarzen Reiter hatte ich in dem Gasthaus gesehen, zwei weitere hatte Ector bereits …

Selbst wenn er zwei gleichzeitig besiegt hatte, bezweifelte ich, dass er es mit fünf schaffen würde.

Morgana und ich standen wie angefroren an der Stelle. Der alte Ritter nahm sein Schwert in beide Hände.

»Los jetzt!«, zischte er.

Wir zuckten beide zusammen. Morgana eilte zu ihrem Pferd. Ich hastete ihr hinterher und half ihr auf das Tier. Im nächsten Moment fand ich mich verzweifelt vor meiner Stute wieder. Wie, bei Raznars Asche, sollte ich auf dieses gigantische Tier steigen?

»Komm schon!«, drängte Morgana.

Dann kam mir eine Idee. Hastig griff ich in die Satteltasche, griff nach einer Karotte, holte sie heraus. Im nächsten Moment hielt ich sie dem Pferd vor die Nase. Als sie das Gemüse mit ihren Zähnen greifen wollte, kniete ich mich hin, in der Hoffnung, sie würde meiner Bewegung folgen und sich hinlegen, sodass ich ihr die Karotte geben und gleichzeitig den Sattel erreichen konnte.

Was ich nicht bedacht hatte, war, dass das Pferd seine Schnauze ganz einfach nach unten beugen würde. Genau das passierte auch, sie schnappte mir die Karotte aus der Hand und ich befand mich wieder ganz am Anfang.

»Was machst du denn da?«, zischte Morgana.

»Ich komme nicht auf mein Pferd!«

Exakt in jenem Moment, in dem ich die Worte ausgesprochen hatte, packten mich zwei große Hände. Mit einem kräftigen Hieb hoben sie mich an und setzten mich auf den Sattel.

»Los jetzt!«

Ectors blaue Augen hatten mich nur kurz angesehen, bevor er sich wieder auf die Bäume konzentrierte. Ich folgte ihnen und starrte in die Richtung, in die sie starrten. Die Bäume sahen nicht aus wie Bäume; auf einmal wirkten sie wie unzählige Kreaturen mit dünnen Armen und langen Krallen an ihren Fingern. Sobald ich wegschaute, fühlte es sich an, als würden sie näher kriechen.

»Ector«, meinte ich.

Ich hatte Angst und wie es aussah, hörte er sie deutlich in meiner Stimme. Er versteifte sich und obwohl er mich nicht ansah, wusste ich, dass er mir zuhörte.

»Seid Ihr sicher, dass Ihr uns finden werdet?«

»Diese Pferde hinterlassen ziemlich offensichtliche Spuren«, entgegnete er.

Wir beide wussten, was ich mit meiner Frage gemeint hatte und da er nicht zu mir sah, war es schwer zu beurteilen, was er wirklich dachte. Dann sah ich zu Morgana; ihr Gesicht enthielt nur halb so viel Unsicherheit wie das meine. Sie ritt los und ich folgte ihr.

Die Bäume huschten an uns vorbei, vermischten sich miteinander und sprangen wie Katzen an uns vorbei – flink, ungezähmt, gefährlich.

In wenigen Stunden würde die Sonne aufgehen, doch der Wald schien nichts davon zu bemerken. Hier unten herrschte noch immer Finsternis.

Erst dachte ich, mein Reitstil hätte sich verbessert. Aber dann bemerkte ich, wie Morgana gelegentlich zu mir nach hinten schaute und ihr Tempo verlangsamte. Wir waren bereits eine ziemliche Weile unterwegs. Der Wald nahm noch immer kein Ende.

So seltsam es sich auch anfühlte, mir fehlte der alte Ritter. Ihn bei uns zu haben, fühlte sich an, als befänden wir uns auf stürmischer See, mit ihm als Anker, der unserem Schiff sicheren Halt gab und dafür sorgte, dass es nicht unterging.

Jetzt, wo wir alleine waren, fühlte es sich an, als hätte der Sturm die Kontrolle über uns. Ich spürte, wie die Wassermengen auf uns hereinbrachen.

Dann ging die Sonne auf. Licht fiel durch die Baumkronen. Die Bäume wurden weniger dicht. Ich konnte das Ende des Waldes sehen.

»Siehst du das?«, fragte Morgana eine Sekunde später.

Für den Bruchteil einer Sekunde sah sie begeistert zu mir nach hinten. Ich erwiderte ihren Blick. Doch als wir beide gleichzeitig wieder nach vorne schauten, standen plötzlich mehrere Gestalten in unserem Weg.

Es waren fünf.

Fünf Männer in pechschwarzen Rüstungen, auf fünf pechschwarzen Pferden.

Urplötzlich standen sie dort, als wären sie mit einem Mal aus dem Boden geschossen – als wären sie selbst der Boden gewesen, der sich verformt und in finstere Gestalten verwandelt hätte.

Wir versuchten beide, unsere Pferde abzubremsen und in die entgegengesetzte Richtung zu drehen, aber als alle gleichzeitig ihre Schwerter zogen, verschreckte es die Tiere. Sie bäumten sich auf ihre Hinterbeine und warfen uns aus den Satteln. Dann ritten sie ohne uns davon.

Die Männer kamen auf uns zu, umzingelten uns. Morgana und ich standen in der Mitte des Kreises, den sie um uns gebildet hatten.

Sie stiegen ab, ihre schwarzen Stahlschuhe rammten sich in die Erde. Es hörte sich an, als zertrümmerte jemand einen Knochen mit einem Hammer.

Einer der Männer nahm seinen Helm ab. Ich erkannte seine blasse Haut, seine dünnen Lippen, die geisterhaften Augen.

Jetzt, wo die Sonne ihr Licht auf sein Gesicht warf, bemerkte ich die hohen Wangenknochen, spitz wie eine Klinge. Sein verschwitztes Haar klebte an seiner Stirn.

»Der Wirt hatte recht«, sagte seine eiskalte Stimme, »ihr beide steckt tatsächlich unter einer Decke.«

Er steckte sein Schwert zurück in seine Scheide. Im nächsten Atemzug taten es ihm seine Männer gleich.

»Was wollt ihr!«, verlangte Morgana zu wissen.

Ihre Stimme klang alles andere als ängstlich – aufsässig, sie klang aufsässig; als wollte sie diesen Männern aus Prinzip zeigen, dass sie sich nicht vor ihnen fürchtete, wenn sie wollten, dass sie vor Angst zitterte.

Ich zitterte vor Angst.

»Wir wollen, dass Ihr mit uns kommt, junge Lady«, antwortete er ihr.

»Warum sollte ich!«, spuckte Morgana aus.

Anders als ich ließ sie sich von dem Mann noch immer nicht einschüchtern – sofern es überhaupt möglich war, klang sie nur noch selbstbewusster.

»Warum solltet Ihr nicht?«, entgegnete er.

»Weil Eure Männer versucht haben, uns zu töten!«

»Sie haben nie versucht, *Euch* zu töten. Sie haben nur versucht, diesen Abschaum, der sich Ritter nennt, zu töten.«

»Ector ist unser Freund!«, brüllte sie dem Mann mitten ins Gesicht.

Er schloss seine Augen – um sich innerlich davon abzuhalten, Morgana seine Rückhand ins Gesicht zu schleudern, wie ich vermutete.

»Ihr nennt mir nur mehr Gründe, Euch zu misstrauen, Sir! Ich werde nicht mit Euch kommen, nicht in eintausend Jahren!«

Dann öffnete der blasse Mann seine Augen. Einen Moment lang starrte er sie intensiv an, wie ein Löwe, der eine Gazelle beobachtete, bevor er sie von ihrer Herde trennte und seine Pranken in ihrem Fleisch vergrub.

»Ich glaube, Euch ist nicht bewusst, dass Ihr keine Wahl habt. Ihr werdet uns begleiten, ob Ihr wollt oder nicht.«

Bevor er sich umdrehte, nickte der blasse Mann zu einem seiner Männer, woraufhin dieser auf Morgana zukam, die Hände nach ihr ausgestreckt. Ich wusste nicht, woher dieser plötzliche Ansturm von Mut kam, aber kurz bevor die Finger dieses Mannes nach ihr greifen konnten, trat ich vor Morgana und blockierte seinen Weg zu ihr.

Mein Herz pochte gefühlt bis in meinen Kopf.

»Wagt es nicht, sie anzufassen!«, spuckte ich die Worte wie Gift aus meinem Mund.

Meine Augen weiteten sich vor Schock – ich war schockiert von mir selbst und ich hätte wetten können, Morganas Gesicht war das Ebenbild von meinem.

Selbst der Mann, der nach Morgana greifen wollte, schien für den Bruchteil einer Sekunde verwirrt. Der blasse Mann hingegen drehte seinen Körper leicht zurück, sodass er nur zur Hälfte zu Morgana sehen konnte. Ein hinterlistiges Grinsen lag auf seinen Lippen, die Mundwinkel waren spitz nach oben gezogen.

Ich sah, wie er erst mich, dann Morgana und anschließend wieder mich aus den Augenwinkeln betrachtete – mit einem Interesse hinter seinen schwarzen Pupillen, dass sich meine Nackenhaare sträubten.

Dann kam die Hand auf mich zugeflogen. Schwarzer Stahl, runde Aufwölbungen an den Fingergelenken, rammte sich in mein Gesicht.

Morgana gab ein erschrecktes Geräusch von sich – fast wie ein Schrei, nur viel leiser, mehr wie ein Atemzug.

Die Hand erwischte mich quer über mein Gesicht, beförderte mich in Sekundenschnelle auf die Erde. Stechender Schmerz breitete sich aus, von meiner Wange über meine Nase bis hin zum Stirnbein.

Der Mann, der mich geschlagen hatte, wollte sich gerade zu mir herunterbeugen, als der blasse Mann ein lautes Stöhnen von sich gab. Anscheinend musste es eine Art Befehl gewesen sein, denn der Mann gehorchte und trat zurück. Stattdessen kam der blasse Mann auf mich zu. Er drückte dem anderen Mann seinen Helm in die Hand und streckte seine Arme nach mir aus.

»Ihr wollt also einen Grund?«, meinte er zu Morgana, als er mich an meiner Kleidung packte und zu sich nach oben hievte.

»Ich nenne Euch einen.«

Er zog einen Dolch und presste ihn fest an meine Kehle.

»Ihr kommt mit«, sagte er, »und dafür lasse ich den Burschen am Leben.«

Morgana schwieg, ihre grünen Augen auf die Klinge an meinem Hals fixiert.

Abscheu stand ihr ins Gesicht geschrieben; sie wusste, der blasse Mann drückte den Dolch nur aus purem Vergnügen an meine Kehle – er hätte sie einfach packen und mit sich zerren können, aber nein, er fand Gefallen daran, ein widerspenstiges Mädchen kapitulieren zu sehen.

Morganas Unterkiefer spannte sich an. Sie warf dem blassen Mann strenge Blicke zu, noch immer kein Hauch von Angst in ihrer Miene.

Ich beneidete sie dafür.

»Erst lasst ihn gehen, dann komme ich mit.«

Der blasse Mann grinste; ich spürte, wie sich sein Griff an meinem Arm langsam lockerte. Die Klinge aber entfernte er nicht, sie verweilte weiterhin an meinem Hals, fest genug, dass die kleinste Bewegung ein rotes Lächeln in meine Haut ritzen konnte.

»Ihr seid nicht in der Position, Bedingungen zu stellen, junge Lady«, entgegnete er.

Der Körper des blassen Mannes rüttelte und somit auch der Dolch an meiner Kehle, als er einem seiner Männer zunickte. Daraufhin ging dieser auf Morgana zu. Er band erst ihre Hände zusammen, dann legte er ihr eine Augenbinde um. Als er damit fertig war, führte er sie an mir vorbei und setzte sie auf das Pferd des blassen Mannes.

Sobald sie auf dem Sattel saß, entfernte sich der eisige Stahl von meinem Körper. Hektisch schnappte ich nach Luft.

Ich spürte den Schmerz in meinen Lungen, als würden sie sich gegen den Sauerstoff wehren, weil sie vergessen hatten, dass sie ihn zum Überleben brauchten. Mit meiner Hand rieb ich die Stelle, an der der blasse Mann seine Klinge an meinen Hals gepresst hatte. Selbst nachdem er sie entfernt hatte, fühlte es sich an, als befände sie sich noch immer dort, als würde sie mir meine Kehle aufschlitzen, wenn ich zu tief einatmete.

Plötzlich schubste mich der blasse Mann. Die Wucht warf mich direkt in die Arme einer seiner Männer.

»Wir nehmen ihn mit«, sagte der blasse Mann.

Fünf

Es war ein ungewöhnlich heißer Tag. Die Wärme bohrte sich förmlich durch meine Kleidung. Ich schwitzte; der Stoff, der meine Hände zusammenband, scheuerte an meinen Gelenken. Nach mehreren Stunden Ritt fühlte es sich an, als stünden sie in Flammen. Als ich meine Hände unter den Fesseln drehte, um sie zu lockern, verschlimmerte sich der Schmerz.

»Versuch es gar nicht erst«, meinte der Mann, mit dem ich auf einem Pferd saß.

Durch den Stoff meiner Augenbinde konnte ich gelegentliche Umrisse der Landschaft sehen. Ab und zu erkannte ich einen Baum in der Ferne, einsam auf einem Hügel wie ein Wächter, der sein Land seit über einhundert Jahren bewacht hatte und es noch weitere hundert Jahre tun würde.

Den gesamten Tag über hatten wir nicht eine Pause eingelegt; die Männer hatten stattdessen einfach das Tempo gelegentlich geändert. Jetzt gerade galoppierten die Pferde – was dem Schmerz an meinen Handgelenken nicht gerade entgegenkam.

Als wir aufgebrochen waren, hatte sich die Sonne zu meiner Rechten befunden. Im Laufe des Tages war sie gewandert: von rechts nach hinter mich, bis sie mich schließlich von links durch die Augenbinde hindurch blendete.

Die ganze Zeit über wunderte ich mich, wohin uns die Männer bringen würden – es waren Cornwalls Männer, also würden sie uns wahrscheinlich nach Gol Ahdist bringen. Aber warum? Zuerst hatte ich vermutet, dass sie diejenigen waren, die Avalon angegriffen hatten – Morganas und meine Heimat zerstört, unsere Familien ermordet hatten. Der Gedanke, sie wären es gewesen, machte mir Angst – es machte unsere Aussichten nicht sonderlich besser.

Aber da war noch ein anderes Gefühl, ein stärkeres beinahe. Wut, es war Wut. Ich war wütend auf sie, aber es war ein unsicheres Gefühl, als wusste ich selbst nicht, was ich denken oder fühlen sollte.

Vor allem hatte ich Angst.

Vielleicht wussten diese Männer, dass wir es geschafft hatten, aus der Stadt zu fliehen; vielleicht wussten sie, wer Morgana wirklich war. Doch wenn es so wäre, redete ich mir ein, hätten sie uns längst getötet und der blasse Mann hatte gesagt, er wollte nur Ector töten.

Aber warum Ector? Was hatte er damit zu tun gehabt? Sicherlich konnte nicht nur die Feindschaft zwischen den von Cornwalls und den Pendragons der Grund dafür gewesen sein. Nein, es musste einen anderen Grund gegeben haben, dessen war ich mir beinahe sicher.

Einige Stunden später, nachdem die Sonne hinter dem Horizont verschwunden war, und sich die Luft leicht abgekühlt hatte, hielten wir an.

Der Mann stieg vom Pferd, danach half er mir nach unten. Er nahm mir die Augenbinde ab. Ich sah mich um und stellte fest, dass wir uns auf dem Hof einer verlassenen Festung befanden – nichts weiter als eine Ruine, vergessen von der Menschheit, verlassen vom Licht.

Die Steinmauern um uns herum, einst massiv bedrohlich, waren völlig zerstört. An einigen Stellen befanden sich regelrechte Löcher in ihnen, als hätte eine Kanonenkugel gewaltsam durch sie hindurch geschossen. Aber als ich genauer hinsah, entdeckte ich, dass die Steine wie geschmolzen aussahen. Schwarze Brandstellen dekorierten die Steine der Mauern und Türme wie Blumenranken an den Säulen eines Palastes.

Hinter uns stand ein recht großes Tor mit demoliertem Schließgitter. Der Stahl, aus dem es bestand, war nach innen gebogen, die Platten, welche die einzelnen Quadrate formten, gewaltsam voneinander gerissen, als wäre vor vielen Jahren eine gewaltige Kreatur durch das Tor hindurch gebrochen.

Kein Grünzeug wuchs auf dem Boden, die Erde war trocken, verdorben, tot. Ein seltsamer Geruch zog durch die Luft, ein alter Geruch, als hätte er seit Jahrhunderten auf dem Stein und nur dort gelegen.

Morgana stand etwas entfernt neben mir. Auch ihr hatte man die Augenbinde abgenommen; sie sah sich neugierig um, das Grün in ihren Augen leuchtete wie Kerzen in der Dunkelheit, ihre zarten Flammen wild und voller Leben.

»Bringt sie in die Burg«, wies der blasse Mann an, den Helm unter seinem Arm geklemmt.

Große Finger legten sich auf meine Schulter und drückten mich nach vorn.

»Nicht ihn. Nur das Mädchen. Wenn wir beide zusammen in ein Zimmer sperren, sind sie weg, ehe die Sonne aufgeht.«

Der blasse Mann beugte sich zu Morgana hinunter.

»Wenn Ihr wegrennt, schlitze ich ihm die Kehle auf«, flüsterte er ihr zu, doch deutlich genug, dass ich es hören konnte.

Seine Augen glitten an Morgana vorbei, fixierten plötzlich mich, als wäre ich ein Beutetier und er der Jäger.

»Dasselbe gilt für dich.«

Morgana warf ihm einen Blick zu, der Stahl hätte schneiden können. Dann brachte sie der Mann, der ihren Arm festhielt, in die Burg. Der blasse Mann wendete sich den übrigen Männern zu.

»Der Alte wird uns gefolgt sein. Er sollte gegen Mitternacht ankommen. Aber wie ich Pendragons Männer kenne, greift er kurz vor Morgengrauen an. Sollte es doch anders kommen, werden wir vorbereitet sein. Wir machen ein Feuer, die Wache wechselt alle zwei Stunden. Haltet den Jungen dicht bei euch, der Alte wird nicht angreifen, wenn ihr ihm einen Dolch an die Kehle haltet. Aber versucht, den Burschen nicht zu töten – wir sind keine Kindermörder.« Lügner!

Hätte ich nur den Hauch an Mut in mir gehabt, hätte ich es vielleicht geschrien und nicht nur gedacht. Immerhin hatte es in Avalon auch niemanden interessiert, dass ich noch ein Kind gewesen war.

Dann ging er dem Mann hinterher, der Morgana in die Burg brachte.

Eine Weile später knisterte das Feuer. Vier Männer saßen drumherum, der blasse Mann, der mittlerweile zurückgekommen war, befand sich unter ihnen. Ich saß hinter ihnen, die Hände noch immer gefesselt und den Rücken an einen Trümmerhaufen angelehnt.

Hungrig sah ich ihnen dabei zu, wie sie ihr trockenes Brot verspeisten, als wäre es ein süßes Gebäck. Mein Magen knurrte und ich sehnte mich nach einem Stück von ihrem Essen. Aber nach einer Weile überwog meine Müdigkeit, sodass ich den Hunger kaum noch spürte.

»Warum führen Menschen Krieg? Warum töten sie, wenn sie selbst fürchten, jemanden zu verlieren?«

Mein Schulleiter schenkte mir einen kuriosen Blick, seine Augen kniffen sich zu Schlitzen zusammen, als versteckte sich mehr hinter meiner Frage als die Verwirrung eines Kindes und der Mangel an Verständnis. Wir standen auf dem Balkon seines Turmes, Raznar auf dem Geländer. Die Winterluft brachte erfrischende Kälte in meine Lungen; ich spürte, wie sie durch meine Luftröhre in meine Lungenflügel wanderte, so wie das Wasser dem Strom des Flusses folgte.

Es war Winter, aber es war nicht wirklich kalt. Im Land von Voyar schneite es nur auf Krähenschnabel – eine Halbinsel im Norden, die Burg Trehebitian die einzige Feste in diesem Gebiet. Was Avalon anging, so war kein Schnee gefallen, seit –

»Sie töten aus Angst«, antwortete er mir, »oder aus Wut. Manchmal sogar beides. Sie töten, gerade weil sie fürchten, jemanden zu verlieren … oder weil sie jemanden verloren haben.«

Seine silbernen Augen glänzten, als wären sie Sterne, die einst vom Himmel gefallen waren. Er trug einen braunen Mantel, der bis zu seinen Füßen reichte, während er mit seiner Hand die Federn von Raznar streichelte.

Er wirkte in Gedanken verloren, als er in die Ferne starrte. Ich wusste nicht, wie alt Pathosth war, aber manchmal fühlte es sich an, als wäre er seit Anbeginn der Zeit auf dieser Welt. Er wusste Dinge, die niemand sonst wusste, und wenn er mir von Kriegen aus längst vergangenen Zeiten erzählte, kam es mir stets so vor, als wäre er dabei gewesen. Ich sah es in seinen Augen – die Geschichten, die er erzählte. Sie wurden lebendig, verwandelten sich in die bewegten Bilder, die Pathosth umschrieb. Seine Stimme klang stets weise, mit der Vorsicht eines Mannes, der viel Leid erlebt, aber trotz allem nicht vergessen hatte, wie es sich anfühlte zu leben.

Sein Blick fiel zu mir – Pathosth war groß, weshalb er relativ weit nach unten schauen musste, oder es lag einfach daran, dass ich so klein war. Seine Mundwinkel zogen sich nach oben und malten ein sanftes Lächeln auf sein Gesicht.

»Da hat sich wohl jemand letzte Nacht wieder in die Bibliothek geschlichen«, meinte er, woraufhin er laut lachte.

»Weißt du, mein Junge, die meisten Kinder in deinem Alter haben Freunde, mit

denen sie tagsüber ihre Zeit verbringen und –«

»Das tue ich«, protestierte ich, »ich habe Freunde, mit denen ich tagsüber meine Zeit verbringe. Deswegen lese ich nachts.«

Pathosth lachte erneut. Für einen kurzen Augenblick schmunzelte auch ich, doch dann kehrte die Besorgnis zu mir zurück. Pathosth musste es gesehen haben; er hörte auf zu lachen und sah mich an wie ein Vater, der zum ersten Mal sein neugeborenes Kind sah: so viel Stolz und Liebe, obwohl das Kind erst seit wenigen Minuten existierte.

»Am schlimmsten ist es«, begann er, mit seiner Stimme, die genau wusste, wovon er sprach, »wenn die Menschen, die dir die schönsten Erinnerungen geben, selbst zu einer werden. Nur solltest du dir keine Gedanken um die Toten machen, sondern viel mehr um die Lebenden. Sie sind es, die dein Mitleid verdienen, Parzival – besonders solche, die Leben nehmen, weil sie glauben, es täte der Welt etwas Gutes.«

Ich befand mich vor einer Burg. Gigantische Türme und massive Mauern ragten in die Höhe. Davor ein Meer von Leichen, ihre Augen offen, die Körper leere Hüllen. Die Sonne warf ihre ersten Strahlen auf sie. Ich sah nach unten. Augen starrten mich an – etwas an ihnen war anders als an all den anderen, in etwa so, wie jeder Rabe gleich aussah, aber es trotzdem etwas gab, das sie alle voneinander unterschied.

Ihr starrer Blick bohrte sich durch meinen Körper hindurch.

Ich schreckte auf; die Männer in ihren schwarzen Rüstungen standen vor mir, ihre Rücken waren von mir abgewendet. Ohne das Feuer, das neben ihnen brannte, hätte ich sie wahrscheinlich gar nicht erst gesehen. Stocksteif standen sie dar, nur das sanfte Auf und Ab ihrer Schultern unterschied sie von Statuen. Etwas ging vor sich; sie alle starrten in dieselbe Richtung. Dann drehte sich einer der Männer um.

»Lothar«, gab er erwartungsvoll von sich, während er den blassen Mann mit seltsamer Ungeduld in der Miene ansah.

Lothar, dachte ich, als ich den blassen Mann betrachtete. Das zarte Licht des Feuers verlieh seiner Haut etwas Farbe, allerdings hoben die Schatten die kantige Kontur seines Gesichtes hervor, wodurch er nur noch knochiger wirkte. Verdacht schöpfend blickte er in jene Richtung, in die seine Männer blickten. Ich folgte seinen Augen, woraufhin ich den Rauch entdeckte, der zwischen den Baumkronen in der Ferne aufstieg – wie der Rauch aus dem Schornstein eines Hauses.

Es war seltsam; die ganze Zeit über hatte ich die Bäume gar nicht wahrgenommen und jetzt standen sie dort angehäuft zu einem Wald – wenn auch einem sehr kleinen. Eigentlich war es in Wirklichkeit nur eine Anhäufung weniger Bäume auf kleinem Raum.

Dennoch, als ich die Silhouetten sah, spürte ich, wie sich die Gänsehaut auf meinem Körper ausbreitete. Es fühlte sich fast an, als wären die Bäume am Leben, als wären sie nicht nur Bäume, sondern auch etwas anderes, etwas Gefährliches.

»Glaubt Ihr, er ist es?«, fragte der Mann; er sah den blassen Mann noch immer an wie ein Bluthund, der darauf wartete, von der Leine gelassen zu werden.

»Er ist es«, antwortete der blasse Mann – Lothar.

Daraufhin zogen die drei Männer ihre Schwerter.

»Ob es sein Alter ist, das ihn zum Narren macht?«, fragte einer der Reiter, woraufhin die anderen Männer lachten, abgesehen vom blassen Mann.

»Er mag alt sein, aber er ist kein Narr«, sagte Lothar bedacht, die Augen zusammengekniffen, »er will, dass wir zu ihm kommen.«

»Also sollten wir hierbleiben? Warten, bis er zu uns kommt?«

»Nein«, entgegnete der blasse Mann, »für diese Spielchen haben wir keine Zeit.«

Er legte seine Stirn in Falten und betrachtete den Rauch in der Ferne, als wäre er ein seltsam geformtes Wesen, welches er versuchte, zu verstehen.

»Wartet noch ein paar Stunden«, meinte er dann, »wenn der Alte bis dahin nicht hier aufgetaucht ist, könnt ihr ihn euch holen. Aber seid trotzdem wachsam – ich will ihn tot wissen, ehe die Sonne aufgegangen ist, ohne einen weiteren Mann zu verlieren.«

Ungeduldig steckten alle drei ihre Schwerter zurück. Sie setzten sich wieder ums Feuer herum und beobachteten den Rauch, als wäre er ein Theaterstück, von dem sie nichts verpassen wollten. Er stieg nach oben in den Himmel wie Luftblasen unter Wasser.

Es war unheimlich, beinahe, als wären diese Männer mit Morgana und mir durch ein Portal in eine andere Welt gereist, in der nur Stille und Dunkelheit existierten. Das Feuer vor mir bot die einzige Lichtquelle. Ich beobachtete die Flammen und wunderte mich über ihr Aussehen: das Orange, so kräftig und warm und dennoch konnte ich durch es hindurchsehen wie durch eine lichtdurchlässige Wand. Es wirkte so ungefährlich und dennoch, wenn ich meine Hand nach ihm ausstrecken würde, würde es mir ohne Erbarmen das Fleisch von meinen Knochen schmelzen.

Während ich in die Flammen starrte, spürte ich, wie mich die Müdigkeit überkam. Meine Augenlider wurden schwerer. Ich schloss sie und als ich sie wieder öffnete, waren die drei Männer in ihren schwarzen Rüstungen verschwunden.

Die Luft hatte sich abgekühlt, eine leichte Brise wehte. Ich sah mich um und entdeckte, dass der blasse Mann vor dem Feuer saß. Er betrachtete es, die Flammen in seinen grüngrauen Augen reflektiert, als bestünden sie aus Glas. Tief in Gedanken versunken, starrte er hinein.

Ich nutzte seine Abwesenheit und versuchte, meine Fesseln zu lockern. Sie scheuerten noch immer an meinen Handgelenken; ich fragte mich, ob es sich so für die Menschen in Avalon angefühlt hatte, als das Feuer ihre Körper verspeist hatte – diese unerträgliche Hitze zusammen mit dem Schmerz.

Ich verdrängte den Gedanken, sobald er mir verdeutlichte, dass das, was ich spürte, nur den Hauch dessen darstellte, was Isaacs durchlebt haben musste. Dann hörte ich auf, die Fesseln zu lockern und ließ stattdessen das Brennen über mich ergehen. Als würde jetzt zu leiden irgendetwas besser machen.

Das tat es nicht.

Ich bewegte meine Hände nach oben, griff nach der Kette um meinen Hals. Meine Finger umschlossen den Stein, als ich mich an den brennenden Turm erinnerte.

Plötzlich hörte ich ein Geräusch: ein Rascheln im Gebüsch, aber leise, als käme es aus weiter Entfernung. Der blasse Mann – Lothar! – riss seinen Kopf nach oben. Er hatte es auch gehört. Während er in die Dunkelheit starrte, wanderte seine linke Hand langsam zum Griff seines Schwertes. Er wartete. Einen Moment lang war es furchtbar still, ich konnte meinen eigenen Herzschlag hören. Dann ertönte das Geräusch erneut: ein kontinuierliches Stampfen auf dem Boden.

Der blasse Mann zog sein Schwert. Im nächsten Augenblick hastete er auf mich zu. Seine rechte Hand packte meinen Arm, klein und zierlich in seinen breiten Fingern, die meinen Muskel umschlossen. Er riss mich nach oben und drückte mir sein Schwert an den Hals, wobei er diesmal vorsichtiger war und mir genügend Luft zum Atmen ließ.

Wir beide starrten in die Richtung, aus der die Geräusche kamen. Es war dunkel. Obwohl das Feuer hinter uns brannte, drang es kaum weiter als bis kurz vor die zerstörten Mauern. Trotz all der Löcher in ihnen waren ihre Schatten zu dicht für das Licht. Der blasse Mann stand ruhig hinter mir, sein Schwert ohne viel Mühe vor meinem Körper gehalten – für den Fall, dass Ector in der Dunkelheit vor uns lauerte.

Nur fühlte es sich nicht an, als wäre es der alte Ritter gewesen.

Ich hörte meinen Atem, der im Gegensatz zu Lothars hektisch war. Der blasse Ritter konzentrierte sich auf die Geräusche in der Ferne. Erst waren sie leise, doch mit jeder Sekunde, die verstrich, wurden sie lauter.

Jemand – oder etwas – kam direkt auf uns zu. Dann sah ich sie, zwei Schatten in der Dunkelheit, ihre Bewegung schnell und weich wie die eines Geistes, der in der Luft schwebte. Sie kamen näher und die Schatten nahmen Gestalt an. Zwei große Kreaturen sprinteten auf uns zu.

Der blasse Mann entfernte die Klinge von meinem Körper und streckte sie den Kreaturen entgegen. Er holte zum Schlag aus, gerade als die Wesen das Tor passiert hatten. Nicht einmal den Bruchteil einer Sekunde später drangen sie in den Umkreis des Lichtes ein. Die Tiere stürmten in das Rot-orange wie eine Welle, die gegen einen Fels preschte.

Es waren Pferde, zwei Pferde, ohne Reiter.

Lothar senkte seine Waffe; er und ich atmeten gleichzeitig erleichtert aus, als die Tiere an uns vorbeiritten. Dann ließ seine Hand von meinem Arm ab. Der blasse Mann steckte sein Schwert in die Scheide und ging langsam auf die Pferde zu, um sie zu beruhigen.

»Treue Biester«, murmelte er.

Erst als ich die Pferde genauer ansah, realisierte ich, was er gemeint hatte. Ich erkannte sie wieder: Morganas Pferd und meines.

»Aber ihr habt nicht allein hergefunden, nicht wahr?«

Ich sah zu, wie der blasse Mann die Pferde streichelte, mit einer Zärtlichkeit, die ich nicht von ihm erwartet hatte. Dann sah ich seinen Helm nicht einmal einen Meter von mir entfernt liegen.

Der blasse Mann war abgelenkt, doch in wenigen Sekunden würde er es nicht mehr sein. Ich streckte meine Hände nach dem Helm aus – der Stahl war kalt und schwer in meinen kleinen Fingern; den Fingern eines Kindes.

Plötzlich ertönte ein weiteres Geräusch, ein dumpfes, als hätte jemand ein weiteres Loch durch die ohnehin schon zerstörte Burg gejagt. Nur kam es von *innen*. Der blasse Mann riss sein Kopf in die Richtung der Burg. Noch im selben Moment schlug ich ihm den Helm mit aller Kraft, die ich aufbringen konnte, gegen den Kopf.

Sein Körper sackte zusammen und er flog auf den Boden, Gesicht voran. Die Pferde wieherten panisch. Ich schaffte es, sie zu beruhigen. Dann band ich sie dort an, wo sich die fünf Pferde der schwarzen Reiter befanden. Anschließend lief ich zum blassen Mann und nahm sein Schwert. Selbst als ich es mit beiden Händen griff, hatte ich deutliche Schwierigkeiten, es zu halten.

Morgana befand sich noch immer in der Burg, dort, wo auch das Geräusch hergekommen war. Wenn sie meine Hilfe brauchte, wollte ich keine Sekunde zögern.

Ich rannte in die Ruine. Auch, wenn ich vor Angst kaum atmen konnte.

Innerhalb der Steinmauern roch es nach Ruß und Schwefel, als hätte hier vor langer Zeit ein furchtbares Feuer gewütet.

Aber auf Stein?

Ich ging weiter; nach wenigen Schritten gewöhnten sich meine Augen an die Dunkelheit und ich konnte Umrisse von alten Möbelstücken und Gegenständen erkennen, doch sie alle besaßen eine recht seltsame Form.

Auf gewisse Art und Weise fühlte ich mich ihnen hilflos ausgeliefert, denn selbst wenn die schwarzen Schatten vor mir wie Tische, umgefallene Stühle und Kerzenständer aussahen, hätte eines von ihnen auch etwas anderes sein können; etwas, das sich tarnte – der Dunkelheit anpasste – und darauf wartete, mich anzugreifen, wenn ich es am wenigsten erwartete.

Plötzlich lief mir ein Schauer den Rücken hinunter. Auf einmal sah *alles* aus wie der Körper einer riesigen Kreatur. Überwältigt von dem Verlangen zurückzulaufen, stoppte ich wie festgefroren inmitten der Halle. Mein Körper zitterte, als mir ein kalter Wind in den Nacken wehte wie der Atem von etwas, das sich direkt hinter mir befand.

Meine Muskeln zuckten zusammen, als ich plötzlich ein Geräusch hörte. Hastig schleuderte ich das Schwert vor mir und drehte mich in die Richtung, aus der ich gekommen war.

Das Geräusch kam von draußen; es hörte sich an wie ein Klickern, als würde jemand immer wieder zwei Stahlplatten aneinander hauen.

Dann hörte ich Stimmen. Nur konnte ich nicht verstehen, was sie sagten. Im nächsten Moment sah ich Licht hinter mir. Ich bekam Panik und rannte zum nächstgelegenen Schatten, um mich zu verstecken – meine Angst vor dem, was dem Licht folgte, war nun größer als die Furcht vor dem, was in der Finsternis lauerte. Die Klinge des Schwertes gab ein schrilles Klirren von sich, als sie auf den Boden traf.

»Hast du das gehört?«, flüsterte eine Stimme.

Licht drang durch die Dunkelheit. Es erhellte die Halle wie die schwache Morgensonne, die sich langsam am Horizont zeigte und ihre ersten Strahlen durch die Landschaft schickte. Zwei Männer in schwarzen Rüstungen kamen auf mich zu, Raben waren auf dem Brustharnisch eingraviert. Sie trugen Schwerter in der Hand. Einer von ihnen hielt ein brennendes Holzstück, welches er vermutlich vom Lagerfeuer genommen hatte – auf diese Idee hätte ich vielleicht auch kommen sollen.

Der mit dem Holzstück in der Hand – ich dachte an ihn als Fackel – sah seinen Kameraden an und nickte.

»Er ist hier. Er hat den Jungen und jetzt will er sich das Mädchen holen.«

»Den Bastard bring ich um!«, spuckte der andere wütend.

Als er gerade losstürmen wollte, hielt ihn Fackel zurück.

»Willst du, dass dasselbe passiert wie im Wald?«, zischte Fackel.

Der andere zögerte. Erst als er den Kopf schüttelte, sah ich das Blut in seinem Gesicht. Ich blickte zu Fackel und entdeckte auch in seinem Gesicht Blut – keiner der Männer trug einen Helm.

Als sie dann weitergingen, bemerkte ich, dass Fackel humpelte. Der andere hatte sichtliche Probleme, sein Schwert zu halten, selbst als er es mit beiden Händen griff.

Sie gingen an mir vorbei, ohne mich zu bemerken, und nachdem sie hinter einer Ecke verschwunden waren, folgte ich ihnen. Sie schlichen einige Korridore entlang, bis sie einen Turm erreichten. Erst als das Licht des Feuers nichts weiter als ein oranger Stich auf dem Boden war, folgte ich ihnen die Stufen hinauf, leise und vorsichtig wie damals in meiner Schule, als ich mich von Isaacs und meinem Gemach in die Bibliothek geschlichen hatte.

Nach zwei Etagen begaben sie sich in einen langen Gang. Ich blieb auf den Stufen und sah ihnen vom Eingang hinterher. Die beiden Männer schritten weiter voran, das Licht in der Hand von Fackel in der Ferne immer kleiner werdend. Die Wände, die es erhellte, waren rußig-schwarz; es wirkte beinahe, als würden die Flammen nur noch mehr Dunkelheit schaffen.

Plötzlich spürte ich etwas Kaltes an meinem Hals. Es war Stahl: die Klinge eines Schwertes.

Aus den Augenwinkeln sah ich, wie sich hinter mir etwas bewegte – ein weiterer Schatten. Meine Lunge fühlte sich wie zugeschnürt an.

Als der Schatten auf mich zukam, nahm er Gestalt an; ich sah zwei Hände am Griff des Schwertes, die sich zu Armen formten, welche an den Schultern endeten. Es war stockfinster und dennoch konnte ich die Rüstung erkennen, die der Mann trug.

Mein Blick wanderte weiter nach oben zum Hals, bis ich ihn schließlich – als sich sein Kopf unmittelbar vor meinem befand – ins Gesicht sah. Blaue Augen starrten mich an, wie der Himmel das Meer ansah.

»Ector«, flüsterte ich – Schock und Erleichterung in meiner zittrigen Stimme.

Ich kämpfte gegen den Drang zu weinen.

Für den Bruchteil einer Sekunde dachte ich sogar, ich hätte mir den alten Ritter eingebildet. Im nächsten Moment fürchtete ich, er wäre eine Kreatur, die sich in Ector verwandelt hatte, um mich zu täuschen, bevor sie mich mit ihren Pranken zerfetzte.

Ich bekam Panik. In dem Weiß seiner Augen sah ich mich, als würde ich in einen Spiegel sehen; meine Miene wechselte von einem überraschten Augenbrauen nach oben ziehen zu einem verwirrten Stirnrunzeln, bis sie sich anschließend in ein panisches Augen aufreißen verwandelte. Doch dann, als ich Morganas Stimme hörte, dachte ich an nichts anderes außer an sie.

»Parzival!«, sagte sie.

Ich sah ihren Schatten zu mir nach oben rennen. Im selben Moment, in dem der alte Ritter sein Schwert von meinem Hals entfernt hatte, umklammerte sie mich mit ihren Armen. Ich spürte die Wärme ihres Körpers, als ihr weiches Haar gegen meine Wange strich – sanft wie ein Windhauch im Sommer. Sie roch nach frischer Erde und mittlerweile haftete auch der Ruß an ihr, der uns von Avalon bis in diese Ruine verfolgt hatte. Dann ließ sie mich los.

Ich drehte meinen Kopf zu Ector, unsere Augen trafen sich. Trotz der Dunkelheit sah ich etwas in dem seichten Blau, das Schock sehr nahekam. Es sah beinahe aus, als erinnerte er sich an etwas. Eine Erinnerung, die er vergessen hatte – oder von der er nicht gewusst hatte, dass sie noch immer existierte.

»Parzival«, gab er von sich, ganz leise, sodass es nicht mehr war als ein Flüstern.

Er sah mich einen Moment lang an.

»Dein Name ist Parzival«, sagte er dann, wobei es eher nach einer Feststellung klang als nach einer Frage.

Ich nickte nichtsdestotrotz. Plötzlich wurden die Augen des Ritters glasig. Dann blinzelte er heftig, während er seinen Kopf leicht schüttelte – als wäre das alles ein Traum gewesen, aus dem er versuchte, aufzuwachen.

»Wie bist du an den Wachen vorbeigekommen, Junge?«, fragte er, seine Stimme noch nicht ganz im Hier und Jetzt.

Ich erklärte ihm, dass drei der Männer in den Wald gegangen waren, nachdem sie Ectors Feuer gesehen hatten. Anschließend berichtete ich von den Pferden und dass ich dem blassen Mann seinen Helm gegen den Kopf geschlagen hatte. Als ich an dem Punkt angelangt war, an dem ich mich vor den zwei Männern versteckt hatte, hielt Ector plötzlich einen Finger vor seinen Mund.

Der alte Ritter sah in den Gang und deutete anschließend auf die Männer. Mittlerweile waren sie fast am Ende des Korridors angelangt.

Das aufgebrachte Murmeln ihrer Stimmen konnte ich bis hierher hören. Sie standen vor etwas, das auf dem Boden lag – ein lebloser Körper, das Gesicht lag seitlich auf dem kalten Stein.

»Das ist die Wache, die vor dem Zimmer stand, in dem sie mich eingesperrt haben«, erklärte Morgana, »Ector hat ihn … er hat ihm gezeigt, dass man so nicht mit uns umgehen kann, ohne dass es Konsequenzen mit sich zieht.«

Uns, dachte ich mit einem Schmunzeln, das ich nicht unterdrücken konnte.

»Ector«, meinte ich leise, »was –«

Die Männer drehten sich hastig um, die Schwerter wild umher fuchtelnd, als würden sie von dutzenden Fledermäusen attackiert, die ich nicht sehen konnte.

»Weißt du, wie man das benutzt?«, hörte ich Ectors raue Stimme neben mir – wenn er flüsterte, klang sie sogar sanfter als sonst.

Ich sah in an und er deutete auf das Schwert in meinen beiden Händen, das ich wieder aufgehoben hatte. Ich legte meine Stirn in Falten, während ich es betrachtete.

Theoretisch schon, wollte ich sagen, biss mir jedoch auf die Zunge, ehe sie in der Lage war, die Worte auszusprechen. Es wäre eine Lüge gewesen, denn nur weil ich gesehen hatte, wie Ector es benutzt hatte, bedeutete das noch lange nicht, dass ich mich auskannte – nicht einmal in der Theorie.

Abgesehen davon wollte ich es nicht benutzen. Ich wollte kein Blut im Gesicht haben – und auch nicht an den Händen.

Ich schüttelte hastig den Kopf.

»Nein«, antwortete ich dem alten Ritter stattdessen.

»Das werden wir ändern«, entgegnete Ector.

Für einen kurzen Moment dachte ich, mein Herz würde in meiner Brust platzen.

»Aber nicht heute«, sagte er dann und ich atmete erleichtert aus.

Vermutlich war es etwas zu laut, denn sowohl der alte Ritter als auch Morgana sahen mich mit hochgezogenen Augenbrauen an. Als sie das taten, war ich kurz davor, einfach auf die beiden Männer am Ende des Ganges zuzurennen, in der Hoffnung, ihre Schwerter würden meinen

Körper aufspießen und dieses Elend beenden.

»Ihr beide geht nach unten und macht eure Pferde bereit. Wenn ich komme, verschwinden wir von hier.«

Morgana und ich nickten gleichzeitig. Anschließend begaben wir uns auf den Weg nach unten. Nachdem ich allerdings nur drei Stufen nach unten gehastet war, rief der Ritter meinen Namen. Ich drehte mich um – nur wenige Stufen und schon konnte ich nicht einmal mehr sein Gesicht erkennen, nur noch die Umrisse, die seinen Körper von der Dunkelheit um uns herum trennten.

»Behalte das Schwert bei dir. Für den Fall, dass du es brauchst.«

»In Ordnung«, sagte ich.

Ich drehte mich wieder um und war gerade dabei, weiterzulaufen, als ich mich wieder zu ihm umdrehte.

»Ector«, sagte ich.

Der alte Ritter sah zu mir. Ich wusste nicht, wieso, aber da war etwas in dem Gesicht des alten Mannes, dass mir … Sicherheit gab – wie ein Versprechen.

»Seid vorsichtig.«

Ich konnte seinen Gesichtsausdruck nicht sehen, aber dafür hörte ich, wie der alte Ritter schwer ausatmete. Es war ziemlich erstaunlich, dass jemand wie ich sich so schnell um jemanden wie Ector sorgen konnte.

Ich kannte ihn erst seit wenigen Tagen und dennoch – die Art, wie er mich manchmal ansah, erst vor einigen Nächten am Feuer und eben als er meinen Namen erfahren hatte, als würde er sich an etwas erinnern, etwas, das irgendwie, aber irgendwie auch nicht mit mir zu tun hatte.

In dieser Nacht, an diesem Ort, entschied ich mich dazu, dem alten Ritter zu vertrauen, aber noch viel wichtiger: Ich entschied mich dazu, den alten Ritter zu mögen.

***

Morgana sprintete aus der Halle hinaus auf den Hof. Ich rannte ihr, mit dem unglaublich schweren Schwert in meinen Händen, recht unbeholfen hinterher. Wenn jemand ein Schwert in einer Hand hielt, sah es immer so leicht aus, aber jetzt durfte ich hautnah erfahren, dass das alles andere als *leicht* war.

Der Stahl war höllisch schwer, weshalb ich ihn teilweise hinter mir her schliff. Ich wusste nicht, wie *ich* jemanden damit aufhalten sollte, für den Fall, dass wir angegriffen würden. Gerade als mir der Gedanke durch den Kopf wanderte, sahen meine Augen blitzschnell in Richtung des blassen Mannes. Er lag noch immer bewusstlos auf dem Boden, sein Helm dicht neben seinem Kopf.

Morgana befand sich bereits bei den Pferden. Sie nahm die Zügel ihres Tieres und band sie los, als plötzlich laute Geräusche von der Burg kamen. Es hörte sich an wie Donner, als der Blitz in der Ferne einschlug.

Morgana blickte in meine Richtung, ihre Augen starrten an mir vorbei. Etwas ging in der Burg vor sich. Ich sprintete zu meinem Pferd. Der Stahl hinter mir klirrte wie ein Glas, das man mit einem Messer zertrümmert hatte. Anschließend lehnte ich das Schwert gegen den Pfosten, an dem die Pferde angebunden waren. Ich band meines los. Die Zügel fest mit meinen Fingern umschlungen, sah ich mich nach etwas um, das mir auf das Pferd helfen würde.

Ich wusste, was in der Burg vor sich ging und – wie auch immer es enden sollte – ich wollte so schnell wie möglich von diesem Ort verschwinden können. Etwas stimmte hier nicht, die rußig-schwarzen Wände, die Löcher in den Mauern, die aussahen, als hätte etwas den Stein geschmolzen, die seltsam geformten Möbelstücke. Selbst die Türme dieser Burg waren zerstört, doch es lagen kaum Trümmer herum – als hätte sie jemand verschwinden lassen, um zu verheimlichen, was einst an diesem Ort geschehen war.

Plötzlich hörte ich einen lauten Schrei. Gänsehaut bildete sich auf meinen Armen. Er war voller Schmerz, so schrill, dass die hohen Töne von meinen Ohren durch meinen gesamten Körper wanderten und nichts als Kälte hinterließen.

Ich hatte solch einen Schrei schon einmal gehört – mehrmals sogar. In Avalon. Und ich fragte mich, ob Isaacs auch so geschrien hatte … oder Pathosth. Ohne es wirklich mitzubekommen, griff ich nach dem Anhänger, nach dem Obsidian, als würde ich sichergehen, dass er sich noch immer an der Kette um meinen Hals befand.

Ein weiteres Geräusch ertönte: ein Klappern wie das Aufeinandertreffen zweier Stahlplatten. Morgana und ich standen wie erstarrt, als wir in Richtung der Burg blickten. Ein Schatten formte sich im Dunkeln. Er sprang in das Licht wie ein Stier, der einen Zaun durchstieß, Hörner voran.

Es war Ector, in seiner Hand ein Schwert mit roter Klinge. Der alte Ritter war völlig außer Atem. Als er auf uns zukam, bemerkte ich das Blut in seinem Gesicht, doch keinerlei Wunden, aus denen es hätte fließen können.

»Steigt auf die Pferde«, gab er nach dem nächsten Atemzug von sich.

Morgana rührte sich kein Stück. Auch ich stand wie angewurzelt da, der Mund halb offen in Schock. Ich hatte schon vorher Menschen sterben sehen, und ich hatte Ector schon vorher jemanden töten sehen. Aber mit jedem Mal schien es schlimmer zu werden. Vielleicht lag es an dem vielen Blut in seinem Gesicht oder an der Art, wie er seine Brust heftig hoch und runter bewegte, während er atmete oder daran, wie er seine Miene verzog, während er sprach. Als wäre er verwundet; als bereitete ihm irgendetwas heftige Schmerzen. Ich dachte an den Schrei und wunderte mich kurz, ob er von Ector gekommen war.

Die Augen des Ritters sprangen von Morgana zu mir. Etwas bewegte sich hinter ihm. Ein dumpfes Geräusch ertönte und Ectors Pupillen wanderten nach oben. Ich spürte, wie Morgana neben mir zusammenzuckte. Im nächsten Moment krachte der alte Ritter bewusstlos auf den Boden.

Dort, wo er gestanden hatte, nur etwas weiter hinten, stand der blasse Mann, seinen schwarzen Helm, den er Ector über den Kopf gezogen hatte, in der linken Hand. Er richtete sich auf und sah Morgana und mich mit zusammengekniffenen Augen an. Im nächsten Moment entdeckte er das Schwert. Dann fokussierten sich seine Augen auf mich. Sie weiteten sich, als ob ihm plötzlich etwas klar geworden wäre.

Ein kalter Schauer lief mir den Rücken hinunter, als seine Miene ein Gesicht formte wie das eines knurrenden Bluthundes.

»Du!«, zischte er.

Ich fror; mein Körper zitterte, doch nicht, weil mir kalt war. Gerade als der blasse Mann einen Schritt auf mich zu machte, stellte sich Morgana vor mich. Ich hatte nicht einmal mitbekommen, dass sie das

Schwert gegriffen hatte, doch nun stand sie dort, mit der Haltung einer Kriegerin, und streckte es dem blassen Mann bedrohlich entgegen.

Ihr Gesicht konnte ich nicht sehen, doch der überrascht-verschreckte Gesichtsausdruck von Lothar verriet mir, dass es alles andere war als das eines harmlosen Kindes. Sie hielt ihm die Waffe entgegen und meinte es ernst: Ein weiterer Schritt und sie würde die Klinge dort hineinstoßen, wo die Rüstung seinen Körper nicht schützte.

Sie hielt das Schwert mit einer Leichtigkeit, die selbst mich überraschte – besonders, wenn man beachtete, wie ich es hinter mir her geschliffen hatte.

»Ihr wisst nicht, was Ihr tut«, sagte Lothar, die Hände vor sich ausgestreckt, als würde er versuchen, Morgana von sich fernzuhalten.

»Erleuchtet mich«, zischte Morgana.

»Avalon«, gab er hektisch von sich, »Euer Zuhause. Es wurde nicht ohne Grund zerstört –«

»So viel konnte ich mir schon denken!«

»Wollt Ihr den Grund erfahren, *my Lady*?«

Morganas Schultern hörten auf, sich zu bewegen. Einen Moment lang stand sie starr wie eine Statue: nicht eine Bewegung, die auf Leben hindeutete.

Noch immer konnte ich ihr Gesicht nicht sehen. Aber das brauchte ich auch nicht – das Grinsen des blassen Mannes genügte. Es war hinterlistig, wie das einer Katze, die mit ihrer Beute spielte. Lothar wusste, er hatte sie; rings um sie herum die Wände, die ihr den Fluchtweg versperrten, und direkt vor ihr stand er.

Lady, hatte er sie genannt. Er musste gewusst haben, wer sie war, nur verriet es nichts über ihn, nichts über seine Absichten. Nichts darüber, ob er Angreifer oder Beschützer war.

Seit sie aus Avalon geflohen war, hatte er sie verfolgt, sie gejagt und – nachdem er sie gefunden hatte – gefangen gehalten, eingesperrt in den schwarzen Mauern einer zerstörten Burg.

Was wollte er? Was wusste er?

Das Grinsen verstärkte sich, die Augenbrauen waren nach unten gezogen – das Lachen eines Teufels.

Morganas Hände sanken wie in Zeitlupe nach unten, bis die Klinge des Schwertes langsam über den toten Boden strich.

Sie fühlte Schmerz. Ich wusste nicht, warum, aber aus irgendeinem Grund konnte ich ihren Schmerz fühlen. Er saß tief, versteckt wie eine Narbe unter der Haut. Ich fühlte ihren Schmerz als wäre es mein eigener; fühlte, wie er sich durch meinen Körper bohrte, wie der Stich eines Messers und wie er mir die Luft abschnürte wie die Schlinge eines Galgens.

Ich hörte die Schreie, hörte das Feuer. Dann sah ich das Grinsen des blassen Mannes. Ich hasste ihn dafür, hasste ihn für das, was er Morgana antat. Ich sah ihr Gesicht vor mir, die verschreckten Augen, das wundervolle Grün völlig verloren in dem Chaos, nachdem sie mich in jener Nacht angerempelt hatte. Ich sah das Gesicht meines Schulleiters vor mir und ich sah Isaacs Antlitz vor mir. Dann sah ich das Grinsen des blassen Mannes, während ich ihre Schreie noch immer hörte – als wäre ich nie fortgegangen, als hätte ich es nie geschafft, dem Feuer zu entkommen.

Eine Träne lief an meiner Wange hinunter. Sie war ganz warm auf meiner kalten Haut, doch mit jedem Millimeter, die sie voranschritt, wurde sie heißer. Alles wurde heißer.

Das Blut kochte in meinen Adern. Ich trat nach vorne, stellte mich neben Morgana. Ich sah sie an, sah die Tränen in ihren glasigen Augen. Dann legte ich meine Hand auf die, mit der sie das Schwert hielt. Sie war eisig kalt. Die Wärme in mir – ich übertrug sie auf Morgana, teilte sie mit ihr. Sie sah mich an. Dann wanderte ihr Blick zum blassen Mann, wild wie ein wütender Sturm.

Mit einem Mal ging die Klinge des Schwertes in Flammen auf. Rote Formen wirbelten an dem Stahl umher wie Gras auf einer Wiese, wenn der Wind wehte. Der blasse Mann starrte auf die Klinge, als wäre sie der Tod höchstpersönlich. Ich sah die Flammen in seinen Augen tanzen.

»Geht«, sagte ich, meine Stimme ein Echo in der Ferne, »verschwindet! Oder ich werde dafür sorgen, dass Ihr brennt.«

Der blasse Mann zögerte keine Sekunde. Er rannte zu seinem Pferd, band es los und ritt davon wie ein Geist. Mit seinem Verschwinden glitt auch die Hitze aus meinem Körper. Die Flammen auf dem Schwert erloschen. Ich atmete heftig ein und aus, erschöpft, als wäre ich die ganze Nacht gelaufen. Auch Morgana atmete erschöpft. Sie neigte ihren Kopf zu mir und sah mich mit ihren grünen Augen an.

»Was war das?«, fragte sie, ihre Stimme leise wie ein Atemhauch.

Sie hielt noch immer meine Hand; ich konnte ihre sanfte Haut spüren.

»Wie hast du das gemacht?«, fragte sie.

Sechs

Ich sah eine Burg, eine gigantische Burg mit tausenden Leichen vor den gewaltigen Mauern. Dann sah ich die Augen, leer und starr.

Ich schreckte auf, mein Schlafhemd durchnässt vom Schweiß, mein Atem hektisch, als hätte ich ihn für eine lange Zeit angehalten. Das Laken meines Bettes sowie mein Kopfkissen und meine Decke waren völlig nass. Ich richtete mich auf, noch immer heftig atmend. Mein Blick wanderte durch das Zimmer. Es war dunkel; kein Licht schien durch das Fenster. Isaacs lag in seinem Bett.

»Parzival?«, sagte er und richtete sich auf.

Er neigte seinen Kopf zur Seite. Seine Augen studierten mich wie die Seiten eines Buches.

»Es ist vorbei«, sagte er, »du bist zurück.«

»Es wird niemals vorbei sein«, erwiderte ich, meine Stimme zittrig.

Isaacs atmete schwer aus. Sein Mund formte ein Lächeln, ein verzweifeltes Lächeln. Doch während er mich ansah und grübelte, verwandelte es sich in ein herzhaftes – eines wie der Anblick der Sonne nach einem schrecklichen Sturm. Es war ansteckend.

Isaacs sprang von seinem Bett auf und begab sich zu seinem Schrank, der sich direkt dahinter befand. Nachdem er einen Mantel herausgeholt hatte, begab er sich zu meinem Schrank. Den Mantel, den er dort rausholte, warf er mir zu.

»Komm mit«, sagte er.

Ich zog mir den Mantel über und folgte ihm zur Tür. Isaacs öffnete sie, vorsichtig, als bestünde sie aus Glas. Daraufhin steckte er seinen Kopf durch den Spalt.

»In Ordnung«, meinte er und winkte mich mit seiner Hand hinter ihm her.

Nichts als Schwärze herrschte in dem Gang. Links und rechts von uns befanden sich überall Türen, die zu den Räumen weiterer Schüler führten, die alle selig in ihren Betten schliefen. Isaacs führte mich zu den Treppen am Ende des Ganges. Ich konnte ihn kaum vor mir sehen, nur seine Schritte hörte ich.

Wir begaben uns nach oben, auf die höchste Etage. Die Treppen waren breit und gabelten sich wie der Körper einer zweiköpfigen Schlange. Am rechten Ende befand sich eine Tür. Isaacs öffnete sie und ich folgte ihm in einen winzig kleinen Raum mit weiteren Treppen.

Wir gingen nach oben, bis wir den Dachboden unserer Schule erreichten. Hier oben war es staubig, deutlich kühler als unten. Isaacs begab sich zum nächsten Fenster. Nachdem er es geöffnet hatte, stieg er nach draußen.

Eine frische Brise wehte mir entgegen, als ich ihm folgte. Vor dem Fenster befand sich eine schmale Fläche, auf der wir entlanglaufen konnten. Dicht neben dem Fenster führte eine Stange nach oben zur Spitze des Daches. Dort wollte er mit mir hin.

Die Aussicht war atemberaubend. Von hier aus konnte ich die gesamte Stadt sehen: die stillen Straßen und Gassen, die Häuser, in denen die Bewohner in ihren Betten lagen und schliefen, und die Burg der le Fays.

Der Himmel war eine Mischpalette, auf der sich die verschiedensten Blautöne befanden. Am Horizont zeigte sich das typische Hellblau, das den nahenden Sonnenaufgang ankündigte. Ein Baum stand in der Ferne, ein einsamer Baum, dessen Blätter an den Ästen wuchsen wie Haare auf meinem Kopf. Er stand auf einem Hügel außerhalb der Mauern Avalons. Direkt hinter der Burg der le Fays.

»Ich liebe es, hier oben zu sein«, sagte Isaacs, seine Stimme verträumt, »hier fühle ich mich frei. Als könnte ich fliegen.«

Ich schloss meine Augen, als mir eine weitere Brise entgegenkam. Ich atmete tief ein, mit dem Wind, der durch mein Haar wehte.

»Als wären wir Vögel«, entgegnete ich, »auf dem Ast des höchsten Baumes. An dem wundervollsten Ort der Welt.«

»Ja«, meinte Isaacs, mit dem Leuchten in seinen Augen, das sich nur zeigte, wenn er daran dachte, wie sehr er die Welt bereisen wollte, »als wären wir Vögel.«

Ich sah, wie er sich danach sehnte, Avalon zu verlassen. Ich wünschte, ich hätte seinen Enthusiasmus teilen können. Aber die Schule gab mir Sicherheit – im Gegensatz zu jener Welt, die sich hinter den Stadttoren befand. Avalon zu verlassen, hätte bedeutet, meine Heimat zu verlassen, meine Familie zu verlassen. Doch der Gedanke, Isaacs gehen zu sehen, schmerzte beinahe noch mehr. Er war mein Freund und ich liebte ihn wie meinen Bruder.

»Willst du nicht auch wissen, was die Welt dort draußen bietet? Was sich hinter

den Mauern von Avalon versteckt?«, hörte ich seine Stimme neben mir.

Isaacs hatte die Beine an seinen Körper angewinkelt, hatte sie mit seinen Armen umschlossen. Sein Kinn ruhte auf den Knien, während er verträumt in Richtung der aufgehenden Sonne blickte.

»Ich weiß, was dort –«

»Ja, ja«, unterbrach Isaacs, »ich weiß, du weißt, was dort draußen liegt! Aber was ich meine ist: Willst du sie nicht selber sehen? All die Felder, Wälder und Burgen? Und jene Menschen, die sie bewohnen? Verspürst du kein Jucken in deinen Knochen, wenn du an diese Orte denkst?«

Aus den Augenwinkeln sah ich den Blick, den Isaacs mir gab. Seine braunen Augen passten perfekt zu seinem braunen Haar. Er sah mich an, mit demselben Funkeln, das sich stets in ihnen befand, wenn er an all die verschiedenen Orte dachte, die er sehen wollte. Das Besondere an Isaacs war, dass sich das Funkeln nicht nur in seinen Augen befand. Es war in seinem ganzen Gesicht, auf seinem gesamten Körper, als verspürte er diesen Wunsch mit jedem Muskel und jeder Nervenfaser. Die Art, wie er sich für manche Dinge begeisterte, war beinahe inspirierend.

»Doch«, antwortete ich, »bei einem Ort schon.«

Gol Ahdist. Es war nicht einmal nötig, ihm den Namen zu nennen.

»Die Schwarze Feste«, gab Isaacs von sich, als hätte er meinen Gedanken gehört und seinen laut ausgesprochen.

Seine Augen schwebten am Horizont entlang.

»Es gibt so viele Orte, die du sehen könntest«, meinte er dann, »warum auf einen beschränken?«

Ich zuckte mit den Schultern, erinnerte mich an den Moment, in dem ich zum ersten Mal die Abbildung von Gol Ahdist in einem der Bücher gesehen hatte. Der schwarze Stein war beängstigend und dennoch… verlockend. Zuvor hatte ich noch nie eine andere Burg gesehen, außer die der le Fays. Ich vermutete, es war das Erstaunen über die Tatsache, wie verschieden diese Festungen waren, das mich noch immer packte. Nur wusste ich, ich würde Avalon nie verlassen. Also würde ich auch nie herausfinden, ob der Stein wirklich so pechschwarz war, wie die Bücher behaupteten.

Isaacs schüttelte seinen Kopf – ein Schmunzeln konnte er sich allerdings nicht verkneifen. Dann drehte er sich zur Seite, sodass die Sonne nur die rechte Seite seines Körpers bestrahlte, als wäre er selbst der Horizont oder der Himmel, an dem die Nacht auf den Tag traf.

»Das Tor«, sagte er, während er mit dem Zeigefinger auf das Stadttor vor sich zeigte.

Er drehte sich zu mir; seine braunen Augen funkelten wie die Sterne am Himmel – teilweise sogar heller, als befände sich eine Kraft in ihm, die viel stärker war als die der Sterne. In ihnen verbarg sich so viel Neugierde, Fragen, die nach einer Antwort suchten, und Begeisterung. Der Junge schaute in die Ferne; er lächelte den Horizont an wie einen alten Freund, den er lange nicht gesehen hatte: so viel Freude, aber gleichzeitig auch Kummer lag in seinem Blick.

»Es blickt nach Norden. Dort wird meine Reise beginnen. Dort – wo die Sonne niemals zu sehen ist.«

»Hast du keine Angst?«, fragte ich ihn.

»Nein«, antwortete er ruhig, auf seinen Lippen ein fasziniertes Lächeln, in seinen Augen noch immer dasselbe Funkeln, »nein.«

Er mochte keine Angst gehabt haben. Aber der Gedanke, diese Mauern eines Tages hinter mir zu lassen, lehrte mich das Fürchten – vielleicht waren meine Visionen der Grund dafür. Vielleicht dachte ich, dass, wenn ich meine Schule, diese Stadt – Avalon – niemals verlassen würde, meine Visionen niemals wahr werden würden. Sie machten mir Angst und vielleicht hatte ich auch deshalb Angst, meine Heimat zu verlassen.

»Ich schon«, gestand ich ihm.

Isaacs drehte sich zu mir um. Er lächelte mich an – ein Lächeln, so wahrhaftig und sanft, als würde es mich berühren; ein Lächeln, geküsst von der aufgehenden Sonne, die die Hälfte seines Gesichtes erleuchtete und seine Augen zum Glitzern brachte wie die Oberfläche des Meeres.

»Ich weiß«, meinte er, die linke Hand auf meine Schulter gelegt, während die rechte seine Kette gegriffen hatte, »aber das brauchst du nicht. Du brauchst keine Angst haben, weil ich immer bei dir sein werde.«

Sieben

»Wie hast du das gemacht?«, wiederholte sie.

Morganas grüne Augen starrten mich an, geschockt, verwundert, aber keinerlei Spur von Angst war in ihnen zu finden. Teilweise befand sich sogar eine Neugierde in ihnen, die ich nicht verstand.

»Ich – ich weiß es nicht«, antwortete ich ihr.

Eine Weile lang fixierte sie mich mit ihrem Blick. Ich konnte sehen, wie sie versuchte, aus alldem, was sie gesehen und gehört hatte, einen Sinn zu bilden. Plötzlich betrachtete sie das Schwert, welches sich noch immer in ihrer Hand befand. Es war beinahe, als wären die Flammen noch immer dort, denn irgendwie sah ich deren Reflexion in ihren Augen. Dann sah sich mich an.

»Wo genau in Avalon hast du gelebt?«, fragte sie.

Ich zögerte, realisierte aber, dass es unnütz war.

»Das weißt du bereits«, antwortete ich ihr.

Morgana nickte. »Du bist ein Magier.« Sie klang nicht begeistert, aber ihre Augen weiteten sich.

»Eher ein Lehrling«, korrigierte ich sie, »bis jetzt kann ich kaum mehr, als ein Feuer mit meinen Händen machen –«

»Aber du hast doch ein Feuer gemacht …«

»Nein – nein, das war anders. Ich, ich hatte keine Ahnung, was ich tat und – um ehrlich zu sein, weiß ich immer noch nicht, was ich getan habe oder – oder was das war, was eben passiert ist –«

Dicht neben mir hörte ich ein schwaches Stöhnen. Morgana hatte es auch gehört. Sie drehte sich um, schenkte ihre Aufmerksamkeit der Person, von der es gekommen war.

»Ector!«, gab sie von sich.

Sie ließ das Schwert fallen und wir beide kniete uns gleichzeitig neben den alten Ritter hin.

»Ector«, flüsterte sie seinen Namen, als befürchtete sie, ihn zu verschrecken.

Der alte Ritter kniff seine Augen angespannt zusammen, sein Kopf bewegte sich unruhig hin und her. Er stöhnte. Es war beinahe, als würde er träumen; als hätte er einen Albtraum.

Ich betrachtete das Blut in seinem Gesicht und die fehlenden Wunden. Als mein Blick an seinem Hinterkopf weitersuchte, entdeckte ich, dass er in einer roten Pfütze lag. Sie war klein, aber genügte, um mir einen Schauer durch die Knochen zu jagen.

Ich hob seinen Kopf an, sacht, so vorsichtig wie möglich.

»Was machst du?«, fragte Morgana, ihre Stirn in Falten gelegt.

»Er blutet«, meinte ich.

»Das sehe ich –«

»Nicht im Gesicht. Am Hinterkopf.«

»Aber du hast gesagt, du wüsstest nicht mehr, als wie du ein Feuer mit deinen Händen machen könntest.«

»Weshalb ich etwas brauche, um seinen Kopf zu verbinden und die Blutung zu stoppen«, erklärte ich ihr.

»Oh«, gab Morgana von sich.

Sie überlegte kurz. Dann griff sie mit den Händen nach dem Stoff ihres Kleides – es war ein grau-grünes, mit goldenen Linien, die sich an ihren Armen und im Bereich ihrer Hüfte wie Blumenranken umher schlängelten. Mittlerweile hatte sich auf der Oberfläche des Stoffes eine breite Schicht Dreck gebildet – eine Hinterlassenschaft von all dem Chaos; wie eine Karte, die den Weg, den sie hinter sich gelassen hatte, mit roten Streifen markierte. Das Kleid reichte bis zu ihren Füßen; sie riss einen breiten Streifen ab, sodass ich ihre Knöchel sehen konnte.

Es war nicht viel, wirklich, nur ihr Knöchel – eine seichte Aufwölbung, wo sich der Knochen befand, darüber ihre Haut, die sich wie ein Seidentuch über Muskel, Sehnen und Knochen legte.

Ich wollte nicht starren – es war nur ein Knöchel! Ich besaß so etwas auch – und dennoch konnte ich meine Augen nicht abwenden.

Erst als sie mir den Stoff entgegenhielt, schaffte ich es, meinen Blick abzuwenden.

»Hier«, sagte sie.

Ihre Stimme klang besorgt. Aber ihre Augen – mit dem intensiven Grün in sich, das ich zuvor nicht so wahrgenommen hatte, wie ich es in diesem Moment tat. Ihre Augen waren ruhig. Ich hielt ihren Blick. Wir starrten einander an.

Dann nahm ich den Stoff aus ihrer Hand; meine Finger strichen unabsichtlich an ihren entlang. Meine Wange wurde warm. Ich fragte mich, ob sich Morganas Wangen rot gefärbt hatten, doch aus Angst, sie würde mein errötetes Gesicht sehen, vermied ich ihren Blick.

Ich wandte dem alten Ritter meine Aufmerksamkeit zu und drückte den Stoff gegen die Wunde. Anschließend band ich ihn um seinen Kopf. Als ich alles mit einem Knoten befestigte, sprang Ector plötzlich auf, als hätte ich einen falschen Nerv berührt, der seinen gesamten Oberkörper in Bewegung versetzte. Er sah aus wie eine Puppe: die Muskeln kalt und schlaff, als würden sie durch Schnüre gesteuert.

Seine Hand raste in meine Richtung. Ehe ich ausweichen konnte, klammerten sich seine Finger um meinen Hals.

»Ector, nein!«, hörte ich Morgana, doch ihre Stimme klang, als wäre ich unter Wasser.

Der alte Ritter schnürte mir die Luft ab. Meine Sicht verschwamm. Meine Hände, winzig im Vergleich zu seinen, klammerten sich um Ectors Arm. Ich versuchte, seine Hand von mir zu drücken, konnte aber die nötige Kraft nicht aufbringen.

Seine Augen sahen mich an und gleichzeitig auch nicht – sie waren völlig außer Fokus. Es war, als würde er in meine Richtung blicken, doch statt mir nur die Umgebung hinter mir sehen … oder statt mir eine andere Person.

Ich versuchte, seinen Namen zu sagen, aber statt Worten verließ nicht einmal Luft meinen Mund. Meine Lippen formten die Wörter in der Luft; nur schafften sie es nicht, bis zu dem alten Ritter zu gelangen.

»Ector, lass ihn los! Lass Parzival los!«, schrie Morgana.

Mit einem Mal veränderte sich sein Gesichtsausdruck. Die Falten auf seiner Stirn pressten sich aneinander. Seine Augenbrauen wanderten abrupt nach oben. Ich sah in seine Augen, sah, wie sie mich fokussierten und sich im nächsten Moment entsetzt weiteten. Seine Finger ließen von meinem Hals ab. Ich hustete panisch und schnappte nach Luft.

»Parzival«, gab der alte Ritter in einem Flüstern von sich.

Es klang wie eine Erinnerung – wie der Flügelschlag eines Vogels im Wind.

Der alte Ritter stöhnte; die Falten in seinem Gesicht formten eine schmerzerfüllte Miene. Mit der Hand fasste er sich an den Hinterkopf, wo sie den Stoff entdeckte, der seine Wunde verband.

»Was ist passiert?«, wollte Ector wissen.

Mein Blick schoss zu Morgana – ein Ausdruck der puren Panik. Morgana allerdings erwiderte ihn nicht; sie sah den alten Ritter an und erklärte ihm, was geschehen war: dass der blasse Ritter ihn geschlagen und sie und ich ihn davongejagt hatten.

Während ihre Lippen immer wieder aufeinandertrafen und sich voneinander wegbewegten, war ich ziemlich überrascht – vor allem aber dankbar, dass sie die Sache mit dem brennenden Schwert ausgelassen hatte.

Ectors Augenbraue zog sich Verdacht schöpfend nach oben.

»Ihr zwei habt ihn davongejagt? Ihr zwei?«

Morgana nickte entschlossen.

»Nun«, gab ich zögerlich von mir, meine Stimme rau, als hätte ich sie seit Jahren nicht benutzt, »größtenteils war es Morgana.«

Ectors Augenbraue wanderte – sofern möglich – noch weiter nach oben. Er runzelte die Stirn und sah uns ungläubig an.

»Sie ist ziemlich angsteinflößend, wenn sie sauer ist«, meinte ich dann, »und sie hatte ein Schwert in der Hand und er nicht, also …«

Mit einem Mal platzte es aus Ector heraus: ein Lachen, so laut, dass die Vögel aus ihren Nestern in den Bäumen flohen. Blätter raschelten in der Ferne, als hätte der Wind ihnen Leben eingehaucht. Nur wehte kein Wind. Es waren die Vögel, die das Rascheln verursachten. Wie ein Orchester in der Natur vermischten sich die Klänge. Es war unheimlich und es gefiel mir ganz und gar nicht.

Ein kalter Schauer lief mir den Rücken hinunter. Es fühlte sich an, als würde jeder Muskel meines Körpers erstarren, einfrieren. Sein Lachen war laut, aber es passte nicht zu diesem Ort. Dieser Ort war still. Es war ein Ort, an dem man flüsterte, weil man befürchtete, etwas könnte die Stimmen hören. Etwas, das in der Dunkelheit lauerte.

Ich blickte in Richtung der Burg, Angstschweiß auf meiner Stirn. Die Flammen des Feuers verblassten, ihre Kraft fast vollkommen erschöpft, als würde die Dunkelheit versuchen, sich auszubreiten. Ich sah zum Eingang der Burg. Er war schwarz, still, regungslos. Doch je länger ich hinstarrte, desto mehr glaubte ich, Bewegung wahrzunehmen, Schatten, die ungeduldig hin und her schwebten und nur darauf warteten, dass das Licht erlosch. Schatten, die darauf warteten, uns zu verschlingen.

Morganas Stimme riss mich aus meinen Gedanken.

»Parzival«, sagte sie ruhig und dennoch mit einem Hauch Besorgnis, »geht es dir gut?«

Mein Blick fiel auf sie. Ich erschrak, als ich realisierte, dass Ector aufgehört hatte zu lachen. Und ich erschrak noch mehr, als ich meinen eigenen Atem hörte, laut und hektisch, als wäre ich von einer weiteren Vision aufgeschreckt. Aber das hier war keine meiner Visionen, das hier war echt. In der nächsten Sekunde merkte ich, dass ich Isaacs Kette umklammerte.

»Können wir gehen?«, fragte ich nur.

Ich ließ die Kette los. Mein Blick wanderte zwischen Morgana und Ector umher. Der alte Ritter nickte bloß.

***

Ich wusste nicht, wie lange wir geritten waren. Ich wusste nur, dass es sich wie eine Ewigkeit angefühlt hatte. An meinem Reitstil konnte ich noch keine Verbesserung erkennen. Im Gegenteil, denn teilweise fühlte es sich so an, als wäre ich sogar noch schlechter geworden. Die ganze Zeit über kämpfte ich damit, nicht vom Pferd zu fallen und außerdem damit, das Tier dazu zu bringen, zu tun, was ich ihm – ihr! – über die Zügel anwies.

Die Ruine hatten wir hinter uns gelassen. Eine Weile lang hatte ich die Umrisse sehen können: schwarze Dächer und Türme, die in den dunkelblauen Himmel ragten wie die Spitzen von Schwertern. Jetzt konnte ich sie nicht mehr sehen – weder die Burg noch die Schatten, die sie bewohnten. Jetzt befanden wir uns weit weg von ihnen und obwohl wir noch nicht ganz in Sicherheit waren, fühlte ich mich zum Teil sicherer.

Ector hatte darauf verzichtet, ein Feuer zu machen. Der Himmel war noch immer dunkel, aber vermutlich würde die Sonne bald aufgehen. Der alte Ritter hatte die meisten Teile seiner Rüstung abgenommen. Ihn so zu sehen, fühlte sich seltsam an, als würde man eine Schildkröte ohne ihren Panzer sehen. Jetzt schlief er, sein Brustkorb ging langsam auf und ab. Wie die Wellen im Meer.

»Vertraust du ihm noch immer?«, fragte ich Morgana.

Sie lag einige Meter neben mir, still, als würde sie schlafen – aber ich wusste, sie schlief nicht.

»Ich vertraue ihm als Morgana«, antwortete sie leise, »aber ich weiß nicht, ob ich ihm als Morgan vertrauen kann.«

»Der blasse Mann«, entgegnete ich, »er … er wusste, wer du bist ...«

Morgana war ruhig. In der Stille konnte ich ihren Atem hören. Für einen kurzen Moment glaubte ich, sie wäre eingeschlafen.

»Ja«, sagte sie dann, »vermutlich.«

Ihre Stimme klang resigniert, aber nicht ängstlich. Den ganzen Weg, den wir seit der Ruine hinter uns gelassen hatten, hatte ich über seine Worte nachgedacht.

»Avalon, Euer Zuhause. Es wurde nicht ohne Grund zerstört –«

»Wollt Ihr den Grund erfahren, my Lady*?«*

Ich wollte ihn erfahren – den Grund für alles, was geschehen war. Ich wollte wissen, warum sie sterben mussten – Morganas Eltern und meine Familie. Dann sah ich ihn wieder vor mir, den brennenden Turm meines Schulleiters, weit über all den anderen Häusern.

Es war ein stechender Schmerz, als hätte jemand ein Messer in meinen Körper gerammt und die Klinge abgebrochen. Jetzt wanderte sie tiefer hinein, wanderte in die Richtung meines Herzens.

»Glaubst du, er wusste von dir?«, riss mich Morganas Stimme plötzlich aus meinen Gedanken.

Ich erschrak und schämte mich noch im selben Moment dafür. Dann bemerkte ich, dass ich Isaacs Kette in meiner Hand hielt. Zwischen meine Finger geklemmt, presste ich sie heftig gegen meine Brust, dicht neben mein Herz. Ich hielt sie weiterhin fest, als würde sie mir Halt geben oder Wärme, wenn mir kalt war.

Ich schüttelte den Kopf.

»Nein«, antwortete ich, »nein, ich glaube nicht.«

»Ich glaube auch nicht«, meinte Morgana dann.

Sie drehte sich zu mir um, das Gras unter ihr raschelnd wie die Laken eines Bettes. Noch immer leuchteten keine Sterne, kein Mond am Himmel. Es war eine kalte, schwarze Nacht. Aber trotz der Dunkelheit konnte ich ihr ganzes Gesicht sehen und sogar das sanfte Lächeln, das ihre Lippen formten.

»So, wie er geguckt hat: verschreckt wie ein kleines Häschen.«

Ich schmunzelte, doch mein Schmunzeln verschwand noch im selben Moment, als ich mich erinnerte, welch eine Angst ich gehabt hatte. Ich wusste nicht einmal, was oder wie es geschehen war – wie ich das gemacht hatte – und genau davor fürchtete ich mich; ich fürchtete mich vor einer Kraft in mir, die ich nicht kontrollieren konnte.

»Wenn wir die Magie anwenden, die in unseren Adern fließt, zentrieren wir jeden Muskel und jeden Gedanken auf diese eine Kraft in uns, die sie zustande bringen kann. Dann ist unsere Magie neutral: Sie ist weder böse noch gut, obwohl sie nichtsdestotrotz Gefahr bedeutet – für uns sowie für jene, die sie nicht verstehen.«

»Aber Professor«, gab ich unsicher von mir, »ich – ich kann nicht behaupten, sie zu verstehen, ich meine –«

»Noch nicht«, sagte mein Schulleiter, »aber vielleicht wirst du das eines Tages. Nicht einmal ich kann von mir behaupten, diese Kraft voll und ganz zu verstehen. Aber das ist nicht nötig. Manchmal muss man sich der Strömung hingeben, um den Fluss zu kontrollieren.«

»Aber wie soll ich etwas kontrollieren, das ich nicht verstehe? Wie soll ich etwas kontrollieren, vor dem ich mich fürchte?«

Pathosth sah mich nicht an, seine Hände umklammerten die Brüstung des Balkons, seine silbernen Augen starrten weit hinaus in die Ferne, als könnten sie am Horizont vorbei die Welt sehen, die sich dahinter verbarg.

Dennoch bewegten sich seine Mundwinkel nach oben, in diesem verständnisvollen Schmunzeln, das er von sich gab, sobald ich eine Frage stellte, die mich schon seit Ewigkeiten unruhig schlafen ließ – beinahe, als hätte er sich dieselben Fragen einst selbst gestellt.

»Fürchte nicht die Kraft, die sich in dir verbirgt, Parzival«, meinte er, »und fürchte auch nicht die Magie. Respektiere sie. Akzeptiere sie als einen Teil von dir – einen äußerst essenziellen Teil. Alles, was du tun musst, ist, dich voll und ganz auf sie zu konzentrieren. Um sie zu kontrollieren. Denn niemals darf die Magie dich kontrollieren.«

Ich sah ihn an, mit gerunzelter Stirn. Dies war einer dieser Momente, in denen Pathosths weise Worte zu mehr Verwirrung führten, obwohl er recht hatte: Die Magie war ein Teil von mir und würde es immer sein; ein Leben in Angst vor ihr oder der Kraft, die sie antrieb, wäre ein Leben in Angst vor mir selbst. Und dennoch …

»Was meint Ihr damit, ich darf mich nicht von ihr kontrollieren lassen?«

Nachdem ich diese Frage gestellte hatte, schloss Pathosth seine Augen – als verspürte er einen plötzlichen Schmerz, den er zu unterdrücken versuchte.

»Manche glauben, wenn sie sich von ihren Gefühlen leiten ließen, würde es sie stärker, teilweise sogar unberechenbar machen. Das tut es auch – eine Zeit lang jedenfalls.«

Pathosth drehte sich zu mir um, seine Augen silber-leuchtend. Fast wie die Sterne am Himmel, nur waren sie diesmal eindringlicher, mit einer Warnung hinter den Pupillen, die mir Sorgen bereitete.

Mein Schulleiter beugte sich zu mir. Er legte seine Hand auf meine Schulter.

»Versuche, nie aus Angst oder Wut zu zaubern, Parzival. Manchmal kannst du es nicht verhindern, aber bedenke eines: Je öfter du es tust, desto mehr wird es dich verzehren; so lange, bis du eines Tages nicht mehr du selbst bist. Lass dich nicht von der Magie kontrollieren, die dich umgibt. Kontrolliere sie selbst – indem du sie respektierst; indem du sie akzeptierst.«

»Ob er nun wusste, wer wir waren oder nicht, macht keinen Unterschied – nicht wirklich.«

»Ich denke doch«, entgegnete ich, »was, wenn er mehr Männer holt, uns weiter jagt, bis er hat, was er will?«

»Und was wäre das?«

Ich sah sie unsicher an.

»Was will er?«, meinte sie.

Ich schüttelte den Kopf.

»Ich weiß es nicht«, antwortete ich ihr.

»Ich auch nicht«, entgegnete Morgana, »das Einzige, was ich weiß, ist, dass niemand wissen darf, wer wir wirklich sind oder woher wir kommen. In einem hatte der blasse Mann recht: Avalon wurde nicht ohne Grund angegriffen. Sie sind alle tot, Parzival, und ich glaube, wir sollten es auch sein. Wenn irgendjemand erfährt, wer wir sind …«

Morgana neigte ihren Kopf leicht zur Seite, beinahe wie ein Welpe, der um Essen bettelte. Sie musste ihren Satz nicht beenden und wenn ich ehrlich war, war ich froh, dass sie es nicht tat. Ihre Augen starrten mich eindringlich an; sie funkelten wie poliertes Glas.

»Wir können niemanden trauen«, meinte sie dann, nachdem sie mich eine Weile nur angestarrt hatte, »außer einander.«

Es war der Beginn einer Freundschaft – einer Freundschaft, deren Wert alle Schätze dieser Welt überbot. Wenn ich an all die Zeit in meiner Schule zurückdachte, hatte ich mich stets allein gefühlt. Ich hatte Isaacs, meinen Schulleiter, all meine anderen Freunde und Professoren, und dennoch hatte mich stets ein Gefühl der Einsamkeit begleitet – als würden sie jetzt bei mir sein, um mich auf all die Gefahren vorzubereiten, die mir bevorstanden, doch nicht mehr, wenn ich mich eines Tages meinen Ängsten tatsächlich entgegenstellen müsste.

Als ich Morgana ansah, verschwand dieses Gefühl. Als ich sie ansah, wusste ich, sie würde bei mir bleiben; würde meine Ängste anschreien, wie sie den blassen Mann und seine Männer angeschrien hatte. Ich wusste, sie würde bei mir bleiben. Bis zum Schluss.

Wir beide teilten dieselbe Bürde, nur dachten wir, es wäre jene, die unsere Heimat betraf; nicht jene, die unser tiefstes Inneres betraf.

Es unterschied uns von allen, die wir kannten, und von allen, die wir noch kennenlernen würden. Aber uns beide verband es.

An jenem Abend wurden Morgana und ich Teil von etwas, das wir noch nicht einmal verstanden. Es war der Anfang unserer Geschichte und das Ende jener Welt, in der wir bisher gelebt hatten.

Von jetzt an gab es nur uns. Morgana und ich gegen den Rest der Welt. Es war immer nur sie; immer nur wir beide.

Immer.

***

»Wie lange, bis wir Camelot erreichen?«, fragte Morgana mit der Neugierde eines Kindes.

Es fühlte sich seltsam an, von ihr als Kind zu denken. Wenn ich sie so ansah, stolz auf ihrem viel zu großem Pferd, der Rücken gerade und das Kinn nach oben – die Haltung einer Lady, einer Königin – wirkte es kaum, als wäre sie so alt wie ich. Vermutlich war sie älter – mit hoher Wahrscheinlichkeit sogar – und sie war größer als ich, aber trotzdem viel, viel zu klein, um alleine auf ein Pferd zu steigen.

Es machte mir nichts aus, ihr hinaufzuhelfen; es machte mir nur etwas aus, dass ich am langsamsten von uns allen war, weil mein Pferd einfach nicht tun wollte, was ich wollte, dass es tut – weshalb ich verzweifelt hoffte, dass der Weg nach Camelot bald enden würde.

»Mehrere Wochen«, antwortete der alte Ritter, »in dem Tempo vielleicht sogar einen Monat.«

Seine Antwort war nicht gerade aufmunternd, nicht einmal, nachdem er mir aus den Augenwinkeln sein gerissenes Schmunzeln gegeben hatte. Ich wollte besser werden, ich wollte endlich richtig reiten können, nur schien sich der Lernprozess ziemlich hinauszuzögern.

»Keine Sorge«, meinte Morgana, als hätte ich meine Gedanken laut ausgesprochen, »ich sehe sogar schon eine Verbesserung.«

»Hör auf, mir falsche Hoffnungen zu machen«, entgegnete ich.

»Nein, ich mein es ernst, dein Pferd scheint mehr mit dir zu kooperieren.«

Sie gab mir ein sanftes Lächeln. Ihre Mundwinkel zogen sich sacht nach oben, während ihre Augen strahlten. Wie Smaragde, die nach hundert Jahren Dunkelheit zum ersten Mal auf das Licht trafen.

»Wirklich?«

Erst sah ich mein Pferd an, als würde es mir zustimmend zunicken. Dann wandte ich mich wieder Morgana zu, meine Stirn in Falten gelegt.

»Ich finde, es ist teilweise sogar schlechter geworden«, meinte ich.

Morganas Schmunzeln verwandelte sich in ein Lachen – ein Lachen, das so ansteckend war, dass auch ich lachen musste.

»Keine Sorge, Parzival«, meinte sie, »der Anfang ist immer schwer.«

Sie warf mir noch einen weiteren Blick zu, bevor sie ihrem Pferd einen sanften Stoß gab und zügiger voran ritt. Ich sah ihr hinterher, sprachlos.

Allein die Art, wie sie sich auf diesem großen Tier fortbewegte, ließ sie viel älter wirken, als sie tatsächlich war – es ließ sie erwachsen wirken.

Nachdem wir einige Stunden Ritt hinter uns gelassen hatten, entschied Ector, eine Pause einzulegen.

Die Landschaft hatte sich kaum verändert: Der Boden wellte sich in unterschiedlich großen Hügeln, hier und dort stand ein einsamer Baum, die Erde bedeckt von trockenem Gras, verbrannt von der Sonne. Sie stand weit oben am Himmel, schaute auf uns hinab wie ein Auge, dem nichts entging.

Die Hitze brannte, besonders auf meinen Handgelenken, die noch immer wund von den Fesseln waren. Wie sehr sehnte ich mich nach Schatten, nach einem winzigen Versteck vor der unausweichlichen Wärme. Aber der Mangel an Bäumen machte das unmöglich.

Ector führte uns in die Richtung eines Hügels. Ein Baum stand davor – ein Baum ohne Blätter wie ein Mensch ohne Haare. Die Äste standen leer in der Luft herum; ich stellte mir vor, sie wären Hände – Hände, die sich flehend gen Himmel richteten und nach Schatten beteten, wie ich es tat.

Wir banden die Pferde am Baum fest, woraufhin sich Morgana und Ector auf die Erde setzen. Bevor ich mich zu ihnen gesellte, gab ich meinem Pferd eine Karotte. Als ich dann bei ihnen saß, gab mir der alte Ritter ein Stück seines Brots. Morgana hatte er bereits eins gegeben.

Stillschweigen saßen wir nun im Dreieck und aßen gemächlich unser Brot. Als ich Ector ansah, erweckte es beinahe den Eindruck, als wäre eine neue Falte in seinem Gesicht entstanden. Doch ich musste zugeben, dass, trotz der vielen Falten, seine Augen im Blau schimmerten, als hätte es sie erst seit wenigen Tagen gegeben. Die Farbe war frisch, unberührt vom Alter. Selbst wenn er ein altes Gesicht hatte, war es dennoch ein freundliches.

»Wie geht es weiter, wenn wir Camelot erreicht haben? Was passiert dann?«, wollte ich wissen.

Der alte Ritter sah von seinem Essen auf, seine blauen Augen direkt auf mich gerichtet. Sein Unterkiefer bewegte sich hin und her, während er das Brot zerkaute. Er schluckte es runter und sah mich einige Sekunden lang weiter an.

»Wir werden sehen«, antwortete der alte Ritter.

Er biss ein weiteres Stück von seinem Brot ab, zerkaute es gemächlich zwischen seinen Zähnen.

»Der zukünftige König –«, begann der alte Ritter.

»Arthur Pendragon«, unterbrach ich ihn.

Ich erschrak, als ich die Strenge in meiner Stimme vernahm.

Morgana schwenkte ihren Kopf zu mir. Plötzlich raste mein Herz in meiner Brust, ich hörte das Blut in meinem Kopf pulsieren. Ich starrte Ector an, versuchte, etwas von seinem Gesichtsausdruck zu erfahren, aber erfolglos. Die Miene des alten Ritters blieb neutral, nichtssagend. In diesem Moment bereute ich, meinen Mund aufgemacht zu haben.

»Es gibt keinen König, nur die Lords ihrer eigenen Länder«, beendete ich vorsichtig.

Ector nickte – ein Nicken, so nichts aussagend wie sein Gesichtsausdruck.

»Arthur plant, das zu ändern«, entgegnete der alte Ritter.

»Am schlimmsten ist es, wenn die Menschen, die dir die schönsten Erinnerungen geben, selbst zu einer werden. Nur solltest du dir keine Gedanken um die Toten machen, sondern viel mehr um die Lebenden. Sie sind es, die dein Mitleid verdienen, Parzival – besonders solche, die Leben nehmen, weil sie glauben, es täte der Welt etwas Gutes.«

Pathosths Augen verweilten einige Momente auf meinem Gesicht, als wäre es eine Sprache, die sie nicht verstanden.

Ich glaubte zu verstehen, was er meinte, doch in Wirklichkeit würde ich erst Jahre später wahrlich verstehen, was seine Worte bedeuteten. So oft schon hatte ich mich nachts in die Bibliothek geschlichen und von allem Möglichen gelesen: Drachen, Zauberkünste und sogar Kriege.

Ich fürchtete mich vor ihnen; allein die Vorstellung an eine Schlacht schnürte mir die Luft ab. Es fühlte sich an, als wäre ich in einem See, gefangen unter Wasser; als würde ich ertrinken.

Umso mehr fürchtete ich mich davor, eines Tages selbst eine zu erleben. Irgendwie glaubte ich, über Schlachten und Kriege zu lesen, würde mir helfen, meine Visionen besser zu verstehen – und es hielt mich gleichzeitig vom Schlafen ab, wodurch ich mich den Visionen weniger ausgeliefert fühlte. Doch wenn ich ehrlich war, half es kein Bisschen. Im Gegenteil: Ich fürchtete mich mehr vor dem, was auf mich zukam, und das zurecht. Kein Buch und keine Lektüre vermochten, all die Schlachten in der Geschichte in dem Ausmaß darzustellen, wie ich sie eines Tages erleben würde.

Pathosth sah von mir weg. Seine silbernen Augen reflektierten den Himmel. Mit der einen Hand stütze er sich auf das Geländer, während er mit der anderen Raznar streichelte. Der Phönix schloss seine Augen, sein Schnabel bewegte sich nach oben, als er Geräusche von sich gab, die dem Schnurren einer Katze sehr ähnelten.

»Wir leben in Zeiten des Friedens, Parzival«, sagte Pathosth plötzlich.

Solche Worte zu hören, war gut, beruhigend, doch etwas an der Art, wie mein Schulleiter sie ausgesprochen hatte, gefiel mir ganz und gar nicht.

»Aber er ist zerbrechlich. Er hält nur so lange an, wie die Geduld der Menschen es ihm erlaubt.«

Ich sah ihn an, erwartungsvoll, doch er erweckte nicht den Eindruck, als hätte er noch etwas zu ergänzen.

»Was bedeutet das?«, fragte ich ihn.

»Es bedeutet, dass er nicht lange halten wird. Irgendwann wird es wieder Krieg geben.«

Jetzt wusste ich, was mich an seiner Stimme beunruhigt hatte: Es war diese Vorahnung, die nur er hatte – sein Wissen von Dingen, die geschehen würden, obwohl niemand sonst sie sah.

Ich hätte überrascht sein sollen. Ich war geschockt und ein kalter Schauer lief mir den Rücken hinunter, doch ich war nicht überrascht. Nein, seit hunderten von Jahren hatten die Menschen Kriege geführt. Manchmal hatten sie Frieden geschlossen, doch wie lange hatte dieser gehalten? Es war lächerlich, teilweise sogar erstaunlich, dass noch immer Menschen lebten.

»Woher wisst Ihr das?«, fragte ich ihn, weil ich sehen wollte, was seine Augen mir zeigen würden, wenn er mir eine Antwort gab.

Enttäuscht wurde ich nicht. Obwohl er nicht mich ansah, sondern bis ans andere Ende der Welt blickte, erkannte ich es in seinen Augenwinkeln: Menschen und Zauberer, Seite an Seite und gegeneinander, Schwerter, Äxte und Speere in den Händen.

»Ich lebe lange genug auf dieser Welt, um solche Dinge zu wissen, mein Junge – länger, als du glauben magst.«

In seiner Stimme erkannte ich die Müdigkeit; die Müdigkeit von all dem Leid und all dem Elend, das er erlebt hatte.

»Es gab eine Zeit, da herrschten viele Könige gleichzeitig. So lange, bis ihnen die Macht, über die sie verfügten, nicht mehr genügte – sie wollten mehr und es gab Krieg. Unzählige Menschen verloren ihr Leben, darunter jene, die nie nach Macht strebten, sondern lediglich zu überleben versuchten. Denn du musst wissen, Parzival, ein Krieg trifft immer jene am meisten, die am wenigsten damit zu tun haben. Als er dann vorbei war, beschlossen die Menschen, dass nur ein König herrschen solle. Drei Jahrzehnte später brach ein neuer Krieg aus, weil die Lords die Macht des Königs entweder nicht anerkannten oder für sich selbst behaupten wollten. Die Kämpfe – all das Schlachten – kehrten zurück; mehr Opfer und mehr Zerstörung, weil die Menschen ständig nach mehr streben. Und wozu? Wozu, mein Junge? Parzival, glaube mir, wenn ich sage, dass kein Gold der Welt all diese Tode wert ist … oder sie gar bereinigt. Menschen können grausam sein. Aber versteh mich nicht falsch, Junge: Die Menschen gieren nicht alle nach Macht, die ihnen nicht zusteht, ebenso wenig wie alle Magier schwarze Magie ablehnen, weil sie gefährlich ist. Im Grunde ist das Motiv eines jeden – egal ob Mensch oder Magier – immer das unendliche Streben nach Macht. Ein Prinzip so simpel wie zerstörerisch. Nachdem der König also letzten Endes gestürzt wurde, beschlossen die Menschen, dass es keinen König mehr geben sollte, nur noch die Lords und ihre eigenen Länder.«

»Was ist mit den Magiern?«, fragte ich.

Pathosth gab mir einen kuriosen Blick. Als er seinen Kopf minimal zur Seite neigte und seine Augen erst zusammenkniff, um sie anschließen wieder leicht aufzureißen, sah er beinahe aus wie ein neugieriges Tier. Das Silber, das seine Pupillen umzingelte, zeigte mir seine Erinnerungen. Jetzt, wo er mich direkt ansah, erkannte ich all die Menschen, die auf dem Boden lagen – als würden sie schlafen. Nur würden sie nie wieder aufwachen.

Der Anblick ließ mein Blut gefrieren wie das Wasser eines Flusses; er hatte einen bitteren Beigeschmack, als hätte ich mir auf die Lippe gebissen. Während ich in seine Augen blickte und sah, was sie mir zeigten, erinnerte mich der Anblick an meine Visionen.

»Was haben die Magier getan? Ich dachte immer, es wäre ihre – unsere – Aufgabe, Frieden zu verbreiten. Warum haben sie all die Kriege nicht verhindert?«

Pathosth gab ein Lächeln von sich, das von mehr Schmerz zeugte als von Freude.

»Ich wünschte, es wäre so einfach, Parzival, aber die Zeiten, in denen sich die Menschen von uns helfen ließen, sind lange vorbei.«

Er drehte sich von mir weg und legte seine Arme auf die Brüstung. Seine Augen blickten wieder in die Ferne.

»Es wird nicht lange dauern«, sagte er, »bis der nächste nach dem Titel eines Königs streben und einen neuen Krieg auslösen wird.«

Ich hielt meinen Mund geschlossen, nickte dem alten Ritter knapp zu, um zu verhindern, dass ich etwas sagte, das ich später bereuen würde.

Pathosth hatte recht – die ganze Zeit über hatte er recht gehabt. Arthur Pendragon wollte König werden, doch ich bezweifelte, dass die anderen Lords sein Vorhaben einfach akzeptieren würden – allem voran die von Cornwalls. Ein erneuter Krieg war also nur noch eine Frage der Zeit, wenn er nicht schon längst begonnen hatte.

»Was ist, Junge?«, gab Ector von sich.

Ich konnte seine Stimme nicht einschätzen. Selbst als ich zu ihm aufschaute, konnte ich nicht sagen, ob er mich in eine Falle locken wollte, seine Augen verrieten nichts.

Nichtsdestotrotz konnte ich die Anspannung deutlich spüren; aus den Augenwinkeln bemerkte ich, wie Morgana aufgehört hatte, zu essen. Sie starrte nervös von Ector zu mir. Aber nachdem sie einige Male von mir zu dem alten Ritter geschaut hatte, blieb ihr Blick plötzlich bei ihm stehen.

Ihr Blick erinnerte mich an den eines Raubtieres, grün schimmernden Augen auf ihre Beute fixiert, der Körper völlig steif.

Dieser eine Blick genügte, um mir zu zeigen, dass sie bereit war, alles zu tun, um mir den Ritter vom Leib zu halten. Wir hätten keine Chance gegen Ector gehabt und dennoch zeigte Morgana keine Angst.

Ich erinnerte mich an unsere erste Begegnung, dachte daran, wie ihre verschreckten Augen mich angesehen hatten.

Jetzt war es völlig anders – *sie* war völlig anders.

Ich schüttelte meinen Kopf, wich seinem Starren aus.

»Nichts«, antwortete ich vorsichtig, »ich – verzeiht mir, ich wollte Euch nicht verärgern.«

»Das hast du nicht«, entgegnete der alte Ritter, seine Stimme überraschend sanft.

Als er dann plötzlich seine Augen zusammenkniff, gefror das Blut in meinen Adern.

»Aber sei vorsichtig mit dem, was du sagst. In den falschen Ohren hätten dich deine Worte in ziemliche Schwierigkeiten gebracht, Junge.«

»Und woher wissen wir, dass Eure Ohren nicht die falschen sind?«, hörte ich plötzlich Morganas Stimme neben mir.

Sie klang listig, vorwurfsvoll, als würde sie Ector einer Straftat bezichtigen. Mein Herz machte einen Satz; mit jedem Schlag fühlte es sich an, als spränge es mit dem nächsten aus meiner Brust heraus.

Ich starrte den alten Ritter panisch an, fürchtete mich vor seiner Reaktion. Aber er lachte einfach laut auf. Nur fühlte sich dieses Lachen an wie tausende Nadelstiche.

»Du bist nicht dumm, junge Dame«, meinte der alte Ritter, nachdem er sich beruhigt hatte, »aber du musst aufpassen, was du sagst. *Ihr beide* müsst vorsichtiger sein. Ich kenne Arthur sein ganzes Leben lang und er ist niemand, der Kritik einfach über sich ergehen lässt. Nicht einmal ich bin in der Position, solche Bedenken zu äußern.«

»Und was sind Eure Bedenken?«, gab ich von mir.

»Stell keine Fragen, deren Antwort du nicht hören willst, Junge.«

»Nein, ich meine es ernst«, entgegnete ich.

Meine Stimme klang ruhig, ruhiger, als ich erwartet hatte. Der alte Ritter sah von Morgana und mir weg; mit einem Mal zeichneten seine Falten eine betrübte Miene – eine Miene, die mich beinahe an die Müdigkeit von all dem Elend erinnerte, die ich oft in den Augen meines Schulleiters erblickt hatte. Plötzlich hatte ich Mitleid mit dem alten Ritter.

»Ihr haltet es für keine gute Idee«, erkannte ich überrascht.

Ectors Augen sahen zu mir auf.

»Ihr glaubt, es wird einen Krieg auslösen.«

Der alte Ritter nickte.

»Ich denke, Ihr habt recht«, meinte ich dann.

Ector betrachtete mich für einen langen Moment. Dann gab er einen Luftstoß von sich, als würde er kurz lachen – aber dieses Lachen klang schmerzhaft wie eine Erinnerung, die ihn quälte.

»Sieht aus, als hättest du einen guten Lehrer gehabt«, gab Ector von sich.

»Das hatte ich«, antwortete ich, »den besten.«

Der alte Ritter nickte, noch immer schmunzelnd, noch immer voller Schmerz.

»Aber es sieht aus, als hätte er dir nicht alles beigebracht.«
Plötzlich sprang der alte Ritter von seinem Sitzplatz auf, mit einer Agilität, die ich nicht von ihm erwartet hatte.
»Steh auf«, sagte er, »nimm das Schwert. Ich will sehen, wie du es hältst.«
Ich begab mich zu Ectors Pferd, recht verunsichert von dem raschen Themenwechsel, und holte die Waffe des blassen Mannes. Ector hatte sie an seinem Sattel befestigt, noch bevor wir die Ruine verlassen hatten.
Selbst als ich mich auf das Gewicht der Klinge vorbereitete, überraschte es mich, als wäre sie sogar schwerer geworden. Ich griff es mit beiden Händen und schliff es hinter mir her, das Geräusch vom klirrenden Stahl dicht an meinen Fersen, als dieser gegen mehrere kleine Steine traf.
Sobald ich dann vor ihm stand, nahm ich es auf, doch meine Hände konnten dem Gewicht des Stahls kaum standhalten.
»Halt die Klinge hoch«, wies Ector an.
Ich versuchte, mehr Druck auf den Griff zu bringen, sodass die Spitze des Schwertes nach oben schaute. Allerdings gelang es mir nur für wenige Sekunden, das Schwert in dieser Position zu halten. Die Spitze kippte wieder nach unten.
»Es ist zu schwer«, gab ich verzweifelt von mir.
»Es ist nur so schwer, wie es schwer sein muss«, erwiderte Ector.
Er kam auf mich zu und korrigierte meinen Griff um das Heft.
»Mit der rechten Hand greifst du so nah wie möglich an der Parierstange«, meinte er, »die linke greift weiter hinten in der Nähe des Knaufes.«
Er trat einen Schritt zurück und musterte mich wie eine Statue, die er mit seinen eigenen Händen gemeißelt hatte.
»Halt dein Schwert immer so fest du kannst. Wenn du es verlierst, hast du den Kampf so gut wie verloren. Und glaub mir, du willst nicht verlieren. Also halt dein Schwert immer fest im Griff.«
Mit den letzten Worten, die seine Lippen verließen, brach seine Stimme. Ector räusperte sich kurz.
Für einen Moment fühlte es sich an, als wäre er eine andere Person. Seit dem Tag, an dem ich ihn kennengelernt hatte, gab es Situationen,

in denen es sich anfühlte, als würde ich ihn schon mein ganzes Leben lang kennen. In diesen Momenten kam es mir vor, als würde er mir eine Facette von sich zeigen, die er eigentlich vor mir verbergen wollte.

Doch je öfter ich diese Facetten sah, desto mehr fühlte ich mich ihm verbunden; desto mehr glaubte ich, ich könnte ihm vertrauen.

»Deine Beine«, meinte der alte Ritter dann, »positionier dein rechtes Bein weiter nach vorn. Geh mehr in die Knie, so bist du beweglicher. Genau so.«

Ector schlug seine Hände aufeinander, rieb die Handflächen aneinander. Eine kurze Weile lang betrachtete er noch meine Körperhaltung, bevor er dann näher zu mir kam und sich im Ausfallschritt vor mich stellte, als wäre er mein Spiegelbild.

Er zog sein Schwert, das schleifende Geräusch des Stahls hallte in der Luft, während das Material auf das der Scheide traf. Mit nur einer Hand hielt er mir die Klinge entgegen, seine andere Hand balancierte in der Luft.

»Wenn ich angreife«, meinte er, »blockst du meinen Schlag ab.«

»*WAS*? Nein, ich –«

Der alte Ritter machte einen gigantischen Schritt nach vorne, streckte seinen Arm aus. Ich sah die Klinge auf mich zukommen, die Sonnenstrahlen auf der blanken Oberfläche des Stahls reflektiert. Ich bekam Panik.

Alles, was ich sah, war dieser eine helle Punkt. Ich warf mich nach hinten, stolperte über meine Füße und landete auf dem Boden.

»Du solltest das Schwert schon benutzen«, war das Einzige, was er mir entgegnete.

Ich wusste nicht, ob er enttäuscht oder amüsiert war.

»Steh auf, Junge«, sagte er dann, »wir versuchen es erneut.«

Ich tat, was er sagte. Ich stand auf, nahm die Position ein, die er gezeigt hatte, und versuchte, das Schwert hochzuhalten.

Das Gewicht war zu schwer. Ich konnte nicht einmal die Spitze der Klinge vom Boden entfernen, ihre Oberfläche haftete auf der Erde, als wären beide miteinander verschmolzen – das Schwert anzuheben, fühlte sich an, als müsste ich gleichzeitig das Gewicht der ganzen Welt stemmen.

Es war unmöglich. Und als ich realisierte, dass ich es nicht mehr rechtzeitig schaffen würde, ließ ich mein Schwert los und trat erneut panisch nach hinten – diesmal, ohne über meine eigenen Füße zu stolpern.

»Es ist zu schwer, ich kann es nicht einmal anheben!«, verteidigte ich mich, als ich Ectors Enttäuschung sah.

Er wusste genauso gut, wie ich, dass das Gewicht nicht das einzige Problem war. Ector hielt kein Übungsschwert in seinen Händen – es war ein echtes, die Klinge war scharf genug, um durch Knochen zu schneiden; und die Geschwindigkeit, mit der er es nach mir schwang, war stark genug, um einen ganzen Felsen zu durchtrennen.

Ector öffnete seinen Mund, aber bevor er die Worte formen konnte, mischte sich Morgana ein. »Darf ich es versuchen?«

Ector und ich starrten sie gleichzeitig an. Der alte Ritter hatte seine Augenbraue nach oben gezogen; mir war die Kinnlade nach unten gefallen.

Als er nickte, formte sich ein Grinsen auf Morganas Lippen. Sie kam zu mir, nahm mir das Schwert ab. Ihre Fingerspitzen strichen über meinen Handrücken. Ihre Augen sahen leicht zu mir nach unten. Sie war größer als ich, wenn auch nur minimal.

»Darf ich?«, fragte sie sanft.

Als hätte ich mich in einer Trance befunden, rüttelte mich ihre Stimme wach.

»Ja«, antwortete ich panisch, »natürlich.«

Ich ließ den Griff los, trat hastig von ihr weg, als hätte sie sich plötzlich in eine riesige Spinne verwandelt. Ich stolperte über meine Füße, landete erneut auf dem Boden. Ector schüttelte den Kopf, seine Augen angestrengt geschlossen, als hätte ich gerade den kostbarsten Wein der Welt ausgeschüttet. Morgana schmunzelte nur.

Als ich spürte, wie meine Wangen ganz warm wurden, wäre ich am liebsten in den Boden versunken. Ich war heilfroh, als sie sich zu dem alten Ritter umdrehte.

»Du weißt, wie du stehen musst?«, gab Ector von sich.

Morgana nickte.

»Und wie du das Schwert hältst?«

Sie nickte erneut.

»Gut. Dann greife ich dich an und du blockst meinen Schlag ab.«

Im ersten Moment wirkte es, als könnte Morgana das Schwert ebenfalls kaum halten. Aber als Ector auf sie zugeschossen kam, hob sie das Schwert an; die Klinge trennte sich vom Boden, der Stahl riss getrocknete Erde mit sich nach oben.

Morgana schwang die Klinge. Stahl traf aufeinander. Die Wucht lenkte Ectors Schwert von seiner ursprünglichen Bahn ab. Die Spitze rammte sich in den Boden, keine zwanzig Zentimeter von Morganas Fuß entfernt.

Der alte Ritter sah sie an, erst geschockt, dann stolz wie ein Vater.

***

Ich atmete schwer und hastig. Jeder Atemzug fiel mir schwerer. Ich war erschöpft. Spürte die Erschöpfung in jedem Muskel meines Körpers. Es war ein Schmerz, der tiefer schnitt, als Stahl es jemals könnte.

Vor mir lagen abermals tausende Leichen. Überall auf dem Boden verteilt. Vor einer gigantischen Burg. All die leblosen Körper.

Ich sah sie alle an, erkannte keine Gesichter – noch nicht.

Am Horizont ging die Sonne auf, doch sie brachte keine Wärme – nicht nach dem, was in der Nacht vor dem Morgen geschehen war. Nicht nach dem Chaos, das über die Welt hereingebrochen war.

Dann sah ich sie wieder, die Augen – dieses eine Paar Augen, das mich anstarrte. Durch mich hindurch starrte.

Ich schreckte auf, verschwitzt und heftig atmend, als befände ich mich noch immer in meiner Vision.

Abgesehen von dem Feuer, das neben mir brannte, herrschte vollkommene Dunkelheit.

Ich saß, die Hände auf den Boden gestützt, sah mich um, während sich mein Atem nur langsam beruhigte.

Ector schlief, ich sah seine Silhouette vor mir auf der anderen Seite des Feuers. Die Flammen knisterten, während sie das Holz unter sich verschlangen, wie es die Flammen in meiner Heimat getan hatten. Mit weit geöffneten Augen starrte ich in die roten Farbstriche. Da sah ich ihn wieder – den Turm – und fragte mich, ob der Schmerz jemals enden würde. Ob ich jemals den Qualm vergessen könnte, der in den Nachthimmel aufgestiegen war. Selbst als ich meine Augen schloss, wurde es nicht besser.

Mir entwich eine Träne.

»Albträume«, erklärte eine Stimme – Morganas Stimme.

Ich erschrak, als ich sie hörte. Ich hatte gedacht, sie würde schlafen, doch als ich zu ihr blickte, sah ich, dass sie vor dem Feuer saß, ihre Augen auf die Flammen fixiert, während ihre Arme ihre Beine umgriffen, das Kinn auf den Knien abgelegt. Warme Schatten tanzten auf ihrer Haut. Sie sah mich an und ich bemerkte, dass sich dieselben Schatten auch in ihren Augen befanden.

Ich nickte.

»Ich habe sie auch«, erzählte sie mir dann.

Morgana sah zurück ins Feuer und ich erkannte, dass es egal war, wie mutig man war – wenn man von Albträumen geplagt wurde, klammerten sie sich an einem fest, vergruben ihre Pranken in jeden einzelnen Knochen und brachten sie alle zum Zittern.

Morgana wusste, wie sich Angst anfühlte. Aber es war weniger Angst, die ich in ihr sah, vielmehr Schmerz. Kummer.

Der Schweiß an meinem Körper brachte mich zum Frieren. Als ich mich dann nach vorn zum Feuer lehnte, stellte ich fest, dass ich Isaacs Kette hielt.

Der Schmerz war überall. Und als ich versuchte, herauszufinden, wo er mich am meisten quälte, war er an anderen Stellen immer schlimmer.

»Was passiert in deinen?«, fragte ich sie, meine Stimme ein Flüstern.

Den Rest des Tages waren wir nur geritten, was Ectors lautes Schnarchen bezeugte. Ich sehnte mich nach Schlaf, sehnte mich nach einer Nacht, in der mich die Visionen nicht heimsuchen würden. Ich hätte gern gewusst, wie es sich anfühlte zu träumen.

Morgana deutete mit einem kurzen Nicken auf die Flammen vor ihr.

»Das Feuer«, antwortete sie, »ich sehe es in meinen Träumen. Ich sehe, wie es alles unter seiner Hitze verschlingt. Ich höre die Schreie und das Brechen von Knochen und das Fließen von Blut, als wäre es ein ganzer Fluss. Aber am schlimmsten ist …«

Sie schwieg. Einen Moment lang schloss sie ihre Augen, angestrengt, als könnte sie den Schmerz nicht mehr aushalten. Ich wusste nur zu gut, wie sie sich fühlte. Ich wollte es ihr abnehmen – den Schmerz, die Bürde, aber das zu tun, war das Einzige, was ich nicht konnte. Ich konnte sie nur mit ihr teilen.

»Was ist es?«, fragte ich sie.

Meine Stimme war sanft.

»Was ist das Schlimmste?«

Morgana sah weiter ins Feuer, tief in Gedanken versunken, als befände sie sich an einem völlig anderen Ort, weit weg von hier.

Plötzlich erinnerte ich mich an das Brennen an meinen Handgelenken, dachte daran, wie sehr es mich noch vor wenigen Stunden geplagt hatte. Mittlerweile spürte ich nichts, selbst als ich mit meinem Finger über die wunde Stelle strich.

Dann dachte ich an den Schmerz – den, den ich mit Morgana teilte – und erinnerte mich, dass er immer gleich geblieben war, egal wie viel Zeit seit dem Angriff auf Avalon verstrichen war. Und ich fürchtete, dass – egal, wie viel Zeit noch vergehen würde – er niemals aufhören würde.

An diesem Abend verstand ich, dass Zeit mein größter Verbündeter war und gleichzeitig mein größter Feind.

Einige Wunden vermochte sie zu heilen; andere wurden zu Narben, die einen immer wieder an das erinnerten, was einst geschehen war; und dann gab es die Wunden, die niemand heilen konnte, nicht einmal die Zeit selbst.

»Mein Vater«, ertönte Morganas Stimme in der Stille.

Ich verstand.

Bei ihr war es ihr Vater. Bei mir war es Pathosth.

»Am schlimmsten ist es, wenn die Menschen, die dir die schönsten Erinnerungen geben, selbst zu einer werden.«

Er hatte recht. Es war am schlimmsten. Denn wenn die Erinnerungen an jemanden schmerzten, dann schmerzte einfach alles.

Ich hatte meine Familie verloren, hatte jenen verloren, der wie ein Vater für mich war; der mir Mut zugesprochen hatte, wenn ich ihn selbst nicht finden konnte. Ich hatte gewusst, mit ihm an meiner Seite könnte mir nichts passieren.

Und jetzt war er fort.

»Ich sehe meinen Vater. Er steht vor mir auf den Knien. Überall in seinem Gesicht klebt Blut. An seinen Armen auch. Er sagt meinen Namen. Dann erscheint eine Gestalt hinter ihm. Es ist erst nur ein schwarzer Schatten, aber je näher er kommt, desto klarer wird er. Es ist der blasse Mann. Er hält einen Dolch in der Hand und –«

Sie stoppte abrupt, schluckte, als würde sie ihre Tränen hinunterschlucken.

»– er schlitzt meinem Vater die Kehle auf, zeichnet eine rote Spur auf seinen Hals und grinst mich dabei an.«

Sie weinte nicht. Obwohl sie den Schmerz deutlich spürte, weinte sie nicht. Ich wusste nicht, ob ich sie dafür bewundern oder bemitleiden sollte. Denn manchmal zeugte es nicht von Stärke, wenn man nicht weinte. Manchmal bedeutete es, dass der Schmerz zu groß war, um ihn zu ertragen; zu groß, um ihn wirklich wahrzunehmen. Er saß zu tief, um überhaupt zu wissen, wo er einen am meisten quälte.

»Glaubst du, er war es? Der blasse Mann? Glaubst du, er hat Avalon angegriffen und … und –«

» – unsere Familien ermordet?«, beendete ich ihren Satz.

Sie drehte ihren Kopf zu mir. Für einen kurzen Moment wirkte es, als brächte der Kummer das Grün in ihren Augen nur noch mehr zum Vorschein.

»Ich weiß es nicht«, erklärte ich, »aber er muss irgendetwas damit zu tun haben. Er wusste etwas.«

Morgana nickte abwesend.

»Vielleicht«, entgegnete sie, »vielleicht auch nicht.«

»Vielleicht hat er gelogen, um dir Angst zu machen –«

»Er wusste, wer ich bin!«, unterbrach sie, ihre Stimme klang gereizt. Dann stöhnte sie verzweifelt. »Das alles ergibt keinen Sinn. Wenn er unsere Heimat zerstört hätte, warum sollte er uns dann am Leben lassen? Warum hat er nicht versucht, uns zu töten?«

»Vielleicht hatte er mit dir etwas anderes vor.«

Sie gab mir keine Antwort. Sie starrte wieder in die Flammen, umgriff ihre Beine angespannter als zuvor. Ich sah sie noch einige Augenblicke an, betrachtete ihren kindlichen Körper und ihr erwachsenes Gesicht.

Ich stand auf und setzte mich neben sie.

»Wo hast du so kämpfen gelernt?«, fragte ich sie.

Morgana drehte ihren Kopf zu mir. In ihren Augen sah ich die Flammen brennen.

»Dass du besser reiten kannst als ich, ist kein Wunder: Du bist in einer Burg aufgewachsen und ich nicht. Aber dass du sogar besser kämpfen kannst als ich … Sieht aus, als wärst du in allem besser als ich.«

Morgana gab ein minimales Schmunzeln von sich.

»Finden wir's doch heraus«, entgegnete sie.

»Bitte nicht«, meinte ich, »lass mich in dem Gedanken, dass ich irgendetwas besser kann als du. Auch wenn es nur Luftanhalten oder Anstarren ist.«

»Du glaubst, du wärst im Anstarren besser als ich?«

Ihre Augenbrauen wanderten herausfordernd nach oben.

»Nein«, antwortete ich resigniert.

Ihr Schmunzeln intensivierte sich. Es war ein warmes Schmunzeln, ein ehrliches und unglaublich ansteckend. Sie so zu sehen, war viel schöner.

»Aber jetzt mal ehrlich, wo hast du so kämpfen gelernt? Ich meine, ich bekomme nicht einmal das Schwert vom Boden und du blockst Ectors Schlag ab, als würdest du nur einen Ast halten.«

Sie blickte wieder ins Feuer. Ihr Schmunzeln minimierte sich. Doch diesmal wirkte sie weniger traurig.

»Ich hab mich oft aus der Burg geschlichen«, erzählte sich mir, »in der Burg lebten kaum Kinder in meinem Alter. Alles, was die Mädchen interessierte, waren Schmuck und Kleider. Mit den Jungs kämpfen durfte ich nicht, also schlich ich mich raus. Um dort mit den Kindern zu spielen. Auf der Straße ist es anders als in einer Burg – man gerät öfter in Schwierigkeiten, also rennt man entweder weg, oder man lernt zu kämpfen.«

Plötzlich verließ ein leises Lachen ihre Lippen.

»Mein Vater hat es gehasst«, erklärte sie lachend, »er hat Wachen vor meinem Zimmer aufgestellt, aber nicht einmal die konnten mich aufhalten.«

Ich schüttelte meinen Kopf amüsiert.

»Dass du so lange überlebt hast, ist ein Wunder.«

»Ich kann nicht nur gut kämpfen«, entgegnete sie, »ich kann auch schnell rennen. Höchstwahrscheinlich schneller als –«

»– als ich – ja, das hab ich mir schon beinahe gedacht, deswegen war Rennen keines meiner Beispiele vorhin.«

Morgana lachte. Es war ein ungewolltes Lachen, aber dafür umso schöner. Als sich plötzlich der alte Ritter im Schlaf bewegte, hielten wir beide erschrocken die Luft an. Nachdem er wieder ruhig lag, lachten wir.

Ich sah ihr in die Augen, während ich lachte.

Und sie sah in meine.

»Was meintest du vorhin mit ‚es gibt keinen König'?«, fragte Morgana plötzlich.

Ich sah stirnrunzelnd zu ihr, überrascht von der Frage.

»Hattest du keinen Unterricht?«

»Doch«, entgegnete sie, »mein –«

Sie brach ab, als bereiteten ihr die Worte Schmerzen. Ihr Kiefer spannte sich an, als sie die Zähne zusammenbiss und tief Luft holte. Dann fuhr sie fort.

»Mein Vater lehrte mich Geschichte und Politik.«

»Und er hat dir nie erzählt, dass es im ganzen Land von Voyar keinen König gibt?«, hinterfragte ich skeptisch.

Morgana zuckte mit den Schultern.

»Doch, bestimmt – ich hab vermutlich nur nicht zugehört.«

Natürlich nicht. Sie war eine Abenteurerin gewesen und vor wenigen Tagen hätte sie sich wahrscheinlich nichts Schlimmeres vorstellen können, als in einem Raum eingepfercht zu werden und ihrem Vater stundenlang dabei zuhören zu müssen, wie er ihr von Dingen erzählte, die sie sowieso nicht interessierten.

Ein Schmunzeln schlich sich über meine Lippen.

»Ich dachte nur, er wäre König, weil ihn immer alle so nannten«, erklärte sie dann.

Ich ließ das Schmunzeln nicht von meinen Lippen weichen. Der Schmerz, den ich in ihrer Stimme erkannt hatte, sorgte dafür, dass ich sie zum Lächeln bringen wollte.

Und es funktionierte.

»Es war nur ein Spitzname«, meinte ich dann.

Den König der Hoffnung hatten sie ihn genannt. Er hatte den Worten seines Hauses alle Ehre gemacht: *Unendlich wie das Leben*. Denn nur durch ihn war Avalon als die Stadt des Lebens bekannt geworden, später dann als die Stadt der Magie, als immer mehr Magier und Druiden gen Süden gekommen waren, um im Haus des Feuers und Lichts zu leben. Meinem Haus. Pathosths Schule.

»Also gibt es keinen König?«

»Nein«, erklärte ich ihr, »nur die Lords ihrer Ländereien.«

»Von denen mein Vater einer ist?«, fragte sie, als müsste sie mit dem neu erlernten Wissen erst noch klarkommen.

»Ja«, erklärte ich ihr, »dein Vater ist einer von vielen.«

»Von wie vielen?«

»Ich weiß es nicht«, antwortete ich. »Viele. Von Alsahyid im Süden bis nach Gol Ahdist im Nordosten und Trehebitian im Nordwesten gibt es unzählige Burgen mit Lords und Ladys, die über ihr Land herrschen.«

Morgana gab mir einen nachdenklichen Blick, ihre grünen Augen studierten mich. Die Schatten des Feuers tanzten noch immer in ihrem Gesicht.

»Es gab einst einen König«, erklärte ich ihr, »zu einer gewissen Zeit gab es sogar mehrere. Aber jetzt sind sie alle fort.«

Morgana sah mich innig an. Meine Wangen wurden rot, doch ich wagte nicht, ihrem Blick auszuweichen. Ich wollte es nicht. Dann lächelte sie.

»Sieht aus, als wärst du in einer Sache doch besser als ich«, meinte sie.

Acht

»Du bist besser im Reiten geworden«, bemerkte Morgana. Sie hatte ihr Pferd kurz zum Stehen gebracht, damit sie weiter reiten konnte, sobald ich mich mit meinem neben ihr befand. Mittlerweile waren wir zwei oder sogar mehr Wochen unterwegs gewesen. Vor ungefähr zwei Tagen hatte ich die Berge am Horizont sehen können.

Ector führte uns zu einer bestimmten Stelle, an der sich eine Art Weg befand. Es war ein Pass – ein Pass, der uns sicher durch die Berge und Schluchten führte.

Es war das erste Mal in meinem Leben gewesen, dass ich Berge gesehen hatte; und so sehr mich der Anblick auch begeisterte, so fürchtete ich mich davor. An gewissen Stellen war der Pass nur so breit, dass maximal ein Pferd Platz hatte.

Obwohl wir jetzt eine Stelle erreicht hatten, die genug Platz für mindestens drei Pferde nebeneinander bot, bekam ich dennoch ein wenig Angst, als Morgana ihr Pferd dazu brachte, neben meinem zu laufen. Die Schlucht links von mir schien keinen Boden zu haben, weshalb ich eher dazu neigte, mich rechts zu halten, wo die gigantische Wand des Berges nach oben ragte. Doch mit Morgana neben mir musste ich mich links halten, neben der Schlucht, neben dem endlosen Boden.

Aber sie hatte recht, meine Reitfähigkeiten hatten sich tatsächlich verbessert, wenn auch nur ein wenig. Mein Pferd schien die Anweisungen, die ich ihr durch die Zügel gab, zu akzeptieren – jedenfalls öfter als noch vor einigen Wochen.

Zwei Tage lang ritten wir durch die Berge, bis der Pass am Abend des dritten Tages in einer breiten Wiese mündete. Als wir unser Nachtlager aufschlugen, die Berge nun in unserem Rücken, deutete Ector Richtung Nordosten. »Hinter dem Wald – seht ihr ihn?«

Morgana und ich folgten seinem Finger. Er deutete auf zahlreiche Bäume, die sich in der Ferne zu einem Wald anhäuften. Die Sonne war schon fast untergegangen, der Horizont verschluckte ihre letzten Strahlen, sodass der Wald kaum zu sehen war.

»Dahinter liegt Camelot«, erklärte er.

»Wie ist es dort?«, fragte ich.

Ector drehte seinen Kopf zu mir.

»In Camelot?«, wollte er wissen.

Ich nickte.

Mein Blick schweifte von Ector ab, von seinen vielen Falten, die ihn älter erscheinen ließen, als er wirklich war. Ich sah in die Richtung der Bäume, die beinahe eins mit der Dunkelheit geworden waren. Irgendwie konnte ich kaum glauben, dass sich hinter ihnen eine Burg befand; ich konnte kaum glauben, dass unsere Reise so früh enden sollte.

Ein wenig fürchtete ich mich sogar vor dem, was auf mich zukam. Die Burg der le Fays in Avalon war die einzige Burg, die ich leibhaftig gesehen hatte. Ich war aufgeregt und bereute, dass Isaacs nicht bei mir war, um die Mauern und Türme zu sehen, die er schon immer hatte sehen wollen.

Es war nicht gerecht – dass ich hier war und er … nicht.

»Das wirst du früh genug erfahren, Junge«, antwortete er und es machte mir Angst.

Ich wusste, dass die Pendragons keine Verbündeten der le Fays waren – nach allem, was Morgana und ich wussten, hätten auch sie schuld an dem Angriff sein können.

Ich vertraute Ector. Doch die Pendragons waren nicht Ector; Camelot war nicht Ector – und schon gar nicht unser Zuhause.

Wir wären zwei Kinder in einer fremden Welt, von Feinden umzingelt. Ein falsches Wort, eine falsche Tat und alles wäre vorbei. Wir hätten nicht einmal davonlaufen können.

Seltsamerweise hatte ich auf unserem Weg nach Camelot nie einen Gedanken daran verschwendet, dass wir die Burg eines Tages wirklich erreichen würden. Es klang seltsam und jetzt, wo wir so gut wie vor ihr standen, erfüllte mich der Gedanke mit Furcht.

Ich wollte wieder nach Hause. Aber mein Zuhause gab es nicht mehr.

»Woran denkst du?«, riss mich Morganas Stimme aus meinen Gedanken.

Ich war ihr sogar dankbar dafür. Morgana hatte das Talent, mich jedes Mal aus meinem Kopf zu holen, wenn ich den Rückweg nicht fand. Nichtsdestotrotz tat ich so, als hätte ich lediglich in die Ferne gestarrt.

»Du hältst deine Kette«, meinte sie dann, »das tust du nur, wenn du über etwas nachdenkst. Woran hast du gedacht?«

Ich sah nach unten zu meiner Hand und stellte erschrocken fest, dass ich Isaacs Kette mit meinen Fingern umklammerte, als würde sie jeden Moment versuchen, wegzurennen.

»Nichts«, gab ich hektisch von mir, während ich die Kette losließ, »ich denke an nichts.«

Morgana sah mich mit hochgezogener Augenbraue an.

»An nichts Nennenswertes jedenfalls«, rechtfertigte ich mich, »nur an Zuhause.«

Sie gab sie mir ein betrübtes Lächeln. Und ich spürte es in jeder Faser meines Körpers.

***

Am nächsten Morgen konnte ich den Wald in der Ferne deutlich besser sehen. Ich erkannte das saftige Grün, entdeckte sogar einen Fluss, der im Sonnenschein glitzerte, als bestünde er aus vielen tausenden Kristallen.

Im Westen hinter dem Wald befanden sich weitere Berge, doch selbst aus dieser Entfernung konnte ich sehen, dass sie weitaus höher waren als die, die wir passiert hatten. Eine weiße Schneedecke befand sich auf ihren Spitzen. Der Fluss kam aus dem Wald heraus und bog nach Nordwesten ab, verschwand dort hinter den Bergen.

Bevor wir uns auf den weiteren Weg begaben, unterrichtete Ector Morgana und mich weiter im Schwertkampf. Während der letzten Wochen war es zur Gewohnheit geworden, doch während Morgana schon angreifen und parieren konnte, tat ich mir noch immer damit schwer, das Schwert überhaupt halten zu können.

Ector hatte sein Schwert Morgana gegeben und achtete darauf, dass sie sich richtig bewegte. Ich stand mehrere Meter von ihnen entfernt, die Knie so gebeugt, als würde ich sitzen – nur ohne einen Stuhl! – und die Arme vor mir ausgestreckt, mit dem Schwert des blassen Mannes auf meinen beiden Handrücken liegend.

Mein gesamter Körper zitterte, meine Oberschenkel und Arme brannten, als stünden sie in Flammen. Seit über zwei Wochen hatte ich jeden Morgen so stehen müssen, während Ector Morgana beibrachte, Schläge abzuwehren und selber anzugreifen.

In den ersten eineinhalb Wochen hatte ich nur so ohne Schwert stehen müssen. Als meine Oberschenkel nicht mehr so unglaublich gebrannt hatten, dachte ich, ich wäre bereit, ein Schwert zu schwingen. Aber als der alte Ritter die Klinge zum ersten Mal auf meine Handrücken gelegt hatte, wurde ich vom Gegenteil überzeugt.

Zum Abend hin, nachdem wir unser Nachtlager eingeschlagen hatten, übten Morgana und ich gelegentlich gegeneinander zu kämpfen, und da ich das Schwert noch immer kaum halten konnte, gewann sie meistens – immer, eigentlich.

Den Fluss erreichten wir noch am selben Tag. Wir folgten ihm in den Wald hinein, doch schon nach kurzer Zeit hinderte uns die nahende Dunkelheit daran, weiterzugehen.

Schatten legten sich über die Bäume. Das Dickicht ließ kein Licht durch. Sie standen dicht an dicht, sodass man, wenn man hinaufschaute, nur die Blätter sah. Die Abendsonne verlieh ihrem Grün einen goldenen Schein, als wären sie keine Blätter, sondern Ketten, Ringe und Juwelen, die die Kronen der Bäume verzierten. Doch von all dem Glanz, die ihnen die Sonne verlieh, bemerkte man nichts auf dem Waldboden. Man sah es nur, wenn man hinaufschaute.

An manchen Stellen ragten die Wurzeln so weit aus der Erde heraus, dass es sich anfühlte, als wären sie riesige Würmer, die aus dem Dreck hervorkrochen und auf uns lauerten, darauf warteten, uns in die Erde zu ziehen.

Der Boden war heimtückisch – wohin ich auch trat, ich musste mich stets mit Vorsicht bewegen, um mir kein Bein zu brechen.

Nachdem Morgana und ich dem alten Ritter geholfen hatten, ein Feuer zu machen, übten wir. Ector beobachtete uns vom Feuer aus, während er gemächlich Beeren aß, die er gesammelt hatte, seit wir den Wald betreten hatten.

Selbst wenn die Wurzeln eine potenzielle Gefahr darstellten, boten sie – laut Ector – einen perfekten Ort zum Üben.

»Achte auf deine Umgebung, Junge«, gab der alte Ritter mit vollem Mund von sich, als ich über einer der Wurzel stolperte, »und nutze sie zu deinem Vorteil. Wie Morgana.«

Erst nachdem er diese Worte gesagt hatte, realisierte ich, dass Morgana gewollt hatte, dass ich fiel.

Zuerst war sie einige Schritte zurückgetreten, nur um genau in dem Moment, in dem ich sie angreifen wollte, auf mich loszustürmen.

Ihr plötzliches Tempo hatte mich überrascht, hatte dafür gesorgt, dass ich in Panik verfiel und nicht wusste, wie ich reagieren sollte. Also wich ich aus. Indem ich zurückging. Während ich keinen einzigen Gedanken an die Wurzel verschwendete, die sich direkt hinter meinen Füßen befand.

Meine rechte Ferse blieb an dem Ding hängen. Ich verlor mein Gleichgewicht und fiel. Mit einem Mal schlug mein Kopf auf den Boden, der Geruch von feuchter Erde und nassem Gras lag in meiner Nase.

Als ich hochschaute, stand Morgana vor mir, mit dem Schwert in einer Hand und die Spitze der Klinge auf mich gedeutet. Triumph lag in ihrem Grinsen.

»Gewonnen.«

»Nur weil ich dich gelassen habe«, entgegnete ich ihr, meine Stimme verspielt, minimal provokant.

»Ach, wirklich?«

Morganas Augenbraue zog sich noch höher als zuvor. Ich nickte ganz selbstbewusst.

»Eine Revanche und wir finden‘s heraus«, meinte sie dann.

Ich wollte gerade aufstehen, da drückte Morgana den Stahl unter mein Kinn.

»Ah, ah«, gab sie von sich, ihr eigenes Kinn nach oben gezogen, sodass ihre Augen auf mich herabblickten, »die Revanche beginnt jetzt.«

Daraufhin trat sie einen minimalen Schritt zurück. Ihre Klinge hielt sie dicht vor mein Gesicht.

Die Finger meiner rechten Hand umklammerten den Griff meines Schwertes. Ich legte all meine Kraft in meinen Arm hinein, sodass ich es schaffte, die Klinge hochzureißen.

Stahl klirrte in der kühlen Luft. Ich schlug Morganas Schwert weg, ihr Körper flog durch die Wucht zur Seite.

Hastig umschlang ich den Griff mit beiden Händen. Ich stand auf, doch gerade, als beide meiner Füße den Boden berührten, sah ich etwas aus den Augenwinkeln auf mich zufliegen. Ehe ich es mich versah, lag ich erneut auf dem Boden. Morgana stand vor mir, ein breites Grinsen im Gesicht, ihre Klinge zeigte auf mich.

»Gewonnen.«

***

Nachdem ich am nächsten Morgen meine Trainingseinheit überlebt hatte, folgten wir dem Fluss tiefer in den Wald hinein. Obwohl die Sonne schon lange aufgegangen war, drang nur ein kleiner Teil ihres Lichtes durch das Dickicht der Bäume.

Ich starrte hinauf, bewunderte die goldglänzenden Blätter. Morgana folgte meinem Blick. Ich betrachtete sie, als sie nach oben sah, das Gold in ihren grünen Augen. Dann schaute sie plötzlich zu mir. Ich riss meinen Blick von ihr.

Nach einigen Stunden legten wir eine unerwartete Pause ein – doch so unerwartete sie war, war ich unglaublich erleichtert, da meine Oberschenkel noch immer brannten wie Feuer. Zu meinem Nachteil unterschieden sich allerdings Ectors und meine Vorstellungen von einer Pause. Der alte Ritter drückte mir das Schwert des blassen Mannes in die Hand, stolzierte mit mir zum Flussufer.

Genau dort, wo die Erde endete und zwanzig Zentimeter tiefer in einem Fluss mündete, sollte ich stehen. Auf einem Bein. Die Klinge und der Griff jeweils auf einem meiner Handrücken gelegt. Die Arme nach vorn ausgestreckt.

Nach nicht einmal einer Minute zitterte mein Bein wie Espenlaub. Trotzdem konzentrierte ich mich, um nicht ins Wasser zu fallen.

»Wenn du dein Bein abstellst oder die Arme runternimmst, ohne dass ich es sage«, hatte mich der alte Ritter gewarnt, »schmeiß ich dich ins Wasser. Je öfter du ins Wasser fällst, desto länger bleibst du stehen.«

Genau aus diesem Grund konzentrierte ich mich. Ich schloss meine Augen und fokussierte mich auf nichts anderes als meinen Atem und das Rauschen des Wassers hinter mir.

Nach dem, was sich anfühlte wie eine Unendlichkeit, wies Ector mich an, das Bein zu wechseln. Ich durfte schnell lernen, dass es noch schwieriger war, nur auf dem linken Bein zu stehen.

Eine Weile lang hielt ich gut durch, doch mit jedem Moment, der verstrich, wurde meine Haltung wackeliger. Dreimal fiel ich ins Wasser. Dreimal. Ironischerweise ist es sogar noch schwieriger, auf einem Bein zu stehen, wenn die gesamte Kleidung durchnässt ist.

Also wurden es zum Schluss fünfmal.

Kurz bevor die Sonne unterging, erreichten wir einen See, an dessen anderem Ende teilweise hohe Felsen in die Luft ragten. In ihrer Mitte befand sich ein Wasserfall. Der Anblick, als die letzten Sonnenstrahlen ihr goldgelbes Licht auf das Wasser warfen, war erstaunlich. Unglaublich sogar.

»Wunderschön, nicht wahr?«, gab der alte Ritter von sich.

Wie sich seine Stimme anhörte, hatte er diesen Anblick schon oft genug gesehen, doch das Funkeln in seinen blauen Augen wirkte, als sähe er all das zum ersten Mal.

»Ich wette, ich kann sogar schneller schwimmen als du«, meinte Morgana zu mir, mit ihrem listigen Grinsen im Gesicht, das dafür sorgte, dass ich sie vom Gegenteil überzeugen wollte.

Als ich das Wasser genauer inspizierte, fiel mir auf, wie dunkel es an jenen Stellen war, an denen die Sonne es nicht beschien.

»Angst?«, neckte sie mich.

Ich gab ihr einen zögerlichen Blick, doch bevor einer von uns beiden etwas sagen konnte, intervenierte der alte Ritter.

»Dieser See ist nicht zum Schwimmen«, meinte er, »jene, die hier schwimmen, sterben.«

Meine Augen weiteten sich vor Schreck. Morgana sah ihn ebenfalls an, die rechte Augenbraue hochgezogen, mit mehr Skepsis als Panik.

Ector würdigte uns keines Blickes. Seine Augen blickten auf den See, die Miene war ausdruckslos.

»Nimueh lebt in diesem See – Königin des Wassers. Jeder, der sich zu nah an ihr Reich wagt, wird von den Algen hinuntergezogen, in die Tiefe des Sees, und taucht nie wieder auf.«

Einen Augenblick lang sah Ector weiterhin gedankenversunken in Richtung des Wassers, sein Gesicht hart wie Stein. Dann zuckte er plötzlich mit den Schultern.

»Nun, so heißt es jedenfalls«, meinte er.

Ich konnte nicht genau sagen, ob Ector diese Geschichte ernst meinte, oder ob all das nur ein Scherz war, der uns Angst einjagen sollte. Jedenfalls betrat nicht einmal Morgana das Wasser, weshalb ich mich umso weiter davon fernhielt.

Daraufhin begab sich Ector mit mir zu einem Felsvorsprung. Von dort oben konnte ich auf den gesamten See hinabblicken, einschließlich des Wasserfalls. Die funkelnde Oberfläche kam hier oben noch mehr zur Geltung, sodass es aussah, als bestünde das Wasser in Wirklichkeit aus winzigen Kristallen. Im Westen färbte sich der Himmel orange.

Ector deutete mit einem Nicken auf den Rand des Felsvorsprungs.

»Stell dich dorthin«, wies er mich an, »auf einem Bein – selbes Prinzip wie zuvor –«

»WAS?«

Ector neigte seinen Kopf leicht zur Seite, als verstünde er kein bisschen den Grund für mein Verhalten. Ich öffnete meinen Mund, mein Kopf voll mit Gedanken, weshalb anfangs nur stotternde Geräusche herauskamen.

»Da geht es mindestens zehn Meter runter!«, meinte ich, während ich mit meinen Händen wild in Richtung des Abgrunds gestikulierte.

Ectors Gesicht blieb ruhig, unmöglich zu lesen. Ich wollte gar nicht erst wissen, wie viel Vergnügen ihm meine Panik bereitete.

»Was ist mit dem, was Ihr vorhin gesagt habt? Nimueh, Königin des Wassers, jeder, der hier schwimmt, stirbt?! Was ist, wenn ich falle?« Meine Stimme war absolut hysterisch.

Ectors Stimme hingegen die Definition von ruhig. Aber ich sah das versteckte Lachen in seinem Gesicht. »Dann fall nicht.«

***

Ich hatte es geschafft; auch wenn meine Oberschenkel höllisch brannten, hatte ich es tatsächlich geschafft, nicht ins Wasser zu fallen. Doch selbst nachdem Ector von unten zu mir gerufen hatte, dass ich runterkommen durfte, blieb ich auf dem Felsvorsprung.

Die Aussicht war atemberaubend und da ich wusste, dass mir kaum Zeit bleiben würde, um sie wirklich zu genießen, verbrachte ich die gesamte Nacht dort oben. Selbst die Dunkelheit verlieh diesem Ort eine heimliche Schönheit. Irgendwann kam Morgana zu mir. Sie setzte sich neben mich, die Füße von der Kante baumelnd.

»Glaubst du, es stimmt? Was Ector sagte? Über Nimueh?«, fragte ich sie.

»Natürlich nicht«, entgegnete sie, mit einem Lachen über meine Ernsthaftigkeit, »er hat das nur gesagt, um uns Angst zu machen.«

»Warum bist du dann nicht ins Wasser gelaufen?«

»Um dich glauben zu lassen, dass die Geschichte wahr ist«, gab sie von sich, noch immer lachend, »wäre ich ins Wasser gelaufen, wäre es weniger lustig gewesen, dir dabei zuzusehen, wie du dich bemühst, nicht von hier oben ins Wasser zu fallen.«

»Das war nicht witzig!«, entgegnete ich ihr, unfähig, ein ernstes Gesicht zu bewahren.

»‘WAS‘«, imitierte Morgana meine Panik, »‘DA GEHT ES MINDESTENS ZEHN METER RUNTER!‘«

Morgana hielt sich ihren Bauch, während sie herzhaft lachte. Ich hasste es, dass ich mein Grinsen nicht unterdrücken konnte.

»Aber das Beste kommt noch«, meinte sie dann.

Sie hatte sich kaum noch unter Kontrolle und es dauerte einen Moment, bis sie ihre Imitation fortführen konnte.

»‘WAS IST MIT DEM, WAS DU VORHIN GESAGT HAST! JEDER, DER HIER SCHWIMMT, STIRBT! WAS IST, WENN ICH FALLE!?!?‘«

Sie lachte weiter und ich konnte nicht anders, als mit ihr zu lachen.

»Das war nicht witzig«, sagte ich ihr.

Ich wünschte, mein Ton wäre eindringlicher gewesen, aber weil

Morgana lachte, konnte ich kaum ernst bleiben.

Sie lachte nur weiter.

Bis sie sich wirklich beruhigte, dauerte es ziemlich lange. Und als es so weit war, saßen wir wieder still nebeneinander, genossen die Aussicht, und lauschten dem Rauschen des Wasserfalls. Die Luft war feucht vom Nebel.

»Glaubst du nicht, in jedem Mythos steckt ein Funken Wahrheit?«, fragte ich sie plötzlich, als ich mich dabei erwischte, wie ich wieder über Ectors Worte nachdachte.

Morgana zuckte mit den Schultern.

»Warum fragst du?«

Ich schüttelte meinen Kopf, nachdenklich, die Augen auf keinen wirklichen Punkt fixiert.

»Ich hab nur darüber nachgedacht –«, begann ich, doch brach ab, weil ich nicht wusste, was ich sagen sollte.

Ich hatte nicht nur an Ectors Worte gedacht – ich hatte an Raznar gedacht, den Phönix meines Schulleiters. Er war auch ein Mythos, den Unzählige für erfunden hielten. Und dennoch hatte ich ihn mit meinen eigenen Augen gesehen – einen Mystic, wie die Gelehrten sie nannten, eines der wenigen Lebewesen, die zur Unsterblichkeit geboren waren.

Ich hatte Raznar altern sehen. Ich hatte ihn sterben sehen. Und ich hatte gesehen, wie er aus seiner Asche auferstanden war.

Ich vermisste diesen Vogel, denn selbst wenn ihn das Alter nicht töten konnte, konnte er dennoch getötet werden. Alles konnte getötet werden. Immerhin hatten es die Menschen sogar geschafft, die Drachen auszurotten.

Ich hielt meine Kette und ließ sie wieder los, sobald ich es bemerkte.

»Ich hab nur darüber nachgedacht, wie viele Mythen es auf der Welt gibt und wie viele davon wahr sind, obwohl die meisten es nicht glauben. Ich meine, nur weil man an etwas nicht glaubt, heißt das nicht, dass es nicht wahr ist, oder?«

Morgana sah mich nachdenklich an, ihr Blick innig, als könnte sie etwas in mir sehen, das nur sie sah.

»Vielleicht ist es am schönsten, nicht zu wissen, ob etwas wahr oder erfunden ist«, meinte sie, »alles zu wissen, nimmt von allem, was du tust, ein wenig Abenteuer weg.«

Ich schmunzelte, woraufhin Morgana zurück in die Ferne starrte.

»Ob man von den Algen runtergezogen wird, sobald man den Boden unter den Füßen nicht mehr spürt?«, fragte Morgana plötzlich.

Aus den Augenwinkeln sah ich, wie sie ihren Körper zu mir drehte.

»Was?«, gab ich irritiert von mir.

Morgana zuckte erneut mit den Schultern, diesmal auf eine Art, die mich beunruhigte.

»Finden wir's heraus«, meinte sie dann und verpasste mir einen heftigen Stoß.

Die Luft huschte an mir vorbei. Ich drehte mich und konnte für den Bruchteil einer Sekunde den Felsvorsprung erhaschen.

Dann wurde es kalt, dunkel. Ich bekam keine Luft.

Sobald ich an die Oberfläche gelangte, riss ich meinen Mund weit auf und holte panisch Luft. Die Nässe bemerkte ich erst, nachdem ich aufgetaucht war. Ich blickte nach oben, einige Wassertropfen noch immer an meinen Wimpern. Ich wollte zu Morgana nach oben schreien, aber als ich hinaufblickte, war sie verschwunden.

Eine Sekunde später hörte ich ihren wilden Schrei. Sie sprang von der Plattform. Mehr Wasser knallte mir ins Gesicht. Kaum war Morgana aufgetaucht, lachte sie. Sie hörte nicht mehr auf zu lachen und ich, der sich eigentlich aufregen wollte, konnte nicht anders, als mit ihr zu lachen.

Wir waren jung. Wir hatten unsere Familie verloren, aber nur für einen winzigen Augenblick konnten wir sein, was wir wollten.

Nur für einen winzigen Augenblick fühlte ich mich frei.

Jemand, den ich lange Zeit für einen Feind hielt, hatte mir einst gesagt, dass glücklich sein nichts anderes wäre als Dummheit, Ignoranz oder Unwissenheit – weil man von all dem Leid, das einem bevorstand, noch nichts wusste.

Morgana und ich wussten nichts von dem, was uns bevorstand. Wir hatten keine Ahnung, was auf uns zumarschierte; dass der Krieg vor unserer Türschwelle stand und nur darauf wartete, unsere Leben zu zerstören.

Aber nur deswegen hatten wir diesen Moment genießen können.

Ich wünschte, die Zeit wäre weniger unbarmherzig und mehr milde gewesen. Die Nacht am See war eine der letzten Nächte, bevor sich alles für uns veränderte – bevor uns das Leben einholte, das Chaos.

Natürlich war Ector nicht sonderlich begeistert, als Morgana und ich mit unserer durchnässten Kleidung auf ihn zukamen, doch er konnte sich ein leises Schmunzeln nicht verkneifen.

Ich kann mich kaum noch daran erinnern, was danach geschah. Ich habe vergessen, was wir zum Abend aßen, oder ob wir überhaupt etwas gegessen hatten. Ich weiß nicht mehr, worüber Ector, Morgana und ich uns unterhalten hatten.

Doch niemals werde ich vergessen, wie Morganas grüne Augen im Mondschein gefunkelt hatten und wie ihr Lachen dafür gesorgt hatte, dass ich all den Kummer, den ich bisher erlebt hatte, für diesen einen Moment vergaß.

Alles nur dank ihr.

Neun

Den darauffolgenden Morgen verbrachte ich – wie den vorherigen Abend – mit einem Bein am Rand des Felsvorsprunges, während Ector und Morgana trainierten.

Morgana dabei zuzusehen, wie sie immer mehr Fortschritt machte, war ziemlich frustrierend, selbst wenn ich nie gewollt hatte, ein Schwert zu schwingen. Ich wollte geschickt sein wie sie, schnell sein wie sie und vor allem so furchtlos wie sie.

Ich war gar nichts davon.

»Heute hältst du das Schwert nur in einer Hand«, hatte Ector mich angewiesen.

Zwar wurde mein linker Arm dadurch verschont. Dafür schmerzte mein rechter umso mehr. Nachdem Ector das Training endlich beendet hatte, spürte ich jede Muskelfaser von meiner rechten Schulter bis hinunter in die Fingerspitzen.

Auch meine Beine schmerzten, weshalb ich umso glücklicher war, endlich auf meinem Pferd zu sitzen. Wir ritten vom See weg, in Richtung Nordosten, bis uns die Sonne in unsere Nacken schien.

An diesem Abend musste ich wieder auf einem Bein stehen und das Schwert in einer Hand halten – diesmal in der linken.

Nach einer Weile rief mich der alte Ritter zu sich und Morgana. Er ließ uns beide die richtige Position einnehmen; Morgana hielt Ectors Schwert mit einer Hand, ich meines mit beiden. Auch wenn mein Arm brannte, kam mir das Gewicht nicht so schwer vor wie noch vor wenigen Tagen.

Morgana trat einen Schritt auf mich zu, sie stach nach mir. Als ich die

Klinge abwehrte, spürte ich, wie der Stahl in meinen Händen vibrierte.

Ich hatte es geschafft, zum ersten Mal hatte ich es geschafft, einen Schlag abzuwehren. Morgana sah mich an, als hätte ich mich plötzlich in eine Ratte verwandelt. Dann grinste sie aufgeregt.

Kurz darauf griff sie ein weiteres Mal an. Nachdem ich erneut abgeblockt hatte, griff sie immer wieder an und erhöhte mit jedem Mal ihr Tempo.

Sie trat auf mich zu, legte ihr ganzes Körpergewicht in den Schlag. Ich wurde wieder panisch, trat nach hinten.

»Achte auf deine Umgebung, Junge!«, hörte ich Ectors Stimme.

Kurz nachdem ich einen weiteren Schlag abgeblockt hatte, blieb mir nicht einmal eine Sekunde, um nach hinten zu schauen und die Wurzel zu sehen, die sich in der Nähe meiner Füße befand. Sie wartete nur darauf, mich zu Fall zu bringen.

Ich stieg über sie, während ich einen weiteren Schlag abblockte. Irgendwann hörte ich Ectors Stimme erneut, nur konnte ich diesmal die Worte nicht verstehen. Das Blut kochte in meinen Ohren.

Als ich über die nächste Wurzel stolperte, realisierte ich, wovor er mich hatte warnen wollen.

Ich hatte mich zu sehr auf Morganas Angriffe konzentriert, hatte zu sehr versucht, ihre Hiebe abzuwehren.

Jetzt lag ich auf dem Boden. Morgana stand vor mir, mit einem triumphalen Grinsen im Gesicht.

Ich atmete schwer aus.

Plötzlich presste sich eine weitere Klinge gegen meinen Hals. Ich spürte den kalten Stahl auf meiner Haut. Meine Nackenhaare standen zu Berge. Wie eine Klinge geschmiedet aus Eis, gefror der Stahl die Luft in meiner Lunge.

Schock überflutete Morganas Miene.

Ich sah, wie eine weitere Klinge auf sie gerichtet wurde. Sie folgte mit ihren Augen dem Stahl zu der Person, die ihn hielt. Dann ließ sie ihr eigenes Schwert fallen. Hinter ihr stand Ector, seine Augen zu Schlitzen zusammengekniffen, die Stirn in Falten gelegt. Der alte Ritter wirkte deutlich weniger besorgt als Morgana. Als ich ihn genauer betrachtete, realisierte ich, dass er keinesfalls besorgt, sondern viel mehr genervt war.

»Wirklich, Ector, ein Feuer?«, hörte ich eine fremde Stimme sagen. Es war die eines Mannes, jung, rau, listig.

»Glaubst du nicht, es zieht ungewollte Aufmerksamkeit auf sich?«

»Nur, wenn ich nicht gesehen werden will«, entgegnete der alte Ritter, die Anspannung in seiner Stimme so stark, man hätte sie mit einem Messer schneiden können, »aber ich versuche nicht, mich ungesehen durch meine eigene Heimat zu schleichen. Abgesehen davon hält es wilde Tiere von uns fern.«

Einen kurzen Moment lang herrschte Stille, als würde sich der junge Bursche eine gerissene Antwort überlegen.

»Nur hat es uns nicht ferngehalten ...«

»Ihr seid keine wilden Tiere«, entgegnete Ector, »nur Welpen, die sich für gefährlicher halten, als sie sind.«

»*Ector*«, gab die Stimme mit offensichtlicher Abscheu von sich, »dafür, dass Euch alle für tot halten, erscheint Ihr mir recht *lebendig*.«

Die letzten Worte spuckte er aus, als wären sie Gift. Ector blieb still, er gab sich keine Mühe, falsche Freundlichkeit vorzutäuschen.

Im nächsten Moment entfernte sich der kalte Stahl von meiner Kehle und ich konnte einen ersten Blick von der Kreatur erhaschen, der die Stimme gehörte.

Er war ein recht junger Mann, ein paar Jahre älter als Morgana und ich, schwarz-gelocktes Haar, schmale Lippen. Seine Haut war blass, was das Violett in seinen Augen nur noch mehr zur Geltung brachte.

Er war gutaussehend, mit einem schmalen Kopf, der sich zu einem runden Kinn formte. Er trug ein oranges Lederwams mit roten Flammenmustern unter einem schwarzen Gabardinemantel, schwarzes Fell verzierte den Kragen.

Seine Kleidung ließ ihn elegant wirken, sein Gesichtsausdruck hingegen arrogant. Neben ihm standen fünf Männer. Sie trugen dieselben Rüstungen wie Ector.

Der Blick des jungen Mannes traf meinen für einen kurzen Moment, dann sah er Morgana an. Seine Augen verweilten bei ihr und ich spürte ein Stechen in meiner Brust, das dafür sorgte, dass ich aufstehen und sein schönes Gesicht mit meiner Faust verunstalten wollte.

»Wer sind Eure Begleiter?«, fragte er den alten Ritter.

Seine Augen blieben bei Morgana. Ihre Blicke verhakten sich. Dann starrte er Ector an, mit einem heimtückischen Grinsen, das sein ganzes Gesicht einnahm.

»Ich dachte, Kinder wären nicht Euer Geschmack – jedenfalls nicht so jung.«

»Macht ruhig Eure Witze, Mordred, der falsche Mut wird Euch vergehen, sobald Ihr wieder vor Arthur steht.«

Mordreds Gebiss spannte sich an, sein Kiefer zuckte. Aber dann kehrte sein Grinsen zurück, als wüsste er etwas, von dem Ector keine Ahnung hatte.

»Ihr solltet lieber vorsichtig sein, *alter Mann* – ehe Ihr es Euch verseht, wächst der Welpe zum Wolf heran.«

Die Anspannung zwischen Ector und Mordred war groß genug, um meine Hand nach ihr ausstrecken und sie greifen zu können.

Die Männer, die mit dem jungen Ritter gekommen waren, betrachteten ihn mit Skepsis.

»Nun«, meinte Mordred, »da Ihr Euch bereits entschlossen habt, hier zu kampieren, halte ich es für das Beste, wenn wir Euch Gesellschaft leisten – nicht, dass Ihr noch mehr Aufmerksamkeit auf Euch zieht.«

Bevor er sich ans Feuer setzte, gab er Ector ein Grinsen, das Glas hätte zerschneiden können.

***

»Wie heißt du?«, fragte Mordred.

Er hielt seine Stimme ungeheuerlich flach, als würde er nicht wollen, dass die anderen ihn hörten.

Nachdem er letzten Abend seinen Männern befohlen hatte, die Pferde zu holen, hatten sich die meisten schlafen gelegt – abgesehen von einem der Ritter, den dieser als Wache eingeteilt hatte.

Ector misstraute Mordred, aber wie es aussah, vertraute er den Männern, die bei ihm waren.

Kurz nach Sonnenaufgang waren wir aufgebrochen. Jetzt war es Nachmittag, und statt weiterzureiten, gingen wir neben unseren Pferden her, Mordred und ich etwas weiter abseits von den anderen.

»Parzival«, antwortete ich.
Mordred zog seine Augenbrauen nach oben.
»Und, Parzival«, zischte er wie eine Schlange, »wo kommst du her?«
»Ich –«, begann ich zögerlich, unsicher, weil ich nicht wusste, was ich sagen sollte, doch noch bevor ich mir eine Lüge ausdenken konnte, schnitt Mordred mir das Wort ab.
»Nun, wo auch immer du herkommst«, meinte er, »hast du dort gelernt, wie man einen Ritter anspricht?«
Ich legte meine Stirn in Falten.
»Ja?«, meinte ich verunsichert.
»Und sicherlich hast du auch gelernt, wie man einen Lord anspricht?«
Ich nickte, unfähig ein weiteres Wort von mir zu geben – auch wenn es nur aus zwei Buchstaben bestand.
»Gut«, sagte Mordred, seine Stimme wechselte zu dem Knurren eines Wolfes, »dann tätest du besser daran, es nicht zu vergessen. Ich bin ein Lord und solange deine Füße auf dieser Erde wandern, sprichst du mich mit ‚my Lord' an.«
Ich starrte ihn an, wusste, er wollte mich einschüchtern.
»Tu es und du ersparst dir eine Menge Probleme«, ergänzte er.
Ich wandte meinen Blick nicht von ihm ab, meine Miene blieb überraschend streng, mein Ton ebenfalls.
»Verzeiht, my Lord«, gab ich von mir.
Ein hinterlistiges Grinsen verließ seine Lippen. Ich entdeckte die Grausamkeit in seinem Gesicht. Sie war hässlich, machte mir mehr Angst als seine Einschüchterungsversuche.
»Ich vermute, du hast noch nie in einer Burg gelebt – anders als deine Freundin.«
Mein Blick schoss zu ihm, mit mehr Schock, als ich Mordred zeigen wollte. Er grinste.
»Ich habe lang genug in einer gelebt, um so etwas zu erkennen. Das Mädchen ist aus feinerem Holz geschnitzt als du. Sie ist adelig. Du nicht.«
Es musste für jeden offensichtlich gewesen sein, dass ich nicht aus einer Adelsfamilie stammte. Morgana trug Seide an ihrem Körper, ich nur eine einfache Hose und ein Stoffhemd. Trotzdem fühlte es sich an, als hätte Mordred ein Geheimnis von mir entdeckt, als hätte er genau

gewusst, wer ich war, woher ich kam und was in Avalon geschehen war.

Der Lord lehnte sich näher zu mir. Er flüsterte.

»Wenn du clever genug bist, kannst du es weit schaffen. Aber nimm dich in Acht: Manchmal sind es jene, die du für deine treuesten Freunde hältst, die dich als erstes verraten. Der alte Mann, Ector, er mag dich jetzt beschützen, aber in Camelot bist du auf dich allein gestellt. Arthur ist derjenige, der bestimmt, was mit dir geschieht. Ich würde nicht auf seine Gnade hoffen.«

Meine Nackenhaare standen zu Berge, als ich Mordreds warmen Atem auf meiner Haut spürte.

Ich sah zu ihm und entdeckte keine List, nur Ernst.

»Überleg dir gut, in wen du dein Vertrauen setzt«, sagte er.

Genau in diesem Moment blickte Ector zu uns nach hinten. Zuerst konzentrierte er sich auf Mordred, der seinen Blick erwiderte.

»Überleg dir gut, in wen du dein Vertrauen setzt.«

Dann sah Ector mich an und ich fragte mich, ob ich dem alten Ritter zu schnell vertraut hatte.

Er hatte Morgana und mich beschützt, hatte uns den gesamten Weg über den Schwertkampf gelehrt, uns von Cornwalls Männern befreit.

Aber vielleicht waren Cornwalls Männer nicht die Bösen gewesen … Vielleicht hatten sie versucht, uns vor dem alten Ritter –

»Parzival!«, rief er.

Seine raue Stimme jagte mir einen Schauer den Rücken hinunter.

Ich warf einen unsicheren Blick zu Mordred, sein Ausdruck angespannt, als würde er den alten Ritter mit jedem einzelnen Muskel seines Körpers verachten. Dann sah ich zurück zu Ector. Er blieb stehen und wartete auf mich. Der junge Ritter ging an uns vorbei, die Zügel seines Pferdes in seiner Hand gekrallt, als wären sie die Kehle des alten Ritters.

»Was hat er dir gesagt?«, fragte Ector, sobald sich Mordred außer Hörweite befand.

Nur einen Wimpernschlag lang überlegte ich, unserem Retter die Wahrheit zu sagen.

»Nichts«, log ich, »nichts Wichtiges, meine ich. Er hat nach meinem Namen gefragt und danach, woher ich komme –«

»Was hast du ihm geantwortet?«

Seine Ungeduld machte mich nervös.

»Ich kam nicht dazu, ihm zu antworten«, gab ich mit gerunzelter Stirn von mir, »vorher hat er mich wegen seiner Titel belehrt.«

»Sei vorsichtig in seiner Nähe«, entgegnete der alte Ritter, »Mordred ist unberechenbar; wenn du im falschen Moment seinen Weg kreuzt, lässt er dich seinen Zorn spüren. Selbst Arthur kann ihn nicht immer zügeln. Also pass auf, wenn du in seiner Nähe bist.«

»Das werde ich«, versprach ich ihm.

Nicht nur ihm, sondern auch mir selbst.

»Überleg dir gut, in wen du dein Vertrauen setzt.«

Der Satz nagte an mir, erinnerte mich daran, dass ich ein Kind war – nichts als ein Kind. Und dass ich, sobald ich Camelot betrat, keinen Einfluss darauf hätte, was mit mir geschah.

Ich konnte nichts weiter tun, als auf die Gnade eines Fremden zu hoffen.

***

In dieser Nacht war es kälter. Die Blätter der Bäume raschelten, als ein eisiger Wind wehte. Ich fror, Gänsehaut bildete sich auf meinem Körper und meine Nackenhaare stellten sich auf.

Das einzig Warme in dieser Nacht waren die Flammen des Feuers. Ich stellte fest, wie sehr ich es verabscheute, wie sehr ich den Anblick hasste – ich konnte es nicht ansehen, ohne an den Turm zu denken, ohne mich an meine Kette zu klammern, als wäre sie das Letzte, was mich von dem Feuer fernhielt.

Morgana saß neben mir, um uns herum Ector, Mordred und all die anderen Ritter; hinter uns die Pferde an mehreren Baumstämmen angebunden.

»Woran denkst du?«, flüsterte sie.

Es war wie ein Traum oder wie ein Geräusch unter Wasser – ihre Stimme – als wäre sie gar nicht wirklich hier.

Ich beobachtete, wie das Orange auf ihrer Haut tanzte. Ihre Augen glänzten, als würde ich in einen Spiegel schauen. Nur erkannte ich den Jungen, den ich dort sah, nicht wieder.

»Parzival? Was ist mit dir?«
Ich atmete schwer aus, lächelte sie einfach nur an.

***

Ich war wieder dort.
Mein Atem raste. Ich war erschöpft und spürte, wie sich die Müdigkeit an meine Knochen heftete.
Schweiß durchnässte meine Kleidung, sorgte dafür, dass ich fror.
Am Horizont ging die Sonne auf. Sie warf ihre ersten Strahlen auf eine gigantische Burg und auf das Schlachtfeld, das sich davor befand; auf all die leblosen Körper, die um sie herum lagen.
Unzählige Opfer hatte dieser Kampf gefordert. Niemand hatte überlebt.
Niemand.
Als wäre mit diesen Menschen alles Leben auf der Welt gestorben.
Ich sah mich um, erschöpft, Schmerzen in meinen Muskeln, meinen Knochen. Sah mich um, bis ich sie entdeckte – die Augen. Sie starrten mich an, starrten durch mich hindurch. Ein Schock, wie ich ihn noch nie zuvor gespürt hatte, durchfuhr meinen gesamten Körper.
Ich schreckte auf, mein Atem genauso hektisch wie in meiner Vision. Meine Kleidung genauso durchnässt von Schweiß. Ich saß, mein Brustkorb bewegte sich hektisch auf und ab.
Egal, wie oft ich meine Visionen durchlebte; egal, wie oft ich diese Bilder vor meinen Augen sah, ich würde mich nie an den Anblick gewöhnen; ich würde nie aufwachen können, ohne außer Atem zu sein, ohne verschwitzt zu sein oder Angst zu haben.
Im Gegenteil, mit jeder Nacht wurde es schlimmer.
Ich sah mich um. Alle schliefen, sogar der Ritter, der zur Nachtwache eingeteilt worden war. Neben mir ertönte ein leises Rascheln, so sanft, dass ich es nicht wahrnahm.
»Bleibst du deswegen immer so lange wach?«
Ich zuckte nicht einmal zusammen. Ein Teil von mir hatte gewusst, sie wäre wach.
Ich schüttelte den Kopf.
Ich hasste, dass sie es bemerkt hatte. Hasste, dass sie mich so sah;

sogar Isaacs hatte es gehasst, mich so zu sehen.

Morgana betrachtete mich lange. In der Dunkelheit konnte ich ihr Gesicht kaum sehen.

»Was quält dich so sehr, dass du jede Nacht so aufschreckst?«, fragte sie dann.

Ich sah sie nicht an, konzentrierte mich nur auf meinen Atem und darauf, dass er sich verlangsamte.

»Was kann so schlimm sein, dass du nicht darüber reden willst? Ich habe dir von meinen Albträumen erzählt. Warum erzählst du mir nicht von deinen?«

Sie hatte keine Ahnung.

»Was kann so schlimm sein, dass du nicht darüber reden willst?«

Alles, wollte ich ihr sagen, *einfach alles.*

»Weil es keine Albträume sind«, antwortete ich ihr.

Ich hatte erwartet, dass sie mehr Fragen stellen würde, aber sie schwieg, gab mir Zeit, mich zu beruhigen.

Es war schwer, die Tränen zu verdrängen. Aber ich schaffte es. Morgana seufzte, ich legte mich hin, kniff die Augen zusammen und umklammerte die Kette um meinen Hals.

Als ich wieder aufwachte, hielt ich sie noch immer. Es war der nächste Morgen und der letzte, an dem ich außerhalb eines Bettes aufwachen würde – für eine Weile jedenfalls.

***

Nachdem jeder ein kurzes Frühstück zu sich genommen hatte, das aus einigen Früchten, hartem Brot und für einige wenige der Ritter sogar aus getrocknetem Fleisch bestand, brachen wir auf. Diesmal ritten wir.

Mordred ritt vorne. Als ich Morgana neben ihm sah, drehte sich mein Magen auf den Kopf.

»Überleg dir gut, in wen du dein Vertrauen setzt.«

Von meiner Position aus konnte ich nur seinen Hinterkopf sehen, gelegentlich auch eine Gesichtshälfte, wenn er sich zu Morgana drehte. Seine Miene wirkte angespannt.

Keiner der Ritter um ihn herum schien ihn wirklich zu mögen. Vielleicht wegen der Art wie er mit Ector gesprochen hatte. Oder vielleicht, weil er mit ihnen sprach, wie er mit Ector gesprochen hatte.

»Sei vorsichtig in seiner Nähe.«

»Überleg dir gut, in wen du dein Vertrauen setzt.«

Mordred hatte Chaos ins Spiel gebracht, hatte Verwirrung geschaffen, wo ich Ordnung vermutet hatte.

Aber vielleicht hatte er mir damit einen Gefallen getan.

Plötzlich drehte sich Morgana nach hinten. Ihre grünen Augen wanderten umher, musterten die Männer hinter sich. Dann blieben sie bei mir stehen. Ihre Miene wirkte angestrengt, unruhig, aber je länger wir uns ansahen, desto mehr löste sich die Spannung.

Sie lächelte. Ich erwiderte die Geste. Ihre Wangen wurden rot, ihr Lächeln intensiver. Dann drehte sie sich zurück und unterhielt sich weiter mit Mordred.

»Du musst Acht auf sie geben, Junge«, meinte Ector.

Der alte Ritter ritt dicht neben mir, stolz wie ein Lord und mit der Haltung eines Kriegers.

»Wenn wir in Camelot sind, musst du auf sie Acht geben. Darauf aufpassen, dass sie nicht jemandem vertraut, dem sie lieber misstrauen sollte.«

Ich wusste, er meinte Mordred. Es war seltsam, denn je mehr ich über sie nachdachte, desto tiefer drangen dessen Worte in meinen Kopf ein. Was er gesagt hatte, brachte mich dazu, statt Mordred Ector zu misstrauten.

Ich würde auf sie Acht geben, aber nach allem, was geschehen war, glaubte ich, dass sie mehr Acht auf mich geben müsste als ich auf sie.

»Er mag Euch nicht«, gab ich von mir, meine Stimme trotzig, »und Ihr ihn nicht. Warum?«

Ectors Kiefer spannte sich an.

»Mordred ist jemand, der mit Worten umzugehen weiß«, erklärte der alte Ritter, »List ist seine Waffe. Lass dich nicht von ihm täuschen, Junge.«

»Was ist mit Arthur Pendragon? Wie ist er so? Sollte ich etwas wissen, bevor ich mich selbst in Schwierigkeiten bringe?«

Ector schmunzelte.

Nein – nein, ich misstraute dem alten Ritter nicht. Wie könnte ich, nachdem er mich in dieser einen Nacht in der Ruine so angesehen hatte? Nachdem er meinen Namen geflüstert hatte, als wäre er ein Geheimnis? Und dennoch …

Es war seltsam. Frustrierend. Ein Teil in mir vertraute ihm, während ein anderer Teil danach schrie, mich von ihm fernzuhalten; mich davor warnte, dass er Morgana und mich nur gerettet hatte, um uns der nächsten Hölle auszuliefern.

Isaacs und ich hatten gerade den Hof betreten. Es war mitten am Tag, die Sonne warf ihre Strahlen auf das saftige Gras, auf dem sich die Schüler gegenseitig jagten und miteinander lachten.

Heute würde Isaacs ihnen allerdings keine Gesellschaft leisten. Seine Augen durchsuchten den Hof nach Izara. Sie war ein hübsches Mädchen, mit Haar weiß wie Schnee, hohen Wangenknochen und Augen, die aufgeregt mit den Wimpern klimperten, wenn sie lachte.

Sie war älter als er, aber keinem von beiden schien es etwas auszumachen – nicht, dass sie eine Beziehung führten, sie waren einfach nur Freunde. Und vor allem waren sie Kinder.

Isaacs war anderen gegenüber meistens verschlossen, er war allgemein verschlossen. Selbst zwischen uns, die wir waren wie Brüder, gab es nur wenige Momente, in denen er über das sprach, was ihn wirklich betrübte.

Mit Izara hatte sich das geändert. Sie war nett zu ihm, brachte ihn zum Lachen und flüsterte mit ihm im Unterricht. Er mochte es und ich glaubte, es tat ihm gut. Er wirkte gesünder, weniger traurig als sonst.

Isaacs entdeckte sie, in einer Ecke sitzend, die Ellbogen auf ihre Beine gestützt, ihr Gesicht in ihren Händen. Sie weinte. Isaacs rannte zu ihr. Ich blieb stehen, wo ich war, und beobachtete ihn, wie er seine Hand sacht auf ihre Schulter legte.

»Parzival, machst du mit?«, rief Jenn, eine gute Freundin von mir, die eben noch mit den anderen quer über den Hof gesprintet war.

»Später vielleicht«, antwortete ich ihr.

Sie zuckte mit den Schultern und wandte sich den anderen zu.

»Wer ist der Jäger?«, hörte ich sie in die Menge rufen.

Als ich wieder zu Isaacs und Izara sah, bemerkte ich, wie sich sein Gesicht verändert hatte. Er wirkte gereizt, wütend sogar. Er bewegte sich von ihr weg. Die Hände zu Fäusten geballt, marschierte er durch den Hof, bis ich realisierte, wohin er ging.

Isaacs legte einen abrupten Stopp ein. Er stand vor Jaret, einem der Älteren, mindestens zwei Köpfe größer.

»Lass sie in Frieden, hast du verstanden?«, hörte ich Isaacs Stimme über den gesamten Hof hallen.

Jaret schenkte dem kleinen Jungen keine Beachtung. Er lachte über etwas, das einer seiner Freunde gesagt hatte. Ich hoffte, hoffte, hoffte, Isaacs würde es dabei belassen.

»Hey, BASTARD! Ich rede mit dir!«

Jetzt hatte er seine Aufmerksamkeit. Mit einem Mal verstummte der gesamte Hof, als stünde ich nicht inmitten einer Schule, sondern auf einem Friedhof. Alle Augen richteten sich auf Isaacs und Jaret. Der große Junge drehte sich um. Isaacs schien kein bisschen eingeschüchtert.

»Was willst du, Zwerg?«

Jaret starrte ihn ungeduldig an, seine Freunde hinter ihm hatten ihre Stirnen in Falten gelegt.

»Ich will, dass du Izara in Ruhe lässt. Du lässt sie in Ruhe, hast du verstanden?«

Jaret schien verwirrt, er schüttelte den Kopf, seine Augenbrauen trafen sich in der Mitte. Er drehte sich zu seinen Freunden, in der Hoffnung, sie wüssten, worüber der kleine, wütende Junge sprach, aber die schienen ebenso verwirrt wie er. Dann drehte er sich zu Isaacs zurück.

»Soll das irgendeine Art Scherz sein?«, zischte der große Junge.

»Halt dich fern von ihr!«, schrie Isaacs.

Er machte einen Schritt auf Jaret zu. Er schubste ihn. Das Blut gefror in meinen Adern. Zuerst stand der andere Junge steif wie ein Brett vor ihm, dann musste ich mitansehen, wie sich seine Verwunderung in Wut verwandelte. Ich schluckte heftig. Ich hätte zu ihm rennen sollen, mich zwischen die beiden stellen und Jaret erklären sollen, dass all das nur ein Missverständnis war.

Aber ich hatte Angst. Wie immer. Ich hatte Angst, denn ich war ein Feigling.

»Jaret hat nichts mit Izara zu tun!«, mischte sich einer seiner Freunde ein.

»Kleiner, wir wissen nicht mal, wer das ist«, verteidigte ihn ein weiterer, mit amüsierter Miene und verstecktem Spott in der Stimme.

Isaacs Fäuste lösten sich, die Anspannung verschwand aus seinem kleinen Gesicht. Seine Augenbrauen wanderten nach oben, als er realisierte, welchen Ärger er sich eingehandelt hatte.

Ich konnte die Verwirrung in seinen braunen Augen sehen. Er sah hinter sich, dort, wo er Izara zu trösten versucht hatte. Sie war weg, die Stelle, an der sie gesessen hatte, leer.

Seine Schultern wanderten nach oben, als er tief einatmete. Als er sich wieder zu Jaret umdrehte, packte der ihn am Kragen.

»Hör zu, Kleiner, ich vergreif mich nicht an Kindern, aber wenn du mich noch einmal so anpackst, werde ich dafür sorgen, dass es dir leidtut. Also sieh zu, dass du Land gewinnst.«

Jaret ließ ihn mit solcher Wucht los, dass Isaacs das Gleichgewicht verlor. Er stolperte und landete mit dem Kinn auf einem Stein.

Isaacs schrie nicht; er schrie nie und er weinte nie. Er schluckte den Schmerz einfach hinunter und vergrub ihn irgendwo, wo er ihn nie wieder stören würde.

Jaret drehte sich um und redete mit seinen Freunden weiter, als ob nichts geschehen wäre. Der Hof war noch immer still. Alle Augen blickten noch immer zu Isaacs und taten es so lange, bis er aufstand und zurück ins Gebäude ging.

Er sah mich nicht an, als er an mir vorbeiging. Sein Kinn blutete, es schwoll bereits an, an der Stelle, an der es auf den Stein geschlagen war. Sobald sich die massiven Türen hinter ihm geschlossen hatten, brach der Hof wieder in Lärm aus.

Ich fand Isaacs auf dem Dach. Ich dachte mir, dass ich ihn dort finden würde. Er saß dort am höchsten Punkt, die Knie angewinkelt und mit den Armen umschlossen.

Er sah nicht zu mir, als ich mich neben ihn setzte. Er hatte sich nicht die Mühe gemacht, das Blut von seinem Kinn zu wischen, die rote Prellung hatte sich in ein Violett verfärbt.

Ich zuckte zusammen, als ich mir vorstellte, welche Schmerzen ihm das verursacht haben musste und noch immer tat.

Aber er weinte nicht. Nein, Isaacs weinte nie.

Ich bewunderte ihn – so, wie ich ihn ständig bewunderte, wie ich ihn immer bewunderte. Ich war stolz auf ihn und ich schämte mich dafür, dass ich so ein Feigling war.

Ich war einfach dort stehen geblieben, aus Angst, ich würde mir denselben Ärger einhandeln. Ich war einfach stehen geblieben, statt ihm zu helfen, wie er es für mich getan hätte.

Ich schämte mich dafür. Hasste mich sogar dafür.

»Isaacs, es –«

»Nicht«, unterbrach er mich.

Er schloss seine Augen und neigte seinen Kopf nach oben, sodass die Sonne in sein Gesicht schien. Ihr Licht verlieh seinem braunen Haar einen goldenen Schein, während es das Blut an seinem Kinn trocknete. Dann atmete er tief aus, als würde er mit diesem einen Atemzug all seine Sorgen aus seinem Körper verbannen.

»Manchmal tun Menschen nette Dinge nicht aus Freundlichkeit, sondern aus Grausamkeit«, sagte er dann.

Bevor ich mich zu Isaacs begeben hatte, hatte ich Izara gesehen. Sie war zu Jaret gegangen und hatte sich mit ihm unterhalten, hatte mit ihm gelacht.

»Manchmal tun sie es nicht, um dir zu helfen, sondern um dich ins Chaos zu stürzen.«

»Das wirst du wohl selbst herausfinden müssen«, antwortete Ector.

Ich erinnerte mich an Isaacs, erinnerte mich daran, wie er Izara getraut und sie sein Vertrauen missbraucht hatte; wie sie ihn benutzt und dann weggeworfen hatte, als sie seiner ledig war.

Ich fragte mich, ob Ector mit Morgana und mir dasselbe plante.

»Warum habt Ihr uns gerettet?«, fragte ich ihn dann.

Ector schaute zu mir, perplex, die Stirn in Falten gelegt. Er zögerte.

»Ihr müsst einen Grund gehabt haben«, meinte ich.

»Ja«, antwortete er mir endlich, »und du wirst ihn bald erfahren. Wenn die Zeit reif ist.«

Er erhöhte sein Tempo, ritt an mir vorbei und ließ mich allein zwischen den fremden Männern. Ich sah ihm hinterher, sah zu Mordred und Morgana.

»Manchmal tun Menschen nette Dinge nicht aus Freundlichkeit, sondern aus Grausamkeit. Manchmal tun sie es nicht, um dir zu helfen, sondern um dich ins Chaos zu stürzen.«

***

Nach wenigen Stunden Ritt endete der Wald. Eine weite Wiese erstreckte sich vor unseren Augen, die weit bis hinter den Horizont ging, das Gras saftig grün im goldenen Schein der Sonne.

Ab und zu wellte sich die Erde und Hügel bildeten sich.

Links von uns, im Norden, endete die Wiese. Das Gras traf auf die massiven Steine einer gigantischen Mauer. Sie ragte hoch in den Himmel, sodass die Wachen auf den Türmen aussahen wie winzige Figuren.

Ich hörte Lärm. Er erinnerte mich an Avalon, an die Leute, die laut riefen und versuchten, ihre Ware zu verkaufen; an die Kinder, die umherrannten und einander jagten; an die Stimmen der vielen Menschen, die sich zu einem lauten Gemurmel anhäuften.

Erst als ich den Lärm hörte, stellte ich fest, wie sehr ich ihn vermisst hatte.

Als ich meine Augen schloss, fühlte es sich beinahe an, als wäre ich wieder Zuhause, als wäre das Feuer, das Blutvergießen, all der Schrecken – als wäre all das nur ein Traum gewesen.

Doch als ich meine Augen wieder öffnete, sah ich statt meiner Heimat dutzende Türme einer Burg. Der höchste von ihnen kratzte sogar die Wolkendecke an. Allesamt besaßen sie eine Spitze, an deren Ende eine Flagge hing, mit einem feuerspeienden Drachen, goldgelb auf rotem Grund.

Der Drache: das Wappentier der Familie Pendragon.

Wir hatten unser Ziel erreicht. Wir standen vor Camelot.

Die Tore standen offen, acht Männer bewachten sie. Wir folgten einem Steinweg, das Klappern der Hufe hallte in unseren Ohren, als wir an den bescheidenen Häusern der Einwohner vorbeiritten.

Die Aufmerksamkeit richtete sich schnell auf uns. Die Leute verbeugten sich und obwohl ich wusste, dass sie es nicht wegen mir, sondern wegen Mordred taten, fühlte ich mich für einen kurzen Moment wichtig.

Nach einigen Minuten erreichten wir die Burg.

Wir stiegen von unseren Pferden und erklommen die Stufen zu den verschlossenen Toren.

Teil Zwei

Tod und Blutvergießen

»Ihr werdet verlieren, wen Ihr liebt, werdet jene sterben sehen, die Ihr als Eure Freunde versteht und zerstört finden, was Ihr einst Eure Heimat nanntet.«

Eins

Der Thronsaal raubte mir den Atem. Massive Säulen, die aus feinstem Marmor bestanden, stiegen zur Decke hinauf. Sie standen wenige Meter rechts und links von den Wänden, formten in ihrer Mitte einen breiten Gang.

An manchen Stellen befanden sich goldene Verzierungen. Der Boden war so blank, dass ich mein Spiegelbild sehen konnte – blass und eingeschüchtert von einfach allem.

Zwischen jeder Säule befanden sich Fenster, größer als ein ausgewachsener Mann. Auf ihrem Material befanden sich Muster, Bilder – Glasbilder – in Form eines feuerspeienden Drachen, den ich von den Flaggen wiedererkannte.

Am anderen Ende des Thronsaals befand sich der gigantische Thron. Er bestand aus einem seltsamen Material, das die Farbe zu ändern schien, wenn man es aus verschiedenen Winkeln betrachtete. Mal schien es dunkelrot, mal violett und manchmal pechschwarz.

Etwas wie das hatte ich noch nie gesehen. An manchen Stellen bestand der Thron sogar aus Gold. An ihren jeweiligen Enden besaßen die Armlehnen goldene Drachenköpfe.

Um den Thron zu erreichen, musste man mehrere Stufen eines breiten Podestes erklimmen. Als wir kurz davor standen, entdeckte ich ein riesiges Gemälde direkt unter meinen Füßen. Es bestand aus tausenden kleinen Mosaiksteinen, die man zu einem gigantischen Bild in den Boden eingearbeitet hatte. Sie zeigten einen feuerspeienden Drachen.

Als ich all diese Kunstwerke sah, war es kaum noch möglich, meine Begeisterung zu verbergen. Der Anblick war wunderschön und gleichzeitig einschüchternd.

Ich erinnerte mich an das eine Mal, als ich Pathosth in die Burg der le Fays begleitet hatte. Sie besaßen keinen Thronsaal, dafür aber eine große Halle, in der sie Bälle und Feste abgehalten hatten.

Die Kunstwerke der le Fays ließen sich bei weitem nicht mit diesen hier vergleichen.

Am meisten jedoch wunderte ich mich über den Thron. Ector hatte erzählt, dass Arthur Pendragon König werden wollte, nur schien der Thron, als stünde er schon seit Generationen an genau dieser Stelle.

Pathosth hatte mir erzählt, dass es eine Zeit gegeben hatte, in der mehrere Könige geherrscht hatten. Er hatte mir auch erzählt, dass es eine Zeit gegeben hatte, in der nur ein König über das ganze Land von Voyar regiert hatte. Als ich diesen Thron betrachtete, fiel es mir schwer, nicht zu glauben, dass dies der Thron des einen Königs gewesen sein konnte.

Mit einem Mal spürte ich einen leichten Schmerz in meiner Seite, als Morgana ihren Ellenbogen gegen meine Rippe rammte.

»Au!«, beschwerte ich mich.

Sie sah mich nicht an, stattdessen hatte sie ihren Kopf nach hinten geworfen. Sie starrte nach oben an die Decke. In ihren Augen sah ich eine goldene Reflexion.

Ich folgte ihrem Blick und entdeckte die Decke. Sie bestand aus purem Gold. In ihr konnte ich mich sehen, mein dünnes Gesicht und mein kurzes Haar. Ich konnte Morgana sehen und all die anderen um uns herum. Mordred kam auf uns beide zu.

»Lasst euch davon nicht beeindrucken«, flüsterte Mordred mit einem abwertenden Unterton, »Reichtümer mögen einen König ausmachen, aber sie vermögen nicht, einen Mann zu einem zu krönen.«

Ich sah die Verachtung in seinem Gesicht, als versuchte er nicht einmal, sie zu verbergen.

Ein lauter Knall hallte durch den Saal. Jemand hatte eine Tür geöffnet, heftig genug, dass sie gegen die Wand gekracht war.

Schritte hallten im Thronsaal, sie klangen eilig, hastig. Ich drehte mich um und sah einen Mann auf uns zu laufen. Er hatte kurzes blondes Haar und blaue Augen, die Ectors ähnelten. Nur war er jünger als der alte Ritter – nicht so jung wie Mordred, der vermutlich nur ein paar Jahre älter war als ich, aber trotzdem frei von Falten. Wenn ich genauer darüber nachdachte, hätte er sogar Mordreds Vater sein können, allerdings teilten sie so gut wie keine äußerlichen Merkmale. Die einzige Gemeinsamkeit der beiden war diese Anspannung – überall erkannte ich sie in Arthur, in jedem einzelnen Muskel seines Gesichtes.

An seinem Körper trug er ein dunkelblaues Wams, eng an der Taille und locker an den Armen und an der Hüfte.

Ein Kronreif ruhte auf seinem Kopf, glänzend im Gold – höchstwahrscheinlich eine Andeutung auf sein Vorhaben, der nächste König zu werden.

Die Ritter um uns herum sanken auf ihre Knie, als sie ihn sahen – Arthur Pendragon, Lord von Camelot – sogar Mordred.

Morgana und ich taten dasselbe. Ich starrte auf den Boden und, um mein verängstigtes Spiegelbild nicht sehen zu müssen, schloss ich meine Augen. Mein Herz pochend in meiner Brust, lauschte ich den Schritten, die in dem gigantischen Thronsaal hallten.

»Ich hatte dich nicht so früh zurückerwartet«, sagte eine neue Stimme, »hattest du Erfolg?«

Jemand stand auf. Ich wagte einen seitlichen Blick und sah, dass es Mordred war.

Er schüttelte mit dem Kopf.

»Also werden sie nicht kommen?«

»Weder Gloris noch Oliver.«

Ich spürte, wie sich meine gesamten Muskeln verkrampften.

Gloris und Oliver – Gloris und Oliver von Cornwall.

»Ich hatte es befürchtet«, meinte der Lord, »ich hatte gehofft, sie würden annehmen, aber …«

»Wenn Ihr wusstet, er würde ablehnen, warum habt Ihr mich dann überhaupt ausgesandt?«

Mordred spuckte die Worte wie Gift. Ich wagte es nicht, in Arthurs Gesicht zu schauen.

»Diplomatie.«

Die Antwort kam nicht von Arthur. Sie kam von Ector.

»Ein Zug der Diplomatie, in dem der zukünftige König seine Bemühungen zeigt, den Frieden im Land von Voyar zu sichern.«

»Frieden?« Mordred lachte. »Der ist vorbei, dafür hat Euer zukünftiger König gesorgt.«

Das Blut gefror in meinen Adern. Doch die Furcht vor der Wut eines Mannes in Arthurs Position blockierte meine Konzentration auf Mordreds Worte, sodass ich ihnen keinerlei Beachtung schenkte.

Arthur wandte sich ihm zu, die Konturen seines Gesichtes hart wie Stahl. Er starrte den jungen Burschen vor sich an, der ihm nicht weniger Abscheu entgegenbrachte.

»Geh mir aus den Augen.«

Arthurs Stimme blieb ruhig, doch die Strenge, die dahinter lauerte, zerschmetterte meine Knochen. Mordreds Blick wandte sich nicht von dem Lord vor ihm ab. Seine Oberlippe zuckte – beinahe, als würde er Arthur anknurren wollen. Seine Brust machte heftige Bewegungen, ein Zeichen dafür, dass er seinem Zorn kaum noch Einhalt gebieten konnte. Aber er gab nach.

Er verbeugte sich, fixierte Arthur mit dem Violett in seinen Augen.

»My Lord«, spukte er.

»Verschwinde«, setzte Arthur ihm entgegen.

Und so wanderte Mordred zum anderen Ende des Saals, öffnete die Tür, aus der der Lord zuvor gekommen war und verschwand. Arthur sah ihm hinterher, bis ihm die geschlossene Tür die Sicht versperrte. Dann drehte er sich um und wandte sich uns zu.

Seine blauen Augen verweilten auf dem alten Ritter vor ihm, eine Faszination in ihnen, die mich verwunderte. Die mich ahnen ließ, was der Mann, der Morgana und mich beschützt hatte, diesem Lord bedeutete.

»Ector.«

Es war ein halbes Flüstern, mit derselben Faszination, die ich zuvor in seiner Miene entdeckt hatte.

»Kein Geringerer«, bestätigte der alte Ritter, die Arme von sich ausgebreitet, als würde er Arthur umarmen wollen.

Die Lippen des Lords formten etwas, das aussah wie ein Schmunzeln. Allerdings wirkte es ziemlich seltsam – er wirkte seltsam, unbeholfen sogar, als hätte er noch nie zuvor in seinem Leben gelächelt.

Dann, mit einem Mal, warf er seine Arme um den alten Ritter, wie ein Kind, das jahrelang auf seinen Vater gewartet hatte und der nun aus dem Krieg endlich nach Hause zurückgekehrt war.

Der alte Ritter lachte.

»Ich bin froh, Euch zu sehen«, gab Arthur von sich.

Der alte Ritter strahlte ihn an, mit einem Lächeln, das nur ein Vater seinem Sohn gab. Es erinnerte mich an Pathosth und an das Lächeln, das er mir immer gegeben hatte.

»Wo seid Ihr gewesen?«, fragte Arthur den alten Ritter, noch immer dieses unbeholfene Schmunzeln auf den Lippen.

»Eine lange Geschichte, die mehr Zeit und Ruhe erfordert, als wir jetzt gerade haben«, antwortete Ector.

Arthur nickte, dann schweifte sein Blick von Ector ab. Seine Augen fuhren über die noch immer knienden Ritter. Als Arthurs Blick plötzlich auf mich fiel, senkte ich panisch meinen Kopf. Ich starrte auf den Boden, mein Blut in meinen Ohren dröhnend und das fremde Spiegelbild vor mir.

»Ihr habt neue Begleiter«, bemerkte der junge Lord, mit einer Andeutung in der Stimme, die keine wirkliche Frage war, aber dennoch nach einer Antwort verlangte.

Mein ganzer Körper vibrierte mit dem Schlag meines Herzens. Ich spürte seine Augen auf mir, als wären sie Ketten, die mich auf den Boden drückten.

»Sie sind Teil der langen Geschichte«, erklärte Ector.

»Mh«, gab Arthur von sich.

Auf dem Boden vor mir konnte ich auch seine Reflexion sehen. Er hatte sich gerade von Ector zurück zu Morgana und mir gedreht, ein Arm quer über seinen Bauch gelegt. Der Ellenbogen des anderen grub sich in seine Taille, während seine Finger sein Kinn unterstützen. Arthur betrachtete uns nachdenklich.

»Steht auf«, sagte er, nicht zu irgendjemanden spezifisch, sondern zu allen, die noch vor ihm knieten, als wäre er bereits der König, der er versuchte zu werden.

Ich war unsicher, also wartete ich und stand erst auf, nachdem alle anderen sich erhoben hatten.

Morgana gab mir einen nervösen Blick.

Arthur wirkte muskulös, mit der Statur eines kräftigen Mannes, und als er direkt vor mir stand und auf mich herabblickte, erschien er mir größer als noch vor wenigen Momenten.

»Wie lautet dein Name, Junge?«, fragte er.

Ich schluckte heftig.

»Parzival, my Lord.«

Ich verbeugte mich vor ihm – wie ich es damals getan hatte, als Barthold le Fay mir dieselbe Frage gestellt hatte.

Er nickte, wendete sich Morgana zu.

»Und du?«

Bei ihr war seine Stimme sanfter.

»Morgana, my Lord«, antwortete sie, mit dem Hofknicks einer geborenen Dame.

Als ich in ihr Gesicht blickte und ihr höfliches Lächeln sah, realisierte ich, wie leicht es für Mordred gewesen sein musste, zu erkennen, dass sie in einer Burg aufgewachsen war und ich nicht.

Ich stellte mir vor, wie leicht es für Arthur Pendragon war, dasselbe zu erkennen.

Der junge Lord nickte erneut, dann drehte er sich von uns weg wie ein Kind, welches das Interesse an seinem Spielzeug verloren hatte.

»Sieht aus, als gäbe es viel zu besprechen«, erklärte er Ector, »wir müssen nicht nur ein Turnier, sondern auch unser weiteres Vorgehen planen.«

***

Bevor er mit Arthur und den anderen Rittern verschwunden war, hatte Ector uns angewiesen, auf ihn vor den Ställen zu warten.

Also warteten wir.

Der Hof, auf dem wir standen, war noch recht bescheiden; am östlichen Ende des Vorhofes befand sich ein weiterer Torbogen, der uns direkt zu den Ställen und zu etwas, das aussah wie eine Trainingsfläche, führte. Unsere Pferde wurden von einem blassen Stalljungen versorgt.

Hier zu sein, in einer fremden Burg an einem fremden Ort … es fühlte sich seltsam an.

Isaacs hatte sich immer gewünscht, Avalon zu verlassen; ihm hätte es gefallen. Mir gefiel es nicht, ganz und gar nicht.

»Frieden? Der ist vorbei, dafür hat Euer zukünftiger König gesorgt.«

Die Worte hingen mir die gesamte Zeit über im Nacken.

Krieg, hatte Pathosth gesagt, er würde ausbrechen, sobald ein weiterer Lord nach dem Titel eines Königs streben würde.

Was Morgana und ich nicht wusste, war, dass wir uns nur tiefer in die Höhle des Löwen begeben hatten.

Ich hatte Angst. Und dennoch, wie sich bald herausstellen würde, hatte ich die Gefahr, die sich Morgana und mir entgegenstellte, deutlich unterschätzt.

»Wir sind sicher hier in Camelot«, meinte Morgana.

Es klang eher, als würde sie laut denken; als würde sie versuchen, nicht mich, sondern sich selbst davon zu überzeugen.

»Es fühlt sich nicht sicher an«, entgegnete ich.

Aus den Augenwinkeln erkannte ich, dass sie ihren Kopf zu mir neigte. Doch dann zog ein anderes Geräusch ihre Aufmerksamkeit auf sich.

Es war Ector.

Rasch eilte der alte Ritter auf uns zu, noch immer in seiner Rüstung. Dreck hatte sich über den Stahl gelegt, Erde und Schmutz, die das Material davon abhielten, zu glänzen.

Er nickte uns zu, stolz auf sich selbst.

»Ich konnte Arthur davon überzeugen, euch bleibenzulassen. Er weiß, was ihr für mich getan habt und als Beweis seiner Dankbarkeit dürft ihr beide hier leben. Morgana, dich hat Arthur zur Dame des Hofes gemacht. Du bekommst ein Gemach in der Burg und Diener, die für dich sorgen.«

Ector lächelte, Morgana erwiderte die Geste, aber Enttäuschung hielt ihr Lächeln davon ab, ihre Augen zu erreichen.

Dann blickte der alte Ritter zu mir. Ich konnte kaum abwarten, was er mir zu sagen hatte, doch als die Worte langsam auf mich ein rieselten, schluckte ich heftig.

»Parzival«, sagte er, »dich hat Arthur zum Knappen gemacht – zu meinem Knappen.«

Mit einem Mal musste ich nicht meine Aufregung in Grenzen halten, sondern meine Enttäuschung.

Ector legte seine Hand auf meine Schulter.

»Sieh nach den Pferden, Junge«, meinte er dann zu mir, »ich warte im Thronsaal auf dich; dann erkläre ich dir deine Aufgaben und zeig dir dein Gemach.«

Er drückte seine Finger sanft in meine Schulter, gab mir ein Nicken. Ich starrte ihm hinterher, als er hinter dem Torbogen verschwand.

Meine Hände zitterten. Ich ballte sie zur Faust, damit Morgana es nicht sehen konnte.

»Du solltest dich freuen«, vernahm ich ihre Stimme.

Sie klang weit weg wie ein Echo in einer Höhle.

Ich schwieg. Als Morgana realisierte, dass keine Antwort kommen würde, sprach sie weiter.

»Ein Knappe«, meinte sie, wobei ich mich nicht entscheiden konnte, ob ihre Stimme verträumt oder abwertend klang, »das ist gut – es heißt, dass du einmal ein Ritter wirst.«

Ich wusste, was es bedeutete. Nur wollte ich es nicht. Ich wollte es nicht, weil ich mich davor fürchtete.

Ritter sein bedeutete, in den Krieg zu ziehen, zu kämpfen und zu töten. Es brachte mich einen Schritt näher in die Richtung meiner Visionen. In die Richtung einer Schlacht, die niemand überleben würde.

»Ich will kein Ritter sein«, meinte ich.

Morgana konnte kämpfen, sie war mutig und geschickt – sie hätte zum Knappen ernannt werden sollen, nicht ich.

Ich wünschte mir, ich wäre ein Lord, wünschte mir, ich könnte über meine Untertanen herrschen und in Frieden leben. Vielleicht sogar mit Morgana. Aber dazu hätte ich Land besitzen müssen.

»Ich wünschte, unsere Rollen wären vertauscht«, gab ich von mir, mein Blick noch immer auf den Torbogen gerichtet.

Aus den Augenwinkeln sah ich Morganas Miene, sah die Enttäuschung, die sie mit mir teilte. Ich musste sie nicht einmal ansehen, um zu wissen, welche Worte auf ihren Lippen lagen.

Ich wünschte es auch.

***

Nachdem mir der Stalljunge geholfen hatte, die Pferde zu versorgen, machte ich mich auf den Weg zu Ector. Es hatte sich seltsam angefühlt, Morgana einfach dort stehenzulassen, aber es hatte sich noch seltsamer angefühlt zu sehen, dass sie plötzlich verschwunden war.

Ector wartete im Thronsaal auf mich. Er war allein und begrüßte mich mit einem versteckten Lächeln. Als ich mich ihm näherte, streckte er seine Hand aus, als würde er mich umarmen wollen.

»Komm, Junge«, sagte er dann und legte seine Hand auf meinen Rücken.

Er führte mich in die Richtung einer Tür, die ich vorher nicht bemerkt hatte; sie befand sich zwischen den riesigen Fenstern auf der westlichen Seite des Saals. Als er sie öffnete, offenbarte sich ein kleiner Hof.

»Du kümmerst dich um unsere Pferde, jeden Morgen und jeden Abend«, erklärte Ector, nachdem wir das gegenüberliegende Gebäude betreten hatten, »damit sie bereit sind, wenn wir sie brauchen.«

Ich wusste, was er damit meinte; wusste, was er meinte, als er sagte, die Pferde müssten bereit sein, wenn wir sie bräuchten. Mordreds Worte über das Ende des Friedens waren das Erste, was mir dazu einfiel.

Ich erinnerte mich an die Ruine, in der Lothar Morgana und mich gefangen gehalten hatte; erinnerten mich an die verkohlten Mauern, den rußigen Stein, das zerbrochene Gitter – als hätte eine gigantische Bestie dort gewütet.

»Aber die Pferde sind noch deine leichteste Aufgabe«, durchbrach Ector meine Gedanken.

Er führte mich an zahlreichen Türen vorbei. Sie sahen alle gleich aus, bis der alte Ritter irgendwann mit mir vor einer weiteren Tür stehen blieb.

Im Gegensatz zu den anderen stand diese offen. Als wir hindurchgingen, stellte ich fest, dass wir uns in einem Turm befanden. Gelegentliche Fackeln an den Wänden erhellten uns den Weg nach oben, ihre Schatten – in seltsamen Winkeln zu den Stufen – tanzten auf dem nackten Stein wie Sirenen, die versuchten, uns in die Dunkelheit zu locken.

»Wir werden dein Training fortführen. Du wirst lernen, zu reiten und zu kämpfen wie ein Ritter. Deine Mahlzeiten nimmst du mit mir ein.«

Es fühlte sich an, als wäre Ector strenger geworden; als hätte ihn die Umgebung hier verändert. Er schüchterte mich ein – seine Stimme, dieser Ort, alles. Ich wollte einfach nur nach Hause.

Nachdem wir mehrere Male im Kreis nach oben gelaufen waren, hatte ich irgendwann den Überblick verloren, in welchem Stockwerk wir uns befanden. Nach einer Weile verließen wir den Turm durch eine Tür, die exakt der ähnelte, durch die wir gekommen waren.

Nach dem Drehwurm, den ich hatte, fiel es mir deutlich schwerer, mit dem alten Ritter mitzuhalten. Ich eilte ihm teilweise panisch hinterher, als er sich seinen Weg durch die Fluren und Gänge bahnte, ohne wirklich darauf zu achten, wohin ich lief. Nach einer Weile blieb er vor einer verschlossenen Tür stehen.

Sie bestand aus einfach verarbeiteten Querhölzern, die man senkrecht aneinandergefügt hatte. Ein Schloss aus schwarzgrauem Metall, an dem ein Türklopfer – ein einfacher Ring aus demselben Metall – angebracht war, befand sich in etwa auf der Höhe von Ectors Hüfte.

Ich vermutete, dass das die Tür zu meiner Kammer war. Allerdings blieb Ector mit mir noch einen Moment davor stehen.

Er starrte die Tür an, wie in Gedanken versunken, atmete tief durch. Als die Luft seine Lungen wieder verließ, seufzte er. Seine Falten formten sich zu einer angespannten Miene zusammen, die grauen Stoppel auf seinem Kopf kaum sichtbar.

»Arthur veranstaltet ein Turnier«, durchbrach er die bedrückende Stille, »es wird in wenigen Monaten stattfinden. Bis dahin wirst du gut genug auf deine Aufgaben vorbereitet sein. Jetzt geh erst mal rein. In einer Stunde hole ich dich ab.«

Zum ersten Mal, seit er mich durch die Burg geführt hatte, sah er mich an. Sein Blick schüchterte mich ein, ich wollte weinen, weil mich dieser Ort an das erinnerte, was ich verloren hatte.

Ector betrachtete mich einen langen Moment, ich senkte meinen Blick auf den Boden. Dann spürte ich seine Hand auf meiner Schulter.

Ich sah zu ihm auf wie das ängstliche Kind, das ich war. Er gab mir ein Lächeln voller Mitleid.

Dann verschwand er, ohne ein weiteres Wort von sich zu geben. Ich blieb noch eine Weile vor der Tür stehen. Ich sehnte mich nach einem Bett – mehr als je zuvor.

Doch ich konnte mich noch nicht dazu bringen, diese Schwelle zu übertreten. Denn ich sah nicht diese Tür vor mir, sondern die meiner Schule. Ich wusste, was ich hinter dieser Tür finden würde, wäre mir fremd. Ich wusste, es wäre ein Gemach, das ich noch nie zuvor betreten hatte, ein Gemach ganz anders als das in meiner Schule.

Ich wusste, wenn ich es betrat, würde ich nicht Isaacs finden, der so lange auf mich gewartet hatte. Wusste, wenn ich dieses Gemach betrat, wäre ich allein.

Ich vermisste ihn; vermisste sie alle. Es war nicht gerecht, dass sie tot waren und ich hier, an diesem Ort, in dieser Welt, die mir nicht gefiel. Allein.

Für die Träne, die an meiner Wange hinunterrannte, schämte ich mich. Morgana hatte genauso viel verloren wie ich. Sie hatte nicht geweint.

Ich atmete tief ein, den Rücken gerade und den Brustkorb nach vorn gestreckt. Dann öffnete ich die Tür und betrat die Kammer.

***

Die vier Wände formten sich zu einer eher bescheidenen Kammer. Am anderen Ende, direkt gegenüber von mir, sah ich ein Fenster. Eine Kommode stand an der Wand rechts von mir, links mein Bett.

Ich musste zweimal hinsehen, um die Kleidung, die sich auf den Laken befand, wahrzunehmen. Ein dunkelgrüner Kittel mit kurzen Ärmeln, der Stoff vermutlich bis über meinen Knien reichend, daneben ein dunkelbraunes Hemd, nur einen Farbton heller als Schwarz, eine Hose in derselben Farbe, Ledergürtel und simples Schuhwerk.

Der Stoff fühlte sich fein an, feiner als der, den ich gewohnt war. Erst entfernte ich den Gürtel, dann das Schwert, das ich seit einer Weile bei mir getragen hatte.

Ich zog mein Hemd aus und stellte erschrocken fest, wie dünn ich geworden war. Meine Haut war zerschrammt, dreckig; sie zeigte dic Form meiner kantigen Knochen.

Rasch zog ich mir die neue Kleidung über, froh, meinen kränklichen Körper nicht mehr sehen zu müssen.

Dann setzte ich mich aufs Bett und erschrak. Es war weich, sanft, als würde ich mich auf eine Wolke legen. Ich ließ meinen Kopf in das Kissen einsinken und es fühlte sich an, als würde ich auf Wasser schweben.

Als ich dort lag, wollte ich für immer dort liegen bleiben.

Dann klopfte es an meiner Tür; ich ging hin und öffnete sie. Ector stand vor mir, sein Gesicht gereinigt von all dem Schmutz, eine Hose und ein schwarzes Hemd am Leibe.

***

Ector zeigte mir nicht die gesamte Burg, dazu blieb uns zu wenig Zeit. Alles, was er mir zeigte, waren die wesentlichsten Bereiche, den Rest, meinte er, würde ich für mich selbst herausfinden müssen. Eigentlich zeigte mir der alte Ritter lediglich den Weg zur Waffenkammer, die sich direkt vor dem Trainingshof und den Ställen befand.

Unzählige Schwerter, Äxte, Armbrüste und sogar Rüstungen befanden sich an den Wänden aufgereiht. In der Mitte der Kammer stand ein Ständer mit weiteren Waffen. Ector begab sich zu einem Fass, das direkt neben der Tür befand, durch die wir gekommen waren. Er nahm eines der Schwerter.

»Das sind Übungsschwerter«, erklärte er mir, »nimm dir eins.«

Ich tat, was er sagte. Zu meinem Nachteil wog ein Übungsschwert kein einziges Gramm weniger als ein normales Schwert. Allerdings fiel es mir leichter als sonst, den Stahl in meinen Händen zu halten.

Anschließend ging Ector mit mir auf den Hof. Sobald ich ihn betrat, sah ich automatisch in Richtung der Ställe, wo ich Morgana zuletzt gesehen hatte. Ich fragte mich, wo sie in diesem Moment wohl war und ob sie glücklich war oder auch solche Angst hatte wie ich.

Während er ging, schleifte der alte Ritter den Stahl absichtlich auf dem Boden hinter sich her. Dann tippte er mit der Spitze mehrmals auf die Erde.

»Nimm Haltung an. Wie wir es geübt haben.«

Ich atmete tief durch. Dann nahm ich die Stellung ein, die Ector mir gezeigt hatte. Ich drehte meinen Körper zur Seite, beugte meine Knie, um beweglicher zu sein, winkelte den rechten Arm leicht an, meine linke Hand hinter mir. Meine Augen fesselten den Ritter.

Ich konnte das Schwert in einer einzigen Hand halten; ich konnte die Spitze in Ectors Richtung zeigen lassen, ohne sie nach wenigen Sekunden auf den Boden fallen zu lassen. Ich schaffte es, das Gewicht zu halten. Obwohl es mir keinesfalls leicht fiel und ich die Erschöpfung der ganzen Reise in jedem meiner Knochen spürte, ging mir die Kraft nicht aus.

»Sehr gut, Junge. Jetzt blockst du meinen Schlag ab.«

Ich erinnerte mich an all die vielen Male, in denen Ector mit Morgana trainiert hatte. Zuerst ging ich Morganas Bewegungen im Kopf durch. Dann Ectors. Ich breitete mich darauf vor, dass der alte Ritter einen Schritt auf mich zu machen und dabei seinen Schwertarm nach mir ausstrecken würde.

Aber das tat er nicht.

Statt jene Bewegung durchzuführen, mit der ich gerechnet hatte, drehte er seinen Körper. Er machte erst einen kleinen, dann einen großen Schritt, schwang sein Schwert seitlich nach mir.

Ich hatte versucht, mich auf seinen Schwertarm zu konzentrieren, aber es waren seine Beine, die meine Aufmerksamkeit auf sich lenkten. Ich hatte mich zu sehr darauf konzentriert, seine Bewegung nachzuvollziehen, dass ich das Schwert nicht einmal auf mich zukommen sah.

Erst als es zu spät war.

Die stumpfe Klinge rammte sich in meine Seite wie ein Messer durch Butter. Der alte Ritter hatte deutlich mehr Kraft, als ich ihm zugetraut hatte. Durch die Wucht, die er in den Schlag hineingesteckt hatte, fühlte es sich an, als wären meine Rippen gebrochen.

Allerdings hatte ich noch Glück; wäre es eine echte Klinge gewesen, wären meine Rippen nicht geprellt oder gebrochen, sondern durchtrennt. Sein Hieb hätte meine Muskeln und Organe durchtrennt, als bestünden sie aus Luft.

Der Schmerz rammte sich durch meinen Oberkörper. Sprang in meinen Kopf. Zuerst verspürte ich ein Stechen. Dann, nachdem ich auf den Boden gesunken war, bekam ich keine Luft mehr.

Ector hatte noch nie so brutal zugeschlagen.

Der Atem blieb mir im Halse stecken, als hätte ich einen Knoten in meiner Lunge. Es fühlte sich an, als wütete ein Feuer in meinem Körper.

»Steh auf, Junge«, hörte ich Ector, seine Stimme streng, ohne Mitleid.

Ich wusste nicht, wie ich es geschafft hatte, aber im nächsten Moment fand ich mich auf den Beinen wieder. Ector starrte mich an, sein Gesicht verhärtet, als bestünde er nicht aus Fleisch und Blut, sondern aus kaltem Stein, das Blau in seinen Augen gefroren.

Plötzlich glaubte ich, dass nicht meine Schmerzen mir die Luft abdrückte, sondern meine Angst.

Ector sah mich an, als würde er einen von Cornwalls Männer ansehen.

Er machte mir Angst.

Ich konnte kaum stehen, kaum atmen. Er wusste das; ich wusste, dass er es wusste. Ich wusste auch, dass er keine Rücksicht darauf nehmen würde.

Er nahm Haltung an, seine Augen kalt, seine Miene eisig, als wäre mein Tod sein einziges Ziel. Mein Blick fiel auf das Schwert in seiner Hand. Es war nur ein Übungsschwert, aber ich wusste, dass er mich damit noch immer töten könnte. Selbst wenn die Klinge abgestumpft war, würde er sie noch immer in meinen Körper rammen können, als würde er ein Stück Brot mit einem Messer abschneiden.

»Konzentriere dich nicht auf meine Beine«, wies er an, »und auch nicht auf meinen Arm. Sieh mir in die Augen. Konzentriere dich auf meinen Blick – er wird dir meine Bewegungen verraten.«

Er trat wieder auf mich zu, rasch, mit einer wieder anderen Bewegung.

Ich bekam Panik, tat aber, was er mir gesagt hatte und schaute ihm in die Augen. Das Blut gefror in meinen Adern, ein Schauer lief mir den Rücken hinunter, als ich die Klinge auf mich zurasen sah.

Ich blockte seinen Schlag ab, das Klirren des Stahls laut in dem kleinen Hof. Ich spürte die Vibration. Die Kraft, die es mich gekostet hatte, seinen Schlag abzuwehren, verschlimmerte den Schmerz an meinen Rippen. Dann konnte ich das Schwert nicht länger halten.

Ector machte einen weiteren Schritt, drehte seinen Körper dabei. Das Letzte, was ich sah, war sein Ellenbogen. Im nächsten Moment drehte sich alles. Mein Kopf schlug auf die Erde.

Als ich meine Augen öffnete, hielt mir Ector seine Hand entgegen. Ich nahm sie nur, weil ich nicht länger darüber nachdachte; und weil ich glaubte, ich würde es nicht schaffen, ohne Hilfe aufzustehen.

Als er mich nach oben hievte, explodierte der Schmerz in meiner

Seite; ich schrie auf.

Ich hatte gedacht, es wären nur wenige Sekunden gewesen, die ich auf dem Boden verbracht hatte. Doch als ich auf meinen Beinen stand, wurde ich vom Gegenteil überzeugt. Ector hatte die Schwerter bereits weggebracht. Ein nasser Lappen befand sich in seiner anderen Hand.

»Hier«, sagte er, als er ihn mir entgegenhielt, »wisch dir das Blut aus dem Gesicht.«

***

Ich wusste nichts von dem Blut in meinem Gesicht, doch als ich es wegwischte, verfärbte sich der hellbraune Lappen dunkelrot.

Als Ector dann wieder in Richtung Waffenkammer ging, humpelte ich ihm langsam hinterher. Sie war ein eher länglicher Raum, doch noch bevor wir ihn betraten, deutete Ectors Finger an der Wand entlang zum anderen Ende. Zwei große Fässer standen dort, bis zum Rand mit Wasser gefüllt. Vor einem der Fässer lagen die Teile einer Rüstung.

»Wasch dich«, sagte er mir, »dann gehen wir essen.«

Ich gab ihm ein kurzes Nicken, weil ich nicht die Kraft zum Reden besaß. Sobald ich die Fässer erreicht hatte, zog ich meine Kleidung aus, mühevoll und ganz langsam. Innerhalb der kurzen Zeit hatte sich eine Prellung gebildet, die Haut drumherum gefärbt im dunklen Violett.

Ich tauchte den Lappen in meiner Hand ins erste Fass ein und sah zu, wie sich rote Strähnen in dem Wasser bildeten. Wie Wurzeln, die sich in die Erde gruben. Dann legte ich den Lappen auf die Prellung, um sie zu kühlen.

Ich ignorierte das Stechen, versuchte mich darauf zu konzentrieren, wie das Wasser meine Haut kühlte. Die Tropfen wanderten an meinem Körper entlang, als ich den Lappen ausdrückte. Dann legte ich ihn weg und wusch mein Gesicht; es musste sich noch immer Blut dort befunden haben, denn als ich meine Hände betrachtete, waren sie gefärbt im Rot.

Mein Atem blieb mir im Halse stecken, als ich sie sah. Ich dachte an meine Visionen, dachte an die Leichen, an das Blut, das aus ihren Körpern floss.

Ich fragte mich, wie viel Blut an meinen Händen kleben würde, wenn ich erst einmal Ritter war. Und wie viel an meinen Händen kleben würde, wenn sich meine Visionen tatsächlich bewahrheiteten.

Ich wollte nicht töten. Hatte es nie gewollt; hatte niemals gewollt, einem anderen Menschen das Leben zu nehmen. Ich wollte kein Ritter werden und kein Knappe sein; ich wollte nicht kämpfen und nicht töten. Ich versprach mir, dass ich es nie tun würde. Wie schnell ich dieses Versprechen brechen würde, hätte ich nicht ahnen können.

Ich hatte keine Ahnung, was ich tun würde.

Keine Ahnung, wozu ich fähig war.

Keine Ahnung, wie viel Blut eines Tages an meinen Händen kleben würde.

Ich schloss meine Augen und konzentrierte mich auf meinen Atem, auf die frische Luft, die meine Lungen durchströmte. Ich konzentrierte mich und verbannte all die Gedanken aus meinem Kopf.

Als ich sie wieder öffnete, bemerkte ich, wie dunkel es geworden war. Ich wusch den Rest meines Körpers und nachdem ich mich wieder angezogen hatte, begab sich der alte Ritter mit mir auf den Weg zum kleinen Speisesaal.

Sie mochte klein gewesen sein, aber dennoch bot sie reichlich Platz. Drei lange Tischreihen standen in der Mitte des Raumes. Dutzende Ritter saßen auf den Bänken, führten lebhafte Gespräche, während sie auf das Essen warteten und ihren Wein tranken.

Ector begab sich zu einem freien Platz am anderen Ende des Raumes. Ich folgte ihm, doch nachdem sich der alte Ritter hingesetzt hatte, stellte ich fest, dass keine Sitzgelegenheit für mich übrig geblieben war.

»Sieht aus, als wäre hier kein Platz für dich«, spottete ein Ritter gegenüber von Ector, ein gefährliches Grinsen auf den Lippen.

»Geh und such dir einen Platz«, sagte Ector zu mir, »ich hol dich, wenn ich fertig bin.«

Ich nickte, drehte mich um und suchte nach einer Möglichkeit zum Sitzen. Als ich über die vielen Köpfe der Ritter hinüberblickte, erinnerte ich mich an den gigantischen Speisesaal meiner Schule, in dem alle Platz gefunden hatten, ohne lange suchen zu müssen.

Ich beobachtete die Ritter, beobachtete, wie sich die Muskeln in ihren Gesichtern bewegten und ihre Mundwinkel ein Lachen formten. Ich erinnerte mich daran, wie ich mich mit meinen Freunden unterhalten hatte; erinnerte mich an das Gefühl, nicht allein zu sein.

Damals hatte ich mich einsam gefühlt, nicht, weil ich wirklich einsam gewesen war, sondern weil ich an nichts anderes gedacht hatte als an meine Visionen. Jetzt wusste ich, wie es sich wirklich anfühlte, einsam zu sein.

Ich wünschte, Morgana wäre bei mir gewesen. Sie hätte mir die Angst nehmen können, hätte die Einsamkeit verschwinden lassen, als wäre sie niemals dort gewesen, als hätte sie nie existiert.

Dann sah ich einen freien Platz.

Die Ritter um mich herum sprachen nicht mit mir, die meisten von ihnen beachteten mich nicht einmal, worüber ich mich zum Teil sogar freute. Alles an ihnen schüchterte mich ein – ich war ein kleiner Junge in einem Raum voller erwachsener Männer.

Aber wer mich am meisten einschüchterte, war Ector. Die Art, wie er das Schwert in meine Seite gerammt hatte … als wäre ich ein Tier gewesen, das er hatte schlachten wollen.

Auf dem Weg nach Camelot hatte er das nicht getan. Er hatte mich stundenlang in unangenehmen Positionen stehen lassen, aber er hatte es getan, um meine Muskeln zu stärken. Er hatte mir damit helfen wollen. Dasselbe konnte ich von dem heutigen Training nicht behaupten. Es fühlte sich nicht an, als würde er mir helfen wollen, sondern als wollte er mir nur Schmerzen bereiten.

Diener betraten den Raum; in simplen Ledergewänden gekleidet, trugen sie Servierbretter mit Essen herein. Teller und Besteck befanden sich bereits ausgeteilt auf den Tischen, wodurch sie lediglich die Bretter hinstellen mussten. Sobald sie das getan hatten, verschwanden sie wieder aus dem Raum und die Ritter begannen mit dem Essen.

Noch vor wenigen Stunden hatte ich geglaubt, ich würde vor Hunger umfallen. Aber jetzt raubte mir das Stechen in meinen Rippen den Appetit.

Ich nahm mir ein Stück vom Brot – weil ich wusste, ich *musste* etwas essen, um den Rest des Tages zu überleben – und erst als ich versuchte, davon abzubeißen, bemerkte ich die Schmerzen in meinem Gesicht.

Vermutlich war das Blut aus meiner Nase gekommen – dort, wo

mich Ectors Ellenbogen getroffen hatte – aber mein Mund schmerzte sogar noch mehr.

»Hier«, übertönte die Stimme des Ritters neben mir die Stimmen aller anderen.

Zuerst dachte ich, er würde mit den Männern um sich herum sprechen, doch als er eine Schüssel mit Eintopf füllte und sie mir entgegenhielt, realisierte ich, dass er mich gemeint hatte.

Schwarzes Haar wuchs auf seinem Kopf, in demselben Farbton, der die Rüstungen der von Cornwalls ausmachte.

Er besaß ein ernstes Gesicht, mit einer schmalen Nase und einem robusten Kiefer. Dennoch wirkte er freundlich.

»Iss das«, meinte er, »du brauchst etwas Warmes im Bauch.«

Braune Augen betrachteten mich. Sie wanderten an meinem Gesicht entlang, als würden sie nach etwas Bestimmtem suchen. Im nächsten Moment sprangen sie auf meine eigenen Augen, wo sie verweilten, während der Ritter nickte – was auch immer er gesucht hatte, er hatte es gefunden.

»Und den Eintopf bekommst du leichter runter als das Brot, so schonst du dein Gesicht und wirkst dem Schmerz entgegen.«

Mit seinem Finger deutete er auf meinen Oberkörper. Ich machte mir nicht einmal die Mühe, mich zu wundern, wie er es erkannt hatte. Schmerz wie diesen war ich nicht gewohnt – der Ritter neben mir vermutlich schon.

Ich bedankte mich bei ihm, aß den Eintopf, nachdem ich ihm die Schüssel abgenommen hatte.

Der Ritter hatte recht gehabt, das Essen fiel mir deutlich leichter und die Wärme tat meinem Bauch gut. Mein Appetit kehrte zu mir zurück und ich konnte es kaum erwarten, mir eine weitere Portion einzufüllen. Doch noch bevor ich überhaupt dazu kam, meine Schüssel zu leeren, stand Ector neben mir.

»Komm, Junge, zurück an die Arbeit.«

Ich wagte nicht, ihm zu widersprechen, also ließ ich meine halb volle Schüssel stehen und folgte ihm.

Mein Magen knurrte auf dem Weg und jetzt, wo ich durch den Eintopf meinen Appetit angeregt hatte, fühlte es sich an, als hätte ich noch mehr Hunger als zuvor.

Allerdings sollte sich der Mangel an Essen in meinem Magen als Vorteil herausstellen.

Als wir die Waffenkammer erreicht hatten, zog Ector eines der Übungsschwerter aus dem Ständer, das Schleifen des Stahls hallte in dem länglichen Raum.

Er ging mit mir auf den Hof und ich stellte erschrocken fest, wie dunkel es geworden war, die Luft kühl, erfrischend und angenehm. Eine leichte Brise wehte mir durchs Haar. Ich atmete tief ein, nahm die Luft in meine Lungen auf, während ich versuchte, die Schmerzen, die es mir verursachte, zu ignorieren.

»Ich will, dass du mich entwaffnest«, sagte er.

»Wie soll ich das schaffen?«, entgegnete ich entsetzt.

Ich hatte befürchtet, der alte Ritter würde eine weitere Trainingseinheit einlegen – eine weitere Gelegenheit für ihn, mir Schmerzen zuzufügen, mir zu zeigen, dass er mich verabscheute.

Mit einem eigenen Schwert in der Hand würde er mir wenigstens eine Chance geben – wenn sie auch sehr gering wäre. Aber das wollte er nicht. Er wollte keine Chancen, keine Fairness. Er wollte Schmerz, Schweiß und Blutvergießen.

»Ich kann nicht einmal Euren Schlag blocken«, protestierte ich.

Ich wusste, es würde nichts bringen, aber ich tat es nichtsdestotrotz.

»Wie soll es mir dann gelingen, Euch zu entwaffnen?«

Ector sah mich eine Weile lang an, die Augen angestrengt zusammengekniffen, als würde ich etwas vor ihm verbergen.

»Du willst einen fairen Kampf, nicht wahr? Eine Chance, dich von meinen Schlägen zu schützen? Ich muss dich enttäuschen, Junge, so funktioniert das nicht. In dieser Welt ist Fairness eines der Dinge, die nur in deinen Gedanken existieren. Dort draußen wirst du ihr nicht begegnen, hier drin auch nicht.«

Mit diesen Worten stürmte er auf mich zu, sein Schwert in beide Hände gekrallt. Seine Augen hielten mich fest, sein Blick schärfer als die Klinge in seinem Griff.

Mir blieb kaum Zeit, auszuweichen. Mir blieb kaum Zeit, mich zu fassen und auf seinen nächsten Angriff vorzubereiten.

Mehrere Male stürmte er auf mich zu, der Stahl in seinen Händen, als würde er wirklich zum Todesschlag ansetzten.

Er schimpfte mit mir, schrie mich an, sagte, ich sollte nicht ständig ausweichen. Er wollte, dass ich ihn angriff, aber ich konnte es nicht, ich wagte es nicht. Ich hatte Angst – Angst, schlimmer verletzt zu werden als vor dem Essen, Angst, dass er mir mehr brach als nur meine Rippen.

Ector war schnell für sein Alter, schneller als es jemand in seinem Alter sein konnte; er würde meinen fragilen Körper in den Boden rammen, als wäre ich nichts weiter als eine Puppe.

Ich sah ihn nicht kommen. Ehe ich überhaupt die Gelegenheit hatte, ihm auszuweichen, zischte das Schwert durch die Luft. Der Stahl pfiff, raste auf mich zu, mein Kopf seine Zielscheibe.

Der Schlag hätte mir den Schädel zertrümmern können. Als einzigen Ausweg, den ich noch für mich sah, warf ich mich auf den Boden, die Arme schützend über meinem Kopf verschlossen, die Augen zugekniffen – als würde es ihn davon abhalten, weiterzumachen.

Für eine Sekunde lang herrschte abgesehen von dem Pfeifen des Windes absolute Stille, als wäre ich nicht mehr auf dem Hof, sondern auf irgendeinem Feld, als wäre ich weit, weit, weit, weit weg von Camelot, weit weg von Ector, von jenen, die Gefallen daran taten, mir Schmerzen zuzufügen.

Ich kämpfte mehr gegen die Tränen an, als ich gegen den alten Ritter gekämpft hatte. Ich wusste, Ector stand noch immer vor mir.

Unsicher löste ich die Arme von meinem Kopf. Seine Hand streckte sich nach mir aus, er hielt sie mir entgegen. Als mein Blick von seinem Arm zum Kopf wanderte, war die Härte aus seinem Gesicht verschwunden. Seine Augenbraue hob sich auf einer fast bemitleidenswerten Art an. Ich nahm seine Hand. Ein Stechen zog sich durch meine Seite, als er mich nach oben hievte.

»Wäre das ein echter Kampf gewesen, wärst du tot«, meinte er.

Ich schluckte heftig. Ich brauchte ihn nicht, um mir dessen bewusst zu werden. Wäre jeder Kampf echt gewesen, wäre ich schon lange tot. In Wirklichkeit war es ein Wunder, dass ich es überhaupt so weit geschafft hatte.

»Warum hast du das gemacht, Junge?«

Ich zögerte. Ich hatte Angst – Angst vor ihm, Furcht vor seiner Kraft und vor dem Schwert, dessen Spitze sich neben seinem Fuß in die Erde drückte.

Ich hätte mich von seinem Schwert treffen lassen sollen, wenigstens hätte ich dann nicht ertragen müssen, was im Anschluss geschah.

»Glaubst du, dir wird Gnade gezeigt, wenn du so etwas in einem richtigen Kampf machst?«, fragte der alte Ritter, seine Stimme laut genug, jeden Knochen in meinem Körper zum Zittern zu bringen.

Ich konnte seine Wut nicht einschätzen.

Mit seiner freien Hand packte er meinen Nacken. Er zog mich näher zu sich, lehnte sich zu mir nach unten.

»Nein!«, flüsterte er.

Sein Atem wehte gegen mein Ohr. Meine Nackenhaare sträubten sich. Er ließ mich los, mit einer Wucht, die mich um ein Haar wieder zurück auf den Boden beförderte.

»Nimm dir ein Schwert«, befahl er, »wollen wir sehen, was du mit Chancengleichheit anstellst.«

Was auch immer er mit Chancengleichheit meinte, das war es nicht.

Ich hatte Angst vor dem, was er tun würde, aber ich gehorchte ihm – denn ich fürchtete mich mehr vor dem, was er tun würde, wenn ich ihm nicht gehorchte.

Ich war sein Knappe. Er konnte mit mir tun, was er wollte; er konnte mich tot prügeln, mir sämtliche Knochen brechen, mich in den Fässern ertränken und niemanden würde es interessieren.

Meine Hände zitterten, als ich das Schwert aus dem Ständer zog. Als ich wieder vor Ector stand, hielt ich es ihm entgegen.

»Greif an, Junge«, sagte er.

Ich griff an.

Er wich aus, mit einer geschmeidigen Bewegung, die ihm nicht einmal viel Mühe kostete. Er schlug seine Klinge gegen meinen Rücken, als ich an ihm vorbeistolperte.

»Steh auf! Noch mal.«

Ich stand auf und griff ihn erneut an. Ector blockte meinen Schlag, rammte seinen Fuß tief in meine Magengrube. Genau in diesem Moment, als ich hustend auf dem Boden lag, war ich froh, dass ich nicht mehr gegessen hatte.

»Noch mal!«

Ich drückte mich von der Erde ab, mit deutlich mehr Schwierigkeiten als zuvor. Meinen nächsten Angriff wehrte der alte Ritter ab, bevor ich ihn überhaupt vollständig ausgeführt hatte.

Das Schwert in beide Hände gekrallt, riss ich es nach oben, sodass es sich direkt über meinem Kopf befand. Ector nutze die Gelegenheit aus. Bevor ich irgendetwas tun konnte, rammte er dir Klinge gegen meinen Oberkörper, als würde er versuchen, mich in zwei gleich große Teile zu schneiden.

Ich fing mich mit den Knien ab, sodass es mich weniger Kraft kostete, als ich mich wieder aufraffte.

»Noch mal!«

Mit jedem Mal wurde Ectors Stimme harscher, ungeduldiger, als wäre er wütend, dass ich noch immer stehen konnte.

Ich hasste ihn.

Ich hasste ihn!

Er würde nicht aufhören, das wusste ich; würde weitermachen, bis ich nicht mehr aufstehen konnte. Ich wollte wegrennen, aber die Konsequenzen, die diese Dummheit mit sich bringen würde, wäre den Aufwand nicht wert. Ector spielte ein Spiel und um zu überleben, musste ich es mitspielen.

Ich stürmte auf ihn zu, warf ihm mein Schwert entgegen, als wäre ich der Jäger und er meine Beute. Er bereitete sich darauf vor, meinen Schlag abzuwehren, doch bevor er die Gelegenheit dazu hatte, veränderte ich meine Bewegung. Um Haaresbreite hätte ich ihn tatsächlich erwischt.

Um Haaresbreite.

Der alte Ritter duckte sich rechtzeitig. Seine Reaktion überrumpelte mich, sodass ich fassungslos vor ihm stand wie eine Zielscheibe, die nur darauf wartete, von ihm getroffen zu werden.

Erst bohrte sich seine Faust in meine Magengrube. Dann sein Knie. Die Luft stürmte aus meinem Körper, als die Schmerzen ihren Platz einnahmen. Vor meinen Augen bildeten sich kleine schwarze Flecke. Ich kniete vor ihm wie ein Bettler, wie ein schwaches Kind, unfähig zu atmen, unfähig, mich irgendwie zu bewegen.

Sein Fuß trat in mein Gesicht. Ich hörte meinen Knochen knacken. Diesmal spürte ich das Blut aus meiner Nase fließen, spürte die unangenehm warme Flüssigkeit auf meiner Haut, der Geschmack von Metall in meinem Mund.

Ector drückte den Stahl gegen meine Kehle, als ich vor ihm auf dem Boden lag. Ich starrte ihn an, starrte in seine blauen Augen, die mich nur teilweise bemitleidend ansahen. »Siehst du, was dir Fairness bringt?«

Ich hasste ihn. Aber ich hasste mich noch mehr. Ich war schwach, dumm.

Wie hatte ich ihm jemals vertrauen können? Ihm, dem es Spaß bereitete, mich leiden zu sehen; der Gefallen daran tat, ein Kind zu verletzten.

Es war meine eigene Schuld. Das war meine Strafe – die Strafe dafür, dass ich ihm das Leben gerettet hatte, die Strafe dafür, dass ich davon geritten war; die Strafe dafür, dass ich meine Familie hatte sterben lassen. All die Schmerzen, all das Blut und die Knochenbrüche – ich hatte nichts anderes verdient.

Ector nahm das Schwert, das neben mir auf dem Boden lag. Er brachte es weg und kam wieder mit einem nassen Lappen in der Hand. Er gab ihn mir und ich wischte das Blut aus meinem Gesicht.

»Genug für heute«, meinte er.

Seine Stimme klang wieder anders, weniger streng; seine Augen schwebten in der Ferne, durchsuchten die Umgebung, als würde er sie zum ersten Mal sehen. Dann sah er zu mir nach unten. Eine Weile lang betrachtete er mich stillschweigend, beinahe bemitleidend.

Plötzlich musste ich an jene Nacht denken, in der er meinen Namen erfahren hatte. Ich musste daran denken, wie er mich angesehen hatte, wie er meinen Namen leise geflüstert hatte, als wäre es eine längst vergangene Erinnerung.

Ich hatte keine Ahnung, was ich von ihm halten sollte.

»Komm hoch, Junge«, meinte er und hielt mir seine Hand wieder entgegen.

Ich starrte sie an, unsicher, ob ich die Hilfe annehmen sollte, angesichts dessen, was das letzte Mal geschehen war.

»Ist in Ordnung«, sagte er dann, sanft, mit einem stillen Lächeln auf den Lippen, das ich nur sah, weil ich genauer darauf geachtet hatte.

Ich nahm seine Hand und er half mir hoch. Ector legte seine Hand auf meinen Rücken. Im nächsten Moment deutete er auf die Rüstung neben den Fässern.

»Mach sie sauber, Junge«, wies er an, »danach sieh nach den Pferden. Wenn du damit fertig bist, kannst du in deine Kammer gehen. Versuch, so viel Schlaf zu bekommen wie möglich. Du wirst ihn brauchen.«

***

Die Rüstung zu säubern, dauerte ziemlich lang, länger, als nach den Pferden zu sehen. Bis ich all meine Aufgaben erledigt hatte, war der Mond aufgegangen und die Nacht eingebrochen. Die kühle Luft brachte eine angenehme Frische in die Burg – und in den Stall – und ich merkte langsam, wie müde ich war. Aber so sehr ich mich auch nach Schlaf sehnte, weigerte ich mich, in die Burg zu gehen.

Ich hasste es dort.

Ich hasste es hier.

Ich hasste Camelot.

Diese Burg würde nie mein Zuhause werden. Mein Zuhause war fort, war ein Haufen aus Knochen und Asche.

Asche zu Asche. Staub zu Staub.

Als ich die lange Schnauze meines Pferdes streichelte, spürte ich, wie das kurze Fell meine Handfläche kitzelte. Ich dachte daran, fortzulaufen.

Ector würde nicht sanfter mit mir werden, er würde mich weiter bluten lassen und niemand würde ihn davon abhalten können.

Nichts hielt mich an diesem Ort. Nichts. Außer Morgana.

Sie fehlte mir. Und wo auch immer sie war, ich hoffte, dass es ihr dort besser ging als mir.

Meine Muskeln schmerzten – alle – an meinem ganzen Körper befanden sich Prellungen, die Farben von grün-bläulich bis schwarz-violett.

Ich ging zu den Fässern, tauchte den Lappen ins kalte Wasser und presste ihn gegen meine Wunden.

Gänsehaut bildete sich auf meinem Brustkorb. Ich fror. Der Stoff meiner Hose saugte die Flüssigkeit ein, die vom Lappen an meiner nackten Haut hinuntergelaufen war.

»Das Leben eines Knappen steht dir gut«, ertönte eine Stimme neben mir, »Damen lieben Narben. Aber am meisten lieben sie es, deine Wunden zu versorgen – wenn du weißt, was ich meine.«

Mordred stand neben dem Eingang zur Waffenkammer, die Arme ineinander verschränkt, ein Bein angewinkelt, der Fuß gegen die Wand gestemmt. Seine violetten Augen schimmerten im dimmen Licht. Alles saß perfekt an ihm, sogar sein Haar – die groben Locken auf seinem Kopf, einige davon in seinem Gesicht.

»Gewöhne dich lieber daran«, meinte er, »an den Schmerz, an die Wunden. Das ist *nichts* im Vergleich zu dem, was noch auf dich zukommt.«

Mit einem kurzen Nicken deutete er auf meinen Oberkörper, auf den nassen Lappen in meiner Hand, den ich noch immer gegen die Prellung an meiner Seite drückte. Ich antwortete ihm nicht.

»Es wird nicht einfacher für dich werden.«

Seine schmalen Lippen führten geschmeidige Bewegungen aus. Ihn einzuschätzen fiel mir schwer, weil ich nicht wusste, ob er mich verspottete oder ob er versuchte, mir Angst einzujagen.

Was ich wusste, war, dass ich ihm misstraute.

»Überleg dir gut, in wen du dein Vertrauen setzt.«

Ich wünschte, es wäre einfacher gewesen. Niemandem zu trauen, war anstrengend – es machte das Gefühl von Einsamkeit nur stärker. Und ich hasste es. Ich hasste es mehr, als ich diesen Ort hasste.

Alles, was ich wollte, war jemand, dem ich vertrauen konnte, jemand, dem ich erzählen konnte, wie sehr ich einfach alles an diesem Ort hasste.

Plötzlich stellte ich fest, wie wütend Mordred mich machte. Wie sauer mich sein Grinsen machte.

»Wisst Ihr, wo ich Ectors Gemach finde, *Sir*?«

Sein Kiefer spannte sich an. Ich sah, wie sich die Muskeln und Knochen bewegten, aufeinander preschten, wie sich der Stahl einer Axt in Holz bohrte.

»Wieso«, entgegnete Mordred, »planst du, den alten Mann umzubringen, solange er noch schläft? Weise Entscheidung – du hast gesehen, was er mit einem Schwert anstellt, wenn er wach ist.«

Seine Miene war kalt, Spott lag in seiner Stimme.

Ich hasste Ector, aber ich stellte fest, dass ich Mordred noch mehr hasste.

»Ich will ihm seine Rüstung bringen«, antwortete ich, strenger als ich mir zugetraut hatte, »Sir.«

Mordred holte tief Luft, sein Kiefer angespannt, die Augen glichen Feuer.

Es überraschte mich selbst, als ich feststellte, wie viel Vergnügen es mir bereitete, ihn zu provozieren.

Ich wusste nicht, was ich mir dabei gedacht hatte – ich war ein kleiner Junge in einer fremden Welt, mit niemandem, der mich beschützen würde, wenn ich in Schwierigkeiten geriet.

Mordred drückte sich von der Wand ab und kam auf mich zu. Schritt für Schritt knirschte die Erde unter seinen Füßen, als würde er auf Kies laufen.

»Weißt du, Parzival, ich dachte, nach unserer Unterhaltung im Wald würdest du deine Position kennen – und die meine.«

»Das tue ich«, antwortete ich, »Ihr sagtet, Ihr wäret Lord. Und Ritter.«

Etwas, das einem Grinsen sehr ähnlich kam, huschte über seine Miene. Die Arme noch immer ineinander verschränkt, kam er einen weiteren Schritt auf mich zu, die Erde knirschend unter seinem Fuß wie die Knochen winziger Tiere.

»Nur zu«, meinte er, »du tust dir keinem Gefallen damit – du machst es mir nur schmackhafter, dir wehzutun. Ich zeig dir nur zu gern, was *ich* mit einem Schwert anstellen kann.«

Die Spannung zwischen uns beiden war so stark, man hätte sie mit einem Messer durchtrennen können. Mordred starrte mich an. Ich starrte zurück.

Er machte alles schwieriger für mich, machte alles komplizierter. Ich hasste ihn dafür, dass er alles durcheinandergebracht hatte.

»Überleg dir gut, in wen du dein Vertrauen setzt.«

»Sei vorsichtig in seiner Nähe.«

»Verzeiht«, gab ich von mir, meine Stimme angespannt, beinahe herausfordernd, »my Lord.«

Mir blieb keine andere Wahl – auch wenn er nicht besonders beliebt schien, hatte er noch immer mehr Einfluss als ich. Ein einziges Wort zu Arthur und ich wäre Geschichte, als hätte ich nie existiert.

Mordred betrachtete mich mit zusammengekniffenen Augen, doch die Anspannung in seinem Kiefer löste sich. Dann nickte er und erklärte mir, wo ich Ectors Gemach finden würde.

***

Stille herrschte in der gesamten Burg. Meine Schritte hallten in den leeren Gängen, als ihr Echo von den Wänden auf mich zurückprallte. Fackeln brannten in regelmäßigen Abständen, warfen Schatten auf den Boden; Schatten, die mich verfolgten, wohin ich ging.

Ich versuchte, das Feuer zu ignorieren, versuchte die Erinnerungen an den brennenden Turm aus meinem Kopf zu verbannen. Stattdessen konzentrierte ich mich auf das Gewicht von Ectors Rüstung. Sie war schwer, schwer zu transportieren und vermutlich noch weitaus schwerer zu tragen. Der alte Ritter hörte nicht auf, mich zu überraschen – es grenzte beinahe an ein Wunder, dass ein Mann in seinem Alter solch eine Last zu tragen vermochte.

Bevor wir Camelot erreicht hatten, sorgten diese Überraschungen dafür, dass ich Ector bewunderte. Jetzt fürchtete ich mich vor ihm, vor seiner Kraft, weil ich wusste, er würde sie am nächsten Tag wieder an mir auslassen. Und an jedem Tag danach.

Ich stand vor seiner Tür. Als ich meine Hand anhob, zögerte ich, bevor ich klopfte. Die Tür öffnete sich.

»Verzeiht die Störung, ich –«

»Komm rein, Junge.«

Ectors Stimme klang sacht, sanft, als hätte er mich nicht vor wenigen Stunden erst mit einem Übungsschwert blutig geschlagen.

Ich blickte hinauf in die jungen Augen des alten Ritters, die Haut um sie herum blass. Er trat zur Seite, um mir Platz zu machen und ich betrat vorsichtig sein Gemach. Hinter mir schloss der alte Ritter die Tür.

Ich sah mich um und bemerkte, dass sich sein Raum kaum von meiner Kammer unterschied: Seine Möbel wirkten eleganter, in seinem Kamin knisterte ein zartes Feuer und ein Rüstungsständer stand neben seinem Bett.

»Stell sie dorthin.«

Ector deutete auf die Stelle vor dem Ständer. Ich legte die Rüstung dort ab, woraufhin ich mich direkt auf den Weg zurück in den Gang begab. Bevor ich die Tür erreichte, rief Ector meinen Namen, auf eine Art und Weise, wie ich sie nur von Pathosth kannte.

Es verschreckte mich. Wie angewurzelt stand ich in seiner Kammer, als hätten sich meine Muskeln so sehr verkrampf, dass sie keine Bewegung mehr ausführen konnten.

Seine Schritte kamen auf mich zu und Gänsehaut bildete sich auf meinem Körper. Ich zitterte. Die Hoffnung, mein Schulleiter würde gleich vor mir stehen, war grausam. Aber als ich nach vorn blickte, stand dort nur der alte Ritter. Ich hatte Angst vor ihm und er war sich dessen bewusst.

Ich fror, trotz der Wärme des Feuers.

»Deine Nase«, gab er sachlich von sich.

Ich schwieg, stand noch immer stocksteif vor ihm. Mit meinem Blick verfolgte ich seine Hände. Sie bewegten sich auf mein Gesicht zu. Ich wagte es nicht auszuweichen, also biss ich mir heftig auf die Zähne, als der alte Ritter seine Finger auf meine Nase legte.

Er drückte. Ich schrie.

Der Schmerz war unerträglich, zog sich durch meinen Kopf, als hätte Ector mit seinem Ellenbogen erneut dagegen geschlagen. Das Blut rannte aus meiner Nase wie Wein aus einem umgestürzten Krug. Es lief an meiner Hand hinunter, als ich versuchte, die Blutung zu stoppen. Die schmierige Flüssigkeit fühlte sich widerlich an, sie klebte, lief bis nach unten zu meinem Ellenbogen, verschmutzte meine neue Kleidung.

Auch wenn der alte Ritter versucht hatte, mir zu helfen, dachte ich nur daran, wie sehr ich mich schämte. Ich war schwach, mein Blut auf dem Boden seines Gemaches war der Beweis dafür. Die rote Pfütze vor meinen Füßen zeigte mir, wie verletzlich ich war.

»Es wird nicht einfacher für dich werden.«

Nein, das würde es nicht. Jedenfalls nicht, wenn ich so bleiben würde, wie ich war. Niemand würde mich vor Ector beschützen können – niemand außer ich selbst.

Auch wenn die ganze Welt mein Blut sah, musste ich aufhören, ihr zu zeigen, dass ich blutete. Ich musste aufhören, jedem zu zeigen, wie verletzlich ich war. Vielleicht würde es dann – nur dann – einfacher für mich werden – nicht nur hier in Camelot, überall.

Zwei

Der Schmerz in meiner Nase hielt mich wach, ließ mich wünschen, Ector hätte sie nicht gerichtet, sondern einfach gebrochen gelassen.

Das Bett war unglaublich weich, weicher, als ich es gewohnt war, vermutlich weicher, als ich es verdient hatte. Stundenlang hatte ich versucht, den Schmerz zu ignorieren. Es fühlte sich an, als stünde mein Blut in Flammen, als würde es all die Haut um sich herum langsam zum Schmelzen bringen.

Ich weinte und schämte mich dafür. Jetzt lag ich steif in meinem Bett und statt den Schmerz auszublenden, konzentrierte ich mich auf ihn. In meinem Kopf spielte ich alles, was auf dem Hof geschehen war, noch einmal durch. Ich erinnerte mich an die genauen Bewegungen, die Ector gemacht hatte und versuchte zu verstehen, wie er mich besiegen konnte und wie ich verhindern könnte, dass das je wieder geschehen würde.

Plötzlich schweiften meine Gedanken ab. Nicht mehr Ector lenkte meine Aufmerksamkeit auf sich, sondern der Kamin in seinem Gemach. Das Knistern, das Zischen und das Peitschen.

Ich hörte die Schreie, selbst als ich meine Augen schloss und mich auf den Schmerz konzentrierte.

In meiner Kammer befand sich ebenfalls ein Kamin doch ich schwor mir, ich würde nie ein Feuer darin brennen lassen.

Licht schien durch mein Fenster – nicht das Licht der Sonne, einfach nur Licht, ein heller Schein des Himmels. Ich stand auf, erhob mich langsam von meinem Bett und sah hinaus.

Türme ragten in die Höhe, an ihren Spitzen die Flagge der Familie Pendragon; hinter den Gebäuden sah ich Bäume, ihre grünen Kronen wie die Wellen einer ruhigen See.

Dann zog ich mir frische Kleidung an und begab mich nach unten zu den Ställen, die halbe Burg noch immer ruhig, noch immer im Schlaf vertieft. Es störte mich nicht, ich mochte es sogar, denn so war die Chance, auf jemanden zu treffen, geringer.

Die Pferde waren bereits wach, ich fütterte sie und tauschte das verschmutze Heu mit frischem aus, säuberte ihre Hufe und striegelte ihr Fell. Der Stalljunge vom letzten Mal war auch hier, er kümmerte sich um die anderen Pferde. Wir sprachen nicht miteinander. Mit dem Kopf ständig nach unten gebeugt, wirbelte er hastig hin und her, erledigte seine Aufgaben.

Wenige Minuten, nachdem ich den Stall betreten hatte, betrat ihn ein weiterer Junge. Er schien nur wenige Jahre älter als ich, mit kurzem blonden Haar auf dem Kopf, ein robuster Kiefer, der zu einem schmalen Kinn zusammenlief. An seinem Körper trug er ähnliche Kleidung wie ich, wodurch ich vermutete, dass er ebenfalls ein Knappe war. Ohne sich von mir oder dem Stalljungen ablenken zu lassen, begab er sich zu zwei Pferden am anderen Ende des Stalls und begann mit denselben Aufgaben.

Ich streichelte das lange Gesicht meines Pferdes und wunderte mich, wer ihr vorheriger Besitzer gewesen war. Sie hatte einem der Männer gehört, die Avalon angegriffen hatten, aber ich wusste noch immer nicht, welchem Lord dieser Mann gefolgt war.

Ich konnte mich nicht daran erinnern, welche Rüstungen die Männer getragen hatten. Ich konnte mich nur an ihre blutigen Klingen erinnern.

Das Pferd wurde unruhig, ein Geräusch ertönte hinter mir – das typische Geräusch, das entstand, wenn jemand auf Heu trat.

Ich drehte mich um, erwartete den alten Ritter zu sehen. Als ich sah, wer wirklich vor mir stand, realisierte ich zum erneuten Male, wie schwach ich war. Denn als sie vor mir stand – all der Dreck von ihrer Haut gewaschen, das schwarze Haar gekämmt, der Blick ein rascher Umschwung von Freude auf Schock – kämpfte ich mit all meiner Kraft gegen den Drang zu weinen.

»Du siehst schrecklich aus«, gab Morgana von sich.

»Dasselbe kann ich nicht von dir behaupten«, entgegnete ich.

Sie lächelte, ein bedrücktes Lächeln, mit mehr Kummer als Freude.

Nur ein Tag war vergangen, seitdem wir uns das letzte Mal gesehen hatten, und dennoch freute ich mich, als lägen Jahre dazwischen. Morgana war die Einzige, der ich mich jemals anvertrauen würde, die Erleichterung, sie zu sehen, ließ mich all die Schmerzen und Wunden an meinem Körper vergessen.

»Mordred sagte mir, ich würde dich hier finden«, brach sie die Stille zwischen uns.

Ihre Augen durchsuchten mein Gesicht. Ich starrte tief in das Grün hinein, stellte fest, wie sehr ich es trotz der kurzen Zeit vermisst hatte.

»Was ist passiert?«

»Ector«, erklärte ich ihr, »es mag sein, dass sein Training etwas schwerer geworden ist.«

Sie presste ihre Lippen aufeinander, als könnte sie sich nicht entscheiden, ob sie ihre Mundwinkel nach oben oder unten beugen sollten. Mir war egal, ob sie mich bemitleidete oder nicht, alles, worauf ich mich konzentrierte, war, nicht zusammenzubrechen. Nicht vor ihr.

»Warum bist du hier?«, fragte ich sie.

»Um dich zu sehen«, antwortete sie, »um zu sehen, wie es dir geht.«

»Warst du in Sorge um mich?«, scherzte ich, mit einem schelmischen Grinsen, das meinen Schmerz verstecken sollte, ihn aber nur noch verschlimmerte.

»Nicht so sehr wie jetzt.«

Ihre Antwort ließ das Grinsen aus meinem Gesicht verschwinden. Morgana betrachtete mich mit ernster Miene, ihre Augen verweilten auf meiner Nase, dann wanderten sie zu meiner aufgeplatzten Lippe.

»Was ist passiert?«, fragte sie erneut, ihre Stimme diesmal mit einem anderen Ton, einem ernsteren, alarmierten.

Ich antwortete nicht, weil ich nicht wusste, welch andere Antwort ich ihr geben konnte außer der, die ich ihr bereits gegeben hatte.

»Wird es jetzt immer so sein?«

Ich nickte.

»Vermutlich«, antwortete ich ihr.

Sie nickte, offensichtlich unzufrieden. Ich erinnerte mich an den Abend, an dem wir zusammen vor den Ställen auf Ector gewartet hatten und wie enttäuscht Morgana gewesen war, nachdem sie erfahren hatte, dass ich sein Knappe sein würde. Sie war es, die lernen wollte zu kämpfen. Ich fragte mich, ob sie noch immer wünschte, unsere Rollen wären vertauscht.

»Was ist mit dir?«, fragte ich, um die Aufmerksamkeit von mir auf sie zu lenken.

Morgana betrachtete mich mit hochgezogenen Augenbrauen.

»Ich kam hierher, um mich zu beklagen, wie anstrengend und langweilig alles ist, aber jetzt, wo ich dich sehe, sollte ich vielleicht dankbar dafür sein.«

Ich lachte.

Meine Rippe schmerzte, aber es war mir egal. Sie war bei mir und das machte alles erträglicher.

»Wie anstrengend und langweilig?«, fragte ich sie.

»So anstrengen wie: Du hast eine Kammerzofe, die dich auf Schritt und Tritt verfolgt, sodass du vor ihr wegrennen musst, um eine Minute allein zu haben. So langweilig wie: stundenlang mit anderen Damen zu reden, sich die Haare zu flechten und die Schönheit der Ritter in dieser Burg bewerten, als wären das unsere größten Probleme. Wusstest du, dass Arthur ein Turnier veranstaltet?«

Ich nickte, amüsiert von ihrem raschen Themawechsel.

»Ector hat es mir erzählt«, meinte ich, »er sagte, er würde mich darauf vorbereiten, vermutlich ist er deswegen so streng.«

Mit einem Mal wurde Morganas Gesicht ernst, als hätte ich etwas gesagt, das sie verärgerte.

»Ector hat dir das angetan«, meinte sie.

Ihre Stimme klang, als würde sie laut denken; als wären die Wörter eher an sie selbst gerichtet denn an mich.

»Ja. Und er wird es wieder tun. So lange, bis ich dafür sorgen kann, dass er es nicht mehr tut.«

»Denkst du, er tut es, um dich stärker zu machen? Oder um dich zu verletzen?«

Die Art, wie sie die letzten Worte betonte, verwunderte mich. Ihre Stimme hatte etwas von Mordreds Bitterkeit in sich, als hätte er sie gegen Ector angestiftet. Vielleicht hätte ich sie vor dem Burschen warnen sollen, aber ich hatte Angst, ich würde dadurch nur bezwecken, dass sie mehr auf Mordred hörte, weil sie glaubte, Ectors Einfluss hätte mich dazu gebracht, ihr das zu sagen.

Der Junge, der nach mir den Stall betreten hatte, ging an uns vorbei. Ich sah ihm kurz hinterher und stellte fest, dass ich gut daran täte, ihm zu folgen. Vermutlich begab er sich auf dem Weg in das kleine Speisezimmer und wenn Ector bereits dort war und fertig gegessen hatte, gäbe es kein Frühstück für mich.

»Ich muss gehen«, erklärte ich Morgana.

Obwohl ich mein Frühstück nur zu gern für eine Minute länger mit Morgana aufgegeben hätte, blieb mir keine andere Wahl – der Tag heute würde nicht weniger schmerzhaft werden als der gestrige und ich brauchte Essen, um durchzuhalten.

Morgana blickte mich einen Moment lang mit ihren grünen Augen an. In ihnen sah ich mein Spiegelbild – ich erkannte mich nicht wieder, die Wunde an der Nase ein roter Halbmond quer über dem Knochen, die Lippe aufgeplatzt, der Unterkiefer blau-violett. Ich sah, was sie sah und es gefiel mir genauso wenig wie ihr. Dann nickte sie – ein widerwilliges Nicken.

Mich von ihr wegzudrehen, schmerzte mehr als all die Verletzungen an meinem Körper. Ich wusste, wenn ich wiederkommen würde, wäre sie nicht mehr hier. Ich wusste, wenn ich jetzt ginge, würde ich sie länger nicht wiedersehen.

Als ich Morganas Blick am meisten auf meinen Schultern spürte, blieb ich stehen. Ich drehte mich um, blicke ihr in die Augen, weil sie mir jedes Mal Kraft gaben, wenn ich sie ansah.

»Weißt du, ich … ich muss am Abend wieder nach den Pferden sehen«, begann ich, »ich muss jeden Morgen und jeden Abend nach den Pferden sehen.«

Ihr Blick verweilte auf mir, einen Moment lang konnte ich nicht einschätzen, wie sie reagieren würde. Dann beugten sich ihre Mundwinkel in dem Hauch eines Lächelns nach oben, wie zwei Teile einer Sonne, die alles um sich herum zum Leuchten brachten, die alles Licht um sich herum aufsaugten und den Schein um ein Vielfaches intensivierten.

»Ich werde da sein«, versicherte sie mir.

***

Der Speisesaal war nicht so voll wie am vergangenen Abend, doch zu meinem Nachteil hatte Ector sein Frühstück bereits aufgegessen. Als mir der alte Ritter entgegenkam, versuchte ich, mich mit dem Gedanken anzufreunden, dass es heute kein Frühstück für mich geben würde. Aber so sehr ich mich auch bemühte, mein Magen schien, sich mit jeder Sekunde mehr dagegen zu wehren.

Ectors Blick fiel auf mich, seine Miene unlesbar. Während er an mir vorbeiging, legte er seine Hand auf meine Schulter, als wäre sie ein Geländer, auf dem er sich abstützte, bevor er weiter seines Weges ging. Seine Hand war groß, breit und warm, sie bedeckte meinen ganzen Knochen und sogar noch einen Teil meines Oberarmes.

Es fühlte sich nicht an wie eine nette Geste; es fühlte sich an, als würde Ector mich damit erinnern wollen, wie klein und schwach ich war.

»Komm, Junge«, meinte er, nachdem er an mir vorbeigelaufen war.

Mit einem letzten Blick auf das Essen und einem letzten Magenknurren entfernte ich mich vom Speisesaal. Ich folgte dem alten Ritter in der Erwartung, wir würden uns auf den Hof begeben.

Allerdings führte der Gang, den wir betraten, nicht aus der Burg hinaus, sondern tiefer hinein.

Wir begaben uns in den Turm und erklommen dieselben Stufen, die mich zu meiner Kammer führen würden, nur ließen wir nicht mehr als die Hälfte des Weges hinter uns. Nachdem wir einen weiteren Gang betreten hatten, dauerte es nur einen winzigen Augenblick, bis ich wusste, wo wir uns befanden. Die ganze linke Wand bestand aus einer einzigen Fensterreihe, die bis zum Ende des Ganges reichte, wo sich ein weiterer Turm befand.

Ich sah hinaus, erblickte das Dach des Thronsaals unter mir. Der Vorhof befand sich dahinter, mit dem Boden aus Steinen, die sich bis zum Tor erstreckten wie die schuppige Haut eines Krokodils.

Ector blieb neben mir stehen. Seltsamerweise beruhigte mich seine Anwesenheit.

Während ich nach draußen sah, entstand ein unangenehmes Gefühl in mir, eines, das ich selbst kaum verstand.

»Wohin gehen wir?«, fragte ich ihn.

Der alte Ritter drehte seinen Körper zu mir, während er mit der einen Hand etwas aus seiner Tasche holte. Es war ein Stück Brot. Er hielt es mir entgegen.

»Hier«, sagte er, »iss das, damit du wenigstens etwas im Magen hast.«

Ich sah zu ihm hinauf und hatte keine Ahnung, was ich denken sollte.

Ectors Augen blickten zu mir nach unten, das Blau in ihnen gütig.

Ich nahm das Brot, bedankte mich bei ihm und biss ab. Ich spürte, wie das Essen von meinem Mund in meinen Magen wanderte, wie er sich füllte und nach mehr verlangte.

»Arthur hat eine Besprechung seines Rates zusammengerufen«, erklärte Ector, »ich will, dass du dabei bist.«

Meine Augen weiteten sich – ob vor Überraschung oder Erstaunen oder Verwirrung, konnte ich nicht sagen.

In letzter Zeit erschien mir alles wie ein einziges Ratespiel. Ich hatte gedacht, Ector hasste mich; ich hatte gedacht, er fügte mir Schmerzen zu, weil er mich bestrafen wollte. Jetzt war ich mir nicht mehr so sicher.

Mordred hatte mich gewarnt, mein Vertrauen in andere zu setzen. Der arrogante Lord machte es mir nicht schwer, ihm zu misstrauen. Aber Ector, … es war, als würde er mit mir spielen.

»Warum?«, fragte ich ihn, weil er damit alles kaputtmachte, was ich von ihm gedacht hatte.

Er sah noch immer nach unten, sah noch immer zu mir, wie er mich angesehen hatte, als er zum ersten Mal meinen Namen gehört hatte.

»Warum wollt Ihr mich dabei haben?«

Er betrachtete mich einen Moment lang nachdenklich.

»Weil ich will, dass du lernst«, antwortete er schließlich.

***

Wir erklommen die Stufen eines weiteren Turmes so lange, bis wir ganz oben vor einer geschlossenen Tür ankamen. Ector legte seine breite Hand auf meine kleine Schulter, drückte seine Finger leicht gegen meinen Knochen.

»Sie warten auf uns«, meinte er.

Seine Augen starrten die Tür an, doch sein Blick drang durch sie hindurch, als könnte er sehen, was sich in dem Raum dahinter verbarg, als könnte er bis zum anderen Ende der Welt sehen.

»Wer?«

»Arthurs Heerführer – seine vertrautesten Ritter und Generäle.«

»Und Ihr seid einer von ihnen«, stellte ich fest.

Ector nickte. Dann drehte er sich zu mir. Als sich seine Augen von der Tür lösten, fühlte es sich an, als würde die Luft um uns herum mit einem Mal kühler.

»Wenn wir den Raum betreten, will ich, dass du hinter mir läufst. Wenn ich mich setzte, stellst du dich hinter mir an die Wand und sagst nichts.«

Ich nickte und der alte Ritter öffnete die Tür. Wir betraten einen runden Raum, dessen Dach nach oben in einer Spitze zusammenlief. Fackeln hingen an den steinigen Wänden. Das Feuer erleuchtete die Gesichter der vielen Männer; Männer, die ich nicht kannte; Männer, die an einem langen Tisch saßen.

Alle Augen richteten sich auf Ector und mich, verfolgten uns Schritt für Schritt, als wären wir Eindringlinge. Am Ende des Tisches saß Arthur Pendragon; durch die ganzen Augen, die von Ector auf mich schossen, bemerkte ich den Lord erst als er sich von seinem Platz erhob.

»Ector, wir haben auf Euch gewartet – nur auf Euch.«

Sein misstrauischer Blick fiel auf mich und ich wünschte, ich hätte auf der Stelle im Boden versinken können. Verängstigt blickte ich nach unten, um die angespannte Miene des zukünftigen Königs nicht länger sehen zu müssen. Nichtsdestotrotz spürte ich seine Augen auf mir, spürte ihr Gewicht, als wären sie Dolche, die mir ihre Klingen durch die Haut bohrten.

»Ich traue dem Jungen«, beruhigte Ector.

Mit dieser Antwort warf er mich ins kalte Wasser. Ich verstand nicht, warum er mir Schmerzen zufügte, warum er mich schlug und mich dazu brachte, ihn zu hassen. Und warum er jetzt *das* tat.

Arthur starrte den alten Ritter angespannt an; seine Augen wirken, als versuchten sie, mehr Informationen aus Ector herauszubekommen.

Kaum einen Moment später musterte er mich von unten nach oben.

So von ihm angestarrt zu werden, fühlte sich an, als würde er mich all meiner Kleidung entblößen.

Er jagte mir Angst ein; Arthur wollte mich offensichtlich nicht hier haben, weshalb ich umso mehr fürchtete, dass meine Anwesenheit bei dieser Ratsbesprechung Konsequenzen für mich mit sich bringen würde.

Ich hoffte sogar, Ector würde sich umdrehen und mich hinausschicken. Aber er tat es nicht. Stattdessen wartete der alte Ritter so lange, bis Arthur widerwillig nickte und sich zurück auf seinen Platz setzte.

Während der gesamten Ratsbesprechung geschah nichts sonderlich Aufregendes. Es war eher anstrengend – stundenlang unterhielten sich die Ritter miteinander, diskutierten über die Details bezüglich des bevorstehenden Turniers, während ich hinter Ector stand und darauf wartete, dass es endlich vorbei war. Aber kaum war mir der Gedanke gekommen, hätte ich mir am liebsten selbst eine Ohrfeige verpasst – ich hätte mich glücklich schätzen sollen, denn immerhin war *das hier* besser, als von Ector blutig geschlagen zu werden.

Dann, als das Thema Krönung ins Gespräch kam, wurde die Stimmung angespannt.

»Wann plant Ihr, die anderen Lords über Euer Vorhaben zu unterrichten?«, fragte eine Stimme, die sich die ganze Zeit über nicht einmal zu Wort gemeldet hatte.

Ich erkannte die Bitterkeit in ihr wieder.

Mordred saß am anderen Ende des Tisches, weit weg von Arthur und Ector. Der junge Ritter trug ein schwarzes Hemd in demselben Ton seines Haares, darüber ein schwarzes Wams mit goldenen Verzierungen, die über seine Taille nach oben wanderten wie Blumenranken an einer Mauer.

»Ihr seid kein König, solange sie Euch nicht als solchen akzeptieren«, vollendete er seinen Satz.

Auch wenn Arthur nicht gefiel, was Mordred sagte, behielt er dennoch recht. Natürlich existierte noch eine weitere Möglichkeit, um sich den Titel eines Königs zu sichern, nur hoffte ich, dass Arthur schlau genug war, um davon abzusehen.

»Wir leben in Zeiten des Friedens, Parzival. Aber er ist zerbrechlich. Er hält nur so lange an, wie die Geduld der Menschen es ihm erlaubt.«

»Es wird nicht lange dauern, bis der nächste nach dem Titel eines Königs streben und einen neuen Krieg auslösen wird.«

»Ich gehe davon aus, dass das Turnier nicht länger als drei Tage dauern wird. Am Abend des dritten Tages veranstalte ich ein Festmahl. Alle Lords und ihre wichtigsten Ritter werden dort sein –«

»Alle außer die von Cornwalls«, korrigierte Mordred.

Zu seinem Vergnügen wuchs die Ungeduld seines zukünftigen Königs. Es war beinahe erstaunlich zu sehen, wie sich seine Mundwinkel in dieses gemeine Grinsen verwandelten, während Arthur seine Hand zur Faust ballte, aber dennoch nichts gegen Mordred unternahm.

Wieso, fragte ich mich, wieso ließ er den Jungen damit durchkommen? Jeden anderen hätte er längst bestraft. Warum also Mordred nicht?

Seine Finger pressten heftig gegen die Handfläche, sodass das Weiß seiner Knöchel sichtbar wurde.

Aber vielleicht war es nicht der junge Ritter, der ihn wütend machte. Vielleicht war es einfach dieser Name. Ich wusste, dass die Pendragons und von Cornwalls einander nicht ausstehen konnten, aber hinter Arthurs Hass vermutete ich mehr als nur eine Erbfeindschaft – etwas, das ihn schier blind vor Wut machte.

»Wenn all die anderen Lords mir die Treue geschworen haben, werden sich auch die von Cornwalls fügen«, zischte er Mordred an.

»Was passiert, wenn sie sich weigern? Was passiert, wenn sie sich alle weigern, Euch zu folgen? Was werdet Ihr dann tun?«

Arthurs Kiefer spannte sich an; er betrachtete den jungen Mann mit einem Blick, der weniger streng war, als ich erwartet hatte. Seine Miene wirkte beinahe blank, als hätte er sich diese Frage bereits selbst gestellt, nur nicht den Mut gehabt, diese weniger angenehme Variante genauer durchzugehen.

Aus Mordreds Gesicht verschwand die Bitterkeit und ich erkannte, dass er die Frage nicht gestellt hatte, um Arthur zu verärgern.

»Du glaubst nicht, dass sie mir folgen werden?«, zischte Arthur.

»Ich versuche nur auf alle Möglichkeiten vorbereitet zu sein, my Lord«, antwortete Mordred.

Bevor Arthur seine Antwort gab, schwieg er einen Moment lang. Er blickte stillschweigend in jedes einzelne Gesicht, das sich vor ihm befand.

»Sie werden keine andere Wahl haben«, verkündete er schließlich, »es sei denn, sie wollen zusehen, wie ihr Land brennt.«

***

»Sie werden keine andere Wahl haben, es sei denn, sie wollen zusehen, wie ihr Land brennt.«

Mir wurde schlecht, als sich Arthurs Stimme in meinen Kopf einschlich. Mordred schien ihn dafür zu verabscheuen, die anderen Ritter wirkten nicht, als wären sie sonderlich begeistert, doch im gleichen Atemzug wirkten sie nicht, als hätten sie etwas dagegen einzuwenden. Ector sagte nichts, und da ich hinter ihm stand, konnte ich sein Gesicht nicht sehen.

»Frieden? Der ist vorbei, dafür hat Euer zukünftiger König gesorgt.«

Wahrlich, Frieden hielt nur so lange an, wie die Geduld der Menschen es ihm erlaubte. Arthurs Geduld neigte sich dem Ende zu und mit dem Ende seiner Geduld wäre auch der Frieden vorbei – wenn er es nicht schon längst war. Aber wie weit würde ihn sein Hochmut bringen? Auch wenn das Haus Pendragon eine der größten Armeen besaß, müsste er sich denen aller anderen Lords und Ladys stellen. Er würde fallen, ehe er seinen ersten Tag als Usurpator erleben könnte.

Ich erinnerte mich an Avalon, erinnerte mich an die Hitze der Flammen, als sie alles unter sich verzehrten, erinnerte mich an den Stahl, an das klirrende Geräusch, auf das Schreie folgten. Erinnerte mich an die Straßen getränkt in Blut, an die Angst, die ich verspürt hatte und den Schmerz, den ich noch immer fühlte.

In dieser Nacht hatte der Krieg begonnen. Und es fiel mir nicht schwer, mir vorzustellen, wie die Welt aussehen würde, wenn Arthur seine Drohung wahr machte. Selbst wenn er nicht gewinnen konnte, würden unzählige Leben wie Asche im Wind verfliegen, bevor Arthur starb.

Ich fürchtete mich davor; denn genau diese Zukunft war es, die mir meine Visionen zeigten – Krieg, Tod und Blutvergießen.

»Lasst uns hoffen, dass es nicht so weit kommen muss«, brach Ectors raue Stimme die Stille.

Die Ritter um ihn herum nickten alle, abgesehen von Mordred. Seine Miene war hart wie Stein, er starrte in Ectors Richtung. Der Hass in seinem Blick machte ihn sogar attraktiver.

Ich hatte noch nie gesehen, wie Wut einem Menschen seine Schönheit verlieh; hatte immer gedacht, Wut und Hass wären es, die die Menschen schneller altern ließen als Magier.

Aber wie Pathosth einst gesagt hatte: nicht alle Menschen strebten nach Macht, die ihnen nicht zustand, ebenso wenig wie nicht alle Magier schwarze Magie mieden, weil sie gefährlich war.

All die Bitterkeit in Mordreds Gesicht, die Abscheu in seinen Augen und die Wut in seinem Kiefer vollendeten seine Statur in perfekter Harmonie.

»Hoffnung ist gefährlich«, spuckte der junge Ritter und Lord, »eine unnütze Zeitverschwendung. Wenn man etwas erreichen oder verhindern will, sind es Taten, die diese Dinge geschehen machen, nicht Hoffnung.«

In diesem Moment hätte ich realisieren sollen, welch Gefahr von Mordred ausging. Aber ich war naiv und wusste nur halb so viel, wie ich bald wissen würde.

***

Nachdem die Ratssitzung geendet hatte, begaben sich unverzüglich alle Ritter nach draußen. Ich folgte Ector und versuchte, mit dem Tempo des alten Ritters mitzuhalten; meine Rippe schmerzte noch immer und drückte mir den Atem ab, wenn ich es am wenigsten gebrauchen konnte.

Als ich aus der Tür hinausging, hörte ich, wie Arthur Mordred anwies, bei ihm zu bleiben.

Ector begab sich mit mir auf den Hof. Er war deutlich voller als am Tag zuvor. Dutzende Ritter, Übungsschwerter in den Händen, trainierten mit anderen Rittern, um ihr Fähigkeiten zu verbessern und – wie ich vermutete – sich gleichzeitig auf das bevorstehende Turnier vorzubereiten.

Ich sah den blonden Jungen, den ich noch heute Morgen in den Ställen gesehen hatte. Er stand allein im Getümmel, schwang sein Schwert, als befände er sich inmitten einer Schlacht, umzingelt von tausenden

Feinden, die ihre Klingen in seinem Blut tränken wollten. Ector ging genau auf den Jungen zu. Er bemerkte uns und unterbrach seine Übung.

»Parzival, das ist Tristan, Lancelots Knappe«, stellte der alte Ritter vor, »ihr beide werdet heute zusammen trainieren.«

Mit einem Lächeln im Gesicht schüttelte der Junge meine Hand – eine freundliche Geste, die mich vor wenigen Tagen nicht so verunsichert hätte, wie sie es jetzt tat. Auch wenn ich ihn nur einige Jahre älter als mich einschätzte, so waren es *einige Jahre*, die er mehr an Erfahrung besaß. Vermutlich hatte er sogar gelernt, ein Schwert zu schwingen, noch bevor er gelernt hatte, zu laufen.

Nachdem ich seine Hand geschüttelt hatte, ging Ector fort. Ich sah dem alten Ritter hinterher, beobachtete, wie er an all den Männern vorbeizuschweben schien und in die Waffenkammer verschwand. Ich konnte mich nicht entscheiden, ob ich froh darüber war, dass nicht er mit mir trainierte – er machte mir Angst und dennoch fühlte ich mich ohne ihn unsicher, teilweise sogar verletzlicher.

»Hier«, lenkte Tristan meine Aufmerksamkeit auf sich.

Als ich zu ihm sah, hielt er mir ein Übungsschwert entgegen. Ich nahm es, während ich versuchte, die Verwunderung, woher er das zweite Schwert hatte, zu unterdrücken.

»Bereit?«, fragte Tristan.

Ich nahm die Position ein, die Ector mir gezeigt hatte. »Bereit.«

Tristans Bewegung war langsam. Ich wusste, er machte es mir absichtlich einfacher, half mir, seinen Schlag abzublocken und selber anzugreifen.

Er war nett zu mir, aber ich hasste es, weil mich seine Nettigkeit schwach erschienen ließ. Der Junge gab mir nur einen winzigen Teil seiner Kraft zu spüren und obwohl er mir damit eine Menge Schmerzen ersparte, hasste ich es.

Ich hasste mich selbst für diesen Gedanken; ich wollte nie sein wie Ector oder wie Cornwalls Männer oder wie jene, die meine Heimat zerstört hatten. Ich wollte nicht lernen, zu töten, und dennoch war es doch genau das, was ich wollte. Ich wollte besser werden und lernen, mich gegen Ector zu wehren und meine Schwäche durch Stärke ersetzen.

Tristans Güte half mir nicht dabei – er unterstütze meine Schwäche, wodurch ich mich mehr vor dem Training mit Ector fürchtete als je zuvor. Ich wusste, sobald diese Trainingseinheit vorbei war und ich wieder mit dem alten Ritter übte, würde ich mir Tristan zurückwünschen.

Mit aggressiveren Schlägen versuchte ich, Tristan zu provozieren; versuchte mir durch die raschen Bewegungen selbst Schmerzen zuzufügen. Meine Rippe brannte. In meinem Gesicht entstand ein Druck, der mich wundern ließ, wann meine Nase wohl explodieren würde.

Wenigstens hörte Tristan nicht auf, mit seiner Klinge nach mir zu schlagen, als ich meine kaum noch halten konnte.

»Du bist besser, als ich erwartet hatte«, meinte er.

Besser als erwartet, aber noch lange nicht gut genug. Ich mochte es ganz und gar nicht – weder diesen Gedanken noch den Schwertkampf oder die Tatsache, dass ich Knappe war und an diesem Ort feststeckte, in dieser Burg.

Ich wollte einfach nur nach Hause.

Aber ein Zuhause gab es nicht mehr. Nicht für mich.

Ich konnte Camelot nicht ausstehen, weil dieser Ort mich immer näher in die Zukunft lenkte, die ich um jeden Preis vermeiden wollte.

Während Tristan und ich weiter trainierten, verließen zunehmend mehr Ritter den Hof. Das Klirren des Stahls in dem leeren Hof prallte von den Mauern der Burg auf uns zurück, als wäre es das Feuer eines Katapultes. Während meine zu wünschen übrig ließ, hielt Tristans Ausdauer an. Der Junge schwitze, sein blondes Haar schimmerte goldbraun von der Nässe.

Nachdem nur noch wir beide uns auf dem Hof befunden hatten, dauerte es noch eine ganze Stunde, bis Tristan das Training endlich beendete. Ich war erschöpft, meine Kleidung durchgeschwitzt und das Stechen bohrte sich durch meinen Körper, als steckte sein Übungsschwert in mir.

Jetzt war ich unglaublich froh über das Stück Brot, das Ector mir gegeben hatte. Anderenfalls hätte ich vermutlich nicht annähernd so lange durchgehalten.

»Ich werde etwas essen gehen«, erklärte er, während er sich zu den Fässern begab und sich den Schweiß vom Gesicht wischte, »du kannst mich begleiten, wenn du willst.«

Sein aufmunterndes Lächeln erinnerte mich an Isaacs und einen Moment lang schmerzte es, ihn anzusehen. Ich zwang die Erinnerung weg, verbannte sie irgendwo tief in mir, wo sie eine Weile lang nicht mehr auftauchen würde.

»Gerne«, gab ich mit einem erzwungenen Lächeln von mir.

Tristan wartete auf mich, während ich meine Tunika und das Hemd, was ich darunter trug, auszog. Obwohl die Sonne den ganzen Tag geschienen hatte, fühlte sich das Wasser auf meiner Haut eisig an. Ich fror, zitterte sogar ein bisschen. Das einzig Warme war der Stein aus Obsidian, der bei jeder Bewegung gegen meinen Brustkorb tippte wie die zarten Finger einer Mutter, die ihr Neugeborenes streichelte.

Ich hatte nie eine Mutter gehabt und dennoch sehnte ich mich nach einer. Es war seltsam – jemanden zu vermissen, den man noch nie zuvor kennengelernt hatte. Doch es war noch seltsamer, mich dabei zu ertappen, dass ich zum ersten Mal darüber nachdachte. Ich hatte mich noch nie gefragt, wer meine Mutter gewesen war, hatte keinen Gedanken daran verschwendet, wie sie wohl ausgesehen hatte oder ob ich ihr ähnlich sah. Ich fragte mich: Warum jetzt?

»Die Kette um deinem Hals –«, riss mich Tristans Stimme aus meinen Gedanken.

»Sie war ein Geschenk«, erklärte ich ihm, bevor er seine Frage überhaupt stellen konnte.

Meine Stimme klang harscher, als der Junge es verdient hatte. Ich gab ihm ein Lächeln, um mich dafür zu entschuldigen.

Als ich dann meine Kleidung wieder angezogen hatte, machten wir uns auf den Weg zum kleinen Speisesaal. Doch gerade als wir die Waffenkammer betreten hatten, kam uns jemand entgegen.

Ich erkannte den Ritter an seinem schwarzen Haar und den braunen Augen – er war derjenige, der mir am vergangenen Abend den Eintopf gegeben hatte, nur trug er jetzt keine simple Kleidung, sondern eine Rüstung, dieselbe silberne Rüstung, wie auch Ector sie besaß.

»Lancelot, Ihr –«, begann Tristan, doch der Ritter schnitt ihm das Wort ab.

»Geh essen, Tristan. Lass uns allein.« Lancelot würdigte ihn keines Blickes, die Augen des Ritters verweilten einzig und allein auf mir.

Ich blickte eingeschüchtert auf den Boden. Seine Statur verängstigte mich, seine Größe und die strenge Miene, die Rüstung an seinem Körper.

Tristan sagte kein weiteres Wort. Ohne seinem Herrn zu widersprechen, tat er, was ihm befohlen wurde und ließ mich mit ihm allein. Ich fürchtete mich vor dem, was geschehen würde, vor allem, weil ich nicht wusste, was genau es war, das er von mir wollen könnte.

»Parzival«, gab er von sich, in einem Ton, der mich zusammenzucken ließ, »komm mit mir, Arthur will dich sprechen.«

Drei

Lancelot führte mich die Stufen desselben Turmes hinauf, in dem die Ratssitzung stattgefunden hatte. Den gesamten Weg über sprach der Ritter kein Wort mit mir. Seine angespannte Haltung machte mich nervös und je näher wir unserem Ziel kamen, desto ängstlicher wurde ich.

Mit einem Mal sehnte ich mich nach Ector.

Arthur stand am anderen Ende des runden Raumes, den Rücken zu uns gekehrt, der Blick aus einem der schmalen Fenster gerichtet. Auf seinem Kopf trug er noch immer den Kronreif.

»My Lord«, lenkte der Ritter die Aufmerksamkeit auf uns.

Arthur drehte sich um, wobei sein Blick nicht auf mich, sondern auf Lancelot fiel. Er nickte kurz und der Ritter verschwand aus dem Raum. Ich zuckte zusammen, als die Tür hinter mir ins Schloss schlug, das Geräusch laut im kleinen Raum.

Ich vermutete, dass Lancelot vor der Tür stehen geblieben war und verabschiedete mich von der Möglichkeit, wegzurennen.

In Avalon mochte ich es geschafft haben, davonzulaufen … in Camelot würde es mir nicht gelingen.

Erst nachdem Lancelot die Tür geschlossen hatte, würdigte mich der Lord eines Blickes.

»Wenn du clever genug bist, kannst du es weit schaffen.«

»Der alte Mann, Ector, er mag dich jetzt beschützen, aber in Camelot bist du auf dich allein gestellt. Arthur ist derjenige, der bestimmt, was mit dir geschieht. Ich würde nicht auf seine Gnade hoffen.«

Ich verbeugte mich vor Arthur. Die Angst vor ihm ließ mein Herz schneller schlagen, das Blut in meinen Adern gefrieren. Überall in meinem Körper spürte ich die Kälte, ich spürte sie deutlicher als den Schmerz meiner Prellungen, deutlicher als die Wunden an meiner Lippe und den gerichteten Bruch meiner Nase.

»My Lord«, kopierte ich Lancelots Worte.

Erst danach richtete ich mich wieder auf, mein Blick noch immer auf den Boden gerichtet, weil ich es so besser ertragen konnte.

»Dein Name war Parzival«, gab Arthur von sich.

Ich nickte.

»Sieh mich an – ich will, dass du mich ansiehst, wenn ich mit dir rede.«

Ich gehorchte ihm. Ich lenkte mein Kinn nach oben, obwohl jeder Instinkt in mir sagte, ich sollte es nicht tun. Seine blauen Augen musterten mich in derselben Art und Weise, wie sie es bei der Ratssitzung getan hatten. Ich erwiderte seinen Blick, konzentrierte mich auf die schwarzen Pupillen, umzingelt von dem Blau. Es war anders als Ectors – der alte Ritter besaß die Farbe vom Meer, das am Horizont auf den Himmel traf. Arthurs Augen wiesen einen helleren Ton auf, in ihnen ein verstecktes Türkis wie das eines Diamanten.

»Du bist dünn für dein Alter«, stellte Arthur fest.

Ich schwieg, schluckte heftig.

»Sag mir, Parzival, hast du Angst?«

»Ja«, antwortete ich ihm, meine Stimme nichts weiter als ein leeres Echo.

»Du fürchtest dich vor mir«, stellte er fest.

»Ja.«

»Weshalb?«

Ich dachte an seine Worte, dachte an die Drohung, die er während der Ratssitzung ausgesprochen hatte. Ich dachte an Avalon und an das Feuer, das die Stadt verschlungen hatte. Dachte an die Schreie.

Ich hatte die Flammen des Krieges erlebt, hatte ihre Hitze auf meiner Haut gespürt.

Ich hatte ja keine Ahnung, wie wenig ich vom Krieg wusste; hatte keine Ahnung von dem Blut, das eines Tages an meinen Händen kleben würde.

»Wir leben in Zeiten des Friedens, Parzival. Aber er ist zerbrechlich. Er hält nur so lange an, wie die Geduld der Menschen es ihm erlaubt.«

»Sieht aus, als fürchtest du dich zu sehr, um die Wahrheit auszusprechen … Ich verstehe. Du vertraust mir nicht … und ich vertraue dir nicht.«

Er muss den raschen Umschwung in meiner Miene bemerkt haben. Die Angst rückte in den Hintergrund; Schock ersetzte ihren Platz. Seine Augenbrauen wanderten leicht nach oben. Er sah mich an, als würde ihm meine Angst gefallen – als wäre es reiner Zeitvertreib für ihn.

Es war dumm von mir, überrascht zu sein. Natürlich traute er mir nicht – so wenig, wie ich ihm traute.

Und noch weniger hoffte ich auf seine Gnade.

»Als Ector mich bat, dich zu seinem Knappen zu machen, wollte ich ihm diese Idee aus dem Kopf schlagen. Dir mangelt es an allen Fähigkeiten, die ein Junge in deinem Alter besitzen sollte. Aber Ector bestand darauf. Ich gewährte ihm diesen Wunsch nur zugunsten unserer Freundschaft – nicht als Belohnung für dich.«

»Ich verstehe«, gab ich von mir.

Ich versuchte, das Zittern meiner Stimme so gut es ging zu verbergen, versuchte, den heftigen Herzschlag in meiner Brust zu ignorieren.

Ich schluckte meine Feigheit hinunter.

»Also habt Ihr mich herbringen lassen, um mir zu sagen, dass Ihr ein Auge auf mich haben werdet.«

Arthur schenkte mir einen interessierten Blick; obwohl er es versuchte, gelang es ihm nicht, die Neugierde zu verbergen. Seine Augen verrieten ihn.

»Du bist schlau«, erklärte er.

»Aber nicht schlau genug?«

Mein Herz raste in meiner Brust. Ich hatte Angst und ich hatte es satt, ich war es leid, mich ständig zu fürchten. Ein Hauch Trotz lag in meiner Haltung, von dem ich nicht sagen konnte, ob es Mut oder Dummheit war. Es war beinahe, als befänden sich zwei Männchen in meinem Kopf, die ständig um die Kontrolle stritten.

Arthur so aus der Reserve zu locken, war interessant – fast als wäre ich plötzlich die Katze und er die Maus.

»Sieht aus, als müssten wir das noch herausfinden«, entgegnete er.

Der Lord betrachtete mich mit Neugierde.

»Komm mit«, sagte er dann.

Ehe ich es mich versah, hastete Arthur an mir vorbei. Ich hörte, wie jemand die Tür öffnete und als ich mich umdrehte, sah ich, wie der junge Lord die Treppen hinabstieg. Sobald ich hinterherlief, folgte Lancelot, das Geräusch, das die Metallplatten von sich gaben, mit jedem seiner Schritte laut hinter mir.

Arthur wanderte bis ganz nach unten, führte mich durch einen langen Gang, in dessen Mitte zwei große Holztüren standen wie uralte Wächter einer verlassenen Festung. Die Türen sahen aus, als hätte sie seit Jahrzehnten niemand mehr geöffnet, das Holz veraltet, morsch. Zwei Fackeln brannten links und rechts neben den Türen, Arthur nahm eine aus ihrem Ständer, woraufhin er sich zu Lancelot drehte.

»Wartet hier.«

Ein lautes Knarren ertönte, als er eine der massiven Türen öffnete. Sie enthüllte eine pechschwarze Halle, dunkel wie das Nichts. Die Fackel brachte nur wenig Licht, die Flammen halb abgebrannt.

Unsicher folgte ich dem Lord hinein. Kühle Luft schlug mir entgegen. Ich sah mich um, entdeckte aber nichts als Dunkelheit. Es gab nichts, das darauf andeutete, in was für eine Art Raum ich mich befand.

Dann stellte ich fest, dass es eine Halle war.

Arthur scheute keine Mühe, weitere Fackeln zu entfachen. Er begab sich tiefer hinein, rasch, jeder Schritt genau in die Richtung, in die er wollte. Erst als wir vor dem ersten Regal standen, erkannte ich, dass es eine Bibliothek war – eine gigantische noch dazu, wenn man bedachte, wie laut unsere Schritte hallten.

Arthur lief weiter, beinahe ungeduldig, und ich musste mich bemühen, mit ihm Schritt zu halten. Dann blieb er vor einem der Regale stehen. Die Fackel näher an sich gehalten, suchte er nach einem bestimmten Buch. Einen Moment später zog er eines heraus. Er hielt es mir entgegen.

»Nimm es«, sagte er, »lies es.«

Das Orange-rot der Flammen beschien den Einband, das Leder rau und alt, fast wie Ectors Haut.

Mit meinen Fingerspitzen fuhr ich über das Material, als würde ich einen zerbrechlichen Edelstein halten.

Es war lange her gewesen, dass ich das letzte Mal ein Buch gehalten hatte.

Für einen kurzen Moment fühlte ich mich wie damals in meiner Schule. Ich erinnerte mich an all die vielen Bücher, die ich gelesen hatte; an Pathosth, der gelacht hatte, als er mich damit konfrontiert hatte, dass ich mich des Nachts in die Bibliothek schlich.

Ich vermisste ihn, vermisste sie alle.

Als mir die Erinnerung an sie die Luft abschnürte, drängte ich sie in den Hintergrund.

Ich konzentrierte mich auf den Einband, konzentrierte mich auf die Worte des Titels: Tanz der Klingen.

»Mein Vater gab es mir einst«, erklärte Arthur, »er sagte mir, dass sich ein guter Schwertkämpfer nicht nur mit der Praxis beschäftigt. Wenn du es liest, gelingt es dir vielleicht, jene Fähigkeiten zu erlernen, an denen es dir mangelt.«

»Ich verstehe nicht«, gab ich von mir, kopfschüttelnd und sichtlich verwirrt. Wenn er mir nicht traute, warum half er mir dann?

Arthur starrte mich an, während die Fackel seine Haut im zarten Orange warf, die Kanten in seinem Gesicht noch kantiger wirken ließ, schärfer wie die Klinge eines Dolches. Ich sah die Flammen in seinen Pupillen tanzen – das Gelb, das Orange und das Rot, vermischt im Schwarz.

Er betrachtete mich nachdenklich, las mir meine Frage aus dem Gesicht ab. Sein Brustkorb wanderte sacht auf und ab; im Gegensatz zur hektischen Flamme strahlte Arthur eine Ruhe aus, die mich verwirrte.

»Ich traue dir nicht«, erklärte er mir schließlich, »aber ich muss zugeben, du besitzt einen interessanten Charakter.«

Bei all der Verwirrung in mir hielt ich es für das Beste, meine Zunge zu hüten. Doch sobald mir der nächste Gedanke in den Sinn schoss, scheiterte ich daran.

»Warum traut Ihr mir nicht?«, fragte ich ihn.

Nicht, weil ich etwas daran ändern wollte, sondern weil ich glaubte, dass Vertrauen stets mit der Abwesenheit von Angst einherging.

»Was habt Ihr vor mir zu befürchten?«

»Interessante Frage«, entgegnete Arthur, »vielleicht fürchte ich mich nicht vor dir, sondern vor den Allianzen, die du mit anderen eingehen wirst.«

»Also misstraut Ihr nicht mir, sondern den Angehörigen Eures Hofes«, stellte ich fest.

»Ich misstraue allen. Allen, die ich nicht kontrollieren kann«, korrigierte er.

»Was der Grund dafür ist, dass Ihr König werden wollt.«

Arthur nickte. Es war ein seltsames Nicken, eines, das keine Antwort auf meine Frage darstellte, sondern nur für ihn selbst gedacht war – als wäre all das nur ein Test gewesen.

»Weshalb hast du Angst vor mir?«

Seine Frage überraschte mich; sie hatte nichts mit meiner vorherigen Aussage zu tun und dennoch wirkte Arthurs Miene, als wäre es so. Für mich fühlte es sich an, als testete er mich erneut – meine Antwort die Lösung eines Rätsels, das ihn seit viel zu langer Zeit geplagt hatte.

Ich wusste, dieses Mal gäbe es keine Möglichkeit für mich, seiner Frage durch Schweigen auszuweichen.

»Ihr seid ein Mann mit Macht«, formulierte ich die Worte mit Bedacht, »selbst wenn Ihr noch kein König seid, habt Ihr als Lord genug Einfluss. Hunderte Ritter unterstehen Euch, Ritter, die mir, ohne zu zögern, die Kehle aufschlitzen würden, sobald der Befehl von Euch käme.«

»Doch warum sollte ich den Befehl geben, frage ich mich?«

Ich erkannte die Gerissenheit in seinen blauen Augen, das Diamantenblau in ihnen dominanter als zuvor. Mit dem Orange auf seiner Haut und dem Pechschwarz im Hintergrund wirkte er wie eine Kreatur der Nacht.

»Ihr braucht keinen Grund«, erklärte ich, »das ist es, was mir Angst macht – mein Tod würde niemanden interessieren.«

»Dann bist du sogar schlauer, als ich dachte. Aber was ist mit Ector?«

Falten bildeten sich auf meiner Stirn.

»Du sagtest, niemand würde sich für deinen Tod interessieren«, erklärte Arthur, »was ist mit Ector?«

Was war mit ihm?

Die Frage hallte in meinem Kopf, als bestünde in mir nichts als Leere. Ich erinnerte mich an sein Flüstern, als er das erste Mal meinen Namen gehört hatte. Wie eine Erinnerung, die durch seine Adern geschossen war.

Was war mit Ector?

Ich erinnerte mich, wie er vor mir gestanden hatte, ich blutend auf dem Boden, meine Nase gebrochen.

»Siehst du, was dir Fairness bringt?«

Was war mit Ector?

Wie konnte man einen Menschen mögen, vor dem man sich fürchtete?

»Er kennt mich kaum«, redete ich mir ein, »ich rettete sein Leben, aber er das meine auch. Er schuldet mir gar nichts.«

Arthur nickte, sein Blick nicht ganz bei mir.

»Interessant.«

Nicht weit weg von uns stand eine Wand; Arthur begab sich dorthin und legte die Fackel aus seiner Hand in den leeren Ständer. Anschließend drehte er sich zu mir um, betrachtete mich, während er mit der Hand seinen nackten Hals rieb.

»Ector traut dir«, meinte er, »er traut dir genug, dass er dich heute zur Sitzung meines Rates mitbrachte – was mich ausgesprochen neugierig macht. Du hast gehört, was wir besprochen haben. Du weißt von meinem Vorhaben und wie ich versuchen werde, es durchzusetzen. Ich will hören, wie du darüber denkst.«

Ich schluckte heftig, ungewiss, ob ich den Mut aufbringen konnte, die Wahrheit zu sagen – obwohl es genau das war, was Arthur von mir wollte.

Aber war es das, was er hören wollte – die Wahrheit?

»Ich will es hören, also sprich!«

Sein Ton brachte meine Nackenhaare zum Stehen.

»Ich kenne mich nicht mit Diplomatie aus –«

»Versuch es.«

Ich schluckte heftig. Der Gedanke an Isaacs war das Einzige, was mich davon abhielt, zusammenzubrechen. Isaacs hätte keine Angst gehabt. Morgana auch nicht. Keiner von ihnen.

»Ich glaube, Ihr stellt es Euch zu einfach vor. Ihr erwartet, dass all die Lords ihre Macht für Euch aufgeben; dass sie sich Euch unterstellen, einem Mann, den sie kaum kennen. Wenn sie sich weigern, droht Ihr, ihre Länder niederzubrennen. Doch Ihr könnt es nicht allein mit dem Rest der Welt aufnehmen.«

»Also, was denkst du, sollte ich tun?«, fragte er, Ungeduld in seiner Stimme, aber auch Neugierde – beide so offensichtlich wie gefährlich.

»Macht es ihnen schmackhaft«, riet ich ihm, »lasst sie denken, Ihr würdet ihnen mehr Macht zur Verfügung stellen, als Ihr ihnen nehmt. Lenkt sie ab, gebt ihnen unnütze Aufgaben, die dafür sorgen, dass sie sich wichtig fühlen, während Ihr sie langsam ihres Einflusses beraubt. Sie werden es nicht einmal bemerken und wenn sie es doch tun, haben sie keine Chance mehr, es zu verhindern.«

Arthur gab mir einen seltsamen Blick, einen, den ich nur schwer einschätzen konnte. Mein Herz hämmerte in meinem Kopf.

»Du hast Zweifel«, stellte er fest, und ich hasste mich dafür, dass ich es so offensichtlich gezeigt hatte, hasste ihn dafür, dass er es erkannte.

»Jemand sagte mir einst, dass Frieden nur so lange anhält, wie die Geduld der Menschen es ihm erlaubt. Und dass der Tag kommen würde, an dem ein Lord nach dem Titel eines Königs streben und einen Krieg auslösen würde.«

»Ich verstehe«, gab Arthur von sich, »und angesichts dessen, was ich heute während der Sitzung von mir gab, hältst du diese Worte für wahr.«

Ich öffnete meinen Mund, zögerte.

»Ich will keinen Krieg«, erklärte ich ihm ehrlich, »ich habe den Tod gesehen und ich bin es leid, mehr zu sehen.«

Aber in Wirklichkeit waren es meine Visionen, vor denen ich am meisten erzitterte. Ich hatte Angst, dass ich mich eines Tages inmitten eines Krieges wiederfinden würde, inmitten einer Schlacht, die niemand überleben würde.

Arthur betrachtete mich eine Weile lang.

»Lass mich dir ein Angebot machen«, durchbrach er die Stille, »du hilfst mir, König zu werden und im Gegenzug dafür sorge ich für so wenig Blutvergießen wie möglich.«

Seine Worte schleuderten mich ins Eis.

Ich? Ihm helfen, König zu werden?

Ich?

Was erwartete er von mir? Ich konnte mir nicht einmal selbst helfen und jetzt …

Dann kam mir der Gedanke, dass er mich erneut testete. Oder mich verspottete. Das Maß an Wahrheit, das sich hinter seinen Worten verbarg, war unmöglich zu beurteilen. Er wirkte ernst und dennoch konnte es das nicht sein.

Aber andererseits … die Aussicht auf einen König, der für Frieden sorgen würde, hielt ich für weniger ungewiss als die Aussicht auf einen Lord, der sich ohne Reue nehmen würde, was er für rechtmäßig seines behauptete.

Wenn es nicht Arthur wäre, war es nur eine Frage der Zeit, bis der nächste Lord seinen Platz einnehmen würde.

Warum also nicht? Warum also sollte ich Arthurs Angebot nicht annehmen, wenn er weiteres Blutvergießen vermeiden und ich gleichzeitig das Eintreffen meiner Visionen verhindern würde?

»Wie soll ich das anstellen?«, fragte ich ihn.

Seine Mundwinkel formten etwas, das einem Grinsen sehr ähnlich kam, nur sah es bei Arthur ungeübt aus, als hätte er noch nie zuvor in seinem Leben richtig gelächelt.

»Sorge dafür, dass ich nicht sterbe.«

***

Ich trug das Buch den Turm hinauf, presste es fest an meinen Körper, als würde jeder, dem ich begegnete, versuchen wollen, es mir zu stehlen. In meinen Händen hielt ich mehr als nur ein Buch. Es fühlte sich fast an, als hielte ich all meine Erinnerungen; als stammten der Druck und die Wärme, die es auf mich ausübte, von jenen, die ich verloren hatte.

Nachdem ich meine Kammer betreten hatte, legte ich es vorsichtig auf meiner Kommode ab. Dann sprintete ich zum Speisesaal. Die Diener hatten das Essen bereits lange gebracht und die meisten Ritter waren schon wieder gegangen, aber auf den Tischen befanden sich noch reichlich dampfende Köstlichkeiten. Ich stopfte meinen Magen voll. Hörte nicht auf zu essen, als ich längst keinen Appetit mehr hatte.

Ich bereute diese Entscheidung, denn als ich den Hof betrat, um mich um die Pferde zu kümmern, wartete Ector auf mich. An seinem Leib über einem blass-blauen Hemd trug er eine Art Rüstung, die auf den ersten Blick aussah, als hätte er die Rinde eines tief dunkelbraunen

Baumes abgehackt und daraus versucht, einen Brustpanzer zu formen.

Mit den Fingern seiner rechten Hand hielt er die Griffe zweier Übungsschwerter. Von der anderen Hand baumelte derselbe Brustpanzer. Als ich ihm entgegenkam, warf er ihn mir zu.

Das Material traf auf meine Rippe und ich pustete den Schmerz aus.

»Zieh das an«, sagte er.

Ectors Miene war unlesbar, seine Gesichtsmuskeln hart wie Stein, die Haut darüber rau und alt, überseht von Falten.

Seine Augen betrachteten mich wie ein Krokodil, das im Wasser auf seine Beute lauerte.

Noch vor weniger als einer Stunde hatte ich mir geschworen, dem kleinen verängstigten Jungen ein Ende zu setzten. Und nun stand ich hier, vor Ector, die Knochen zitternd vor Angst.

Ich wusste, der Brustpanzer bedeutete nichts Gutes, wusste Ector würde mich nicht verschonen, sondern nur mehr draufhauen.

Der Panzer erlaubte ihm, härter zuzuschlagen, ohne dass meine Knochen gleich nachgeben würden.

Ich hatte geglaubt, Ectors brutalste Seite bereits kennengelernt zu haben, aber ich hätte nicht falscher liegen können.

Direkt, nachdem der Ritter mir das Schwert entgegengeworfen hatte, zischte der Stahl in der Luft. Mir blieb nicht einmal Zeit zum Reagieren. Der Stahl traf mich am Arm. Ein qualvolles Stechen zog sich durch den Muskel und ich spürte das Pulsieren meines Herzschlages an der Stelle, an der er mich getroffen hatte.

Im nächsten Atemzug zielte Ector auf meine Beine. Ich sprang, um dem Stahl auszuweichen, und als ich wieder auf dem Boden landete, blockte ich seinen nächsten Schlag ab.

Das Klirren hallte im leeren Hof; die Vibration rammte sich in meine Rippen. Ector versuchte, mein Schwert beiseitezudrängen.

Verzweifelt krallte ich meine Finger um den Griff, versuchte, ihn festzuhalten, weil ich wusste, Ector würde den Kampf nicht beenden, wenn ich die Waffe verlor.

Beide Klingen glitten aneinander vorbei. Ich drehte mich, stand auf, doch noch im selben Augenblick traf Ector meine Hand.

Alles, was ich danach hörte, war das dumpfe Geräusch, als das Schwert meiner Hand entglitt. Mir blieb nicht einmal Zeit, ihm hinterherzusehen. Ectors Schwert flog auf mich zu, der Stahl auf meinen Kopf gezielt.

Ich rollte mich zur Seite ab und die Klinge, die meinen Schädel hätte spalten können, rammte sich in die Erde.

»Hol es dir zurück!«, schrie Ector.

Er hörte nicht auf, mich anzugreifen.

Der alte Ritter traf mich mehrere Male. Dann, als ich gerade einem weiteren Schlag ausgewichen war, sah ich nur noch, wie er seinen Oberkörper nach hinten lehnte und mit dem Bein in meine Magengrube trat.

In diesem Moment war ich unglaublich dankbar für den Brustpanzer. Ohne ihn hätte ich mich wahrscheinlich übergeben.

Ich flog nach hinten, mein Kopf knallte auf die Erde. Trotzdem schaffte ich es, mich danach wieder aufzurichten, schaffte es, einem weiteren Schlag zu entgehen.

Dann sah ich das Übungsschwert direkt vor mir liegen, so nah, ich hätte meine Hand nur ausstrecken und es greifen müssen. Schon in diesem Moment, als ich nur davor stand und es anblickte, fühlte ich den Triumph in mir, als wäre er das Blut, das meine Adern durchströmte.

Er stieg mir zu Kopf.

Ector hatte sich inzwischen umgedreht. Ich hörte nicht einmal seine Schritte hinter mir. Ich spürte nur noch diesen ungewöhnlichen Druck auf meinem Hinterkopf, bevor sich alles drehte.

Als ich realisierte, was geschehen war, stand Ector vor mir, die Spitze des Stahls so kraftvoll gegen meine Kehle gepresst, dass ich kaum wagte zu atmen.

Ector sah zu mir nach unten, sein Körper auftürmend wie eine Festung, die Augen wie der Himmel während eines Sturms, das Gesicht eiskalt.

Noch nie zuvor war ich so wütend. Ich hätte das Schwert nur greifen müssen, aber diese eine Sekunde, in der ich nur davor gestanden hatte, hatte ihm genügt, mich zurück auf den Boden zu befördern.

Das Blut kochte in mir.

»Steh auf!«, gab Ector von sich, wobei ich nicht wusste, ob der Spott in seiner Stimme echt war oder ich ihn nur gehört hatte, weil meine Wut es so wollte.

Der alte Ritter drückte die Klinge noch immer gegen meine Kehle. Die kleinste Bewegung hätte ein rotes Lächeln auf meinen Hals zeichnen können. Ich rührte keinen Muskel. Stattdessen starrte ich Ector an, der Hass in meinem Blick ganz klar – so eindeutig, wie ich ihn nur zeigen konnte.

»Steh auf!«, wiederholte er.

Vorsichtig legte ich meine Hand auf die Klinge. Meine Augen starrten in die des alten Ritters.

Als er sah, dass ich sie wegdrücken wollte, wandte er mehr Kraft an, presste die Spitze tiefer in meinen Hals. Panische Kälte schoss durch meine Adern, dicht gefolgt von Hitze.

Ich ließ nicht ab von der Klinge. Mit einem Mal stieß ich sie von mir. Ich schaffte es sogar, Ector gegen sein Schienbein zu treten, was mir genug Zeit zum Aufstehen verschaffte. Ohne Schwert stürmte ich auf ihn zu. Mein Zorn blockierte jegliche Vernunft.

Mein Gegner packte mich an der Rüstung, hievte mich über sich wie einen Sack Kartoffeln. Ich flog durch die Luft, landete auf dem Boden und beobachtete seine Faust. Ich sah tatenlos dabei zu, wie sie näher kam und auf mein Gesicht einschlug.

***

»Hast du dir schon einen Namen für sie überlegt?«

Obwohl sie kaum lauter als ein Flüstern war, erschreckte sie mich. Draußen war es dunkel, stockfinster wie damals in der Ruine. Ein kühler Windhauch wehte in den Stall hinein, brachte den Schweiß auf meinem Nacken zum Trocknen und ließ die kleinen Haare darauf zu Berge stehen.

Mit Morgana hatte ich nicht mehr gerechnet – nicht, nachdem ich mich gewaschen und anschließend um die Pferde gekümmert hatte. Seit über einer Stunde hatte ich all meine Aufgaben erledigt, aber ich war geblieben, weil ich gehofft hatte, sie würde kommen.

Jetzt, wo sie hier war, wünschte ich, sie würde wieder gehen.

Ich spürte ihre Augen auf mir, konnte bildhaft sehen, wie sie hinter mir stand und mich mit dieser Mischung aus Verwirrung und Sorge anblickte, mit ihren grünen Augen.

Als ich mich zu ihr umdrehte, verhärtete sich ihre Miene. Sie war schockiert. Aber nur ihre Augen zeigten den Schock. Der Rest ihres Gesichtes spannte sich an wie der Stoff eines Tuches, an dem man zu sehr zerrte.

»Ich hasse ihn für das, was er dir antut«, sagte sie mir später.

»Wir könnten gehen«, meinte ich, meine Stimme scherzend, obwohl ich es ernst meinte, »wir könnten uns einfach zwei Pferde nehmen und von diesem Ort verschwinden.«

»Wohin sollten wir gehen?«

Ihre Stimme klang, als würde sie es wirklich in Betracht ziehen.

Ich zuckte mit den Schultern, eine Bewegung, die trotz ihres minimalen Aufwandes fürchterliche Schmerzen verursachte.

Ich wollte weinen. Aber Morgana hatte auch nicht geweint.

»Wohin auch immer wir wollen«, erklärte ich ihr, »Hauptsache weg von hier.«

Morgana dachte tatsächlich darüber nach. Und ich hatte schon beinahe Hoffnung.

»Glaubst du, sie würden uns folgen?«

Ich atmete schwer aus. Meine Lunge schmerzte, ich hustete und mehr Blut floss aus meiner Nase. Ich wusch es mit meinem Ärmel weg, die Tunika war eh schon voll davon.

»Ich weiß es nicht, aber bis sie es realisieren würden, wären wir längst weg. Und bis dahin würden sie uns nicht mehr einholen können.«

Morgana gab mir ein verspieltes Lächeln.

»Kommt ganz darauf an: Hat sich dein Reiten denn schon verbessert?«

Ich konnte mir das Schmunzeln nicht verkneifen; sie sich auch nicht. Ihre Wangen färbten sich rot und ich fand es fantastisch. Ich fand sie fantastisch, denn sie machte alles erträglicher.

Plötzlich brach ihr Lachen ab und ich bemerkte, dass ich sie angestarrt hatte. Ich wollte wegsehen, aber ihr Blick hielt mich fest. Sie kam auf mich zu. Mein Herz raste in meiner Brust. Sie trug ein Parfüm – es roch nach Blumen, nach Erde, nachdem es geregnet hatte, nach dem Duft des Meeres.

In ihren Augen konnte ich mich sehen; aber ich konzentrierte mich nicht auf die Blessuren, nicht auf das Blut – ich konzentrierte mich einzig und allein auf das Smaragdgrün.

Plötzlich legte sie ihre Hand auf meine Wange. Ihre Haut war warm, weich. Ich verspürte einen seltsamen Drang; ich wollte meine Augen schließen, wollte meinen Kopf mehr in den Komfort ihrer Hand legen, als wäre sie mein Kissen.

Aber ich konnte mich nicht von ihrem Blick lösen – ich wollte es nicht. Ich wollte sie ansehen, wollte in ihre grünen Augen starren, bis die Sonne wieder aufging.

»Du bist tapfer, Parzival«, sagte sie, »du warst es die ganze Zeit.«

***

Ich erkannte mein Spiegelbild nicht wieder. Nachdem Morgana den Stall verlassen hatte, war ich noch eine Weile geblieben, steif wie ein Stock, angewurzelt an derselben Stelle wie ein Baum, meine Wurzeln tief, tief, tief in der Erde. Eine Weile lang glaubte ich, ich würde die ganze Nacht hier verbringen.

Ich stand vor dem Fass, die Hände an beide Ränder gekrallt, während mein Herz in meiner Brust raste. Getrocknetes Blut färbte mein Gesicht. Rote Striche befanden sich über meiner rechten Augenbraue, auf meinen Wangenknochen, auf meinen Lippen. Mein gesamter Unterkiefer hatte die Farbe von heller Bronze zu Schwarz-Violett gewechselt.

Während ich mit Morgana geredet hatte, hatte ich die Schmerzen nicht einmal wahrgenommen. Dafür tat ich es jetzt umso mehr.

Ich verließ den Hof, machte mich auf den Weg in meine Kammer und warf mich ins Bett, sobald ich angekommen war. Eine ganze Weile lang starrte ich an die Decke. Meine Augen waren müde. Aber ich ließ sie geöffnet, denn wenn ich sie schloss, würde ich einschlafen, ich würde in meinen Visionen wach werden und nur Tod und Verderben sehen.

Mein Blick wanderte durch den Raum, schweifte ziellos umher, bis er plötzlich auf das Buch auf meiner Kommode fiel.

Tanz der Klingen

Ein recht überdramatisierter Name für ein Buch, das sich auf die reine Technik des Schwertkampfes fokussierte. Ich hasste es – hasste, dass mir keine andere Wahl blieb, als zu kämpfen. Bis jetzt waren es nur Übungsschwerter, aber Blut floss nichtsdestotrotz. Und eines Tages würde nicht nur mein eigenes an meinen Händen kleben.

Eines Tages würde ich töten müssen, für einen Lord oder vielleicht sogar für einen König – für einen Mann, an den ich nicht glaubte.

»Vielleicht fürchte ich mich nicht vor dir, sondern vor den Allianzen, die du mit anderen eingehen wirst.«

Arthur misstraute seinem Hof, misstraute so gut wie jedem, der ihm die Treue geschworen hatte.

Aber wem misstraute er so sehr, dass er sich einem fremden Kind anvertraute? Was könnte ich bewirken?

»Sorge dafür, dass ich nicht sterbe.«

Vielleicht würde er erfolgreich sein. Vielleicht würde Arthur Pendragon eines Tages wirklich König werden. Und vielleicht würde er dafür sorgen, dass das Blutvergießen ein Ende nahm.

Vielleicht.

Möglicherweise steckte mehr in mir, als ich vermutete; mehr, als das bloße Auge sah.

Ich dachte an die Ruine, dachte an das verschreckte Gesicht des blassen Mannes, als die Klinge des Schwertes in Flammen aufgegangen war.

Ich hatte das getan.

Nur wusste ich nicht, ob ich das jemals wiederholen könnte.

Ich öffnete das Buch, die Spitzen meiner Finger strichen am Einband entlang.

Dies war die erste Nacht, in der ich nichts anderes tat, als lesen. Ich verstand nun, dass Mordred recht gehabt hatte – es würde nicht einfacher für mich werden. Nicht, wenn ich mich nicht verbesserte; nicht, wenn ich nicht dafür sorgte, dass Ector mich nicht mehr verletzen konnte.

Der kleine, verängstigte Junge hatte keine Zukunft in Camelot. Er würde an diesem Ort zugrunde gehen und sein Geist würde schneller brechen als die Knochen in seinem Körper.

Vier

»Am schlimmsten ist es, wenn die Menschen, die dir die schönsten Erinnerungen geben, selbst zu einer werden. Nur solltest du dir keine Gedanken um die Toten machen, sondern viel mehr um die Lebenden. Sie sind es, die dein Mitleid verdienen, Parzival – besonders solche, die Leben nehmen, weil sie glauben, es täte der Welt etwas Gutes.«

Als meine Augen über die letzten Zeilen des Buches fuhren, erkannte ich, wie wenig ich Pathosths Worte verstanden hatte und wie viel ich noch lernen müsste.

Krieg und Mord waren das Letzte, was ich wollte und dennoch schienen sie mich zu begleiten wie mein eigener Schatten.

Ectors Trainingseinheiten wurden noch brutaler. Ich verstand, dass er nicht nur mich auf etwas vorbereitete, sondern auch sich selbst. Seine Härte stärkte mich, aber nur, weil ich mir einredete, dass ich innerlich nicht zerbrach.

Das Buch hatte mir geholfen, die Schläge des alten Ritters zu überleben und meine eigenen hart und genau zu setzten. Aber es war nicht genug. Die Hilfestellungen des Buches reichten nicht aus, um Ector im Kampf zu besiegen. Er schaffte es immer wieder, mich zu Boden zu stoßen, mir die Spitze seiner Klinge jedes Mal so heftig gegen den Hals zu pressen, dass ich glaubte, er würde mich aufspießen.

Das Buch war nicht genug. Also brauchte ich mehr.

In der gesamten Burg herrschte Stille, und als ich die Fensterreihe über dem Thronsaal passierte, sah ich den Mond an seiner höchsten Stelle stehen, dunkle Wolken um ihn herum und die Sterne versteckt hinter dem Dunkelblau.

Die Schatten der Fackeln tanzten auf den Steinen; ich ging an ihnen vorbei, leise und hastig zugleich. Vor den massiven Türen zur Bibliothek befanden sich weitere Fackeln in ihren Ständern. Sie brannten schwach, ihr Licht kurz davor zu erlöschen.

Ich öffnete die morschen Türen; ein Windhauch wehte mir entgegen, wehte durch mein Haar und sorgte dafür, dass sich Gänsehaut auf meinem Oberkörper bildete. Die Luft durchströmte meine Lungen. Dunkelheit erstickte das Licht, als sich die Türen hinter mir schlossen. Vor meinen Augen sah ich nur Schwarz.

Auf dem Weg hierher war ich niemandem begegnet, nur ein paar Wachen, für die ich so uninteressant war wie einer der unzähligen Steine, die das Fundament dieser Burg bildeten.

Arthur hatte mir diesen Ort gezeigt und seitdem wir das letzte Mal die Bibliothek betreten hatten, war niemand anderes hier gewesen. Niemand würde kommen und vor allem nicht jetzt – mitten in der Nacht.

Also schloss ich meine Augen.

Es machte keinen Unterschied: ob Augen offen oder geschlossen, das Schwarz vor mir blieb gleich.

Ich saugte die kalte Luft auf und ließ sie meine Lungen durchströmen, als könnte ich genau kontrollieren, wohin sie sich bewegte.

Ich legte meine Handflächen aufeinander. Begann sie zu reiben. Konzentrierte mich auf die Hitze.

Ich erinnerte mich an das Peitschen, an das Zischen und Knistern; stellte mir die Farben vor und dachte an seine wilde Natur.

Dann ließ ich das Feuer frei.

Licht erfüllte die Bibliothek – gelbe, orange und rote Farben erleuchteten die Bibliothek, als sich all die Fackeln an den Wänden entfachten. Sogar die Kerzenständer auf den Tischen sprangen im Leben auf.

Es war ein Anblick, der mir ein Lächeln ins Gesicht zauberte. Die Magie, die meine Adern durchströmte, machte mich zu dem, was ich war. Obwohl ich sie nicht verstand und obwohl ich sie fürchtete, erinnerte sie mich an alles, was ich durchgemacht hatte.

Unmengen an Bücher befanden sich vor meinen faszinierten Augen.

Überall standen Regale mit den verschiedensten Lektüren, die Einbände alt und bröckelig, als würden sie in sich zusammen fallen, bevor meine Finger sie überhaupt berühren konnten.

Mein Blick wanderte umher, die Augen weit offen im Erstaunen. Die Bibliothek war noch gigantischer als der Thronsaal.

Über drei Stockwerke erstreckten sich die Regale, jedes von ihnen gefüllt mit Büchern und Schriftrollen. Nicht einmal in der Bibliothek meiner Schule hatten sich so viele Bücher befunden – sie alle durchzulesen, würde mich mein gesamtes Leben kosten.

Ich wagte den ersten Schritt hinein. Flammen knisterten im Hintergrund. Leben füllte die verlassene Halle.

Die Spinnennetze in den Regalen und der Staub versicherten mir, dass mich niemand stören würde. Ich wusste, es wäre sicherer gewesen, eine der Fackeln mit hineinzunehmen, aber ich wollte sie sehen. Ich wollte alles sehen. Und der Anblick enttäuschte keineswegs.

Ich würde diesen Ort ganz für mich allein haben – wie ein Versteck, von dem niemand sonst wusste. Wie ein Anker, der mein Schiff vom Sinken abhielt.

An den Regalen vorbeigleitend, las ich die verschiedensten Titel, doch nur ein spezifischer war es, der meine Aufmerksamkeit für sich erlangte.

Auf einem verstaubten, roten Einband las ich die Worte, glänzend im Gold, die Schrift verschnörkelt: *Drachenhaut, Drachenschuppen – Rüstung und Arznei.*

Eine Staubwolke kam mir entgegen, als ich es öffnete; der Einband knarrte beinahe lauter als die morschen Holztüren, durch die ich gekommen war.

Die Haut eines Drachen kann nicht durchdrungen werden, weder durch Schwert oder Speer noch durch den Stahl einer Axt. Kein Metall der Welt vermag die Schuppen zu durchdringen – sie sind stärker als jeder Schild und für einen Menschen tödlicher als die Eckzähne der wildesten Bestie.

Feuer vermag ihnen nichts anzutun, weshalb sie solch unglaublichen Wert besitzt – als größte Stärke der Drachen kann sie somit auch als ihre vielleicht sogar einzige Schwäche gesehen werden, sobald die Schuppen gegen sie selbst verwendet werden.

Sie von dem Leibe eines Drachen zu entfernen, scheint so unmöglich wie tödlich; wie sich selbst verstehen mag, fordert ihre Anschaffung das Opfer eines ausgewachsenen Drachen – ausgewachsen insofern, dass hier die Schuppen ihre optimale Reife und die damit verbundene schiere Unzerstörbarkeit erreichen.

Obwohl sich tausende Ritter, unzählige davon, die sich selbst als Helden bezeichneten, auf die Suche begeben haben, kehrten nur wenige zurück; diese dann meist erfolglos, die eigene Haut bis auf die Knochen geschmolzen und dem Tode nur knapp entgangen.

Nur wenige Aufzeichnungen von Meistern aus alten, längst vergangenen Zeiten berichten von Rüstungen, Waffen oder gar Kunstwerken ,geschmiedet aus den Schuppen eines Drachen, zumal sich allein deren Anschaffung als ein – in all seinen Sinnen – tödliches Vorhaben versteht.

Auf der nächsten Seite entdeckte ich eine Abbildung – eine Handzeichnung so detailliert, als könnte ich mit meinen Fingern danach greifen und sie aus der Seite herausziehen.

Drachenschuppen. Mehrere davon. Ihre runden Formen am einen Ende verliefen in einer leicht welligen Bewegung nach oben, wo sie alle in einer Spitze endeten. Allein bei dem Anblick fürchtete ich, mich zu schneiden. Die Schuppen wirkten schärfer als Ectors Schwert, nachdem ich es frisch geschliffen hatte, die Kanten gefährlicher als blanker Stahl.

Erst als mein Blick länger auf ihnen verweilte, erkannte ich, weshalb mir die Abbildung so sonderbar bekannt vorkam.

Ich hatte sie bereits gesehen – die Schuppen – in derselben Form, aber in einer anderen Farbe.

Der Thron – sein seltsames Material … die schuppenähnlichen Formen, die ihn fast vollständig bedeckten, das schimmernde Schwarz, das seine Farbe ins Dunkelviolett wechselte, wenn es vom Licht bestrahlt wurde – es waren Drachenschuppen. Der Thron bestand fast nur aus ihnen.

Aber das konnte nicht – es war unmöglich …

Seit Jahrhunderten hatte niemand mehr einen Drachen gesehen; Legenden existierten – Legenden, die von der Monstrosität dieser Kreaturen berichteten; Mythen, die erzählten, dass Magier und Drachen einst ein Bündnis eingegangen waren, mit dem Ziel, die Welt zu vernichten, sie in Staub und Asche zu legen und die Menschen im Feuer und Blut zu ertränken.

»Wie können Drachen existieren, wenn niemand sie jemals gesehen hat?«, fragte ich Pathosth.

Ich wusste nicht, wie sich das Thema unserer Unterhaltung derartig schnell ändern konnte – noch eben hatten wir über meine Visionen gesprochen; gerade noch hatte ich ihm genau erzählt, was ich gesehen hatte, während sich seine Stirn angestrengt in Falten gelegt hatte, als er versuchte, deren Bedeutung zu ergründen.

Fast jeden Tag fragte er mich nach ihnen, wollte wissen, ob sie mir mehr zeigten als sonst und wies mich an, ihm unverzüglich darüber zu berichten, sollte sich die winzigste Veränderung zeigen.

Aber jetzt sprachen wir über Drachen.

»Raznar ist ein Phönix«, antwortete Pathosth.

Die Anstrengung war vollkommen aus seiner Miene verschwunden, beinahe als wäre er ebenso froh wie ich über den raschen Themenwechsel.

»Viele halten diese Tiere für Mythen. Das hält ihn aber nicht davon ab, zu existieren.«

»Aber das ist etwas anderes«, versuchte ich ihm zu erklären, »Raznar ist hier, ich kann ihn sehen, ihn anfassen –«

»Die Sterne stehen so weit am Himmel, dass du sie nicht berühren kannst. Wenn es Tag ist, kannst du sie nicht sehen. Und dennoch weißt du, dass es sie gibt. Nur weil du etwas nicht sehen kannst, mein Junge, heißt es nicht, dass es nicht existiert. Magie kannst du auch nicht sehen, du kannst sie nicht anfassen und dennoch durchströmt sie deine Adern und füllt deinen Körper mit einer Macht, die niemand versteht.«

»Aber wieso hat sie dann niemand bisher gesehen?«

Pathosth lächelte, seine Mundwinkel auf dieser herzhaften Weise nach oben gebogen.

»Drachen sind Meister der Tarnung, Parzival«, antwortete er mir, als plötzlich seine Augen die Vergangenheit zeigten, die er mit ihnen gesehen hatte, »denn sie wurden gejagt, weil sich die Menschen vor ihnen fürchteten und nach Macht gierten, die ihnen nicht zustand. Was der Mensch fürchtet, das zerstört er. Was der Mensch nicht versteht, … zerstört er – so auch die Drachen. Sie machten sich die Stärke dieser Tiere zu Nutze, badeten in ihrem Blut, weil sie glaubten, es gäbe ihnen

Kraft, häuteten die Kreaturen, um ihre Schuppen als Rüstungen zu nutzen. Du musst wissen, die Haut eines Drachen ist undurchdringlich, stärker als Stahl und leichter als eine Feder.«

Seine Worte hallten in der Nachtluft, laut in der Stille, die uns umgab. Das Silber in seinen Augen zeigte mir, wovon er sprach. In ihnen sah ich Schatten, Figuren in der Gestalt von Menschen, Speere in ihren Händen. Sie umzingelten eine solche Kreatur – einen Drachen, gigantischer als sie alle zusammen. Sie erlegten die Bestie.

»Also sind sie alle tot?«, fragte ich vorsichtig.

Ein cleveres Schmunzeln formte sich in seinem Gesicht, mit einem Hauch Reue in der Art, wie sich seine Mundwinkel nach oben bewegten.

»Nicht ganz«, erklärte er mir, »sie leben im Verborgenen und dennoch dort, wo es am offensichtlichsten ist.«

Für nur eine Sekunde intensivierte sich sein Schmunzeln, als hätte er ein Geheimnis vor mir, von dem er mir nichts erzählte.

»«Dann entfernte er seinen Blick von mir. Seine Augen schweiften hinaus, glitten wie der Flügelschlag eines Adlers über die Dächer der Stadt, mit dem Silber in ihnen, das strahlte wie die Sterne.

»Über Drachen existieren die verschiedensten Legenden«, meinte er, gerade, als ich dachte, er würde nichts mehr sagen, »sie sind solch missverstandene Kreaturen. Aber hinter jeder Legende steckt ein Funken Wahrheit. Wir alle haben eine Vergangenheit, Parzival – eine Vergangenheit, die man uns nie vergessen lassen wird.«

Er atmete schwer aus.

»Drachen, Menschen … Magier«, fuhr er fort, »obwohl wir uns alle voneinander unterscheiden, sind wir uns unglaublich ähnlich. Wir sind auch Menschen, Parzival – nur fließt durch unsere Adern mehr als nur Blut.«

Erneut atmete er schwer aus.

»Von Drachen wird behauptet, sie gierten nach der Hitze der Flammen, gierten nach dem Feuer und danach, die Welt brennen zu sehen. Von den Magiern denkt man, alles, was wir wollen, wäre, die Menschen zu vernichten – die meisten denken das; wenn auch nicht alle. Und die Menschen … die Menschen werden stets nur mit ihrer Gier in Verbindung gebracht. Es mag wahr sein; auf einige dieser Kreaturen mögen diese Beschreibungen zutreffen. Und wenn dem so ist, gibt es auch jene, die das Gegenteil bewiesen haben – und es noch immer können.«

In diesem Moment drehte er sich wieder zu mir. Erst dann realisierte ich, dass er sich überhaupt nur weggedreht hatte, weil er nicht wollte, dass ich sah, was in seinen Augen geschah. Pathosth kniete sich vor mich hin, beide Hände jeweils einen meiner dünnen Arme greifend. Er rüttelte an ihnen, sanft, als versuchte er, mir Mut zu machen.

Ich liebte ihn wie einen Vater. Und ich würde niemals anders von ihm denken. Ich war ihm so dankbar; dankbar, dass er mir diese Art von Liebe beigebracht hatte.

»Versprich mir, mein Junge, dass du stets mit dem Urteilen wartest. Lass dich nicht von den Meinungen anderer beeinflussen, sondern tu das, was dein Herz dir befiehlt. Denn manchmal sind Mensch, Magier oder Drache nicht jene, die sie im ersten Augenblick zu sein scheinen.«

Seine rechte Hand ließ von meinem Arm ab. Seine Fingerspitze tippte auf die Stelle meiner Brust, an der sich mein Herz befand. Ich spürte es schlagen, spürte das Blut meinen Körper durchfließen wie der Strom eines Flusses.

Seine Sorge machte mit Angst, die Verzweiflung in seiner Stimme noch mehr.

Fünf

Ich fror.
Der Wind brachte meinen Körper zum Zittern. Mein Atem kam in hastigen, erschöpften Zügen. Ich schwitzte, meine Kleidung durchnässt, Gänsehaut auf meinem Nacken. All meine Muskeln schmerzten.

Zu Tausenden lagen sie dort vor mir – ein Feld überseht von Leichen – ihre Augen offen, aber leer. Das Leben hatte sie verlassen, als hätte es niemals in ihnen existiert.

Hinter ihnen ragten die Mauern einer gigantischen Burg in den Himmel hinauf. Am Horizont zeigten sich die ersten Strahlen der Sonne. Sie warf ihr Licht auf das Chaos, enthüllte, was die Dunkelheit verborgen hatte.

Es traf auf die Körper der Toten – leere Hüllen, die Rüstungen überflutet vom Rot ihres eigenen Blutes. Einst waren sie Soldaten gewesen, viele vielleicht sogar Ritter. Jetzt waren sie nichts.

Ich sah nach unten; zwei Augen starrten mich an, so leer wie jene der Gefallenen, und dennoch – als ich sie erblickte – durchfuhr mich ein unbeschreiblicher Schmerz, anders als jeder, den ich je zuvor verspürt hatte... Panisch schreckte ich auf.

Mein Atem war laut, hechelnd wie der eines Hundes, nachdem er einem Reh hinterhergejagt war. Mein Körper war nass vom Schweiß, mein Bettzeug ebenfalls.

Nachdem ich aufgestanden war und meine Kleidung gewechselt hatte, begab ich mich zu den Ställen, wo ich mich um Ectors und mein Pferd kümmerte.

»Wird er dir heute wieder wehtun?«, hörte ich Morganas Stimme hinter mir.

Ich wusste nicht, wieso, aber aus irgendeinem Grund überraschte es mich jeden Morgen und jeden Abend aufs Neue. Jedes Mal war ich erstaunt, dass sie tatsächlich bei mir war.

»Ja«, erklärte ich ihr, »so lange, bis ich dafür sorgen kann, dass es aufhört.«

In letzter Zeit hatte Morgana dieselbe Frage immer öfter gestellt und ich hatte ihr immer wieder dieselbe Antwort gegeben – obwohl ich nicht wusste, ob die Verwundungen tatsächlich irgendwann ein Ende nehmen würden.

Ector machte mir Angst, jeden Tag, an dem er mit einem Übungsschwert vor mir stand, fürchtete ich mich vor seinem blanken Gesicht, seinen erbarmungslosen Schlägen.

»Wir können dafür sorgen, dass es aufhört«, meinte sie, »wir können machen, dass er aufhört.«

Ich wollte, dass es aufhörte – ich wollte es so sehr. Aber nach mehreren Wochen hatte ich mich an den Schmerz gewöhnt, hatte gelernt, damit umzugehen und teilweise auch gelernt, schlimmere Verletzungen zu vermeiden.

Ich legte meine Stirn in Falten, schüttelte kurz mit dem Kopf, dachte aber nicht weiter über Morganas Worte nach. Was ich lieber hätte tun sollen.

»Es wird aufhören«, versicherte ich ihr.

***

»Es wird aufhören.«

An diese Worte dachte ich, als Ector vor mir stand. Nach dem Frühstück hatten wir uns wieder auf den Hof begeben, hatten uns diese Rüstungsteile angezogen, die aussahen wie die abgetrennte Rinde eines alten Baumes.

»Bleib konzentriert, Junge«, meinte der alte Ritter.

Das Schwert zu halten, stellte sich mittlerweile als mein geringstes Problem heraus – meine Arme hatten sich an das Gewicht gewohnt; mittlerweile konnten sie es ohne Schwierigkeiten halten.

Jetzt war es meine Ausdauer, die das Problem darstellte. Die Trainingseinheiten waren länger geworden, ich schaffte es, Ectors Klinge länger von meinem Körper fernzuhalten, traute mich sogar, den alten Ritter anzugreifen, ohne selber dabei verletzt zu werden – was der Grund dafür war, dass Ector die Kampfstunden erst beendete, wenn ich sicher auf dem Boden lag und nicht mehr aufstehen konnte.

Mein Herz raste.

Ich hörte die einzelnen Schläge laut und deutlich, spürte den Puls in meinem Kopf. Meine Brust hastete rasch nach oben und unten, synchron mit meinem erschöpften Atem.

Ectors Schläge kamen unvorhersehbar, doch bis jetzt hatte ich es geschafft, sie entweder abzuwehren oder ihnen auszuweichen.

Dann setzte er erneut zum Schlag an. Ich verwurzelte meine Beine tief in den Boden, beugte meine Knie. Das Klirren war ohrenbetäubenden, als beide Schwerter aufeinandertrafen, doch sobald es ertönte, holte der alte Ritter erneut aus.

Für das, was ich vorhatte, blieb mir nicht viel Zeit. Ich wusste nicht einmal, ob es mir überhaupt gelingen würde – ich hatte zwar in dem Buch, welches Arthur mir gegeben hatte, darüber gelesen, aber ich hatte noch nie gewagt, es selbst auszuprobieren. Sollte es mir tatsächlich gelingen, wäre dies der erste Tag, an dem ich Ector im Zweikampf besiegen würde.

Ich wartete also, starrte in seine Augen, die mir sein Vorhaben verrieten. Aus den Augenwinkeln beobachtete ich seine Bewegung, seinen Schwertarm, der erst in einer winzigen Bewegung nach hinten haschte und anschließend in voller Geschwindigkeit nach vorn schoss. Die Kante des Stahls zielte auf meinen Körper.

Noch immer wartete ich. Ich wartete, wartete, wartete, wartete. Dann, als die Klinge nah genug an mir dran war, um meinen Körper in zwei Hälften zu schneiden, rollte ich mich nach vorn. Ich stand wieder auf, stand hinter dem alten Ritter.

Sein Schwert rammte sich tief in den Boden, direkt an jener Stelle, an der ich gestanden hatte. Sein Rücken lächelte mich an, der Triumph so nah, ich konnte ihn beinahe schmecken.

Mit dem Schwert in beiden Händen holte ich aus, die Zähne so heftig zusammengebissen, dass ich Blut in meinem Mund schmeckte.

Ector reagierte schneller, als ich es ihm zugetraut hatte. Rasch drehte er sich zu mir um; bevor ich mein Schwert in seine Nähe bringen konnte, warf sich der alte Ritter in den Schlag hinein. Als sich mein Ellenbogen an seiner höchsten Stelle befand, rammte Ector seinen massiven Körper gegen meinen.

Ich flog, landete einige Meter weiter weg. Mein Schwert lag nicht weit weg von mir. Ohne auf den alten Ritter zu achten, warf ich mich dorthin, wo ich es hatte fallen lassen. Meine Schwerthand streckte sich nach dem Griff aus.

Doch kaum hatten sich meine Finger um ihn geschlossen, landete Ectors Fuß mit solcher Gewalt auf ihnen, dass es sich anfühlte, als brächen die Knochen unter der Last.

Ich schrie auf – der Schmerz verteilte sich in meinem gesamten Körper. Dann trat er mir mit dem anderen Fuß ins Gesicht.

Die Wucht schleuderte mich weg, da sich der eine Fuß allerdings noch immer auf meinen Fingern befand, schoss ich zurück, als hätte der alte Ritter ein Seil an mir befestigt und mich wieder zu sich gezogen.

Ich versuchte, seinen Fuß von meiner Hand zu drücken, aber Ector legte sein gesamtes Gewicht hinein. Die Qualen waren kaum auszuhalten, als er meine Finger langsam zerquetschte.

Ich schrie erneut auf. Die Kraft verließ meinen Körper.

»Hört auf!«, flehte ich ihn an, meine Stimme weinerlich, erbärmlich wie die eines hilflosen Kindes.

Ich schämte mich dafür.

»Sorge dafür, dass ich aufhöre«, war das Einzige, was er mir entgegnete.

Meine freie Hand versuchte weiterhin, seinen Fuß von meiner anderen Hand zu drücken, aber es schien alles nur schlimmer zu machen. Sein Fuß rührte sich keinen Millimeter von der Stelle. Ich schrie erneut, doch der Schmerz drückte mir die Luft ab. Nur ein lautes Stöhnen verließ meinen Mund.

Er würde nicht aufhören – nicht, bis er meine Fingerknochen gebrochen hatte. Kraftlos hievte ich mich auf die Knie, das Brennen in meiner Hand so mörderisch, dass ich den Fokus verlor.

Meine Adern fühlten sich an, als fließe kein Blut durch sie, sondern gefrorenes Wasser. Ich warf meinen Körper gegen Ectors Bein, aber ich hatte so gut wie keine Kraft mehr. Erst als ich meinen freien Arm um sein Bein klammerte, es mit meinem Körper nach oben presste, als würde ich ein ganzes Gebirge anheben, schaffte ich es, seinen Fuß von meiner Hand zu entfernen.

Ich spürte das Pulsieren bis in die Fingerspitzen.

Ich dachte, der Kampf wäre vorbei, doch der alte Ritter überzeugte mich vom Gegenteil, als er erneut auf mich zustürmte. Meine rechte Hand konnte ich nicht bewegen – der gesamte Arm hing leblos an meiner Seite, als wäre er nur der Teil einer kaputten Puppe.

Ectors Schwert verpasste mich nur knapp. Schlagartig sprang ich zur Seite, griff mit der linken Hand nach dem auf dem Boden liegendem Schwert und hielt es ihm unbeholfen entgegen. Zwar konnte ich das Gewicht des Stahls problemlos halten, jedoch war meine Motorik mit links längst nicht so verfeinert, wie sie es mit rechts war.

Mit seinem gesamten Körper drehte sich der alte Ritter zu mir, die Knie gebeugt, das Schwert dicht an sich gehalten und dennoch mir entgegengestreckt. Das Blau in seinen Augen fing meinen Blick ein. Es versuchte, meinen nächsten Zug herauszufinden.

»Gut«, gab Ector von sich, die Stimme rau wie Schleifpapier, »ein wahrer Fechter kann mit beiden Händen kämpfen.«

Einer seiner Mundwinkel zog sich in einer grauenvollen Geste nach oben. Der Anblick ließ mir einen kalten Schauer den Rücken hinunterlaufen. Nachdem er diese Worte gesagt hatte, fragte ich mich, ob er von Anfang an geplant hatte, meine Hand zu verletzten, ob er von Anfang an geplant hatte, sie unter seinem Fuß zu zerquetschen, ob er sie wirklich hatte brechen wollen.

Mit der linken Hand stellte ich nicht einmal den Hauch einer Gefahr für Ector dar. Nur ein einziges Aufeinanderprallen der beiden Klingen genügte und das Schwert glitt aus meinem Griff, die Finger nicht geübt genug, solchem enormen Druck standzuhalten.

Mir blieb nicht einmal genügend Zeit, dem Schwert hinterherzujagen. Sobald es meine Hand verlassen hatte, packte mich der alte Ritter an der Rüstung, versetzte mir einen Schlag ins Gesicht und schleuderte mich quer durch den Hof.

Ein Piepen ertönte in meinen Ohren, ein Piepen so laut, es blockierte alles andere. Weshalb ich Ector nicht zu mir kommen hörte.

Ich sah seine breiten Füße vor mir stehen. Eine Weile lang verharrten sie dort. Vermutlich starrte er auf mich herab, vielleicht streng, vielleicht enttäuscht, aber ich konnte die Kraft nicht aufbringen, um nach oben zu blicken.

Ich hasste ihn für die Schmerzen, die er mir zufügte, aber ich hasste mich selbst noch viel mehr – verabscheute mich dafür, dass ich noch immer so schwach war wie am ersten Tag. Deshalb sah ich nicht zu ihm nach oben, weil ich fürchtete, dass ich in seiner Miene erkennen würde, dass er Gefallen an dem fand, was er mir antat.

Bis jetzt hatte ich nur Härte in ihm gesehen. Und ich hoffte, es würde dabei bleiben.

Nach einer Weile beugte er sich zu mir nach unten, sein Mund so nahm an meinem Ohr, dass ich seinen warmen Atem spürte, als er mit mir sprach.

»Du bist stärker, Junge«, sagte er, »das weiß ich. Du musst die Macht akzeptieren, die durch deine Adern fließt. Wenn du weiterhin versuchst, sie zu unterdrücken, wird es dich eines Tages das Leben kosten.«

Er legte seine Hand auf meinen Rücken, klopfte mit der Handfläche darauf. Ich sah ihn nicht an. Dann ging er.

Erst viel später würde ich seinen Worten die Beachtung schenken, die ich ihnen in dem Moment hätte geben sollen, in dem Ector sie von sich gegeben hatte. Aber der Druck an der Stelle meines Gesichtes, die der alte Ritter mit seiner Faust blutig geschlagen hatte, machte das unmöglich.

Bevor ich vom Boden aufstand, verging eine ganze Weile. Das Pulsieren in meinen Fingern intensivierte sich, als befände sich mein Herz nicht in meiner Brust, sondern inmitten der Muskeln und Adern meiner Hand.

Ich wollte weinen, weil ich den Schmerz kaum aushalten konnte, aber Morgana hatte auch nie geweint, also weigerte ich mich, auch nur eine Träne zu vergießen.

Langsam stand ich vom Boden auf, hielt die Hand an meinem Körper, als wäre sie wirklich gebrochen. Ich zog die Rüstung aus und brachte sie und beide Übungsschwerter zurück in die Waffenkammer. Danach tauchte ich meine Hand ins kalte Wasser. Ich wollte schreien und dennoch konnte ich nicht, weil der Schmerz mir die Luft aus meinen Lungen raubte.

Erneut blockte er alles andere aus, sodass ich erschrak, als ich Lancelot plötzlich vor dem Eingang der Waffenkammer stehen sah.

Der Ritter trug noch immer dieselbe silberne Rüstung, sein schwarzes Haar gepflegt, die braunen Augen wachsamer als die eines Adlers. Er nickte mir entgegen und ich folgte ihm.

Wir liefen durch den Thronsaal, unsere Schritte hallend wie in der Bibliothek, doch die Temperatur deutlich wärmer. Durch die hohen Fenster schien das Sonnenlicht, verfärbt durch die Tönung des bunten Glases. Es bestrahlte den feuerspeienden Drachen auf dem Boden und den Thron am Ende des Podestes.

Das Schwarz schimmerte im Rubinrot, als bestünde er aus den seltensten Kristallen der Welt. Ich starrte den Thron an, betrachtete die Schuppen, während ich sie mit der Abbildung aus dem Buch verglich – sie besaßen die exakt gleiche Form: unten eher rund, nach oben zu einer Spitze zulaufend, die Kanten schärfer als frisch geschliffener Stahl.

Ich fragte mich, ob sich echt waren, angesichts dessen, was ich gelesen und mein Schulleiter mir einst erzählt hatte. Drachenschuppen waren undurchdringlich – unzerstörbar – wie also konnte der Thron daraus bestehen?

Sie musste eine Nachbildung sein, angepasst an das Wappentier des Hauses.

»Ector ist streng zu dir«, riss mich Lancelots Stimme aus meinen Gedanken.

Ich hatte nicht erwartet, dass er mit mir sprechen würde, zumal er nie mit mir sprach, wenn er mich zu Arthur eskortierte. Ich sah zu ihm und bemerkte, wie er meine linke Hand anstarrte, die meine rechte hielt.

»Das ist er«, antwortete ich, vorsichtig, keine Bitterkeit von mir zu geben.

Lancelot öffnete die Tür in der linken Ecke des Thronsaals, nach einer kurzen Weile befanden wir uns im Turm und erklommen die Stufen.

»Ich war auch sein Knappe«, erklärte er mir, die Information überraschender als die Tatsache, dass er überhaupt mit mir sprach.

Lancelot lief vor mir, wodurch ich sein Gesicht nicht sehen konnte; ich hätte seine Miene nur zu gern gesehen, hätte nur zu gern gesehen, was sie mir zeigen würde.

»Ector kann grausam sein«, sagte Lancelot, »er ist grausamer zu dir, als er je zu mir war. Aber er tut es, um dich stärker zu machen. Bei mir hat es funktioniert.«

Was er sagte, erinnerte mich an Pathosth, an die Worte, die er einst zu mir gesagt hatte.

»Versprich mir, mein Junge, dass du stets mit dem Urteilen wartest. Lass dich nicht von den Meinungen anderer beeinflussen, sondern tu das, was dein Herz dir befiehlt. Denn manchmal sind Mensch, Magier oder Drache nicht jene, die sie im ersten Augenblick zu sein scheinen.«

Seine Stimme war verzweifelt gewesen. Noch jetzt ließ es mir einen Schauer den Rücken hinunterlaufen.

Wir erreichten die Tür zum Raum, in dem sich der Rat traf. Lancelot öffnete sie und schloss sie, sobald ich ihn betreten hatte. Als ich sah, wer anstelle von Arthur vor mir stand, erschrak ich.

Mein Körper versteifte, als wären plötzlich all meine Muskeln aus Stein.

Sie drehte sich zu mir und ich führte eine sehr tiefe Verbeugung aus. Damit sie die Panik in meinem Gesicht nicht sah.

»My Lady, ich –«

Guinevere hob ihre Hand und ich schluckte heftig. Die sanfte Fläche ihrer bronzenen Haut zeigte mir entgegen. Ich schwieg.

Arthurs Gemahlin stand in einem blauen Kleid vor mir, ihre Anwesenheit beinahe einschüchternder als die des Lords selbst. Die Seide an ihrem Körper lag bis zur Hüfte eng an, betonte die zarten Kurven ihrer Figur. Ab dem Unterkörper wurde der Stoff weiter. Die Ärmel besaßen eine andere Farbe als der Rest des Kleides, nämlich die vom Türkisblau eines Diamanten, beinahe in demselben Ton wie die Augen ihres Gemahls.

Eine runde Brosche befand sich über ihrer Brust, golden, in der Mitte ein einzelner türkisblauer Edelstein. Auf dem Kopf trug sie einen Kranz aus Gold, der mich an Arthurs Kronreif erinnerte.

Ihr Haar, braunrot wie Herbstblätter, lag offen, die Spitzen sanft an ihrem Schlüsselbein entlangstreichend.

»Ich weiß, ich bin die Letzte, die du hier erwartet hast«, meinte sie, ihre Stimme elegant wie der Flügelschlag eines Schwans.

Mit ihrem Blick musterte sie meine Statur, analysierte meine Nervosität. Ich konnte nicht einschätzen, ob sie sich deswegen rühmte oder nicht.

»Ich bin hier, um mich mit dir zu unterhalten«, erklärte sie mir und bevor ich mich wundern konnte, worüber, sprach sie weiter, »über Arthur.«

Ihre Worte hingen in der Luft zwischen uns wie dicke Wolken vor einem Sturm. Obwohl sie keinen bedrohlichen Eindruck auf mich erweckte, wusste ich es besser.

Ich fragte mich, ob der Lord wusste, dass sie bei mir war, ob er vielleicht durch seine Frau herausfinden wollte, wem meine Loyalität galt.

»Ich liebe meinen Gemahl«, erzählte sie, »und als seine Gemahlin will ich ihn beschützen.«

Sie stand am anderen Ende des Tisches, hinter Arthurs Stuhl, die Hände auf die Lehne gelegt, als wären sie die Schultern ihres Mannes.

Ihre Augen beobachteten jeden meiner Atemzüge. Sie spürte meine Angst, doch es wirkte beinahe, als würde sie versuchen, ihr entgegenzuwirken.

»Arthur sieht Feinde, wohin er nur blickt. Aber für einen misstrauischen Mann wie ihm neigt er oft dazu, sich den falschen Menschen anzuvertrauen.«

Guinevere verließ Arthurs Sitzplatz, ihre Schritte zu laut in dem kleinen Raum. Sie kam auf mich zu, blieb aber einige Meter von mir stehen, als würde sie es nicht wagen, näher an mich heranzutreten.

»Und Ihr wollt herausfinden, ob ich einer von ihnen bin«, vollendete ich ihren Gedanken, meine Stimme gleichmäßig, obwohl mein Herz raste, als würde es jedem Moment aus meiner Brust schießen.

Sie schmunzelte.

»Arthur erzählte mir, du hast einen interessanten Charakter.«

Sie wartete, nahm sich einen Moment lang Zeit, um mich mit ihren Augen zu studieren.

»Aber nein«, sagte sie dann, »um deine Frage zu beantworten, ich glaube nicht, dass du einer von diesen Menschen bist. Im Gegenteil – ich glaube sogar, dass Arthur zum ersten Mal die richtige Entscheidung getroffen hat. Was der Grund für unsere Unterhaltung ist.«

Sie konnte mir erzählen, was immer sie wollte, ich würde ihr nicht glauben, dass sie einem fremden Jungen ohne Weiteres vertraute.

»In wenigen Monaten findet das Turnier statt und vielleicht auch Arthurs Krönung.«

»Vielleicht?«, bemerkte ich.

Guinevere schmunzelte erneut, sie hatte mir einen Köder vor die Nase gelegt und ich hatte angebissen.

»Er erwartet, dass all die Lords das Knie beugen werden, aber wir beide wissen, es wird nicht so einfach werden, wie er es sich vorstellt.«

»Was schlagt Ihr vor?«, fragte ich, mein Interesse durch ihre Andeutung mehr als nur geweckt.

»Nichts«, antwortete sie, die Stimme so ehrlich, wie sie nur sein konnte, »ich schlage nichts vor. Ich bitte dich lediglich für seine Sicherheit zu sorgen.«

Ich verstand nicht – ich … ich verstand ganz und gar nicht. Wieso ich? Ich war nur ein Kind. Nur ein Kind.

»My Lady«, gab ich von mir, »Euer Gemahl hat unzählige Ritter an seiner Seite, die seine Sicherheit –«

Als ich ihre Miene sah, brach ich meinen Satz ab. Ich wusste von Arthurs Misstrauen gegenüber seinen Rittern und ich vermutete, dass es nicht unbegründet war. Allerdings erweckte Guineveres Gesichtsausdruck keinesfalls den Eindruck, als sorgte sie sich um die Angehörigen dieses Hofes.

Ich legte meine Stirn in Falten.

»Was lässt Euch denken, er wäre in Gefahr?«

Sie beobachtete meine Neugierde, studierte mein Interesse, als wollte sie herauszufinden, ob ich Arthur beschützen oder ihn der Bedrohung ausliefern wollte. Wenn ich genauer hinblickte, sah ich den Hauch an Zweifel in dem Schwarz ihrer Pupillen. Nur wusste ich nicht, ob er mir galt oder dem Vorhaben ihres Mannes.

»Gloris von Cornwall«, realisierte ich.

Sie blinzelte. Ihre Augenlider blieben ungewöhnlich lange geschlossen, als fürchtete sie sich allein vor dem Namen. Umso mehr überraschte es mich, als sie mit dem Kopf schüttelte.

»Gloris von Cornwall ist meine geringste Sorge. Arthur mag viele Feinde haben – Cornwall einer der unberechenbarsten von ihnen. Aber es gibt gefährlichere Wesen, die Arthur nach dem Leben trachten. Wesen, denen bloßer Stahl nichts anhaben kann.«

Angst und Sorge erfüllten ihre Miene. Aber da war noch etwas – ein Flehen. An mich.

Es fühlte sich an, als stünde die Welt kopf. Guinevere bat mich um etwas, das all meine Fähigkeiten überschritt. Ich war ein Kind – nichts weiter als ein Kind und ein fremdes noch dazu.

Und dennoch vertraute sie mir eine Aufgabe an, die der Leibgarde ihres Gemahls gebührte.

»Er braucht dich«, sagte sie in einem halben Flüstern.

Ich dachte an das Versprechen, welches Arthur mir gegeben hatte.

»Du hilfst mir, König zu werden und im Gegenzug dafür sorge ich für so wenig Blutvergießen wie möglich.«

»Ich werde mein Bestes tun, ihn zu beschützen, aber – my Lady, ich … ich bin nichts weiter als ein Knappe. Ein Kind.«

Sie gab mir ein warmes Lächeln.

»Wir beide wissen, du bist mehr als nur das«, sagte sie.

Und bevor ich genauer über ihre Worte nachdenken konnte, wechselte sie das Thema.

»Ector erzählte mir, du verbringst viel Zeit mit dem Lesen?«

Ich war erstaunt, wie sie davon wissen konnte, geschweige denn Ector. Ich hatte dem alten Ritter nur ein einziges Mal von dem Buch erzähl, das Arthur mir gegeben hatte – um ihn wissen zu lassen, dass, obwohl sich meine Fähigkeiten kaum verbesserten, ich alles dafür gab, dass sie es täten.

Ich nickte, ob verwirrt oder verunsichert, konnte ich selbst nicht sagen.

»Bist du jemals in der Bibliothek gewesen?«

Verunsicherung – es war Verunsicherung; die pure Angst eigentlich, denn nachdem sie mir diese Frage gestellt hatte, dachte ich daran, wie ich die Fackeln mit Magie entfacht hatte, in dem naiven Gedanken, mich würde niemand dabei sehen.

Die Panik gefror mein Blut.

»Ja, my Lady«, sagte ich mit zitternder Stimme.

»Weißt du, Parzival, manchmal sind Mensch, Magier oder Drache nicht jene, die sie im ersten Augenblick zu sein scheinen.«

Mein Herz blieb stehen. Alles in meiner Körper blieb stehen, erfror, als wäre ich von einer Klippe gesprungen, deren Boden ich nicht sah.

Wie konnte sie es wissen? Woher konnte sie diese Worte kennen? Seine Worte.

Ich erstickte.

»Eben genauso verhält es sich mit Geheimnissen. Auf den ersten Blick sind die Dinge nicht, was sie zu sein scheinen, denn um zu erkennen, was sich direkt vor einem verbirgt, muss man manchmal einfach genauer hinsehen. Die Wahrheit verbirgt sich stets tief im Inneren.«

Sie ging an mir vorbei, ließ mich dort stehen, der kalte Schweiß auf meiner Stirn. Ich wusste nicht, ob sie mir drohte. Ihre Stimme klang freundlich, ihr Gesicht in eine clevere Miene gezogen, als teilten wir beide ein Geheimnis.

Ihre Schritte verstummten und gerade, als ich gedacht hatte, sie hätte den Raum verlassen, hörte ich ihre Stimme zum erneuten Male.

»Arthur kann grausam sein«, sagte sie, als ich mich zu ihr umdrehte, »du kannst das ändern.«

***

Ich begab mich auf den Hof – jedenfalls hoffte ich, dass ich dort landen würde, denn nach dem Gespräch mit Guinevere wirbelte alles in meinem Kopf umher wie ein wildes Rudel Wölfe. Ich achtete nicht darauf, wohin ich lief.

Zuerst dachte ich, dass ich mich verlaufen hätte. Doch dann, als ich auf dem verlassenen Hof stand, die Ställe mir gegenüber, und bemerkte, wie dunkel es geworden war, realisierte ich, dass ich einfach nur stundenlang in der Burg umhergeirrt war.

Die ganze Zeit über hatte ich keinen klaren Gedanken fassen können. Die ganze Welt drehte sich um Guineveres Worte und obwohl sie sich ständig in meinem Kopf immer und immer und immer wieder wiederholten, konnte ich mich nicht auf deren wahre Bedeutung konzentrieren.

Sie wusste es, sie wusste von mir, wusste von dem, was ich war, wusste es, wusste, dass ich –

»Du bist blasser als eine Leiche.«

Ich zuckte zusammen.

Mordred.

Ich drehte mich zu ihm und gab ihm einen Blick, den er offenbar schwer deuten konnte. Seine violetten Augen wanderten nach unten, in die Richtung meiner verletzten Hand, die ich noch immer mit der anderen hielt.

»Ich sagte dir, es würde nicht einfacher für dich werden«, kommentierte er.

Mordred betrachtete mich mit den Augen einer Schlange. Ich erwiderte sein Starren. Er machte mir keine Angst.

Ich ging an ihm vorbei, spürte seinen Blick in meinem Nacken. Seine Schritte hinter mir verursachten kaum ein Geräusch.

»Ich könnte dafür sorgen, dass es aufhört«, erklärte er plötzlich, »dass *er* aufhört.«

Ich erstarrte.

»Wir können dafür sorgen, dass es aufhört, wir können machen, dass er aufhört.«

Mordred stand vor mir, sein Oberkörper an den Türrahmen des Stalls gelehnt, die Arme ineinander verschränkt. Ein Grinsen legte sich auf seinen Lippen – ein Grinsen, das mich so wütend machte, dass ich kaum atmen konnte.

Ich hasste ihn für die Genugtuung, die der junge Lord dabei empfand – er hasste Ector, verabscheute Arthur und bemühte sich nicht einmal, es zu verbergen.

Vielleicht hatte Arthur sogar Mordred gemeint, als er mir sagte, er fürchtete die Allianzen, die ich mit anderen eingehen würde.

»Der alte Mann ist schwach geworden – seit er seine gesamte Kraft an dir auslässt, meine ich. Er ist ein einfaches Ziel –«

»Du wirst ihn nicht anrühren!«, schrie ich ihn an.

Die Wut in mir machte mich blind, unantastbar für meine Angst vor ihm. Ich verweigerte Mordred den Respekt und es fühlte sich gut an, den Zorn in seinen Gesichtsmuskeln zu sehen. Zum ersten Mal fühlte ich mich nicht schwach.

»Was lässt dich denken, ich bräuchte deine Erlaubnis?«, entgegnete er, trotzig wie ein Kleinkind.

Seine Wut machte ihn verzweifelt, als wollte er mir eine schlaue Antwort geben, wüsste aber plötzlich nicht mehr, womit er mir Angst machen könnte.

Auf einmal schien er nicht mehr so viel Wert auf seinen Titel zu geben wie sonst.

»Du krümmst Ector kein einziges Haar«, spuckte ich die Worte wie Gift, »oder –«

»Oder was?«, unterbrach er mich.

Ich wusste nicht, was ich tat. Ich hasste Gewalt, hasste, was sie mit einem Menschen tat und dennoch …

Meine Drohung bedeutete nichts, für sie gab es kein Fundament, auf das ich hätte aufbauen können, aber in diesem Moment fühlte es sich an, als … als hätte ich Mordred in der Hand, als könnte er mir rein gar nichts anhaben.

Seine Wut machte ihn ungeduldig. Sie lenkte seinen Hass von Ector auf mich über.

»Du bist nichts, ein bloßes Kind«, sagte er.

Dann machte er einen Schritt auf mich zu, lehnte sich zu mir nach unten, der Mund so nah an meinem Ohr, dass ich die Wärme seines Atems spürte, als er mir zuflüsterte.

»Ich werde ihn im Schlaf töten, ihn langsam ersticken lassen an seinem wertlosen Blut.«

Gänsehaut bildete sich auf meinem Nacken. Ich sah rot.

Mordred hatte meine Faust nicht kommen sehen. Er hatte Glück gehabt, dass es meine linke war, denn die rechte hätte deutlich mehr Schaden in seinem ansehnlichen Gesicht angerichtet.

Dennoch überraschte ihn der Schlag, ebenso wie er mich überraschte.

Noch nie hatte ich solch Wut gespürt, wie Mordred sie verursachte – nur einmal, als ich gesehen hatte, wie Lothars Worte Morgana quälten.

Zum ersten Mal war ich es gewesen, der den Konflikt mit einem Faustschlag einleitete. Ich wusste, Worte würden bei ihm nicht genügen.

Er glaubte, er könnte mir Angst machen, weil er ein Lord war, aber in Wirklichkeit war er gar nichts.

Meine Knöchel schmerzten von dem Aufschlag. Das Blut auf Mordreds Lippe zu sehen, verschreckte mich. Aber ich hörte nicht auf. Es hielt mich nicht davon ab, auf den jungen Lord zuzustürmen, ihn aus dem Stall hinauszudrängen und draußen auf dem Hof zu Boden zu rammen.

Hinter uns wieherten die Pferde aufgeregt. Ich rannte wieder auf ihn zu, doch irgendwie schaffte er es, aufzustehen und mir einen Schlag in die Magengrube zu verpassen.

Als sich seine Faust in meinem Körper grub, presste es all die Luft aus meinen Lungen heraus.

Mordred packte mich an meiner Kleidung und schleuderte mich auf die Erde, genau auf die Stelle, auf der er gelegen hatte. Ich wollte aufstehen, als ich plötzlich ein schleifendes Geräusch hörte. Im nächsten Moment hielt er mir die Spitze seines Schwertes entgegen. Kalter Stahl kam meiner Kehle bedrohlich nah.

Ich starrte Mordred an, mein Kiefer angespannt, der Blick trotzig, um ihn zu zeigen, dass ich trotz des Stahles keine Angst vor ihm hatte. Seine Miene strahlte puren Hass aus, mehr Hass als ein Mensch alleine empfinden konnte.

»Das zu tun, würde dir gefallen, nicht wahr?«, spuckte ich.

Wie ein Raubtier, das kurz davor war, seine Beute zu reißen, zeigte er mir seine Zähne, die Augen dunkelviolett wie ein seltenes Gift.

Die Klinge wanderte nach oben. Er setzte den Stahl an meiner Schläfe an, dicht neben dem linken Auge.

Einer seiner Gesichtsmuskeln zuckte, als wären meine Worte ein Gegenstand, den ich nach ihm geworfen hatte. Er presste die Klinge tiefer in meine Haut. Der Stahl schnitt. Dann wanderte er damit langsam nach unten, wanderte an meinem Wangenknochen vorbei weiter zum Unterkiefer.

Blut floss aus der Wunde.

»Wenn Arthur nur ein Wort hiervon erreicht, werde ich es tun«, drohte er.

Rote Flüssigkeit wanderte von meiner Schläfe in mein Ohr.

Ich gab ihm ein trotziges Lachen, aber es zeigte ihm zu offensichtlich, wie sehr ich versuchte, gegen den Schmerz anzukämpfen.

»Wenn du es erst dann tust, wird es bereits zu spät sein.«

»Sei vorsichtig, Parzival«, warnte er mich, als der Stahl meinen Unterkieferknochen erreicht hatte, »du glaubst, du hast nichts zu verlieren, aber in Wirklichkeit hast du mehr zu verlieren als wir alle. Denk nur allein an Morgana, was mit ihr geschehen würde …«

***

Als ich im Speisesaal saß, war ich zum ersten Mal einer der Ersten. Die Kammer war leer, wodurch die Wände die Stimmen der Ritter durch den gesamten Raum trugen, selbst als sie flüsterten. Zinnbesteck – Teller, Becher, Messer – lag bereits ausgebreitet auf den Tischen und warteten darauf, benutzt zu werden.

Als ich dort saß, ließ ich mir Guineveres Worte durch den Kopf gehen. Sie vermischten sich mit Mordreds, bis ich schließlich überhaupt nicht mehr wusste, worüber ich mir mehr Sorgen machen sollte. Die Angst davor, dass nicht nur Guinevere, sondern vielleicht auch Mordred mein Geheimnis wusste, blendete alles andere aus.

»Du glaubst, du hast nichts zu verlieren, aber in Wirklichkeit hast du mehr zu verlieren als wir alle.«

Mordred hatte mir gedroht. Er hatte nicht nur mir gedroht, sondern er hatte auch Morgana gedroht. Er hatte mich in der Hand – ich war eine Puppe und er mein Puppenspieler. Er kontrollierte mich durch seine Schnur. Wenn ich mich gegen sie wehrte, würde er dafür sorgen, dass ich mir selbst ein Bein stellte.

Was Guinevere anging … ich wusste nicht, was sie von mir wollte oder was sie vorhatte. Aus ihren Worten wurde ich nicht schlau – weder jene, die mich an Pathosths erinnerten, noch das, was sie über Geheimnisse gesagt hatte, ergab irgendeinen Sinn.

»«»«Jemand setzte sich auf den freien Platz zu meiner Linken, die Bewegung unterbrach meinen Gedankenfluss. Mit einem Blick aus den Augenwinkeln erkannte ich die faltig-alte Haut von Ector.

Er sah mich nicht an, seine Augen durchsuchten den nun deutlich volleren Speisesaal, wanderten von Ritter zu Ritter, als suchte er nach einer bestimmten Person.

»Wer war das?«, verlangte seine raue Stimme zu wissen. Sie klang streng, eher fordernd denn fragend. Ich brauchte einen Augenblick, um zu verstehen, dass er die Wunde in meinem Gesicht meinte.

Ich fürchtete mich davor, den alten Ritter anzulügen. Doch fürchtete ich Mordreds Drohung mehr.

Er musste sie benutzt haben, musste sie dazu gebracht haben, Ectors tot zu wollen. Und wenn es Mordred misslang, glaubte ich nicht, dass es ihm schwerfallen würde, die ganze Sache auf Morgana zu schieben.

Sie war eine Fremde. Er nicht.

Ihm würde man glauben. Ihr nicht.

Ein Kopfschütteln gab ich ihm als Antwort. Es verärgerte ihn.

Sein Verhalten erschien mir mehr als nur widersprüchlich – er, der mir selbst die größten Schmerzen bereitete, ärgerte sich über die Schnittwunde, die mir ein anderer zugefügt hatte. Als wäre ich ein Spielzeug, mit dem nur er spielen durfte.

»Du bist in einen Kampf geraten«, gab der alte Ritter von sich, die Stimme merkwürdig sachlich, als versuchte er, ruhig zu reden, obwohl es ihm danach drängte, den gesamten Speisesaal zusammenzuschreien, »du hast verloren. Wieso?«

»Weil –«, begann ich.

– *weil ich schwach war*, wollte ich ihm antworten, *weil ich ein schwacher kleiner Junge bin.*

Aber ich zögerte, fand mich stattdessen erneut kopfschüttelnd wieder.

»Ich weiß es nicht«, erklärte ich ihm.

»Denk nach!«

Ich zuckte zusammen.

Weil er ein Schwert hatte und ich nicht, wollte ich dann sagen, doch belehrte mich eines Besseren.

Mordred hatte ein Schwert gehabt, aber es war ihm nur gelungen, danach zu greifen, weil ich ihm die Zeit gelassen hatte.

Er hatte nicht damit gerechnet, dass ich ihn angreifen würde; er hatte mich für schwach gehalten, wie ich mich selbst für schwach gehalten hatte. Das war es, was mir erlaubt hatte, ihn zu überraschen. Seine falsche Einschätzung hatte mir den Vorteil gegeben. Und ich hatte ihn einfach weggeworfen.

»Weil ich wütend war«, realisierte ich, »und meine Wut stieg mir zu Kopf.«

Plötzlich stand Ector auf. Ohne einen Blick zu mir zu werfen, verschwand er aus dem Speisesaal. Noch bevor das Essen gebracht werden konnte.

Ich hatte einen Lord geschlagen. Allein, dass ich ihn gestoßen hatte, würde mich meine Hand kosten. Ich konnte von Glück reden, wenn ich mit dem Leben davonkommen würde.

***

Ector befand sich nicht auf dem Hof. Zum Teil freute ich mich sogar darüber. Andererseits jagte es mir eine höllische Angst ein.

Ich wollte nicht trainieren – besonders nicht jetzt, wo ich meine Schwerthand kaum bewegen konnte.

Und trotzdem vermisste ich es. Es war einfach, als ob etwas fehlte; es war wie das Gefühl, etwas vergessen zu haben.

Ich hasste mich selbst dafür. Und ich hasste Ector dafür, dass er mich so verändert hatte.

Und dennoch begann ich langsam, den Grund für seine Härte zu verstehen. Eines Tages – wusste ich – würde ich mich in einer Situation wiederfinden, die … die mit Tod enden würde; entweder mit meinem oder mit dem jener Person, die mir nach dem Leben trachtete.

»Ein wahrer Fechter kann mit beiden Händen kämpfen.«

Wenn meine Schwerthand in einem echten Kampf verletzt würde, gäbe es nur zwei Auswege: mit der anderen weiterkämpfen oder sterben.

Ich wollte nicht sterben. Niemals. Ich wollte nicht kämpfen oder gar töten, aber wenn ich mich zwischen den beiden entscheiden müsste, wusste ich, wohin meine Wahl fallen würde.

Ich hasste es, dass ich so geworden war.

Aber ich vertraute auf Arthurs Versprechen und hoffte – hoffte, er würde es einhalten.

»Du hilfst mir, König zu werden und im Gegenzug dafür sorge ich für so wenig Blutvergießen wie möglich.«

Ich begab mich zur Waffenkammer, holte ein Übungsschwert und trainierte. Ich trainierte, bis meine Füße schmerzten. Trainierte, bis meine Muskeln erschlafften. Trainierte, bis ich das Schwert kaum noch halten konnte.

Meine Bewegungen waren unbeholfen – ich war es nicht gewohnt, eine Klinge mit links zu führen. Es erinnerte mich an die Zeit, als ich zum ersten Mal ein Schwert gehalten hatte. Und es fühlte sich an, als wären Jahre vergangen.

Ich ignorierte den Schmerz in meinem Körper – das Stechen, das Brennen. Ich tanzte mit der Klinge, tanzte mit den Schatten und der Stille, mein eigener Herzschlag, der Takt, der meine Bewegungen bestimmte.

Die ganze Zeit über stellte ich mir vor, Ector stünde vor mir. Ich erinnerte mich an die Muster, die er verwendete, wenn er mich angriff oder meine Schläge abblockte.

Die Muskeln in meiner Hand begannen zu brennen, als sie das Gewicht des Schwertes kaum noch halten konnten. Aber selbst dann hörte ich nicht auf. Im Gegenteil – ich zwang mich selbst dazu, meine Hand noch mehr zu bewegen, um das Brennen unter meiner Haut zu provozieren.

Obwohl es mir höllische Qualen bereitete, hörte ich auch nach weiteren Stunden nicht auf. Ich machte so lange weiter, bis ich den Schmerz nicht einmal mehr wahrnahm.

Es fühlte sich gut an. Es fühlte sich fantastisch an, weil es sich anfühlte, als wäre ich unbesiegbar, als könnte mir dadurch niemand mehr irgendwelche Schmerzen zufügen.

Als wäre ich derjenige, der entschied, wann ich Schmerzen haben würde und wann nicht.

***

Ich hörte Morganas Schritte hinter mir, lange bevor sie den Stall betrat. Dann, als sie am Eingang stand, konnte ich sie in den Augen meines Pferdes sehen. Schwarzes Haar, grüne Augen. Augen, die selbst in der Reflexion ihre Farbe nicht verloren.

Mein Körper verkrampfte, die Spannung in meinen Muskeln immer am höchsten, wenn sie sich in meiner Nähe befand.

Als ich mich zu ihr umdrehte, schossen ihre Augen auf die Wunde an meinem Gesicht – sie zog sich von meiner linken Schläfe bis zum Unterkieferknochen. Sie erschrak, aber meine Miene blieb eiskalt – obwohl ich mir das Gegenteil einredete, verärgerte es mich, dass sie sofort annahm, Ector wäre schuld daran.

Doch wenn ich ehrlich war, konnte ich es ihr nicht verübeln – nicht wirklich.

»Ector war es nicht, wenn es das ist, was du denkst«, zischte ich, überrascht von meinem Ton.

Ich konnte nicht anders, als zu denken, dass sie es in die Wege geleitet hatte; dass sie der Auslöser gewesen war. Und wenn es stimmte, hatte sie damit Ectors Leben in Gefahr gebracht.

Wahrscheinlich war sie sich nicht einmal bewusst, dass sein Tod für mich alles nur noch schwerer machen würde.

Sie wollte mir helfen. Aber sie sah nicht, dass ich ohne Ector sogar noch verwundbarer wäre.

Er konnte mit mir tun, was er wollte; konnte mir so viele Knochen brechen, wie ihm beliebte. Aber ich war sein Knappe, also galt dieses Privileg nur ihm.

Es war ein seltsames Gefühl der Sicherheit – als würde ich allein in der Dunkelheit stehen, aber ein Licht am Ende des Tunnels sehen.

»Dein kostbarer Freund hat das getan«, warf ich ihr vor, »ich dachte, wir hätten uns geeinigt, ihm nicht zu trauen …«

»Ich traue ihm nicht«, warf sie mir entgegen.

»Nein? ‚Wir können dafür sorgen, dass es aufhört, wir können machen, dass er aufhört.‘«

Ich wartete, studierte sie mit meinen Augen, um zu sehen, ob sie die Worte wiedererkannte, die sie selbst zu mir gesagt hatte.

Sie erkannte sie.

»Mit ‚wir‘ meintest du nicht uns beide, nicht wahr? Du meintest dich und Mordred. Ich habe erst nicht verstanden, worauf du hinaus wolltest – vielleicht doch; vielleicht habe ich es einfach ignoriert, weil ich dachte, du wärest dankbarer –«

»Dankbarer?«, unterbrach sie mich empört.

Ihre Miene verriet mir, wie wütend sie wirklich auf Ector war. Sie verriet mir auch, dass ich mit meiner Vermutung recht hatte. Sie hatte Mordred gefragt, hatte ihn darum gebeten, Ector zu töten – vermutlich, weil sie wusste, wie sehr er selbst den alten Ritter verachtete.

»Wofür? Dass er dir solche Schmerzen zufügt? Dich schlägt? Dir sämtliche Knochen bricht? Denkst du, ich sehe tatenlos dabei zu, wie er dich langsam umbringt?«

»Er hat dein Leben gerettet! Und meins auch – vergiss das nicht.«

Sie starrte mich an, mit ihren grünen Augen, ihren wundervollen grünen Augen, die mich alles vergessen und ihr verzeihen lassen wollten. Ihre Miene besaß den Trotz eines Kindes – das sie noch immer war, aber längst nicht mehr sein durfte.

»Halt dich fern von ihm«, sagte ich und wusste selbst nicht, ob ich Ector oder Mordred meinte.

Ihre Augen wurden glasig – nicht aus Trauer, sondern Wut. Keine Träne rannte an ihrer Wange hinunter. Ich beobachtete, wie die Muskeln in ihrem Kiefer zuckten, wie sie ihre Hand zur Faust ballte und die Finger immer dichter an ihre Handfläche presste, bis ich das Weiß ihrer Knöchel sehen konnte. Ihr Atem kam in hektischen Zügen und es wirkte beinahe, als würde sie sich gerade die Worte zurechtlegen, die sie mir gleich an den Kopf werfen würde.

Ich wartete sogar; vielleicht, weil ich hoffte, sie würde mir sagen, dass sie mir nur helfen wollte oder vielleicht, weil ich wollte, dass sie auf mich zukam und mich fest in den Arm schloss.

Aber kein Ton verließ ihre Lippen, kein Muskel bewegte sich.

Also ging ich an ihr vorbei, roch den Meeresduft in ihrem Haar, roch frisches Gras nach dem Regen.

Ich wollte stehen bleiben und den Duft in mich aufsaugen, als wäre er der Sauerstoff, der mich am Leben erhielt. Aber ich ging weiter und ließ sie dort stehen, allein im Stall, obwohl jeder Instinkt in mir sagte, ich solle mich umdrehen.

Noch bevor ich meine Kammer erreichte, fing Lancelot mich ab. Ich fragte mich, wer mich wohl sprechen wollte – Arthur oder Guinevere?

Er begab sich mit mir zum Turm, ging mit mir die Stufen hinauf zum Raum des Rates. Mordred kam uns entgegen, sein Gesichtsausdruck voller Bitterkeit und Abscheu.

Es überraschte mich nicht, Arthur vor mir zu sehen, sein Rücken teilweise zu mir gedreht und die Augen dramatisch aus dem Fenster gerichtet. Das Orange des Sonnenuntergangs bestrahlte seine Haut, brachte das Blau in seinen Augen zum Leuchten. Nachdem Lancelot die Tür hinter mir geschlossen hatte, drehte sich der Lord zu mir und ich verbeugte mich.

»My Lord.«

»Ector war bei mir«, schoss es aus ihm heraus, seine Stimme wenig erfreut, als er auf mich zustürmte, »er erzählte mir, was geschehen ist. Er hat dich und Mordred im Hof gesehen.«

Ich erschrak.

Ector hatte mich gefragt, woher die Wunde gekommen war. Und er hatte mich gefragt, warum ich den Kampf verloren hatte.

Er hatte die Antwort gewusst – er hatte nur gewollt, dass ich es selbst verstand.

Dann erschrak ich erneut. Wenn er Mordred und mich gesehen hatte, hatte er vielleicht auch unsere Unterhaltung gehört.

Ein eiskalter Schauer sprintete an meiner Wirbelsäule entlang.

»Hat er damit angefangen?«, wollte der Lord wissen.

Sein strenger Tonfall machte mir Angst und ich fühlte mich wieder wie der verwundbare kleine Junge, der ich in Wirklichkeit war.

Mein Herzschlag trommelte in meinen Ohren.

»Nein«, gestand ich ihm, »ich hab angefangen; ich hab ihn –«

»Ich will es nicht hören«, unterbrach er mich.

Mit seiner Hand rieb er seine Augen. Er gab einen erschöpften Seufzer von sich, beinahe wie ein Vater, der müde von den ständigen Streitereien seiner Söhne war.

»Ich will den Grund nicht wissen«, meinte er dann, die Strenge von seiner Stimme vollkommen verschwunden, »du wirst einen gehabt haben – Mordred wird dir einen gegeben haben, dessen bin ich mir sicher.«

Meine Kinnlade stürzte nach unten. Mein Kopf war eiskalt, weshalb ich glaubte, dass ich mir einbildete, was Arthur soeben gesagt hatte.

Der Lord entfernte sich von mir. Er ging in die Richtung seines Sitzes am Ende des langen Tisches und ließ sich erschöpft in den Stuhl fallen. Das Holz knarrte unter seinem Gewicht. Arthur lehnte sich mit dem

Ellenbogen auf die Tischplatte, legte den Kopf in seine Hand und gab einen erneuten Seufzer von sich.

Ich hatte keine Ahnung, was vor sich ging. Das Einzige, worauf ich mich konzentrierte, war nicht das Bewusstsein zu verlieren.

»Weißt du, Parzival, ich glaube, Mordred tut es gut, daran erinnert zu werden, dass die Menschen dieser Burg keine Spielzeuge sind, mit denen er nach Belieben spielen kann – er neigt dazu, es zu vergessen.«

Ich erinnerte mich an den Tag, an dem wir Camelot erreicht hatten; erinnerte mich daran, wie Mordred Arthur mit seinen Worten provoziert hatte.

»Mordred weiß nicht, wann er eine Grenze überschreitet«, erzählte Arthur weiter, »aber es scheint mir, als wäre er nicht der Einzige.«

Sein Blick wanderte zu mir nach oben.

Mein Herz stoppte.

Er sah mich beinahe enttäuscht an – als wäre er Mordreds Vater und müsste nun das Kind bestrafen, das seinen Sohn geschlagen hatte. Vom Alter her hätte es sogar stimmen können.

»Ich sollte dir die Hand abschlagen dafür, dass du sie gegen einen Lord erhoben hast. Aber Ector meinte, ich solle ihm die Wahl der Bestrafung überlassen.«

Was vielleicht sogar noch schlimmer war, als meine Hand zu verlieren.

Arthur sah mich streng an, doch plötzlich seufzte er erneut – dieser Seufzer sogar noch erschöpfter als die anderen beiden zuvor. Er schüttelte seinen Kopf. »Als Mordred ein Kind war, wurde er von Druiden entführt«, erklärte er mir urplötzlich, »sie töteten seine Eltern und nahmen ihn mit für – was auch immer sie mit ihm vorhatten. Ich befreite ihn, brachte ihn hierher nach Camelot und zog ihn auf. Da ich meinen eigenen Vater früh verloren hatte, wusste ich, wie wichtig es ist, jemanden zu haben, der für einen sorgt – der einen … erzieht. Mein ganzes Leben lang hatte ich Ector. Ich wollte, dass Mordred wusste, er hatte mich, aber … aber seit ich ihn gerettet hatte, war der Junge voller Wut. Ich wusste nicht, was ich tun sollte, also ließ ich ihn damit durchkommen – aus Verständnis für das, was er durchgemacht hatte. Jetzt weiß ich, ich hätte strenger mit ihm sein sollen, denn jetzt äußert sich seine Wut in Gewalt.«

»Ich werde ihn im Schlaf töten, ihn langsam ersticken lassen an seinem wertlosen Blut.«

Im ersten Moment empfand ich Mitleid, sowohl für Arthur als auch für Mordred. Aber als ich genauer über Arthurs Worte nachdachte, erinnerte es mich an eine Unterhaltung zwischen meinen Schulleiter und mir.

»Professor?«, fragte ich Pathosth, nachdem ich ihm zum hundert-tausendsten Male über jedes einzelne Detail meiner Visionen berichtet hatte, und er grübelnd vor mir stand, das Kinn zwischen Daumen und Zeigefinger gelegt.

Ich schien ihn aus seinen Gedanken gerissen zu haben, denn als er zu mir aufschaute, wirkte er, als wäre er noch immer nicht wirklich bei mir. Ich wartete, bis ich mir sicher war, dass ich seine Aufmerksamkeit hatte. Als er mich dann vollen Bewusstseins ansah und die Augenbrauen im erwartungsvollen Bogen nach oben zog, sprach ich weiter.

»Was unterscheidet uns von den Druiden? Ich dachte immer, sie wären ebenso Teil der Magie wie wir, aber –«

»Du hast recht. Beide Spezies sind Kreaturen der Magie. Aber die Macht, die in nur einem einzigen Tropfen unseres Blutes fließt, fließt durch ihren gesamten Körper. Sie helfen sich mit Kräutern, manche von ihnen verwenden sogar Sprüche, die ihnen beim Zaubern die nötige Kraft verleiht. Wir schaffen all das allein mit der Macht unserer Gedanken und der unseres Willens. Aber es macht sie nicht weniger wertvoll als uns.«

»Isaacs erzählte mir, dass es nur noch wenige von ihnen gibt«, gab ich nachdenklich von mir.

Pathosth Antwort dauerte eine Weile. Der Schulleiter schloss seine Augen, als bereitete ihm der Gedanke Schmerzen. Ich wusste, wenn er sie öffnete, würde ich in dem Silber sehen, was einst geschehen war – was Pathosth einst selbst erlebt hatte.

»Einst gab es viele von ihnen«, erzählte er mir, die Augen zwar geöffnet, der Blick jedoch nach unten gerichtet, sodass ich nicht in sie hineinsehen konnte, »aber wie auf alles, was die Menschen fürchten, eröffneten sie die Jagd auch auf sie. Druiden sind ein friedliches Volk, Parzival, zweifelsohne nicht makellos, aber friedlich nichtsdestotrotz.«

Er schloss erneut seine Augen, atmete tief ein und schwer wieder aus.

Ich wollte nicht, dass er weitersprach – ich wusste ohnehin, was folgen würde.

»Sie wurden überrannt«, gab er von sich.

Schwermut drückte seine Worte nach unten. Seine Stimme klang beinahe zittrig.

»Ihre Lager niedergebrannt, die Kinder erstochen, die Männer erhängt und die Frauen auf dem Scheiterhaufen den Flammen zum Fraß vorgeworfen. Innerhalb eines Jahres lebten nur noch wenige von ihnen im ganzen Land von Voyar. Jene, die überlebten, versteckten sich, verheimlichten, was sie waren. Erst dann veränderte sich ihr Wesen.«

Erst jetzt blickte Pathosth wieder zu mir, das Silber blank, ohne Schatten, die sich bewegten. Er sah mich an, als würde er nicht mich sehen, sondern ein anderes Kind. Einen Sohn vielleicht. Ich ließ mich auf den Blickkontakt ein, lehnte mich in das Gefühl von Sicherheit, das er auf mich ausstrahlte.

»Wenn du ewig verbirgst, was du bist – deine Fähigkeiten, deine Macht, die Magie in dir – wenn du all das verdrängst, verändert es dich. Es macht dich krank.«

»Sei nicht nachtragend mit ihm«, bat Arthur, als wäre er wirklich Mordreds Vater, »aber lass dich nicht von ihm einschüchtern. Nur sieh lieber davon ab, ihn zu schlagen – wer weiß, welche Bestrafungen sich Ector für dich ausdenkt.«

Vielleicht hasste Mordred deswegen jeden in dieser Burg so sehr; vielleicht hasste er sie, weil sie ihn alle behandelten, als wäre er das Kind, das nie erwachsen geworden war.

Vielleicht hasste er es hier ebenso sehr wie ich, weil man sein Zuhause zerstört und seine Familie ermordet hatte und alle von ihm erwarteten, dass er es einfach vergaß – als bedeuteten all die Erinnerungen gar nichts.

Vielleicht hasste er diesen Ort, weil er ihn einzig und allein daran erinnerte, wie viel er verloren hatte.

Sechs

»Eines Tages wird das Schwert, dem du gegenüberstehst, kein Übungsschwert sein, Junge«, ermahnte Ector.

Stundenlang hatten wir auf dem Hof trainiert. Diese seltsame Rüstung klebte an meinem Körper.

Der Schweiß tropfte mir von der Stirn, mein Herz pochte und meine Lunge schmerzte, als hätte sie zu viel Luft auf einmal bekommen – wie eine Stimme, die heiser wurde, wenn man sie übermäßig stark beanspruchte.

Meine rechte Hand konnte ich wieder bewegen, aber das Brennen kroch noch immer durch meine Muskeln und Knochen. Also schwang ich mein Schwert noch immer mit links.

Ector nahm keine Rücksicht darauf. Er hackte auf mich ein wie ein Schlächter, der ein Schwein zerteilte – seiner Brutalität keine Grenzen gesetzt.

Er hatte mich getroffen – mehr als nur einmal, öfter, als ich mitzählen konnte. Ich war gefallen und als ich aufstehen wollte, schlug er mich erneut. Meine Beine zitterten, meine Arme auch, genauso wie der Rest meines Körpers.

Aber ist stand auf. Immer und immer wieder. Ich stand auf, obwohl ich am liebsten dort liegen geblieben wäre. Ich machte weiter, obwohl mein gesamter Körper danach schrie, dass ich endlich aufgeben sollte.

Aber ich gab nicht auf. Nicht einmal, als er mich erneut mit einem heftigen Schlag auf die Erde stieß.

Die Arme auf den Boden gepresst, drückte ich meinen Oberkörper nach oben.

»Gut«, gab der alte Ritter von sich, »wenn du fällst, stehst du wieder auf. Du stehst auf und kämpfst weiter, mit einer anderen Technik, die deinen Gegner überrascht.«

Noch im selben Augenblick machte Ector einen Ausfallschritt nach vorn, das Schwert im großzügigen Halbkreis vor sich geschwungen, die Wucht so stark, dass ich hörte, wie der Stahl durch die Luft schnitt.

Panisch wich ich aus, panisch genug, um über meine eigenen Füße zu stolpern und kurz darauf auf der Erde zu landen. Hastig rollte ich mich zur Seite ab, weil ich sah, wie der Stahl auf mich zuflog, als wäre er ein Blitz, der aus dem Himmel geschossen kam. Der Donner ertönte, nachdem es sich in den Boden gerammt hatte, exakt an jener Stelle, an der ich mich noch vor einer Sekunde befunden hatte.

Ich stand auf. Mit jedem Mal bereitete es mir mehr Schwierigkeiten als zuvor. Mit jedem Mal musste ich mehr kämpfen.

Ich stellte mich Ector entgegen, sodass ich in das tiefe Blau seiner Augen starren konnte.

»Der Zeitpunkt wird kommen, an dem du um dein Leben kämpfen musst, Junge«, sagte er, »und wenn es so weit ist, wird dein Gegner keine Sekunde zögern, seinen Stahl tief in deine Haut zu bohren.«

Er griff mich wieder an, ich blockte seinen Schlag ab, konterte erneut, als er zum zweiten Mal schlug. Doch diesmal drückte mich der alte Ritter beiseite, sodass ich beinahe wieder mein Gleichgewicht verlor. Ich fing mich gerade noch rechtzeitig, drehte mich rasch um, weil ich mit dem Rücken zu dem alten Ritter eine nur zu angenehme Zielscheibe darstellte.

Mir blieb nicht einmal genügend Zeit, um mein Schwert zu heben und den Schlag abzublocken. Ich sprang zur Seite, sprang aus Ectors Reichweite hinaus.

Er kam auf mich zu, warf mir sein Schwert entgegen, als wäre es eine Axt und ich der Baum, in dessen Rinde sie sich graben sollte.

»Also darfst du auch nicht zögern.«

Sein Fuß rammte sich in meinen Bauch. Ich stolperte nach hinten, verlor zum erneuten Male das Gleichgewicht. Ector nutze den Moment aus und hastete auf mich zu, die Augen wild, als würde ich einem Wolf gegenüberstehen.

»Denn wenn du zögerst, stirbst du«, sagte er und hob mit beiden Armen sein Schwert über den Kopf.

Ich rollte hektisch zur Seite und sah das Schwert an der Stelle auf den Boden treffen, an der sich mein Kopf befunden hatte.

Der Anblick schockte mich, drückte mir für den Bruchteil einer Sekunde die Luft ab.

Eines Tages würde ich einem echten Schwert entgegenstehen, hatte er gesagt, doch selbst mit dieser abgestumpften Klinge hätte er mich töten können.

»Wenn du zögerst, bedeutet das deinen Tod«, erklärte er und trat mir in die Rippe.

Die Erschöpfung hatte meine Lunge bereits zum Schmerzen gebracht, hatte mir das Atmen erschwert. Jetzt blieb mir die Luft voll und ganz weg. Ich erstickte, als befände ich mich unter Wasser: der Druck in meinen Lungenflügel steigend, als sie sich mit der Flüssigkeit füllten.

Ich kämpfte nicht nur gegen Ector. Ich kämpfte gegen mich selbst, gegen den Schmerz und gegen die Angst und gegen meine Schwäche. Ich kämpfte gegen die gesamte Welt.

So oft hatte ich gegen ihn verloren. Ich wollte nicht wieder verlieren, aber ich wusste, ich hatte keine Chance.

Was er mir antat, wenn ich verlor, würde die Strafe dafür sein, dass ich Mordred angegriffen hatte.

Und je schneller ich verlor, desto brutaler wurden seine Schläge.

Wenn es nicht meine eigene Kraft war, die mich in diesem Moment vom Boden hob, dann war es diese elendige Mischung aus Angst und Zorn.

Sobald ich wieder auf beiden Beinen stand, stolperte ich einige Schritte zurück, überwältigt von der Kraft, die es mich kostete, stehen zu bleiben. Dann sah ich das Schwert des alten Ritters auf mich zukommen und blockte es ab.

»Der Zeitpunkt wird kommen, an dem du um dein Leben kämpfen musst!«, wiederholte er.

Eine Sekunde später stach sein Schwert in Richtung meines Bauches. Ich schlug es mit meiner Klinge weg, panisch.

»Gibst du auf, stirbst du.«

Er stach erneut auf mich ein. Ich wich aus, trat mehrere Schritte zurück. Doch ich war nicht schnell genug. Kaum hatte ich meinen letzten Schritt gesetzt, spürte ich Ectors Faust in meinem Gesicht.

Die Wucht hätte mich glatt zurück auf den Boden befördert, aber ich steuerte dagegen, weigerte mich, ihn gewinnen zu lassen, und sank dadurch nur auf meine Knie.

Ector kämpfte erbarmungsloser als sonst.

»Bist du unaufmerksam, stirbst du«, sagte der alte Ritter und schwang sein Schwert seitlich nach mir.

Ich stieß mich mit meinen Armen vom Boden ab, schubste mich nach hinten, wodurch ich seiner Klinge nur knapp auswich. Als er dann auf mich zukam und mit seinem Schwert ausholte, realisierte ich, dass ich meines verloren hatte.

»Verlierst du deine Waffe«, sagte er dann, Hunger in seinen Augen und Gier in seinem Blick, »stirbst du.«

Ich sah den dunklen Schein in seinen Augen, als sie das Silber des Stahls einfingen. Seine gesamte Kraft setzte er in diesen einen Schlag hinein.

Ich wartete, mein Herz pochte in meiner Brust. Ich hatte Angst – Angst vor der Klinge, Angst vor Ectors Kraft.

Meine Knochen zitterten. Ich beobachtete den alten Ritter, nahm den Anblick seines Schwertes, den rasenden Stahl und die Anspannung in seinen Muskeln wahr. Ich wartete. Wartete. Während das Blut in meinem Kopf pulsierte.

Alles in mir wollte wegrennen. Aber ich rührte mich keinen Zentimeter.

Ectors Schwert raste auf mich zu. Der Stahl teilte die Luft entzwei. Das Tempo wurde schneller, gefährlicher. Tödlich.

Nur mein linker Fuß trat einen Schritt – einen winzigen Schritt – nach hinten. Ich drehte meinen Körper zur Seite. Die Klinge raste dicht an mir vorbei, dicht genug, dass ich für einen Moment mein Spiegelbild in dem blanken Stahl sehen konnte.

Diesmal ließ ich dem alten Ritter keine Zeit, um erneut auszuholen. Ich schlug ihn. Meine Faust geballt, rammten sich die Knöchel gegen seinen linken Unterkiefer. Der Schmerz war kaum auszuhalten. Noch vor wenigen Tagen hatte ich gedacht, Ector hätte mir meine Knochen gebrochen; jetzt war ich mir sicher, dass ich sie mir selbst gebrochen hatte.

Der alte Ritter gab einen überraschten Luftstoß von sich. Speichel schoss aus seinem Mund.

Ich gab einen Schrei von mir.

Wenn Ector mich erwischte, würde er mich dafür bluten lassen. Er würde mich ausbluten lassen wie ein geschlachtetes Vieh.

Tränen verschleierten meine Sicht, als ich den Schmerz in meiner Hand kaum noch aushalten konnte. Das Stechen machte mich blind.

Plötzlich fand ich mich auf meinen Knien wieder.

Kalter Stahl legte sich unter mein Kinn, drückte es nach oben, sodass ich in Ectors Richtung blickte. Durch die flüssige Schicht über meinen Augen sah ich sein Blau hinausstechen.

Die Klinge drückte sich in meinen Hals.

»Zeigst du Angst oder Mitleid, stirbst du. Du kannst einem Kampf nicht entkommen, Junge. Du kannst wegrennen oder fliehen, aber du wirst dich deinem Gegner früher oder später stellen müssen.«

Er machte eine Pause. Wahrscheinlich betrachtete er mich, betrachtete den Schmerz, der all meine Muskeln versteifte. Alles, was ich sah, war der Stahl.

Dann hörte ich Ector tief durchatmen – schwermütig – beinahe, als hätte er Mitleid.

Ich wollte weg – weg von diesem Ort, weg von Camelot, weg von ihm. Aber ich wusste, hiervon gab es kein Entkommen.

Wollte nach Hause, wünschte mir, dass all das nur ein Traum wäre und ich aufwachen würde, bevor der nächste Schlag meinen Körper traf.

Ich wollte weinen, aber ich wusste, wenn ich es tat, würde er mir nur mehr Schmerzen zufügen.

»Bei einem Kampf kann nur einer überleben, Junge. Nur einer. Und ich will, dass du dieser eine bist.«

Seine Hände griffen nach mir. Als er mich gerade vom Boden hievte, hörte ich Schritte. Ector musste sie auch gehört haben, denn ich spürte, wie sich sein Körper in die Richtung des Geräusches drehte.

»Der Lord verlangt nach euch im Thronsaal – euch beiden.«

Es war eine aufgebrachte Stimme. Lancelots Stimme.

Die Schritte ertönten wieder, sobald er uns seine Nachricht überbracht hatte, entfernten sich von uns und begaben sich zum Thronsaal.

Ector half mir, hob mich auf meine beiden Füße, als wäre ich ein Kleinkind, das gerade lernte, zu gehen. Ich atmete heftig vom Schmerz, verzog das Gesicht, weil ich es kaum aushalten konnte.

»Reiß dich zusammen, Junge«, flüsterte er mir zu.

Er klopfte mir auf den Rücken. Seine Güte erschrak mich.

Dann half er mir dabei, den Brustpanzer auszuziehen und zog sich anschließend seinen eigenen aus. Er warf sie auf den Boden und eilte zum Thronsaal, mich hinter sich im Schlepptau.

Ritter in silbernen Rüstungen standen wie Dekoration einer Tischgarnitur auf den verschiedenen Stufen zum Thronsaal. Der Lord selbst saß am Ende des Podests, saß auf dem Thron, als wäre er bereits der König, der er strebte zu werden. Seine Hände umgriffen die goldenen Drachenköpfe; sein Kronreif glänzte im Sonnenlicht, das durch die Fenster schien.

Unter den Rittern erkannte ich Lancelot und Mordred. Mit einem weiteren Ritter standen sie links von ihrem Lord. Rechts stand noch einer mit einem kantigen Kopf, die blonden Haare darauf abstehend wie die Stacheln eines Igels.

Seine Augen verblüfften mich, sie waren gelb, fast orange, vermischt mit einem zarten Braun. Aber als ich genauer hinsah, erkannte ich auch ein schwaches Grau in ihnen.

Ich folgte seinem Blick und sah einen Mann am Ende der Stufen knien, sein Kopf demütig nach unten geneigt. Während Ector nach oben lief, um auf der letzten Stufe vor seinem zukünftigen König stehen zu bleiben, positionierte ich mich am unteren Ende des Podestes – dort, wo mich niemand beachten und ich niemanden stören würde.

Um mich von dem Gefühl der nahenden Bewusstlosigkeit abzulenken, konzentrierte ich mich auf den Mann, der vor seinem Lord kniete. Erst jetzt bemerkte ich das Grau in seinen Haaren, seinem Bart und die zerrissene Kleidung an seinem Körper – Kennzeichen dafür, dass er sie seit Jahren jeden Tag getragen hatte.

Schweiß bedeckte seine Stirn, der Atem verließ seine Lunge ebenso erschöpft wie der meine, seine Brust sich heftig auf und ab bewegend –

er war anscheinend weit gerannt. Das einzig Sonderbare an ihm waren seine pechschwarzen Augen. Nur schien niemand außer mir sonderlich verwundert darüber.

Arthur wartete, bis Ector an seinem Platz stand. Erst dann sprach er.

»Erzähl es erneut«, befahl der Lord, »was behauptest du, gesehen zu haben?«

»Druiden, Herr«, gab der Mann von sich, »ich – ich sah Druiden.«

»Wo?«

Arthurs Stimme füllte sich mit Gier – wie ein Becher, der bis zum Rand hin mit Wein gefüllt war. Ich wollte nicht wissen, was geschah, sobald er überlief.

»Im – im Wald, Herr – südlich von hier. Na-nahe des Wasserfalls. Vergangene Nacht – sie haben dort ihr Lager aufgeschlagen und … mit den Flammen i-ihres Feuers getanzt.«

Meine erste Reaktion darauf war ein Stirnrunzeln. Dann verdrehte ich die Augen. Er klang wie einer dieser Menschen, die Magier mit Teufeln verglichen – oder mit Wahnsinnigen, die glaubten, ein Prinz der Hölle würde ihnen Beachtung schenken, wenn sie um ein Feuer tanzten.

»Druiden«, spuckte Arthur, die Abscheu in seiner Stimme war unmöglich zu überhören, »bist du dir sicher, dass du sie dort gesehen hast?«

Der Mann nickte. Ich teilte seine Nervosität vor dem Lord, teilte seine Angst, als Arthurs Blick nur ihm galt. Der Mann starrte auf den feuerspeienden Drachen vor den Stufen zum Thron.

Arthur gab ein kurzes Lachen von sich, leer von Humor, aber voller Hass.

»Weißt du, in welche Richtung sie wollten?«

Der Mann schluckte heftig und ich realisierte, dass ich Mitleid mit ihm hatte.

»Warum wagen sie sich so nah an Camelot heran?«, spuckte der Lord.

Der Mann zitterte.

»Sprich!«, preschte Arthurs Stimme an den Wänden des Saals entlang.

Der Bauer zuckte zusammen.

»S-sie entdeckten mich, Herr, h-hielten mich fest – sagten, sie hätten eine Botschaft, die – die ich übermitteln soll – Eu-euch übermitteln soll, Herr.«

»Und wie lautet diese Botschaft?«

Der Mann starrte noch immer auf den Boden, aber ich sah, wie sich seine Mundwinkel auf grauenvolle Art nach oben zogen. Sein Grinsen ließ meine Nackenhaare zu Berge steigen – es war nicht sein Grinsen. Und die Augen, die ich in der Spiegelung auf dem Boden sah, wirkten, als wären sie auch nicht seine.

Sie waren unnatürlich, unmenschlich – wie sein Grinsen.

»Sie haben keine Angst vor Euch. Sie fürchten Euch nicht – nicht mehr. Eure Zeit neigt sich dem Ende. Er wird kommen; er wird kommen und Euch bezahlen lassen für das, was Ihr ihnen allen angetan habt. Er wird Euch alles nehmen. Auch Euer Leben.«

Seine Worte hallten in der Stille, gruben sich unter meine Haut. Ein Schauer rüttelte mich wach – diese Stimme …

Sie hatte sich verändert – als gehörte auch sie ihm plötzlich nicht mehr.

Ein weiterer Schauer wanderte durch meinen Körper.

»Wir leben in Zeiten des Friedens, Parzival. Aber er ist zerbrechlich. Er hält nur so lange an, wie die Geduld der Menschen es ihm erlaubt.«

»Eine Drohung also«, bemerkte Mordred, »keine Botschaft.«

Sein Blick wanderte auf seinen zukünftigen König, die Augen zusammengekniffen, als erwartete er eine bestimmte Reaktion von dem Lord.

Arthur lehnte sich nach vorn; er nahm die Hände von den Lehnen und stütze sich mit seinen Ellenbogen auf den Knien ab.

»Wie lautet dein Name?«, fragte er.

Der Mann zögerte.

»Praphen, mein Herr.«

Plötzlich war seine Stimme wieder normal. Aber diesmal war es Arthurs Ton, der mich mehr erschreckte. Anspannung lag in ihm, aber sie wurde angetrieben durch Frucht. Nicht durch Hass.

Furcht.

»Hör mir genau zu, Praphen. Ich möchte, dass du gut darüber nachdenkst: Von wem sprach der Druide? Wen meinte er, als er sagte ‚er wird kommen‘?«

***

»Das ist Cornwalls Werk, daran besteht kein Zweifel«, gab einer der Ritter von sich – der mit dem kantigen Kopf und den Haaren wie die Stacheln eines Igels.

Natürlich hatte der Mann den Kopf geschüttelt, nachdem Arthur ihn seine Frage gestellt hatte. Danach hatte er ihn hinausgeschickt. Jetzt besprach er mit seinen Rittern, wie er vorgehen sollte – obwohl es beinahe so wirkte, als hätte Arthur bereits eine Entscheidung getroffen.

»Daran besteht kein Zweifel, in der Tat«, stimmte Lancelot nachdenklich zu.

»Was gedenkt Ihr also zu tun?«, fragte der Ritter neben Mordred.

Hellbraunes wallendes Haar verzierte seinen Kopf, wanderte an seinem Gesicht hinunter wie Blumenranken an einer Mauer und endete kurz vor seinen Schultern. Der Platz zwischen seinen Augen formte sich nach unten hin zu der Andeutung einer Knollennase zusammen und im Gegensatz zu den anderen Rittern zeichnete ihn ein recht schmaler Körperbau aus.

»Ist es nicht offensichtlich?«

Es war Mordred. Dunkelviolette Augen wanderten von Ritter zu Ritter, Bitterkeit in seinen Gesichtsmuskeln. Seine Miene war die Inschrift einer Sprache, die ich nicht verstand. Er sah auch zu mir – kurz – als sein Blick an der Wunde entlangwanderte, die er mir gegeben hatte. Ein Grinsen versteckte sich auf seinen Lippen.

Dann sah er Arthur an.

»Wenn Ihr wirklich König werden wollt, müsst Ihr ein Zeichen setzten. Niemand wird das Knie beugen, wenn Ihr Euch von einer Drohung wie diese einschüchtern lasst. *My Lord.*«

Arthur kniff die Augen zusammen.

»Was schlägst du vor?«, fragte er.

Mordred verzog sein Gesicht, die Muskeln schlagartig zusammenzuckend, als hätte ihn etwas gestochen.

»Wir setzen ein Zeichen«, antwortete er, »wir reiten aus. Nur die Ritter in diesem Saal. Wir reiten aus und zeigen diesen Druiden, dass sie gut daran täten, Euch zu fürchten. Denn das ist es doch, was einen König aus macht – was *Euch* ausmacht, nicht wahr? Ihr wollt, dass Kreaturen wie sie Euch fürchten … also lehrt es ihnen!«

Jetzt konnte ich ihn sehen, klar und deutlich, den Hunger in seinen Augen, den Abscheu und … dieses wilde Verlangen, das jeden Muskel seines Körpers in Bewegung versetzte.

In diesem Moment fiel es mir sogar schwer, einzuschätzen, gegen wen sich all das richtete.

Mein Gefühl sagte mir, gegen die Druiden, aber die Art, wie er Arthur anblickte …

»Respekt ist es, was einen König ausmacht«, schoss es aus Ector heraus, die Falten in seinem Gesicht angespannt, seine Augen zusammengekniffen und nur Mordred fixierend.

Doch Mordred beachtete den alten Ritter nicht. Seine Aufmerksamkeit galt einzig und allein dem Lord vor ihm.

»Zwischen Respekt und Furcht gibt es keinen Unterschied. Sie sind ein und dasselbe: ein Mittel zum Zweck. Ohne Respekt, keine Furcht. Ohne Furcht keinen Respekt. Wenn Ihr König werden wollt, verschafft sie Euch beide. Reitet aus. Zeigt Ihnen kein Erbarmen und ich versichere Euch, Ihr werdet der König werden, der Ihr verdient zu sein.«

Arthur beobachtete Mordred, seine Augen evaluierend, als versuchten sie herauszufinden, ob der Junge vor ihnen etwas im Schilde führte.

Druiden hätten seine Eltern getötet, hatte Arthur mir erzählt. Es fiel mir nicht schwer zu glauben, dass er deswegen so erpicht darauf war, auszureiten, sich dafür zu rächen, was dieses Volk mit jenen gemacht hatte, die ihm einst die Welt bedeutet hatten.

Zum ersten Mal verstand ich ihn. Ich konnte seinen Zorn nachvollziehen, denn ich glaubte nicht, ich würde irgendetwas anderes empfinden, wenn ich herausfand, wer mir meine Familie genommen hatte.

Nur brachte mich dieser Junge zum Verzweifeln, denn sein Zorn richtete sich nicht ausschließlich gegen die Mörder seiner Eltern. Und dennoch, trotz

allem, was Mordred getan hatte – trotz der Wunde, die er mir zugefügt hatte, trotz des Zorns, der sich hinter seiner Anspannung verbarg und trotz der Bitterkeit, die er nicht einmal versteckte – hatte ich keine Ahnung, wozu er fähig wäre.

Ich hatte keine Ahnung.

Naivität war es, die mich blind machte, denn obwohl ich das Gegenteil versuchte, konnte ich mich manchmal nicht davon abhalten, die Welt durch die Augen eines Kindes zu betrachten.

Grausamkeit war es in der Tat, die Mordred solch einen Vorschlag unterbreiten ließ. Aber die Frage war: Wem wollte er damit schaden?

So, wie er Arthur ansah, dachte ich beinahe, er wollte nicht die Druiden töten, sondern den Lord selbst.

Ich beobachtete Arthur, starrte ihn an, als könnte ich seine Gedanken kontrollieren, wenn ich ihn nur lange genug mit meinem Blick fixierte.

Er hatte mir ein Versprechen gegeben. Und ich hielt daran fest; hoffte, er würde es auch tun.

»Du hilfst mir, König zu werden und im Gegenzug dafür sorge ich für so wenig Blutvergießen wie möglich.«

Mordreds Ungeduld wuchs mit jeder weiteren Sekunde, dennoch gewann sie nicht die Oberhand über den jungen Lord. Er wusste, dass er Arthur überzeugt hatte, wusste es in dem Moment, in dem er das Wort König ausgesprochen hatte.

Der Lord nickte.

Es fühlte sich an, als hätte mir jemand einen Dolch in den Rücken gerammt.

»Wir werden ausreiten«, sagte er, »wenn sie sich auf dem Weg nach Camelot befinden, wird es nicht lange dauern, sie zu finden. Wir brechen auf, bevor die Sonne aufgeht. Der Bauer, der sie gesehen hat, wird uns begleiten.«

»Druiden sind ein friedliches Volk, Parzival, zweifelsohne nicht makellos, aber friedlich nichtsdestotrotz.«

***

»Was gibt es, Parzival? Was ist so wichtig, dass du es mir jetzt mitteilen musst?«

Arthur wirkte ungeduldig, irgendwie auch unzufrieden.

Nachdem er all seine Ritter hinausgeschickt hatte, war ich geblieben – trotz des Zitterns in meinen Knochen. Nur wusste ich nicht, ob es die Angst oder der Zorn war, der mich zittern ließ.

Ector hatte mir einen seltsamen Blick gegeben. Als ich ihn erwidert hatte, mein Gesicht für den alten Ritter mehr aussagend als eintausend Worte, hatte er mir zugenickt. Ich war verblüfft von der Geste – noch immer. Danach war er gegangen. Das Vertrauen, welches er mir in diesem Moment gegeben hatte, überraschte mich mehr als alles andere.

»Was meinte Mordred, als er sagte, Ihr wollt, dass ‚diese Kreaturen' Euch fürchten?«, fragte ich, weil ich wusste, es wäre die dümmste Entscheidung überhaupt gewesen, ihn ohne Weiteres zu sagen, dass ich sein Vorhaben missbilligte.

Ich war ein Knappe. Im Vergleich zu ihm war ich nichts.

»Ich bezweifle, dass das für dich von irgendeinem Belangen ist«, antwortete er.

Mit der Strenge eines Königs.

Ich versuchte, mich davon nicht einschüchtern zu lassen – er hatte mir gesagt, ich solle ihm helfen, König zu werden und genau das war es, was ich tat.

»Vielleicht ist es das doch, my Lord«, entgegnete ich vorsichtig.

Allerdings nicht vorsichtig genug. Arthur wurde wütend.

»Diese Entscheidung liegt immer noch bei mir.«

Es war kein richtiges Schreien. Aber es genügte, dass ich zusammenzuckte. Sein Ton war laut, streng. Ungeduldig. Er war von seinem Thron aufgesprungen, starrte mich an wie ein Löwe, der eine Gazelle riss.

Ich hatte ihm nichts zu sagen und er wusste es. Und dennoch schienen meine Worte, sich in an seinem Gewissen festzubeißen.

Ich wollte gehen. Gerade, als er sich wieder hingesetzt hatte, wollte ich gehen. Aber ich konnte nicht.

»Arthur kann grausam sein, du kannst das ändern.«

Guinevere hatte das zu mir gesagt. Ihre Worte bohrten sich fest, klammerten sich um meinen Leib wie die Tentakel eines Kraken um den Mast eines Schiffes.

Ich wusste nicht, warum ich so sehr an ihre Worte glaubte, aber ich tat es nichtsdestotrotz. Ich glaubte daran, hielt daran fest, wie ich an Arthurs Versprechen festhielt.

»Erinnert Ihr Euch an das Versprechen, das Ihr mir gabt?«, fragte ich, diesmal überraschenderweise weniger vorsichtig als zuvor.

Arthur könnte sich meiner entledigen, wann immer es ihm beliebte.

Er musste nicht auf mich hören – kein Eid band ihn an meine Worte, nur eine Abmachung, die ausschließlich unter uns beiden existierte, sonst gar nicht.

»Du hilfst mir, König zu werden«, antwortete er.

»Und dafür sorgt Ihr für so wenig Blutvergießen wie möglich.«

Arthur atmete ein überraschtes Lachen aus.

»Ja«, gab er zu, »so wenig wie möglich – nicht gar keines.«

Seine Zähne pressten sich hinter seinen geschlossenen Lippen zusammen. Sein Kiefer zuckte dadurch, spannte sich an und ließ dadurch die Knochen in seinem Gesicht noch kantiger wirken – scharf wie der geschliffene Stahl eines Dolches.

Ich wusste nicht, was ich darauf antworten sollte.

Er hatte mich in der Hand – als hätte er mich von Anfang an in diese Falle locken wollen, als hätte er nur darauf gewartet, dass sie endlich zuschnappte.

»Druiden zu ermorden, bringt Euch nicht näher an den Titel eines Königs«, meinte ich, »sondern weiter davon weg.«

Ich wusste, es war dumm, aber was ich sagte, sollte ihn provozieren. Sollte ihn wütend auf mich machen, weil ich wütend auf ihn war.

»Sei vorsichtig, was du sagst«, warnte er.

Ich hasste ihn.

»Warum wollt Ihr, dass sie Euch fürchten?«, spuckte ich ihm entgegen.

Ich sah dabei zu, wie der Zorn seine Muskeln in Bewegung versetzte. Sah dabei zu, wie er von seinem Thron aufsprang – ein Thron, den er nicht verdiente.

»Furcht bringt Euch nichts als Hass. Wenn Ihr wollt, dass sie Euch fürchten, werden sie wollen, dass Ihr sterbt!«

Er raste auf mich zu. Ich hatte Angst, aber ich ließ nicht zu, dass sie das Schiff versank, auf dem ich segelte.

»Wofür wollen sie Euch bezahlen lassen«, warf ich ihm vor, selbst als er mich bereits am Hemd gepackt hatte, »was habt Ihr getan, dass sie Euch nach dem Leben trachten?«

Ich dachte an meine Schule, dachte an meine Heimat, an die Menschen, die dort gelebt hatten und an meine Familie.

Ich dachte an Isaacs.

Und an die Flammen, die alles verschlungen hatten.

Die Wucht, mit der Arthur mich gepackt hatte, warf mich nach hinten, versetzte meine Hand in Bewegung. Das Stechen zog sich in meinen Kopf. Ich verzog mein Gesicht vor Schmerz, doch Arthur musste gedacht haben, es wäre aus Angst gewesen.

Ich biss mir auf die Zähne, weil ich nicht aufschreien wollte, weil ich ihm nicht diese Genugtuung gönnte.

»Du schweigst!«, spuckte er.

Er packte mich fester, zog meinen Körper dichter an sein Gesicht heran.

»Ich sagte dir, du weißt nicht, wo deine Grenzen sind«, sagte er dann, »aber du wirst es schnell lernen, glaube mir.«

Er schleuderte mich auf den Boden. Diesmal, als ich auf meiner verletzten Hand landete, konnte ich mir das Aufschreien nicht verkneifen. Ich hörte ein Knacken und wusste, irgendein Knochen war endgültig gebrochen.

Dass sie verletzt war, hätte Arthur unmöglich übersehen können – sie war blau, violett an den Knöcheln, an manchen Stellen sogar schwarz. Er hatte mich absichtlich auf den Boden geschleudert, hatte mich so geworfen, dass ich nicht anders konnte, als auf ihr zu landen.

Ich hasste ihn dafür.

Er war grausam und dachte, es würde ihn stärker machen – dachte, er könnte mich damit das Fürchten lehren.

Ich drehte mich mit dem Rücken zu ihm, als ich mich mit der anderen Hand vom Boden abstütze, weil ich nicht wollte, dass er die Schmerzen in meinem Gesicht sah. Und die Tränen, die ich nicht unterdrücken konnte.

»Was denkst du, wer du bist, dass ich mich vor dir rechtfertigen müsste?«

Ich hasste ihn.

Hasste ihn, hasste ihn, hasste ihn.

»Auf dieser Welt gibt es keinen Platz für Magie«, bohrte sich sein eiskalter Ton durch meine Haut, »sie ist gefährlich und gehört vernichtet. Und ich werde nicht ruhen, ehe dem letzten Magier und dem letzten Druiden der Garaus gemacht wurde. Sie hatten ihre Chance auf Frieden, doch sie haben sich dafür entschieden, ihn wegzuwerfen. Sie haben uns den Krieg erklärt. Alles, was ich will, ist, ihn zu beenden.«

Er machte eine lange Pause. Ich sah ihn nicht an, hörte aber seinen Atem im Saal hallen.

»Ich werde sie vernichten – ich werde diese Druiden im Wald töten. Und du wirst mir dabei helfen. Das ist deine Strafe, Parzival, und eine Warnung, dass du es nie wieder wagst, dich gegen mich aufzulehnen.«

***

Arthur verließ vor mir den Thronsaal. Eine ganze Weile lang lag ich noch auf dem Boden, in mich zusammengefaltet wie ein Säugling im Bauch seiner Mutter. Das Pochen in meiner Hand verschlimmerte den Schmerz. Aber das war es nicht, das mich dort liegen bleiben ließ. Es waren Arthurs Worte.

»Ich werde sie vernichten – ich werde diese Druiden im Wald töten. Und du wirst mir dabei helfen. Das ist deine Strafe, Parzival.«

Er wusste, wie sehr ich es verabscheute und dafür hasste ich ihn.

Nachdem ich es vom Boden geschafft hatte, begab ich mich zum Hof, um die Übungsschwerter und die Brustpanzer wegzuräumen, die noch von Ectors und meinem Training dort lagen. Der alte Ritter hatte hinter den geschlossenen Türen zum Thronsaal auf mich gewartet. Mit den Armen über seiner Brust verschränkt, lehnte sein Rücken gegen den massiven Stein des Gebäudes. Als er sich von der Wand abstieß und mir folgte, fragte ich mich, wie viel er mitbekommen hatte.

Nachdem ich Schwerter und Brustpanzer zurück in die Waffenkammer gebracht hatte, meinte Ector, ich solle ihm folgen.

Wir liefen durch den Turm in den langen Gang, der sich dahinter befand. Ein weiterer Turm befand sich am anderen Ende. Doch statt nach oben zu gehen, begaben wir uns nach unten.

Feuchte Luft trat mir entgegen wie der Wind eines plötzlich nahenden Sturmes. Ich zögerte, blieb stehen, nachdem ich nur zwei Stufen gegangen war. Ector bemerkte mein Misstrauen, als wäre es ein Geruch, den er in meinem Schweiß roch. Der alte Ritter drehte sich zu mir um, die Augenbrauen nach oben gezogen.

»Worauf wartest du, Junge?«, fragte er, doch ich antwortete nicht.

Als er die Angst nun auch auf meiner Miene lesen konnte, gab er ein vom Kopfschütteln begleitetes Lachen von sich.

»Was glaubst du, könnte Schlimmeres dort unten geschehen, als dir bereits oben passiert ist?«, fragte er dann und lief weiter, ohne auf meine Reaktion zu warten.

Ich folgte ihm.

Die Abstände der Fackeln wurden länger, das Licht, das sie spendeten, schwacher, die Luft immer kühler. Gänsehaut überflutete meine Arme.

Eine Tür versperrte uns den weiteren Weg. Ector klopfte laut an, die Faust hart gegen das Holz gepresst. Dreimal ertönte sein Hämmern. Erst herrschte Stille. Dann hörte ich Schritte. Plötzlich schob jemand auf der anderen Seite eine schmale Platte in der Mitte der Holztür beiseite. Ein altes Paar Augen schaute uns an, das Gelb in ihnen erschreckend stark.

Ein Schauer kroch durch mein Blut.

»Ector!«, sagte eine alte Stimme, als der Mann, dem sie gehörte, ihn wiedererkannte.

Die Platte wurde zurückgeschoben, verdeckte die gelben Augen dahinter. Jemand öffnete die Tür.

Ein alter Mann stand vor uns, ein braunes Barett auf dem Kopf, verziert mit einer schwarzen Feder, die einen ziemlich alten Eindruck auf mich machte – als schmückte sie die Kopfbedeckung des Mannes, seitdem er geboren war.

Auf der Spitze der Feder befand sich ein gelbgrüner Fleck, die Farbe intensiv, hell strahlend im Kontrast zum trüben Licht hinter ihm. Er wirkte alt, der Rücken gebeugt, als könnte er ihn nicht mehr aufrecht halten. Ein roter Mantel hing an seinem Leib, der Stoff bis nach unten zu seinen Füßen reichend.

Auch sein Gesicht wirkte alt, aber anders als bei Ector nicht durch Falten – von denen besaß er kaum welche – sondern durch die Schwermut, die in seiner Miene lag. Die Muskeln in seinem Gesicht beanspruchten mehr Zeit, um den Ausdruck einer Emotion zu formen.

Von seinen Mundwinkeln wanderten die Haare eines Bartes nach unten zum Kinn, die Farbe von Taubengrau bis Zinn. Über seinen Mundwinkeln wuchs ebenfalls ein Bart, der an beiden Seiten wie der Schwanz einer Ratte nach unten hing.

»Was treibt dich zu mir, du alter Gockel!«, sagte der Mann lachend, als er Ector gegen seine Schulter haute.

Seine Zähne jagten mir einen Schreck ein; sie waren nicht gelb, auch nicht demoliert oder von Krankheit befallen. Sie sahen einfach seltsam aus, beinahe, als bestünden sie aus Holz.

»Ich brauche deine Hilfe, Val«, antwortete der alte Ritter.

Der Mann grinste ein holziges Grinsen, die Lippen von den Zähnen pellend, sodass ich all die sonderbaren Zähne sehen konnte, die sich in seinem Mund befanden.

»Oh, du brauchst mehr als nur meine Hilfe, mein Freund.«

Val drehte sich um, stolzierte zurück in den Raum hinter der Tür wie der Gockel, als den er Ector bezeichnet hatte.

»Was soll es also sein?«, wunderte der Mann, die Hände hinter seinem Rücken verschränkt, der Rücken gebeugt, während er mit großen Schritten hin und her wanderte – wirklich, wen nannte er einen Gockel?!

Ector und ich folgten dem Mann hinein in eine überraschend große Kammer. Ein Feuer brannte in deren Mitte, drumherum standen mehrere Kessel, manche davon abgenutzt, teilweise sogar völlig demoliert, andere mit einem schleimigen Material auf deren Oberfläche.

An den Wänden hingen Regale mit Gläsern, deren Inhalt Flüssigkeiten der verschiedensten Farben. Auf den Tischen darunter befanden sich – neben einer Staubschicht, die dicker war als mein Daumen – seltsame Gerätschaften, von denen ich nur einen Hammer und mehrere Zangen identifizieren konnte.

Mit dem, was er tat, kannte ich mich nicht aus, aber ich war schlau genug, um zu erkennen, dass dieser Mann ein Alchemist war.

»Vielleicht eine schöne Salbe für deinen Dickschädel? Damit du mal endlich wieder Haare auf dem Kopf bekommst?«, lachte er.

Ich konnte förmlich *hören*, wie Ector seine Augen neben mir verdrehte.

»Valden –«, begann er, doch der Alchemist ließ ihn nicht zu Wort kommen.

»Oder einen Tropfen Aroma vom Echsengrün – damit du nicht mehr so nach Schweiß stinkst?«

»Valden –«

»Ja, ja, ich weiß, du kannst diese Duftaromen nicht ab, aber denkst du auch nur eine Sekunde an die Menschen in deiner Umgebung? Echsengrün ist bei Weitem nicht das Feinste, was ich dir anbieten kann, aber es wäre definitiv eine Verbesserung, mein Freund!«

»Valden –«

»Ich verschwend doch nicht meine kostbaren Aromen an den Kerl«, murmelte er zu sich selbst.

»Valden –«

»In Ordnung«, beruhigte er den alten Ritter, die Hände kapitulierend nach oben geworfen, »ich versteh ja! Was willst du dann, Ector? Ein Fläschchen Nachtsicht? Einen Tropfen Glück? Einen Atemzug Munterkeit oder … *Lust*?«

In diesem Moment drehte sich Valden zu Ector um, die rechte Augenbraue nach oben zuckend, die Lippen in ein verspieltes Lächeln geformt, wobei sogar ich die Augen verdrehte.

Gegen das Schmunzeln, das sich in mir anbahnte, konnte ich allerdings auch nichts tun.

Ector legte sein Gesicht in seine Hand, rieb sich mit den Fingern genervt die Augen. Der alte Ritter hörte mein abgekämpftes Lachen, sein Blick schoss in meine Richtung wie ein vom Bogen losgelassener Pfeil, die Geschwindigkeit so rasch, dass ich ihn förmlich die Luft durchschneiden hörte.

Das Grinsen verschwand aus meinem Gesicht.

»Valden«, gab Ector von sich, die Stimme in solcher Verzweiflung, dass es schon köstlich war.

»Was ist es dann?«, verlangte Valden ungeduldig, die Arme wild neben seinem Körper fuchtelnd.

Seine Stimme wurde lauter, beinahe mit derselben Verzweiflung, die ich auch in Ector gehört hatte.

»Rück endlich mit der Sprache raus!«

»Valden!«, schrie Ector, gerade als der Alchemist seinen Mund geöffnet hatte, um dem alten Ritter weitere Angebote zu unterbreiten.

Oh, ich hätte diese Vorschläge nur zu gern gehört.

Der Raum schien Ectors zu Wand zu tragen. Mit jedem Stein, den sie hinter sich ließ, wurde sie lauter, sodass sie mindestens doppelt so laut auf uns drei zurück preschte. Valden schwieg, seine gelben Augen weit offen in ungeduldiger Erwartung auf mehr Informationen.

»Der Junge hat seine Hand gebrochen«, erklärte Ector, müde von Valdens Vorschlägen und sichtlich erleichtert, endlich zu Wort gekommen zu sein.

Der Blick des Alchemisten wanderte zu mir, langsam, als würde ihm übel, wenn er sie zu schnell bewegte oder als könnte er sie gar nicht schneller bewegen. Ich schauderte vor dem Anblick seiner Augen, vor der Art, wie mich das Gelb verschlang.

»Oh«, sagte er, sichtlich enttäuscht.

Dann zuckte er mit den Schultern.

»Eh.«

Daraufhin ging er zu einem seiner Tische, wo er ein übermäßig großes Glas hervorholte. Ich konnte nicht genau erkennen, was es war, das sich da drin befand, aber sowohl die Konsistenz als auch die sandige Farbe machten mich misstrauisch. Valden öffnete das Glas und tauchte seine Hand ein.

»Komm«, sagte er, der Rücken zu mir gekehrt und die freie Hand mich zu sich winkend.

Ich blieb stehen, die Füße tief in den Boden verwurzelt, sodass mich keine zehn Pferde von der Stelle bewegt hätten. Ich sah hilfesuchend zu Ector.

»Los, geh schon«, meinte der, »er mag verrückt sein, aber er weiß, was er tut – meistens.«

Ich schluckte heftig, sichtlich verunsichert, mit so vielen Zweifeln in meinem Kopf, dass ich meine Gedanken nicht mehr ordnen konnte.

Die Salbe, die sich erst in dem Glas befunden hatte und jetzt auf Valdens Hand schimmerte, versprühte einen üblen Geruch. In groben Kreisen verschmierte er den Schleim auf meine gebrochenen Finger, sein Zartgefühl gleich null. Ectors Schläge waren noch sanfter.

Dass ich es geschafft hatte, nicht zu schreien, grenzte an ein Wunder. Vermutlich fehlte mir dazu einfach die Kraft, denn nachdem er jeden Winkel meiner Hand eingekleistert hatte, bildeten sich schwarze Punkte vor meinen Augen und ich kämpfte stark dagegen an, nicht das Bewusstsein zu verlieren.

Danach wickelte er meine Hand mit einem Verband ein, das Material anders als ich es von normalen Verbänden kannte, denn nachdem er seine Arbeit erledigt hatte, goss er eine farblose Flüssigkeit darüber und das Material wurde hart wie Stein.

»So«, verkündete er, »ich hoffe, du bist nicht nur deswegen zu mir gekommen, mein Freund.«

Sein Gesicht blickte zu Ector, doch als der Alchemist auf meine gebrochene Hand klopfte, um seine Aussage zu unterstützen, und ich aufschrie, galt seine Aufmerksamkeit augenblicklich wieder mir.

»Sei nicht albern«, belehrte er mich stirnrunzelnd, »in vier Wochen wirst du deine Hand bewegen können, als wäre nichts gewesen, also hab dich nicht so!«

Diesmal war es Ector, der sich ein winziges Schmunzeln nicht verkneifen konnte. Doch kaum hatte ich realisiert, dass sich seine Mundwinkel tatsächlich nach oben bewegt hatten, verhärtete sich seine Miene wieder.

Momente wie diese waren es, die mich dazu brachten, den alten Ritter zu mögen – Momente, in denen ich seine Menschlichkeit entdeckte; Momente, in denen ich den Ector sah, der Morgana und mich beschützt hatte, als wären wir sein eigen Fleisch und Blut.

»Ich fürchte doch, mein Freund«, antwortete der alte Ritter, »es gibt nichts, das du noch für mich tun könntest.«

»Für wahr«, konterte der Alchemist, »zu helfen ist dir Taugenichts in der Tat nicht mehr!«

Dann drehte sich Valden zu mir um.

»Und was ist mit dir?«

Seine gelben Augen betrachteten mich aufmerksam, wachsam wie die eines Adlers.

Ich öffnete meinen Mund, überrascht und verwirrt zugleich, doch bevor auch nur ein Stottern meine Zunge verlassen konnte, drehte sich der alte Mann wieder zu Ector um.

»Er ist es, nicht wahr? Er ist das Kind, das –«

»Nicht jetzt«, schnitt Ector ihm das Wort ab.

Der Ton des alten Ritters ließ mich zusammenzucken. Aber der des Alchemisten überraschte mich mehr. All der Schabernack schien aus seiner Stimme verschwunden, ersetzt durch Ernst, beinahe sogar etwas, das sich anhörte wie Erstaunen.

»Er weiß es nicht«, realisierte Valden, »du hast es ihm nicht erzählt.«
Er schoss einen blitzartigen Blick zu mir. Mein Gesichtsausdruck überzeugend genug, dass ich offensichtlich nicht wusste, was ich nicht wusste.
»Wann wirst du –«
»Nicht jetzt!«, schoss es aus Ector heraus.
Valden nickte. Er schwieg.
Ector bedankte sich bei seinem Freund. Dann winkte er mich zu sich.
»Ich danke Euch, Herr«, sagte ich, als ich an Valden vorbeiging.
Der Alchemist schaute mich anders an, als er es zuvor getan hatte – mit einem Blick, den ich nicht ganz entschlüsseln konnte, der mir aber keineswegs gefiel.
»Nenn mich Valden, Kind«, sagte er, »'Herr' ist etwas für die feinen Leute und zu denen will ich nicht gehören.«
Er gab Ector einen ernsten Blick, den der alte Ritter erwiderte. Dann folgte ich ihm aus der Kammer hinaus zurück zu den Stufen des Turms.
Er sprach kein Wort mit mir, ließ mich allein in der Stille über die Worte des Alchemisten grübeln. Ich fragte ihn nicht nach deren Bedeutung, obwohl es mich jede Sekunde danach drängte – ich wusste, er würde mir sowieso keine Antwort geben; nicht, wenn er sich so bemüht hatte, es vor mir geheim zu halten und sogar Valden zum Schweigen gebracht hatte.
Erst als wir uns in der Nähe der Waffenkammer befanden, sprach Ector wieder mit mir.
»Wir brechen früh auf«, meinte er, »sorge dafür, dass mein Schwert bis dahin geschliffen ist. Und vergiss deines nicht!«
Ich sah ihn erstaunt an, obwohl ich mir den Schock hätte sparen können. Ich hatte mir bereits gedacht, dass er Arthur und mein Gespräch nicht überhören würde und ich hätte wissen sollen, dass es keine Möglichkeit für mich gab, aus dieser Situation zu entkommen.
Ich hatte es verdrängt.
Ich hatte es erfolgreich verdrängt.
Anderenfalls wäre ich naiver, als ich selbst von mir dachte.
Ich schüttelte den Kopf.
»Nein«, sagte ich und erschauderte bei dem Klang dieses Wortes.

Ectors Blick zeugte einzig und allein von Strenge – Strenge, die keine Widerrede duldete; Strenge, die mich an all die Schläge und an all die Wunden erinnerte; Strenge, die mir Angst machte. Doch so sehr ich mich auch vor Ector in diesem Moment fürchtete, so fürchtete ich mich mehr davor, jemand zu werden, der ich nicht war.

»Ich werde nicht töten«, stellte ich klar, »ich werde nicht tun, was Arthur von mir verlangt. Er kann mir antun, was er will, aber niemals wird er mich dazu bringen, ein Leben für ihn zu nehmen – ich bin keiner seiner Ritter. Ich bin keine seiner Kreaturen, die er kontrollieren kann.«

»«Ector trat einen Schritt auf mich zu. Ich wich zurück – panisch, ängstlich.

»Nein, Ritter bist du nicht«, sagte er, »aber du bist der Knappe einer seiner Ritter und er ist dein Lord. Du wirst tun, was er dir befiehlt.«

Die Strenge verschwand nicht aus seinem Gesicht, die Angst nicht aus meinen Knochen. Ich dachte an Arthurs Versprechen, dachte daran, wie er mir so wenig Blutvergießen wie möglich zugesichert hatte. Ich dachte daran, wie er mich betrogen hatte.

»So wenig wie möglich – nicht gar keines.«

Ich dachte an die Wut, die ich in diesem Moment empfunden hatte. An den Hass, den ich noch immer verspürte.

Wie hatte ich jemals denken können, dass unsere Abmachung etwas bedeutete?

Wie hatte ich jemals glauben können, dass ich – ein Kind, ein schwaches, ängstliches Kind – wirklich irgendetwas von Bedeutung vollbringen könnte?

Ich erinnerte mich an Avalon, erinnerte mich an das Feuer und an die Schreie und an das Blut, das die Straßen gefärbt hatte.

Ich hasste ihn.

Ich hasste sie alle.

Ich hasste Arthur.

Ich hasste Camelot.

»Nein«, weigerte ich mich.

Ector erschrak, seine Falten spannten sich an, während sein Kiefer zuckte wie ein sterbendes Tier.

Es war mir egal. Ich hatte keine Angst vor ihm. Er konnte mich schlagen, wie er wollte, mir so viele Schmerzen zufügen und Knochen brechen, wie ihm beliebte, aber er würde mich niemals dazu zwingen können, ein Leben zu nehmen.

»Er ist nicht mein Lord«, spuckte ich, die Wut mir zu Kopf steigend, »und er wird nie mein König sein.«

Mein Herz kochte. Das Blut brodelte in meinen Adern.

Ector packte mich, packte meinen Arm, der nicht mehr so dünn war wie einst. Seine Finger pressten sich gegen meinen Muskel, zogen mich dicht an ihn heran.

»Wag es nicht, solche Worte in den Mund zu nehmen! Hörten sie die falschen Ohren, würde es dich mehr als nur dein Leben kosten. Du verstehst nicht, was hier für dich auf dem Spiel steht, Junge! Was für uns alle auf dem Spiel steht!«

»Dann erklärt es mir!«

Ich riss mich aus seinem Griff, sichtlich erstaunt, als ich es tatsächlich geschafft hatte.

»Erklärt es mir, Ector! Erklärt mir, was ich nicht weiß!«

Er sah mich an, die Strenge noch immer in seiner Miene, aber deutlich schwächer als zuvor. Er sah mich an, studierte mich, überlegte vielleicht, ob jetzt der richtige Zeitpunkt wäre, seine Geheimnisse zu enthüllen. Nur eine Sekunde lang wirkte es wirklich, als würde er es mir sagen – als hätte er viel zu lange gewartet und könnte es nicht ertragen, noch länger zu warten.

Aber er entschied sich dagegen.

»Eines Tages wirst du verstehen«, meinte er, »du wirst nicht alles verzeihen, was ich dir angetan habe, was Arthur dir angetan hat. Aber du wirst es verstehen.«

Er ging. Ohne ein weiteres Wort drehte er sich um und ging.

Sieben

In nur wenigen Stunden würden sie aufbrechen. Sie würden sich auf den Weg begeben, ihre Pferde durch die Dunkelheit und die Stille hetzen.

Ich würde sie nicht begleiten. Ich wollte sie nicht begleiten. Und ich würde auch nicht in Camelot auf ihre Rückkehr warten.

Ich stand vor dem Pferd – vor meinem Pferd – den Kopf gegen die lange Schnauze des Tieres gelegt, all meine Besitztümer in die Satteltaschen gestopft, zusammen mit etwas Proviant.

Die Luft war kühl, selbst hier im Stall. Ich schloss meine Augen, nahm die Wärme auf, die das Pferd von sich gab. Ich spürte die feinen Haare ihres Fells auf meiner Haut, als meine Hand an ihrem Hals entlangfuhr.

Ich wusste, worauf ich wartete. Und obwohl ich bezweifelte, sie würde ausgerechnet heute kommen, blieb ich hier und wartete weiter.

Morgana war seit Tagen nicht mehr zu mir gekommen, hatte seit Tagen nicht mehr mit mir gesprochen. Es gab keinen Grund für sie, hierherzukommen – nicht, nachdem ich so wütend auf sie gewesen war. Ich war wütend gewesen, aber ich hatte ihr in dem Moment verziehen, in dem ich aus dem Stall gestürmt war. Seitdem hatte ich sie vermisst und noch mehr, seitdem ich geglaubt hatte, sie würde nie wieder mit mir reden.

Es gab keinen Grund für sie, heute zu mir zu kommen. Wirklich keinen.

Und dennoch stand sie ausgerechnet an diesem Abend vor mir.

Ich konnte es erst kaum glauben. Ich hatte die ganze Zeit an sie gedacht, die ganze Zeit verzweifelt gehofft, sie würde kommen, dass ich es für Einbildung hielt, als sie dann tatsächlich vor mir stand.

Ihre Augen leuchteten in der Dunkelheit. Ihr Grün fesselte mich. Ich verlor mich in ihrem Blick und fühlte mich plötzlich völlig entblößt. Meine Wangen wurden rot – ich spürte, wie heiß sie auf einmal wurden.

Sie entdeckte meine bandagierte Hand, doch dann fiel ihr Blick auf das Schwert an meinem Gürtel.

Morgana legte ihre Stirn in Falten. Sie sah mich an, ihr Blick mehr aussagend als tausend Worte. Es dauerte nicht lange, bis sie die vollgepackten Satteltaschen fand.

»Du willst gehen«, stellte sie fest.

Ihre Pupillen sprangen in ihren Augen umher.

»Ohne dich zu verabschieden?«

Ich sah Enttäuschung in ihrer Miene. Und Schmerz. Schmerz, der nichts damit zu tun hatte, dass ich mich nicht verabschieden wollte.

Ich schüttelte meinen Kopf.

»Deswegen bin ich noch immer hier«, erklärte ich ihr, »ich möchte, dass du mit mir kommst. Denn ich werde nicht ohne dich gehen.«

»Wo würden wir hingehen?«, fragte sie.

Ich zuckte mit den Schultern, ein Lächeln auf meinen Lippen gezeichnet, das ich nicht verstand.

»Wohin wir wollen«, sagte ich, »überall ist es besser als hier.«

Sie erwiderte mein Lächeln, aber ich mochte es nicht. Weil ich Mitleid darin erkannte.

Und den Schmerz – dieselbe Art von Schmerz, den Eltern empfanden, wenn sie vor dem Grab ihres Kindes standen, das ihnen einst gesagt hatte, es würde der größte Held auf dieser Welt werden.

Ich konnte diesen Blick nicht ausstehen, denn er zeigte mir, wie grausam die Welt war und wie wenig ich von ihr wusste.

Genau deshalb wollte ich weg. Ich wollte weg, weil ich wusste, es würde nicht einfacher für mich werden und weil ich dumm genug war zu glauben, ich könnte vor meinen Problemen davonlaufen.

»Ich kann nicht gehen«, sagte sie, »Parzival, ich kann Camelot nicht verlassen.«

Sie kam auf mich zu. Das grüne Kleid passte sich den Bewegungen ihrer Oberschenkel an. Die Farbe brachte ihre Augen nur noch mehr zum Vorschein; ihr schwarzes Haar hatte man geflochten, zu einem großen Zopf gebunden, der an ihrem Rücken entlang streichelte.

Sie roch nach Regen, roch nach Sturm und nach den Wellen des Meeres im Mondschein.

Sie kam zu mir und nahm meine heile Hand in ihre. Ihre Haut war warm, sanft wie Seide.

»Bleib«, sagte sie, ihre Augen tief in den meinen verankert, »bleib bei mir. Bitte.«

Ich lächelte sie an, weil ich wusste, ich würde sie niemals verlassen.

Ich dachte an das, was ich vorhin zu Ector gesagt hatte – dass ich nicht töten würde, nicht tun würde, was Arthur von mir verlangte, weil er mir zwar Schmerzen zufügen, aber mich nie kontrollieren konnte.

»«Wahrlich nicht – Arthur würde mich nicht dazu zwingen können. Nicht einmal Ector.

Ich würde mehr Schmerzen erleiden, als sie mir zufügen könnten und mich dennoch weigern. Sie hätten mich nicht einmal aufhalten können, Camelot zu verlassen.

Morgana schon.

Morgana schon.

Der Gedanke erschreckte mich, aber … ich glaubte, dass – wenn sie es von mir verlangte – ich es tun würde.

Für sie.

Vielleicht sogar, ohne zu zögern.

Acht

In seiner Kammer half ich Ector dabei, seine Rüstung anzulegen, die einzelnen Stahlplatten so schwer, dass es mich immer wieder erstaunte, wie ein Mann in seinem Alter eine Last wie diese überhaupt zu tragen vermochte. In der Waffenkammer überreichte ich ihm sein Schwert, welches ich geschliffen hatte, nachdem Morgana mich überzeugt hatte zu bleiben.

Der alte Ritter klopfte mir auf die Schulter, während er seine Mundwinkel in einer beinahe dankbaren Miene hochzog – als hätte er mitbekommen, dass ich eigentlich hatte verschwinden wollen. Ich fragte mich, ob es eine gute Entscheidung war zu bleiben; fragte mich, ob ich es eines Tages bereuen würde.

Nachdem ich die Pferde gesattelt hatte, führte ich sie aus dem Stall und auf den Vorhof, wo Mordred, Lancelot und die beiden anderen Ritter zusammen mit dem Bauern Praphen warteten.

Es war noch immer dunkel. Ihre Gesichter konnte ich nicht sehen, nur das Silber ihrer Rüstungen, die der Mond beschien. Fünf Pferde standen bei ihnen, Ectors und meins nicht mitgezählt.

»Wie lange wird es dauern?«, fragte ich Ector, nachdem wir uns zu den anderen begeben hatten. Ich konnte sein Gesicht nicht sehen, aber ich hörte an dem Klimpern seiner Rüstung, dass er seinen Kopf zu mir gedreht hatte.

»Nicht lange«, antwortete eine andere Stimme. Ich erkannte sie als jene wieder, die dem Ritter mit den abstehenden Haaren gehörte.

»Druiden sind nicht schwer zu töten. Wir werden fertig sein, ehe sie wissen, wie es um sie geschehen ist.«

»Ich traue dem Frieden nicht«, warf der andere Ritter ein, den ich nicht kannte.

»Was ist, Gawain? Hast du Angst, einer von ihnen verhext dich mit ein paar Kräutern?«

Der Ritter lachte, sichtlich amüsiert über seine eigenen Worte. »Vielleicht verwandeln sie dich in einen schönen Esel, dann machen die Laute, die du von dir gibst, wenigstens Sinn.«

»Ich meine es ernst, Keie«, entgegnete Gawain.

Dieser lachte.

»Ich auch!«, sagte er.

Gawain drehte sich zu Keie, gab dem Ritter einen kräftigen Stoß, der seine Rüstung zum Klimpern und ihn nur noch mehr zum Lachen brachte.

»Werd erwachsen«, meinte Gawain dann, wobei ich nicht einschätzen konnte, ob seine Stimme genervt klang oder ob er sich selbst das Lachen verkneifen musste.

»Holzkopf«, murmelte Gawain.

Für einen Augenblick befürchtete ich sogar, dass er weinte. Aber als er sich Lancelot, Mordred und Ector zuwandte, stellte sich meine Befürchtung als unbegründet heraus.

»Ich meine es ernst – ich traue dem Frieden nicht. Wir könnten genauso gut in eine Falle laufen.«

»Eine Falle?« Mordred lachte.

»Von Cornwall?«, fragte Lancelot, der im Gegensatz zu Mordred wirkte, als wäre ihm der Gedanke bereits selbst gekommen.

Gawain nickte. Mordred atmete ein verspottendes Lachen aus, schüttelte mit dem Kopf.

»Sieht aus, als würden wir das noch herausfinden«, sagte er und schwang sich auf den Sattel seines Pferdes.

Einen Moment später sah ich Arthurs Silhouette die Treppen vom Thronsaal hinuntersteigen. Er trug ebenfalls eine Rüstung – die einzelnen Platten trafen bei jedem seiner Schritte aufeinander. An seinem Gürtel hing ein Schwert. Sein Pferd stand bereits bei uns, doch bevor er aufstieg, sah er sich in der Runde um – als würde er sicherstellen, dass ich wirklich da war.

Ich hasste ihn.

Dann schwang er sich auf sein Pferd.

»Keie, der Bauer reitet mit Euch«, wies er an.

Gawain kicherte, doch es war eindeutig, dass er versuchte, es vor seinem zukünftigen König zu unterdrücken – vermutlich aus Angst, Arthur würde seine Meinung ändern und Gawain mit Praphen reiten lassen.

Wir stiegen auf unsere Pferde und ich war überrascht, dass ich Ectors Hilfe nicht mehr benötigte.

Vor nur wenigen Wochen hatte mich der alte Ritter auf den Sattel heben müssen. Jetzt war ich groß genug, es allein zu schaffen.

Es fühlte sich seltsam an – als hätte ich mehr Zeit in Camelot verbracht, als mir lieb war.

Obwohl ich in der Dunkelheit sein Gesicht nicht eindeutig sehen konnte, spürte ich Ectors Blick auf mir, das Gewicht seiner Augen schwerer als die Rüstung an seinem Leibe. Ich wusste nicht, was ich von seinem Blick denken sollte. Es fühlte sich beinahe an, als schoss derselbe Gedanke durch seinen Kopf.

Kurz darauf ertönte das Klappern der Hufe auf Stein, als wir den Hof verließen und an all die Häuser vorbeiritten. Es erinnerte mich an Trommelschläge – Trommelschläge, die nur ertönten, wenn man in eine Schlacht zog.

Ich werde nicht töten, redete ich mir ein, *niemals*.

Ein kalter Wind kam uns entgegen, die Luft außerhalb der Mauern Camelots kälter als innerhalb. Ich atmete sie ein, sog die Frische in meine Lunge auf und spürte, wie sich die Gänsehaut auf meinem Oberkörper ausbreitete. Ich griff nach meiner Kette.

Alles war so still, beinahe friedlich – beinahe. Die einzige Bedrohung waren wir.

Es fühlte sich seltsam an, wieder auf einem Pferd zu reiten, besonders weil ich keinen Tag, seitdem wir Camelot erreicht hatten, an meinem Reiten geübt hatte. Ich erinnerte mich, welche Schwierigkeiten sich mir entgegengestellt hatten, erinnerte mich, wie sich das Pferd ständig gegen meine Befehle geweigert hatte. Jetzt ritt ich, als hätte es diese Probleme niemals gegeben.

Auch davon wusste ich nicht, wie ich darüber denken sollte. Weshalb ich mich entschloss, gar nicht darüber nachzudenken.

Auf dem Feld konnte ich besser sehen – der Mondschein spendete hier mehr Licht als irgendwo anders, spendete mehr Licht als in Camelot und deutlich mehr als in dem Wald. Durch das Dickicht der Äste konnte ich nicht einmal den Himmel sehen. Zwischen den Bäumen zu sein, fühle sich an, wie in einer anderen Welt zu sein. In einer dunklen, kalten Welt, die Luft feucht und die Stille laut. Unheimlich.

Aber noch immer waren wir es, die die größte Bedrohung darstellten.

Arthur ritt voran, das Tempo seines Pferdes rasch. Er hoffte, im Morgengrauen auf die Druiden zu stoßen – er hatte den Weg, den Praphen hinter sich gelassen hatte, mit einberechnet, auch den Weg, den die Druiden hinter sich bringen würden.

Morgengrauen hatte er also gehofft.

Sie schlachten, während sie noch immer schliefen.

Ich werde nicht töten.

Wären die Druiden dort geblieben, wo der Bauer gesagt hatte, würden wir sie kurz vor Sonnenuntergang erreichen. In der Nacht zuschlagen. Aber Arthur hoffte auf Morgengrauen.

Je schneller, desto besser.

Er glaubte, so wäre es leichter. Leichter, sie zu töten.

Er widerte mich an.

Abgesehen von der Magie in ihrem Blut unterschieden sich Druiden kaum von den Menschen. Ebenso wenig wie ich, denn obwohl ich ein Magier war und mehr Magie durch mein Blut floss als durch das eines Druiden, war ich nicht anders.

Ich fühlte wie sie. Ich litt wie sie und ich konnte lieben wie sie.

Arthur wusste nichts. Er wusste gar nichts.

Er hatte keine Ahnung von Magie und noch weniger Ahnung von jenen, die ihrer mächtig waren.

Er hatte nur seinen Hass, der ihn blendete; seine Wut, die ihn zu einem Monster machte.

***

Die Sonne war bereits aufgegangen, doch wir hatten keine Druiden gefunden – was bedeutete, sie befanden sich noch immer beim Wasserfall.

Arthurs Begeisterung hielt sich in Grenzen, ganz zu schweigen von seiner Geduld. Wir ritten weiter, hastig, rasch. Arthur erlaubte uns nur wenige Pausen. Wenn ich ihn ansah – der Kronreif auf seinem Kopf betrachtete, die Gier in seinen Augen erkannte – sah ich keinen König, sondern einen Hund, der hinter einem Knochen herjagte.

Ich betrachtete sein Schwert, beobachtete, wie die Scheide jedes Mal gegen sein Bein schlug. Ich hoffte, wir würden diese Druiden niemals finden.

»Die Sonne geht bald unter«, bemerkte Gawain, die Verwirrung in seiner Stimme deutlich zum Ausdruck gebracht, »wir sollten sie längst erreicht haben.«

In der Ferne hörte ich das Rauschen des Wasserfalls. Ich unterdrückte die Erinnerung an Morgana, an den Abend, den wir dort verbracht hatten, nur wenige Tage bevor wir Camelot erreicht hatten.

Ich sehnte mich an diesen Abend zurück, vermisste das Gefühl der Abendsonne auf meiner Haut, die Wärme und die Unwissenheit. All die Zeit hatte ich mir gewünscht, nicht mehr dieser schwache Junge von damals zu sein. Jetzt wünschte ich ihn mir zurück. Ich wünschte mir, ich würde den Schmerz nicht kennen – die Wunden auf meiner Haut … und die tief darunter.

Aber ich wusste diese Dinge. Ich kannte den Schmerz, konnte reiten wie die Ritter vor mir und ein Schwert nicht nur mit der rechten, sondern auch mit der linken Hand schwingen.

Das Einzige, was sich nicht an mir verändert hatte, war meine Angst.

Arthur hatte sein Pferd zum Stehen gebracht. Mit einem Mal sprang er auf den Boden, seine Schritte gruben sich in den Boden, als er auf Keie zumarschierte. Der Bauer saß hinter dem Ritter. Arthur packte den Mann und zog ihn mit einem einzigen Ruck vom Pferd. Praphen gab ein Wimmern von sich, als sein Körper auf die Erde schlug. Ich zuckte zusammen, seine Landung ungünstig genug, dass er sich beinahe den Arm brach.

»Wo sind sie?«

Seine Stimme klang bedrohlich, die Wut heiß genug, um ihn zu jenem feuerspeienden Drachen werden zu lassen, der sein Wappen verzierte.

»S-sie waren ge-genau hier, mein Lord«, stammelte Praphen, der Blick gesengt und das Wimmern noch immer in seiner Miene.

»Wag es nicht, mich anzulügen!«

Arthur wollte sein Schwert ziehen. Seine Hand streckte sich nach dem Griff aus, Gift in seinen Augen. Ich wusste nicht, was er getan hätte – ob er dem Bauern die Kehle aufgeschlitzt hätte oder ob er ihm nur Angst einflößen wollte. Lancelot hielt ihn auf, bevor es überhaupt so weit kommen konnte. Der Ritter sprang von seinem Pferd, stellte sich zwischen Arthur und dem am Boden liegenden Praphen, die Hand auf Arthurs Finger gelegt, die den Griff seines Schwertes umschlangen.

»Arthur«, brachte er seinen Lord zur Vernunft, »nicht.«

Die Blicke der beiden Männer verhakten sich ineinander, Lancelots Augen angestrengt und wachsam, als Arthur von seinem Schwert abließ.

»Sie könnten sich versteckt haben«, schlug Keie vor.

»Weil sie wussten, wir würden kommen«, meinte Gawain.

Er schaute Keie mit einem Blick an, der den Ritter daran erinnern sollte, wovor er in Camelot gewarnt hatte. Keie verstand, worauf Gawain hinaus wollte und verdrehte die Augen.

»Wenn sie hier waren, werden wir sie finden«, versicherte Lancelot, die Augen noch immer auf Arthur fixiert.

Als befürchtete er, der Lord würde jeden Moment seine Kontrolle verlieren.

Ich sah zu Praphen, der sich mittlerweile aufgesetzt hatte. Inspizierte die Stelle, auf die sein Körper gelandet war, genauer. Ich sah die Spuren, die sein Gewicht hinterlassen hatte, beobachtete, wie sein Fuß das Gras aus der Erde riss, als Keie ihm aufhalf. Dann sprang ich von meinem Pferd, sah mich um.

»Parzival?«, hörte ich Ectors Stimme hinter mir.

Arthur und seine Ritter schauten zu mir, ihre Blicke meinen folgend und ab und zu verwirrt zu mir springend.

»Wenn hier ein Druidenlager gewesen sein soll, gibt es nichts, was darauf hindeutet«, stellte ich fest.

Ich sah zu Arthur auf. Er glaubte mir nicht. Trotz der Tatsache, dass ich recht hatte, zog er seine Augen zu Schlitzen zusammen.

»Spuren wirst du hier keine finden«, erklärte Mordred, »wenn sie gewusst haben, dass wir kommen, werden sie diese verwischt haben.«

Arthur sah zu ihm, und als Mordred es bemerkte, erwiderte er seinen Blick.

»Sie wollen, dass wir denken, sie wären fort … oder, dass sie überhaupt nicht hier gewesen sind«, sagte Mordred.

Arthur drehte sich von ihm weg und nickte.

»Wir durchsuchen das Gelände. Ector, Gawain, Keie – ihr übernehmt die Westseite. Sucht alles ab, bis ihr zu den Felsen kommt. Wenn ihr Druiden findet, greift nicht an, sondern kehrt hierher zurück. Bis spätestens Mittag des nächsten Tages treffen wir uns alle wieder hier. Mordred und der Bauer kommen mit mir, wir übernehmen die Nordseite. Lancelot, Ihr wartet hier auf uns, behaltet die Umgebung im Auge. Und Parzival«, rief Arthur mich.

Er wartete so lange, bis ich ihn ansah, widerwillig.

»Du kommst auch mit mir.«

Ich starrte ihm in seine blauen Augen, seine Miene schwer zu entschlüsseln. Ich hasste ihn, denn ich wusste, er tat es entweder, um sicherzugehen, dass ich meinen Teil unserer Abmachung einhielt –

»Sorge dafür, dass ich nicht sterbe.«

– oder er tat es, weil er mich noch immer bestrafen wollte.

Ich hasste ihn.

Ich hasste ihn für so viele Dinge, aber dafür am meisten.

Ectors Pferd schlich an mir vorbei. Ich gab dem Ritter einen Blick, der noch immer die Wut in sich hielt, die sich eigentlich gegen Arthur richtete. Aber plötzlich verpuffte diese Wut.

Als ich ihn ansah, fühlte ich mich wie der kleine Junge, den ich hatte vergessen wollen. Plötzlich realisierte ich, wie viel Halt mir dieser alte Ritter gab – und ich realisierte es erst als er dabei war, fortzugehen.

Ector gab mir ein Nicken, das mich an die Zeit vor Camelot erinnerte; ein Nicken, das mich an jene Nacht erinnerte, in der er meinen Namen erfahren hatte. Es beruhigte mich. Ich fühlte mich unwohl dabei, ihn gehen zu sehen; fühlte mich unwohl, dabei zuzusehen, wie er mit seinem Pferd hinter den Bäumen verschwand und mich allein mit Mordred und Arthur ließ.

***

Dunkelheit kroch zurück in den Wald, legte sich unter die Schatten der Bäume und vergrub sich tief in ihren Stämmen, sodass alles, was ich vor mir sah, nur schwarz war. Wir gingen langsam voran, jeder Schritt vorsichtig gesetzt, um nicht über die Wurzeln zu fallen, die sich wie gigantische Spinnennetze über die Erde legten.

Ich hatte Angst, weil ich glaubte, die Dunkelheit würde uns keinen Vorteil verschaffen, sondern uns angreifbarer machen. Neben dem Rauschen des Wasserfalls verursachten die Pferde die einzigen Geräusche. Ich konnte meinen eigenen Atem hören, auch den Herzschlag in meiner Brust.

Der Wind wehte heute Nacht stärker. Er brachte die Äste zum Zittern, die Blätter zum Flüstern. Und bald schon brachte er sie zum Schreien.

Mich ließ das Gefühl nicht los, dass wir nicht allein waren.

Aber ich hoffte, es war nur meine Angst, die mir einen Streich spielte.

Dann, plötzlich, wurde der Wind noch stärker und die Äste zitterten nicht mehr, sondern sie knackten, zerbrachen und trennten sich von dem Baum, der sie trug.

Es hörte sich an, als würden die Knochen tausender Leichen brechen.

Ich bekam keine Luft. Der Wind raubte sie mir, die Angst ebenfalls. Luft wirbelte um uns herum, pfiff und kreischte. Die Pferde wurden panisch und ich hörte Arthur etwas schreien, doch das Pfeifen war zu laut, um ihn zu verstehen.

Mein eigenes Pferd wieherte panisch, warf sich auf seine Hinterbeine und bäumte sich auf, sodass ich beinahe vom Sattel flog. Ich konnte mich nur knapp halten. Nachdem es sich wieder auf alle vier Hufen gestellt hatte, traf uns der Sturm wie eine gigantische Welle.

Die Bäume um uns herum neigten sich, die Kronen so nah am Boden, dass es die Wurzeln beinahe aus der Erde riss.

Doch dann, gerade, als ich mich auf Schlimmeres vorbereitete und die Zügel meines Pferdes fester in meine Hand nahm, hörte der Sturm mit einem Mal auf.

Stille herrschte. Totenstille.

Ein Knacken ertönte, ein lautes Knacken, als hätte jemand – oder etwas – einen ganzen Baum in zwei Teile zerbrochen. Mein Herz machte einen Satz. Ich hörte das Pulsieren in meinen Ohren und das Zittern meiner Knochen. Ich schaute in die Richtung, aus der das Geräusch gekommen war; gefasst darauf, dass jeden Moment etwas gewaltig Großes aus der Dunkelheit emporragen würde.

Aber nichts kam. Keine Kreatur, kein weiteres Knacken und kein Wind.

Ich blickte zu Arthurs Silhouette genau in dem Moment, in dem sich der Bauer von Mordreds Pferd auf den Lord stürzte. Etwas Spitzes in der Hand, das rasch auf Arthurs Gesicht zuschoss.

Die Wucht, mit der der Bauer auf ihm landete und mit der er sich abgestoßen hatte, holte sie alle drei vom Pferd. Ich hörte Arthur aufschreien. Praphen gab seltsame Geräusche von sich, beinahe, als würde er ersticken.

Sein Körper bäumte sich auf, der Rücken seltsam rund. Er stöhnte, doch nach einem nur kurzen Moment verwandelte sich sein Stöhnen in ein Knurren. Praphen hob seinen Arm und ich sah, dass der spitze Gegenstand in seiner Hand kein Gegenstand war, sondern seine Hand selbst. Sie hatte sich verformt.

Das Blut in meinen Adern gefror.

Arthur versuchte davon zu kriechen, doch Praphens andere Hand pinnte ihn an der Stelle am Boden fest, auf die er gefallen. Ich wusste nicht, was geschah – ich glaubte es nicht. Auf einmal besaß der Bauer die Form eines Monsters, die Form einer Kreatur, die ich noch nie zuvor in meinem Leben gesehen hatte.

Seine Klaue stach auf Arthur ein, auf sein Gesicht, doch der schaffte es, seinen Kopf noch rechtzeitig aus der Bahn zu lenken. Die Spitze, zu der sich Praphens Hand verwandelt hatte, rammte sich tief in die Erde hinein. Als er sie wieder herauszog, schrie Arthur auf.

Ich hasste ihn und tief in mir wollte ich ihn dort liegen lassen, wollte die Kreatur ihr Werk vollenden lassen.

Aber ich war kein Mörder.

Ich war kein Mörder.

Zuzusehen, wie er starb, wäre, als hätte ich ihn selbst umgebracht. Und selbst wenn er seinen Teil unserer Abmachung nicht einhielt, würde ich es ihm nicht gleich tun.

Ich sprang von meinem Pferd, rannte auf Arthur und Praphen zu. Als ich gerade mein Schwert ziehen wollte, rammte mich etwas zu Boden.

Es war Mordred.

Wir beide gaben ein überraschtes Stöhnen von uns, als wäre all die Luft gewaltsam aus unseren Lungen gepresst worden. Durch das Geräusch zogen wir die Aufmerksamkeit der Kreatur auf uns. Sie knurrte in unsere Richtung, blickte dann zurück zu Arthur. Doch statt ihn mit der Klaue zu töten, rammte sie diese in seine Schulter, sorgte dafür, dass er nicht aufstehen würde. Arthur schrie.

Die Kreatur, die einst Praphen gewesen war, beugte seinen Arm in einem Winkel, der dafür sorgte, dass die Klaue vom Rest seines Körpers abbrach und Arthur fixierte.

Dann kam sie auf uns zu.

Ein Schauer lief mir den Rücken hinunter, als ich sah, wie sich sein Körper verformt hatte, der Torso in die Länge gezogen, die Haut so dünn, dass sie die Knochen seiner Rippen zeigte. Seine Ellenbogen, die Knochen spitz wie die Klinge eines Schwertes, stachen aus den Armen hinaus nach hinten. Schwarzes Blut quoll aus der Stelle, wo Praphen die Klaue abgebrochen hatte. An seiner anderen Hand befanden sich noch immer Finger, doch sie waren lang – in die Länge gezogen wie sein Torso, die Nägel gefährlicher als Dolche.

Mordred stand vor mir, sein gesamter Körper angespannt, sein Blick der Bestie vor sich entgegengestellt. Sie sah ihn an, doch dann drehte sie sich zu mir und knurrte mich an. Die Bestie drehte sich von Mordred weg, wandte sich voll und ganz mir zu.

Arthur stöhnte. Er versuchte, die abgebrochene Klaue aus seiner Schulter zu ziehen, versagte aber.

In der Zwischenzeit kam die Kreatur auf mich zu, die Zähne gefletscht, die Zunge lang, schleimig. Ich kroch zurück, Panik in jeder Hautfaser. Mein gefrorenes Blut verkrampfte meine Muskeln.

Die Kreatur sprang, Zähne scharf wie Klingen und Krallen auf mein Gesicht gezielt. Ich zog mein Schwert und tat etwas, das ich bezweifelte, das mir gelingen würde.

Den Körper aus der Bahn der Krallen gelenkt, richtete ich mich auf und rammte mein Schwert in die hohle Magengrube dieses Dinges. Das Kreischen war ohrenbetäubend, schmerzhafter als das Pulsieren in meiner gebrochenen Hand.

Ich hatte bezweifelt, dass ich mit meiner linken Hand genug Kraft auf den Stahl übertragen könnte, aber ich schaffte es – die Klinge rammte sich durch den gesamten Körper der Kreatur. Leblos landete sie auf mir, das Gewicht erdrückend. Mordred hievte sie von mir herunter, danach half er mir auf.

Arthur lag auf dem Boden, die Augen geschlossen, das Gesicht blass, die Klaue durch den Stahl seiner Rüstung und tief in seine Schulter gerammt. Blut verschmierte das Silber – schwarzes Blut.

Ich erschrak. Mein Körper gefror und das Blut in meinen Adern erstarrte zu Eis. Einen Moment lang dachte ich, er wäre tot. Ich hielt meine Hand über seine Nase. Sie zitterte. Doch als ich die warme Luft auf meiner Haut spürte, atmete ich erleichtert aus.

Ich hasste ihn. Aber ich war froh, dass er nicht tot war.

Mordred legte seine Hände an der Klaue an, intendiert, sie aus Arthurs Schulter zu ziehen. Ich konnte ihn noch rechtzeitig davon abhalten.

»Wenn du sie rausziehst, wird er entweder verbluten oder die Wunde infiziert sich.«

Er gab mir einen Blick, den ich nicht einschätzen konnte. Dann packte er Arthurs Oberkörper und versuchte, ihn vom Boden zu heben. Ich half ihm und zusammen hievten wir den bewusstlosen Lord auf sein Pferd.

Ich drehte mich um, lehnte mich erschöpft gegen den Körper des Tieres, auf dem Arthur nun lag. Mein Blick fiel auf die tote Kreatur vor mir, der Körper noch in derselben Form, zu der sich Praphen verformt hatte.

Ein Schauer lief mir über den Rücken. Ich wunderte mich, was er war und welche Macht ihn in dieses Monster verwandelt hatte.

Doch bevor ich die Frage laut stellen konnte, packten mich Mordreds Hände am Kragen. Er schleuderte mich weg. Ich krachte mit dem Rücken gegen den Stamm eines Baumes. Eine Spitze rammte sich in meine Wirbelsäule. Ich schrie auf. Dann packten mich Mordreds Hände erneut und er presste mich weiter gegen den Stamm, drückte die Spitze tiefer in meinen Knochen.

Ich kämpfte dagegen an, aber er schlug mir ins Gesicht, raubte mir die Orientierung und ließ mich kraftlos von seinen Armen hängen, mit denen er mich noch immer gegen den Baum presste.

»Hör zu, du kleiner Wurm«, fauchte er mich an, »wag es nicht, mir in die Quere zu kommen! Du stehst mir im Weg. Noch einmal und ich bohr dir ein verfluchtes Loch in den Wanst!«

Er starrte mich an, das Violett in seinen Augen schärfer als Dolche. Mordred war außer sich vor Wut. Ich konnte spüren, wie seine Knochen vor Hass zitterten, konnte das Knirschen seiner Zähne hören, als er sie heftig aufeinanderbiss.

Ich hatte Angst vor ihm.

Zum ersten Mal hatte ich wirklich Angst vor ihm – wir waren nicht in Camelot, wo er mir nichts anhaben konnte. Ector war nicht hier, um mich zu beschützen, Arthur war bewusstlos und Praphen tot. Wir waren allein in einem dunklen Wald, wo uns niemand sah, niemand hörte. Er hätte seine Klinge durch meinen Bauch rammen können und niemand würde jemals erfahren, dass nicht die Kreatur, sondern er es war, der mich ermordet hatte.

Mordred kniff seine Augen zusammen, seine Miene wie die eines Bluthundes, der meine Angst roch.

»Und vergiss nicht, mit wem du sprichst«, warnte er, »ich bin ein Lord. Und solange du in Camelot lebst, bin ich auch dein Lord. Wenn du mir das nächste Mal den Respekt verweigerst, schneide ich mehr als nur dein Gesicht auf. Ich schlitze dir die Kehle durch, bis man das Weiß von deinem Knochen sieht.«

»Viel Glück dabei, mich zweimal zu töten«, trotze ich ihm.

Er schlug mir erneut ins Gesicht; seine Faust traf auf mein Ohr, das Piepen in meinem Kopf so laut, dass ich einen Moment lang die Orientierung verlor.

Seine Finger ließen mich frei, fingen mich diesmal nicht auf, als ich durch die Wucht seines Schlages zur Seite geschleudert wurde. Ich realisierte, was geschehen war, sobald mein Körper den Boden berührte, das Gras feucht und die Erde kalt. Aber es dauerte eine Weile, bis ich mir zutraute, aufzustehen.

Mordred saß bereits auf seinem Pferd, die Zügel in seinen Händen gehalten. Arthurs Pferd hatte er an seinem Sattel angebunden. Mühselig kletterte ich auf das meine, überrascht davon, wie sehr mich sein Schlag aus der Bahn gelenkt hatte. Durch Ector hatte ich gelernt, einen Treffer im Gesicht einzustecken – selbst brutale Treffer. Aber Mordreds Schlag hatte mir den Wind aus den Segeln geholt.

Vielleicht war es einfach die Panik in mir oder die Tatsache, dass sich der Bauer Praphen in ein Monster verwandelt hatte oder die Tatsache, dass Arthur beinahe gestorben wäre – dass ich beinahe gestorben wäre. Vielleicht war es alles zusammen, dass mir noch immer Angst machte.

Mein gesamter Körper zitterte und ich konnte nicht mehr tun, als die ganze Zeit wahllos in die Dunkelheit vor mir zu starren, während sich alles in meinem Kopf noch einmal abspielte.

Praphen war ein Monster geworden. Ich hatte ihn getötet.

Ich war kein Mörder, aber ich hatte ihn getötet.

Ich hatte ihn getötet.

Das Geräusch, das sein Körper gemacht hatte, als sich das Schwert durch ihn hindurch gebohrt hatte …

Es wollte nicht aus meinem Kopf gehen. Ich hatte gehört, wie die Klinge seine Organe durchtrennt hatte, seine Knochen zerbrochen hatte.

Er lag noch immer dort – die Kreatur, zu der er geworden war – aber ich wagte nicht, zu ihm zu schauen.

Blut klebte an der Klinge meines Schwertes. Ich wischte es an meiner Kleidung ab und steckte es zurück in meinen Gürtel.

Mordred sagte etwas, aber ich konnte ihn nicht hören. Erst dachte ich, das Piepen in meinen Ohren wäre der Grund dafür, doch dann bemerkte ich, dass es längst aufgehört hatte.

Stattdessen hörte ich ein Heulen um mich herum, ein Zischen und Pfeifen, als der Wind wehte und sich in einen Sturm verwandelte.

Die Blätter der Bäume raschelten wie die Ketten eines Gefangenen, der Wind schrie wie ein Geist. Äste knackten und die Baumkronen richteten sich gen Boden, als drückte sie eine extreme Kraft genau dorthin. Eine regelrechte Welle traf uns, die Pferde bäumten sich auf, wieherten panisch; Mordred und ich kämpften mit den Zügeln. Ein dunkler Schatten legte sich auf den Wald, dunkler als das Schwarz, in dem wir uns befanden.

Wütende Luft preschte erneut auf uns ein. Der Schatten verschwand, doch der Sturm blieb.

Ein Gebrüll ertönte. Ein Gebrüll ähnlich wie das eines Löwen – nur lauter. Viel, viel lauter. Lauter als der Sturm.

Der Wald erzitterte. Noch nie zuvor hatte ich ein solches Geräusch gehört. Panische Angst breitete sich in mir aus; was auch immer es war, welch Kreatur auch immer zu so etwas fähig war, sie musste groß gewesen sein. Gigantisch.

Ich zitterte, weil ich realisierte, dass dieser Sturm nicht natürlich gewesen sein konnte. Die Kreatur musste es gewesen sein, die ihn verursachte. Und ich war nicht der Einzige, dem sie das Fürchten lehrte.

Überall flohen Vögel aus ihren Nestern, Füchse aus ihrem Bau. Einen Moment lang verstummte die Stille, ersetzt durch Flügelschläge, Rascheln und Bewegung. Die Pferde bäumten sich auf, warfen sich auf ihre Hinterbeine und Mordred, Arthur und mich beinahe aus unseren Satteln.

Mein Herz raste, als ein neuer Sturm aufzog, stärker als der davor … und anders, als wehte nicht nur ein Wind.

Um mich herum beugten sich die Stämme der Bäume, die Kronen hastig hin und her rüttelnd. Aber vor mir – nur vor mir – wehte der Wind nach vorn, drückte das Dickicht zur Seite, als würde er mir einen passierbaren Pfad bereitstellen wollen.

Ich sah hinüber zu Mordred, der mit seinem Pferd kämpfte, das sich gegen alle Anweisungen wehrte, die er dem Tier gab.

Meines stampfte mit den Hufen unruhig auf die Erde, deutlich weniger panisch. Als ich wieder nach vorn sah, mit meinen Augen dem Pfad folgte, hörte ich die Stimme; eine Stimme, die nicht mir gehörte.

Komm.

Ich brauchte Mordred nicht ansehen, um zu wissen, dass er die Stimme nicht gehört hatte. Ich wusste, dass es nur mir bestimmt war, sie zu hören. Und aus irgendeinem unerklärlichen Grund folgte ich ihr. Ohne zu wissen, wohin sie mich führte oder was ich am Ende des Pfades finden würde.

»Parzival!«, rief Mordred hinter mir, seine Stimme leise im Kontrast zu dem Heulen um mich herum.

Als er versuchte, mir hinterher zu reiten, preschten die Luftmassen auf ihn ein, warfen ihm vom Pferd, als würde der Wind nicht wollen, dass er mir folgte.

***

Der Wind hatte aufgehört. Ich hörte das Rauschen des Wasserfalls dicht neben mir, entdeckte jedoch kein Anzeichen vom See. Nichts, nur die feuchte Luft.

Lange geritten war ich nicht, doch wie lange genau, konnte ich nicht sagen. Ich stand vor einer gigantischen Felswand, hinter der sich – wie ich vermutete – entweder der See oder sogar der Wasserfall befand.

Der Pfad hatte mich hierhergeführt. Ein großer Teil der Felswand wurde von Pflanzen bedeckt. Wie eine Decke legte sich ihr Grün über das Grau des Gesteins, rau und glänzend im Mondlicht.

Ich stieg von meinem Pferd ab, band es an einem der Bäume an und stellte mich vor dem bedeckten Felsteil, die Pflanzendecke inspizierend, als würde sie jeden Moment ihre Schlingen nach mir ausstrecken und mich in die Dunkelheit ziehen. Zuerst zweifelte ich an mir selbst, doch als ich genauer hinblickte, erkannte ich, dass sie sich tatsächlich bewegten.

Die linke Hand auf den Griff meines Schwertes gelegt, bereit, es aus seiner Scheide zu befreien, streckte ich meine bandagierte Hand aus. Ich legte sie auf das Grün und statt auf Stein zu stoßen, bewegte sie sich ins Nichts, traf auf kalte Luft.

Ich trat zurück, schockiert, aber noch mehr als das: verängstigt.

Eine Stimme hatte mich gerufen und ohne darüber nachzudenken – wie ich es eigentlich hätte tun sollen, wie es jeder Vernünftige getan hätte – war ich ihr einfach gefolgt. Was auch immer mich gerufen hatte, ich war mir sicher, es befand sich *dahinter*.

Ich ging hinein, trotz der Trommelschläge in meiner Brust, hinein in die Dunkelheit, hinein in die Kälte. Ohne eine Fackel oder dergleichen bei mir zu tragen, irrte ich voran – ich hätte meine Augen schließen können, ohne einen Unterschied festzustellen.

Ich wusste nicht, was ich tat, aber mein Gefühl sagte mir, ich müsste dort hinein. Ich hoffte nur, dass ich mich nicht täuschte.

Mein eigener Atem hallte in flachen Zügen in der Luft vor mir, das Geräusch hohl, als stammte es nicht von mir. Ein Wind, warm wie Atem wehte mir durchs Haar, trocknete den Schweiß in meinem Gesicht.

Ein Knurren hallte durch die Höhle.

Ich erkannte es. Und schreckte genauso zusammen wie im Wald. Mit dem Unterschied, dass ich diesmal allein war, allein in einer dunkeln Höhle, in der ich nichts sehen konnte.

Das Knurren ertönte leise, aber es war nah. Es war direkt vor mir.

Keine Minute später hörte ich das Zischen und dann sah ich die Flammen, die sich hinter mir ausbreiteten und die Chance auf eine Flucht unmöglich machten.

Ich sah das Feuer, spürte die Hitze, die mich an die Nacht erinnerte, in der meine Heimat niedergebrannt war. Ich umklammerte die Kette um meinen Hals, hielt sie fest genug, dass sich die Nägel meiner Finger in meine Handfläche bohrten.

Erst als ein weiterer Wind wehte, drehte ich mich wieder weg vom Ausgang der Höhle. Es war kein Wind – Wind war nicht warm, nicht an diesem Ort.

Es war Atem; der Atem einer gigantischen Kreatur. Leuchtend rote Augen starrten mich an, die Pupillen pechschwarz, lang, schmal wie die einer Schlange. Das Feuer in ihnen tanzte wie die Melodie eines Duells.

Sie waren gigantisch – die Augen – größer als ich selbst, aber die Zähne waren gigantischer.

Schwarze Schuppen übersäten den Kopf. Doch im Licht der Flammen schimmerten sie im Blutrot.

Sie erinnerten mich an jene, die den Thron in Camelot verzierten.

Auf der Schnauze befanden sich mehrere spitze Hörner, die bis zur Stirn hinauf wanderten, als wären sie monströse Insekten oder Parasiten. Was auf den ersten Blick wirkte wie Augenbrauen, waren in Wirklichkeit jeweils eine Aufwölbung. Sie begannen an den Schläfen, wanderten zum Stirnbein, wo sie schließlich in einem gigantischen Horn endeten – das spitze Ende schärfer als die schärfste Klinge der Welt.

Dann, plötzlich, als sich die Kreatur aufrichtete, gefror mir das Blut in den Adern. Erst dann wurde ich Zeuge ihrer wahren Größe. Erst dann realisierte ich, was dieses Biest war.

Ein Drache.

Der größte Turm Camelots war nichts weiter als ein Spielzeug im Vergleich zu diesem Tier. An der Wirbelsäule des Drachen gingen weitere spitze Hörner entlang, die erst an jener Stelle aufhörten, an der sein Schwanz begann.

Seine Flügel lagen dicht am Körper an, aber ich wusste, sie würden sich um mehrere dutzend Meter erstrecken. Ihre Farbe konnte ich nicht erkennen, denn durch die hektischen Flammen hinter mir, veränderte sie sich stets. Sie waren gigantisch, größer als die größten Segel des größten Schiffes, das jemals zur See gefahren war.

Überall an dem Körper der Kreatur schimmerten die blutroten Schuppen, reflektierten die Flammen wie die Oberfläche eines Sees.

»Wovor fürchtet Ihr Euch so sehr, *Magier*?«, hallte die tiefe Stimme durch die Leere.

Sie brachte meine Knochen zum Schmelzen. Brachte die Flammen fast zum Erlöschen.

Der Drache betrachtete mich, all die Schuppen und Aufwölbungen in seinem Gesicht zu einer beinahe erwartungsvollen Miene geformt.

Er schien sehr geduldig, denn bis ich es schaffte, eine Antwort zu geben, verging eine ganze Weile.

»Du weißt, was ich bin«, gab ich von mir, überraschenderweise ohne zu stottern. Alles brannte in mir – stärker und heißer als die Flammen im Hintergrund.

»Ich weiß, was Ihr seid«, bestätigte die tiefe Stimme.

Jedes Mal, wenn sie ertönte, zuckte ich zusammen. Jedes Mal, wenn sich die Lippen des Drachen von den gigantischen Zähnen pellten, sandte es einen Schauer durch meine Knochen.

Diese Kreatur könnte mich aufspießen – hier und jetzt – als wäre ich nichts weiter als Schlachtvieh.

»Wenn du weißt, was ich bin«, dachte ich laut, Isaacs Kette fest zwischen den Fingern meiner linken Hand gepresst, als würde sie ein magisches Schutzschild um mich herum aufbauen, »dann solltest du auch wissen, wovor ich mich fürchte.«

Der Drache gab ein Geräusch von sich. Es hörte sich an, als würde er lachen. Aber ich sah nur seine Zähne, glitzernd im Rot-orange der Flammen hinter mir.

»Ich weiß, wovor Ihr Euch fürchten *solltet*.«

Ich schluckte heftig, weil ich befürchtete, der Drache machte eine

Anspielung auf sich selbst.

»So viele Dinge lehren Euch das Fürchten und dennoch sind es die falschen, an die Ihr Euch klammert.«

Seine leuchtend roten Augen fixierten mich, drückten mich auf den Boden, in die Erde hinein.

»Ihr fürchtet den Tod – nicht Euren, nein, den erstaunlicherweise weniger. Ihr fürchtet den Tod jener, die Euch am nächsten stehen. Ihr fürchtet Euch vor dem Schmerz, den Ihr spürt, wenn Ihr an jene denkt, die Ihr verloren habt. Und Ihr fürchtet, ihn erneut zu spüren, wenn Ihr jene verliert, die noch bei Euch sind.«

Mein Herz pochte. Seine Worte gaben der Verzweiflung im mir Kraft. Ich erstickte daran.

»Wie kann die Furcht vor diesen Dingen falsch sein?«, protestierte ich.

Mir war bewusst, dass es die Mühe nicht wert war, seine Worte zu leugnen. Er hatte recht: Ich fürchtete mich vor diesen Dingen. Aber es waren nicht die einzigen Dinge, vor denen ich Angst hatte.

»Für jemanden, der Verantwortung trägt, wie Ihr es tut, kann sie es sein.«

Er machte mich wütend, weil er meiner Angst nur mehr Feuer zum Brennen gab – weil er, der mich nicht kannte, wusste, wofür ich mich schämte; weil er genauso gut wie ich wusste, dass, obwohl ich beschlossen hatte, nicht mehr dieser verängstigte kleine Junge zu sein, es mir nie gelungen war, ihn loszuwerden.

Es war mir nie gelungen, meine Angst zu bekämpfen. Sie war noch immer, was mein Herz zum Schlagen brachte. Und meine Knochen zum Zittern. Sie war es, die mich davon abhielt zu sein, wer ich schon immer gewesen war.

»Verantwortung? Was meinst du?«

Der Drache zeigte mir seine Zähne – ein gefährliches Grinsen, das mir zeigte, er könnte mir noch in dieser Sekunde das Fleisch von den Knochen reißen.

»Wissen ist Macht«, sagte er, als wäre das eine Antwort, die alle Fragen klären würde, statt noch mehr aufzuwerfen, »eine Macht, die über Leben und Tod entscheidet. Zu wissen ist meine Aufgabe – und noch mehr ist sie es, dieses Wissen weiterzuleiten. An jene, die es verdienen und die es brauchen.«

»Also warst du es, der mich hierher gerufen hat?«

»Ich habe Eure Anwesenheit gespürt, seitdem Ihr diesen Wald zum ersten Mal betreten habt.«

Mit dem Drachen zu reden, warf eine seltsame Mischung aus Verzweiflung und Hilflosigkeit in mir auf. Es fühlte sich an, als würde ich mit einer Wand sprechen, die mir seltsame Kommentare auf meine Fragen zurückwarf, statt mir eindeutige Antworten zu geben.

Aber da blieb noch immer diese Angst – jedes Mal, wenn ich diese monströsen Zähne sah.

»Und du hast mich gerufen, um dein Wissen an mich weiterzugeben?«, rätselte ich, obwohl ein Teil in mir noch immer fürchtete, dass er mich gerufen hatte, weil sein Magen knurrte.

Er neigte seinen Kopf nach unten, dann wieder langsam nach oben – ein Nicken der extravaganten Art.

»Was ist es, das du mir sagen willst?«

»Ich will Euch warnen«, antwortete der Drache – endlich eine Antwort, mit der ich etwas anfangen konnte.

Nur hielt sich meine Erleichterung in Grenzen.

»Vor *ihr*.«

Ich legte meine Stirn in Falten. Dann brach der Schock auf mich ein wie eine Welle, die gegen einen Felsen preschte.

Der Drache las es in meinem Gesicht ab. Er wirkte sogar überrascht, als hätte er nicht damit gerechnet, dass ich wusste, wen er meinte.

Ich hatte es selbst nicht erwartet. Aber als er diese Worte ausgesprochen hatte, dachte ich nur an sie, dachte an das, was sie gesagt hatte.

»Wir können dafür sorgen, dass es aufhört, wir können machen, dass er aufhört.«

»Ihr wisst bereits, wen ich meine«, erkannte er.

Abscheu war es, die ich für mich empfand – in diesem Moment sogar mehr, als ich Arthur gegenüber hegte.

Ich wollte es abstreiten, aber zu welchem Zweck? Es hätte nichts an der Tatsache geändert – es wäre nur eine Lüge gewesen, eine Lüge, die weder der Drache noch ich selbst glauben würde.

Ich hatte von Anfang an gewusst, dass sie etwas Besonderes war. An dem Funkeln in ihren Augen hatte ich es erkannt.

Ich hatte gedacht, es wäre etwas Magisches gewesen. Das war es auch.

Aber nicht, wie ich es gedacht hatte.

»Ich weiß, wen du meinst.«

Die Worte brannten in meiner Kehle.

»Dann wisst Ihr auch, weshalb sie so gefährlich ist«, entgegnete der Drache.

Jetzt mit einer Ungeduld in seiner Stimme, die sich anfühlte, als wären bereits unaussprechliche Dinge geschehen.

»Eine unzähmbare Macht verbirgt sich in ihr«, fuhr er fort, »wird diese von dem Falschen entdeckt, gibt es nichts, das sie aufhalten kann. Sie wird der Untergang Camelots sein. Sie wird der Untergang allen Lebens sein. Mit ihr als Waffe in den Händen des Falschen wird sie alles auslöschen, das sich in ihren Weg stellt – sogar Euch. Ihr müsst sie aufhalten. Ihr müsst verhindern, dass sie ihre Macht entdeckt, dass irgendjemand ihre Macht entdeckt, denn wenn es zu spät ist, wird es kein Zurück geben. Ihr werdet verlieren, wen Ihr liebt, werdet jene sterben sehen, die Ihr als Eure Freunde versteht und zerstört finden, was Ihr einst Eure Heimat nanntet. Der Hass wird sie zerfressen, er wird die Kontrolle über sie übernehmen. Sie wird sich selbst in ihrem Zorn verlieren, der sie von innen heraus zerstören wird, bis nichts mehr von der Morgana übrig geblieben ist, die Ihr einst kanntet.«

Da. Der Name.

Jetzt gab es keine Möglichkeit mehr, zu hoffen, dass er sie vielleicht doch nicht meinte. Jetzt gab es keinen Grund mehr zum Hoffen. Er hatte ihn zerstört.

Morgana war nicht gefährlich. Von ihr ging keine Gefahr aus. Was sie gesagt hatte – wegen Ector – das hatte sie nur gesagt, um mich zu beschützen. Sie war nicht gefährlich. Sie war nur ein Kind – genau wie ich.

Wir waren nur ein winziger Atemhauch in einer viel zu großen Welt.

Wir waren nichts.

Kinder.

Morgana hatte einfach nicht nachgedacht. Sie wusste nicht, dass Ector … er versprach mir Schutz, gab mir eine seltsame Sicherheit, die ich selbst nicht verstand. Auch wenn er mir Schmerzen zufügte, wollte ich, dass er bei mir blieb, denn er war das Einzige, was zwischen mir und dem Sturm stand.

Morgana und ich hatten Kummer und Leid erfahren … sie hatte mir nur helfen wollen; hatte gewollt, dass nicht noch mehr Elend meinen Körper entstellte.

»Der Einzige, der mächtig genug ist, sie aufzuhalten, seid Ihr.«

Plötzlich starrte ich hellwach zu dem Drachen nach oben.

Was er von mir verlangte …

Ich schüttelte meinen Kopf. Wehrte mich gegen seine Worte.

»Sie ist wie Ihr«, redete der Drache auf mich ein, »dieselbe Magie, die durch Eure Adern fließt, fließt auch durch ihre. Um zu verhindern, was geschehen mag, müsst Ihr verändern, was ist. Ihr müsst die Macht in Euch akzeptieren. Ihr müsst aufhören, sie zu fürchten und sie stattdessen als einen Teil von Euch anerkennen. Erst dann und nur dann werdet Ihr bereit sein zu tun, was getan werden muss.«

Ich schüttelte weiterhin meinen Kopf, als würde es helfen, seine Worte davon abzuhalten, zu tief in mir einzudringen.

»Wenn Ihr es nicht tut«, warnte er, »wird sie Arthur Pendragons Tod sein.«

Ich erstarrte. Trotz legte sich über meine Miene und Anspannung zerrte an meinen Muskeln.

Der Drache legte seine Miene in etwas, das wirkte wie ein Grinsen, aber ich konnte es nur schwer identifizieren, nur schwer herausfinden, was es bedeutete. Ich wusste nur, dass es mir nicht gefiel. Dass es mir ganz und gar nicht gefiel.

Der Drache wusste, er hatte einen Nerv getroffen – einen Nerv, der genau die Reaktion verursachte, die er erwartet hatte.

»Oh, ich weiß, Ihr hasst diesen Mann«, sagte er, viel zu zufrieden mit sich selbst für meinen Geschmack, »ich weiß, wie sehr Ihr ihn verabscheut. Aber es ist kein Geringerer als er selbst, der Mensch und Magier vereinen und Frieden ins Land von Voyar zurückbringen wird. Nur wird es ihm nicht gelingen – ohne Euch an seiner Seite. Euer Treffen auf den alten Ritter war kein Zufall, ebenso wenig wie Eure Ankunft in Camelot. Die Entscheidungen jener, die Ihr am besten zu kennen meintet, sind es, die Euch hierhergeführt haben, um Arthurs Leben zu bewahren und die Welt, wie Ihr sie kennt, vor jenen zu schützen, die sie bedrohen.«

Der Drache wartete einen Moment, ließ mir Zeit, all die Informationen zu verdauen, obwohl es Jahrzehnte gedauert hätte, all das zu verstehen. Seine Worte schienen einfach an mir vorbeizuhuschen, sodass ich nicht an ihnen festhalten konnte, sie nicht verstehen konnte. Je mehr er sprach, desto weniger Sinn machte die ganze Welt.

Dann fuhr er fort.

»Wir wissen erst um den Wert bestimmter Dinge, wenn sie fort sind. Das ist die Natur allen Lebens und der Lauf der Dinge zugleich. Aber lernen wir, ihren Wert erst einmal zu schätzen, sind wir bereit, zu vergeben«, sagte er mit seiner tiefen Stimme.

Ich spürte sein Mitleid, aber ich wollte es nicht. Ich wollte kein Mitleid, weil ich mich dann fühlte wie der kleine Junge, der ich nicht mehr sein wollte und nach dem ich mich gleichzeitig sehnte.

Ich wollte zurück nach Avalon. Ich wollte einfach nur nach Hause. Zu Isaacs. Zu Pathosth.

Ich wollte alles vergessen, was geschehen war.

»Ihr müsst sie töten. Bevor es zu spät ist.«

Seine Worte hallten in meinem Schädel wie der Klang einer Glocke, dröhnten mehr als ein Schlag ins Gesicht.

»«Ich schüttelte meinen Kopf.

Niemals.

»Nein«, weigerte ich mich, »ich bin kein Mörder. Ich werde niemanden töten. Schon gar nicht Morgana. Wenn wahr ist, was du sagst, dann muss es einen anderen Weg geben.«

Die Ruhe und Geduld, die sich im Gesicht des Drachen zeigten, jagten mir mehr Angst ein als seine Zähne. Als hätte er nur auf diese Antwort gewartet. Er wirkte nicht einmal verärgert.

»Was sagen Euch Eure Visionen?«, entgegnete er mit der Stimme eines Vaters, der seinem Sohn erklärte, warum man manchmal Dinge tun musste, die einem als ungerecht und grausam erschienen.

Ich sah zu ihm auf, erschrocken, der Schock größer als alles andere, sodass ich für einen Moment sogar vergaß, dass er von mir verlangte, Morgana zu töten.

»Du weißt von meinen Visionen?«

Der Drache gab mir wieder sein extravagantes Nicken, seine lange

Schnauze mit den scharfen Zähnen deutlich zu nah an meinem winzigen Körper.

»Sie zeigen Euch die Zukunft«, antwortete er und langsam sehnte ich mich zu dem Moment zurück, in dem er mir Antworten gegeben hatte, die genauso viel wert waren wie kurze Bekleidung im Winter.

»Die Zukunft, die sein kann oder die Zukunft, die sein wird?«, fragte ich ihn.

»Ich fürchte, die Antwort auf diese Frage müsst Ihr von ganz allein herausfinden, junger Magier. Auch mein Wissen ist begrenzt und ich kann nur an Euch weitergeben, was ich mit Sicherheit weiß. Und was ich mit Sicherheit weiß, ist, dass es oft jene Taten sind, die wir begehen, um gewisse Geschehnisse zu verhindern, die uns auf eben jenen Pfad geleiten, den wir vermeiden wollen.«

Eine Träne wanderte an meiner Wange hinunter, die Flüssigkeit warm auf meiner kalten Haut. Mit meinem Ärmel wusch ich sie mir aus dem Gesicht, bevor sie mein Kinn erreichen konnte.

Trotz der Flammen hinter mir, trotz der Hitze, die sie ausstrahlten und dem Licht, in dem die Schuppen des Drachen schimmerten, fror ich. Gänsehaut auf meinem Nacken.

»Ihr fürchtet zu verlieren, was Ihr liebt«, sagte der Drache einfühlsam, »aber der Tod ist so unumgänglich wie das Leben. Zweifelt nicht an Euch, denn in Euch verbirgt sich mehr, als Ihr zu glauben wagt – denn nicht ohne Grund gab man Euch diesen Namen.«

Ich runzelte die Stirn.

»Parzival?«, wunderte ich.

»Bei uns seid Ihr unter einem anderen Namen bekannt«, erklärte der Drache, »einem alten und dennoch mächtigen Namen, den seine Gegner nicht auszusprechen wagen.«

Plötzlich richtete sich der Drache in seiner vollen Größe auf. Breitete seine Flügel aus, die den Sturm gebracht hatten.

Es war ein Wunder, dass diese Höhle überhaupt genug Platz für ihn bereitstellte. Er war gigantisch.

Gigantisch.

Atemberaubend. Gefährlich und wunderschön.

Eine Welle von Panik überkam mich, als ich mein Kinn immer weiter nach oben strecken musste, um diese Zähne im Auge zu behalten.

»Ich befürchte, unser Treffen neigt sich dem Ende«, verkündete er und seine Stimme hallte durch die Dunkelheit und brachte sogar die Flammen zum Zittern, »aber lasst Euch gesagt sein, Merlin, größter aller Zauberer, das Schicksal unzähliger Leben hängt von Euch ab und – noch mehr – die Zukunft des ganzen Landes von Voyar. Handelt also weise. Und stets mit Bedacht. Dies wird nicht unser letztes Treffen gewesen sein. Solltet Ihr meinen Rat brauchen – und das werdet Ihr – werde ich hier sein und auf Euch warten. Wir werden uns wiedersehen.«

Neun

Der Mond strahlte noch immer in voller Stärke und dennoch drang das Licht nicht bis zum Waldboden vor. Die Bäume standen dicht an dicht, versperrten die Sicht zu dem, was sich hinter ihnen verbarg. Bis zum Sonnenaufgang waren es vermutlich nur noch wenige Stunden. Bis dahin täte ich gut daran, den Weg zurückzufinden.

Mein Pferd stand noch immer dort, wo ich es angebunden hatte. Bevor ich mich auf den Sattel schwang, warf ich einen Blick zurück, starrte das Grünzeug an, das den Eingang verdeckte. Einen Moment lang fürchtete ich sogar, ich hätte die ganze Zeit über nur hier gestanden, hätte mir alles nur eingebildet.

Es fühlte sich so surreal an. Es fühlte sich an wie ein Traum.

Aber ich war kein Narr. Grausame Dinge geschahen – nicht nur in Träumen, sondern auch in der Realität. Und diesmal würde ich nicht vor meinen Problemen wegrennen können.

Was der Drache gesagt hatte, wovor er mich gewarnt hatte und den Namen, von dem er behauptet hatte, er wäre der meine … ich dachte, ich hätte diese Dinge ernst genommen, dachte ich hätte alles getan, um zu verhindern, wovor er mich gewarnt hatte.

Ich hatte ja keine Ahnung – keine Ahnung, wie viel Wahrheit sich hinter seinen Worten verbarg.

»Ihr werdet verlieren, wen Ihr liebt, werdet jene sterben sehen, die Ihr als Eure Freunde versteht und zerstört finden, was Ihr einst Eure Heimat nanntet.«

Ich ritt durch die Dunkelheit – ohne Sturm, ohne Wind und ohne Mensch, der sich in ein Monster verwandelte. Während ich hoffte, in die richtige Richtung zu reiten, verfluchte ich mich gleichzeitig dafür, dem Drachen nicht mehr Fragen gestellt zu haben.

Er hatte von meinen Visionen gewusst – von einem Geheimnis, das niemand außer mir kannte. Niemand, der noch lebte, jedenfalls.

Vielleicht wusste er noch mehr. Vielleicht wusste er von Praphen und was es war, das ihn verwandelt hatte. Vielleicht wusste er von Gloris von Cornwall und seinen Schwarzen Reitern, die Morgana und mich verfolgt hatten.

Nach einer ziemlichen Weile verlor ich die Orientierung. Ich wusste nicht mehr, wo ich war und noch weniger, wohin ich ritt. Die Bäume über mir verdeckten die Sicht zum Himmel, ihr Geäst dick genug, um einer Mauer zu konkurrieren. Ich war allein – allein in der Dunkelheit – und obwohl ich die ganze Zeit versucht hatte, dem Rauschen des Wasserfalls zu folgen, hatte ich es verloren.

Ich beschloss, zu bleiben, zu warten, bis die Nacht vorüber war und die Sonne stark genug strahlte, um den Wald zu erhellen.

In dieser Nacht machte ich kein Auge zu. Die Angst war dicker als mein Blut. Mein Kopf erschütterte. Seit ich zum ersten Mal erfahren hatte, was meine Visionen bedeuteten, fürchtete ich den Tag, an dem sie eintreffen würden. Jetzt mehr denn je. So sehr, dass ich einfach davon reiten wollte. Ich wollte einfach weg. Ich wollte nach Hause, aber das gab es nicht mehr. Also wollte ich einfach nur weg. Egal wohin – Hauptsache fort von diesem verdammten Ort. An dem es nichts gab außer einem Lord, der die erste Gelegenheit ergriff, die sich ihm in den Weg stellte, um ein Gemetzel zu verursachen.

Er war nicht besser als seine leeren Versprechungen.

Vielleicht hätte ich ihn dem Biest überlassen sollen, vielleicht hätte ich besser daran getan, sein Leben nicht zu retten. Aber wozu hätte es mich gemacht?

Ich wollte nach Hause. Zu meiner Familie.

Ich wollte fort.

Aber ich wusste, ohne Morgana würde ich nirgendwo hingehen.

»Oh, ich weiß, Ihr hasst diesen Mann, ich weiß, wie sehr Ihr ihn verabscheut. Aber es ist kein Geringerer als er selbst, der Mensch und Magier vereinen und Frieden ins Land von Voyar zurückbringen wird. Nur wird es ihm nicht gelingen – ohne Euch an seiner Seite.«

Der Drache konnte das unmöglich ernst gemeint haben. Arthur – der Mann, der der Magie ein Ende setzten wollte. Der Gedanke war ebenso absurd wie der, dass von Morgana irgendeine Gefahr ausging.

Ich hatte ihr Lachen gesehen. Und wie sollte ein Lachen wie dieses jemals eine Zukunft heraufbeschwören, wie der Drache sie mir beschrieben hatte?

»Um zu verhindern, was geschehen mag, müsst Ihr verändern, was ist. Ihr müsst die Macht in Euch akzeptieren. Ihr müsst aufhören, sie zu fürchten und sie stattdessen als einen Teil von Euch anerkennen. Erst dann und nur dann werdet Ihr bereit sein zu tun, was getan werden muss.«

Niemals würde ich ihr ein Leid antun. Niemals.

Was würde mit ihr geschehen, wenn ich Camelot verlassen würde? Vielleicht würde meine Flucht zu ihrem Verderben führen. Vielleicht würde meine Flucht geschehen lassen, wovor mich der Drache gewarnt hatte. Vielleicht, wenn ich in Camelot blieb und versuchte, Arthurs Vertrauen zu erlangen … vielleicht würde ich Morgana dann beschützen können.

Wenn ich also blieb, dann nur für sie. Immer für sie.

***

Ich wachte auf, mit einer Klinge an meiner Kehle, der kalte Stahl stechend genug, um mich aus dem Schlaf zu reißen. Das Erste, was ich sah, waren die Bäume über mir, ihre grünen Blätter golden im Sonnenschein.

»Ziemlich gefährlich«, sagte eine nicht allzu unbekannte Stimme, »ein Nickerchen ganz allein im Wald.«

Meine Augen folgten dem Klang der Stimme und waren nicht sonderlich verblüfft, als sie Arthur vor sich sahen, obwohl es ein eher ungewohntes Bild war, zumal ich ihn zuletzt bewusstlos auf dem Boden liegen gesehen hatte, das Gesicht blass wie das einer Leiche, seine rechte Schulter blutverschmiert.

Die Klaue steckte noch immer in ihm drin, sein rechter Arm hing beinahe leblos an seiner Seite. Das Schwert hielt er in der linken Hand. Es überraschte mich, zu erkennen, wie unerfahren er war, die Muskeln dieses Armes schienen, die Last des Schwertes kaum stemmen zu können.

»Oh, ich weiß, Ihr hasst diesen Mann, ich weiß, wie sehr Ihr ihn verabscheut.

Aber es ist kein Geringerer als er selbst, der Mensch und Magier vereinen und Frieden ins Land von Voyar zurückbringen wird. Nur wird es ihm nicht gelingen – ohne Euch an seiner Seite.«

»Sieht aus, als wäre ich nicht allein«, entgegnete ich, »nicht mehr.«

Arthur entfernte die Klinge von meinem Hals und steckte sein Schwert zurück in die Scheide. Als ich aufstand, sah ich die Schweißperlen auf seiner blassen Stirn – auf beiden Beinen zu stehen, kostete ihn offensichtlich mehr Kraft, als ihm eigentlich geblieben war.

Dicht hinter ihm saßen Lancelot und Mordred auf ihren Pferden, Lancelots Miene angespannt und Mordred mit seiner üblichen Bitterkeit. Von Ector und den anderen keinerlei Spur. Stattdessen entdeckte ich zwei andere Personen – ein alter Mann und ein Junge, beide in den gewöhnlichen Stoffen gewöhnlicher Leute, die Hände gefesselt, der eine von ihnen an Lancelots Pferd gebunden, der andere an Mordreds.

»Wo ist Ector?«, fragte ich, der Blick noch immer auf Arthurs Gefangene gerichtet.

»Sie sind nicht am Treffpunkt erschienen«, antwortete Arthur, »also sind wir ohne sie aufgebrochen.«

Er selbst schien nicht sonderlich einverstanden mit dieser Entscheidung.

Dann brach Panik in mir aus, bittere Panik, gefolgt von Angst, weil fürchtete, was geschehen würde, wenn Ector nicht mehr wäre, um Mordred davon abzuhalten, mit mir anzustellen, was auch immer er wollte. Ich war kein Narr – ich erkannte den Abscheu auf seinen schmalen Lippen und die Gier in seinem gerissenen Grinsen, das er stets trug.

Wie eine Maske.

»Dann – sollten wir nicht nach ihnen suchen?«, fragte ich, die Verzweiflung in mir deutlicher, als es mir lieb gewesen wäre.

Arthurs Zustand würde eine Suche wohl kaum erlauben, weshalb es mich nicht wirklich überraschte, als er meine Nachfrage ablehnte.

»Ector, Gawain und Keie gehören zu meinen fähigsten Rittern. Sie finden den Weg nach Camelot allein zurück.«

Ich dachte an Praphen – an die Kreatur, zu der er geworden war.

»Und wenn sie angegriffen wurden?«

Arthur, der bereits auf halbem Wege zu seinem Pferd war, drehte sich zu mir um, die Augen still, erschöpft, das Gesicht blass.

»Oh, ich weiß, Ihr hasst diesen Mann.«

»Wenn sie von Druiden angegriffen wurden«, sagte er, »dann werden wir es herausfinden.«

Er schaute zu seinen Gefangenen, gab ihnen mit allerletzter Kraft, die seine Gesichtsmuskeln noch aufbringen konnten, einen ekelerregenden Blick. Dann setzte er sich auf sein Pferd.

Ich brauchte nicht zu fragen, um zu wissen, dass Arthur diese beiden für Druiden hielt. Auf mich machten sie keinen bedrohlichen Eindruck. Aber was wusste ich schon …

***

Den Rest des Weges verbrachten wir alle in Stille, das Stapfen der Hufe wie eine Melodie, die mich durch meine Gedanken begleitete. Wir schritten nur langsam voran, was mir recht gelegen kam – es gab mir Zeit, mich auf die Veränderungen vorzubereiten, die mit unserer Ankunft in Camelot auf mich zukämen.

Als sich die Dunkelheit immer mehr in den Wald schlich, schlugen wir ein Nachtlager ein. Ich hatte Lancelot geholfen, Äste für ein Feuer zu suchen, und sobald die Flammen knisterten, legten sich die meisten von uns zur Ruhe. Mordred hatte Arthurs Gefangene an einem Baum angebunden. Jetzt schlief er, ebenso wie Arthur, dessen Haut immer mehr die Farbe von Weiß annahm. Als wäre er eine wandelnde Leiche. Als wäre es nur noch eine Frage der Zeit, bis er starb.

»Er sieht nicht gut aus«, flüsterte ich Lancelot zu – der Einzige, der außer mir noch nicht schlief.

»Er braucht Ruhe«, entgegnete der Ritter.

Ich nickte, meine Augen auf Arthur ruhend, meine Gedanken bei den Worten, die der Drache zu mir gesagt hatte – Worte, die ich noch immer nicht glauben konnte.

»Wir müssen sichergehen, dass er in der Nacht nicht aufhört zu atmen«, meinte ich und sah anschließend zu Lancelot, um seine Reaktion zu sehen.

Der Ritter nickte. Arthur bedeutete ihm etwas, ich sah es in seinen Augen. In ihnen verbarg sich mehr als nur Loyalität.

Ich sah zurück ins Feuer. Ich ließ mich auf die Wärme ein, ignorierte die Erinnerungen an Avalon.

»Was ist passiert?«, fragte Lancelot plötzlich, die Frage überraschend genug, dass ich wieder zu ihm sah.

»Mordred erzählte, der Bauer hätte sich … verwandelt. Und Arthur angegriffen. Er sagte, du hättest ihn getötet und seist dann weggeritten.«

»Ich verlor die Kontrolle über mein Pferd«, log ich, obwohl ich wusste, dass dieser Teil der Geschichte nicht der war, der ihn am meisten interessierte.

Er wartete ab, seine Augenbrauen erwartungsvoll nach oben gezogen.

»Und der Bauer?«, hakte er nach.

Ich nickte, meine Augen auf keinen Punkt fixiert, meine Gedanken bei dem Augenblick, in dem sich der Körper des Mannes so gewaltig deformiert hatte. Ich ekelte mich vor den Geräuschen, die er dabei gemacht hatte – die sein Körper dabei gemacht hatte.

»Er hat sich verwandelt«, erklärte ich ihm, während ich das Bild vor mir sah – der unnatürlich lange Torso, seine Hand eine einzige Klaue, die Krallen an der anderen Hand, »und dann hat er Arthur angegriffen. Dieses Ding wollte ihn töten, aber – aber dann muss es mich gehört haben. Es kam auf mich zu. Aber davor hat es seine … Kralle in Arthurs Schulter gerammt, ihn am Boden festgenagelt, damit er sich nicht bewegen konnte. Es kam auf mich zu und –«

»Und dann hast du es getötet«, beendete Lancelot.

Ich erzählte ihm nicht davon, wie Mordred mir gedroht hatte. Und ich erzählte ihm auch nicht davon, wie dieser und ich gegeneinandergestoßen waren, als die Kreatur noch versucht hatte, Arthur zu töten – als hätte er versucht, mich aufzuhalten. Mordred hasste Arthur. Vermutlich existierte keine Person in Camelot, die er nicht hasste, nur wusste ich nicht, ob er Arthur genug verabscheute, um ihn sterben zu lassen. Weshalb ich Lancelot auch nicht erzählte, wie die Kreatur Mordred angesehen, aber statt ihn mich angegriffen hatte.

»Ich muss gestehen, anfangs dachte ich, Mordred hätte Arthur das angetan. Und dich und den Bauer umgebracht. Bis ich das Teil in Arthurs Schulter stecken sah – dann dachte ich, er hätte nur dich umgebracht.«

Lancelots Miene war ernst, hart wie Stein – wie die Miene eines

Mannes, der einen anderen beinahe grundlos niedergestreckt hätte und erleichtert war, es nicht getan zu haben.

»Aber warum hätte er lügen sollen«, sprach er dann eher mit sich selbst, »warum erzählen, du hättest diese Kreatur getötet und wärst dann geflohen?«

Lancelot misstraute Mordred mit jedem Muskel in seinem Körper. Er misstraute ihm sogar so sehr, dass er jedes Wort, das seinen Mund verließ, für eine Lüge hielt. Mordred war hinterhältig, das wusste ich, er war so hinterhältig wie gefährlich. Aber ich konnte nur schwer einschätzen, ob ich Lancelots Misstrauen guthieß oder ob es ihn sogar noch gefährlicher machte als Mordred.

»Du hast Arthurs Leben gerettet«, stellte Lancelot plötzlich fest, als wäre es das Unnatürlichste der Welt – was es eigentlich im Grunde auch war.

Ich hasste Arthur.

Aber ich hasste ihn nicht genug, um ihm beim Sterben zuzusehen.

Und jetzt, mit den Worten des Drachen im Hinterkopf, war ich vielleicht sogar froh, sein Leben gerettet zu haben.

»Oh, ich weiß, Ihr hasst diesen Mann.«

»Euer Treffen auf den alten Ritter war kein Zufall, ebenso wenig wie Eure Ankunft in Camelot. Die Entscheidungen jener, die Ihr am besten zu kennen meintet, sind es, die Euch hierhergeführt haben, um Arthurs Leben zu bewahren und die Welt, wie Ihr sie kennt, vor jenen zu schützen, die sie bedrohen.«

»Sorge dafür, dass ich nicht sterbe.«

»Nicht ganz«, erwiderte ich, »erst, wenn er lebend in Camelot ankommt.«

Lancelot gab ein überraschtes Lachen von sich. Dann klopfte er mir auf den Rücken.

Plötzlich musste ich an das denken, was Ector zu mir gesagt hatte – es unterschied sich kaum von einem bestimmten Satz, den der Drache zu mir gesagt hatte.

»Du bist stärker, Junge, das weiß ich. Du musst die Macht akzeptieren, die durch deine Adern fließt. Wenn du weiterhin versuchst, sie zu unterdrücken, wird es dich eines Tages das Leben kosten.«

Wusste er, was ich war? Aber woher? Und wenn, warum hatte er nie etwas gesagt?

Mein Herz sprang und ich konnte nicht sagen, ob es schneller schlug, weil Panik in mir ausbrach oder weil es kurz davor war, stehenzubleiben.

»Du sorgst dich um Ector«, riss mich Lancelot im ungünstigsten Augenblick aus meinen Gedanken.

Ich sah zu ihm auf, meine Stirn in Falten gelegt.

»Du hast seinen Namen geflüstert«, meinte er.

Ich sah hastig weg, damit er den Schock in meiner Miene nicht sehen konnte.

»Ich kenne Ector seit ich klein bin«, versuchte der Ritter, mich zu beruhigen.

Ich hätte dankbarer sein sollen, hätte mich mehr auf sein Bemühen, mir Mut zuzureden, konzentrieren sollen, statt auf die Tatsache, dass ich mir mehr als alles andere wünschte, er würde schweigen. Ich wollte mit meinen Gedanken allein sein, damit ich sie ordnen könnte. Aber es wäre mir eh nicht gelungen. Also hätte ich wirklich dankbarer sein sollen.

»Er ist stark für sein Alter. Und er kämpft besser als jeder andere von uns – er weiß, wie man allein zurechtkommt. Immerhin hielten wir ihn schon einmal für tot und dennoch kehrte er zurück. Diesmal wird es nicht anders sein.«

Ich hasste mich selbst dafür, verabscheute mich dafür – denn so sehr ich begann zu verstehen, dass er mich mit seiner Brutalität hatte formen wollen, konnte ich nicht …

Ich stöhnte. Wenn Ector wusste, was ich war, … wusste ich nicht, ob sein Verschwinden ein Vor- oder ein Nachteil für mich war.

***

Der Dampf meines warmen Atems stieg in den Himmel hinauf, die Luft um mich herum eiskalt.

Ich war erschöpft, meine Kleidung durchnässt von meinem Schweiß. Sie klebte an meinem Körper.

Jedes meiner Glieder schmerzte. Ich fror.

Am Horizont ging die Sonne auf. Sie warf ihr Licht – ihre ersten Strahlen – auf all die Leichen vor mir und um mich herum, auf all die Toten, deren Augen noch immer starrten. Ich sah Tod in ihren

Gesichtern. Ich sah den Schrecken, als sie realisiert hatten, wie es um sie geschehen war.

Blut verschmutzte das Silber ihrer Rüstungen, vermischte sich mit dem Schwarz ihrer Harnische. Sie alle – Ritter und Soldaten – lagen vor einer gigantischen Burg, verteilt wie Sand am Meer.

Als mein Blick an ihnen vorbeiglitt, die Kälte in meinem Nacken, blendete mich die Sonne. Blut klebte an meiner Hand. Ich sah es, als ich sie hochnahm, um meine Augen vor dem Licht zu schützen. Es glänzte, das Rot noch nicht getrocknet. Ich blickte nach unten, ein Schmerz in mir, wie ich ihn noch nie gespürt hatte – nicht so.

Die Augen starrten mich an.

Ich schreckte auf, die Luft in meiner Lunge knapp, als hätte ich sie stundenlang angehalten. Mein Brustkorb wanderte hektisch auf und ab. Als ich mich umsah, entdeckte ich noch immer keinerlei Spur von Ector.

Ich redete mir ein, dass ich mich glücklich schätzen sollte, eine Gefahrenquelle losgeworden zu sein. Doch in Wirklichkeit sorgte ich mich um ihn.

Ich vermisste ihn und wünschte mir, er wäre hier, während ich hoffte, dass er noch lebte.

***

Wir erreichten Camelot, nachdem die Mittagssonne zur Abendsonne geworden war. Die Tore standen offen, zeigten all die Häuser und das Leben, das sich hinter den gewaltigen Mauern verbarg und die Steinstraße, die direkt zum Vorhof führte und von dort aus weiter zum Thronsaal eines Lords, der noch kein König war.

Alles hatte sich verändert. Nicht nur, weil wir in geringerer Zahl zurückkehrten, als wir aufgebrochen waren.

Arthur ritt voran. All die Leute verbeugten sich vor ihm. Kurz darauf fielen ihre Blicke auf die zwei Gefangenen – ein alter Mann und ein Kind, die Hände gefesselt, als wären sie Mörder. Selbst von meinem Pferd aus konnte ich die Wunden an ihren Handgelenken sehen, die die Schnüre der Seile hinterlassen hatten und die Haut noch weiter abschürften. Ungewollt erinnerte ich mich an die Schwarzen Reiter.

Erinnerte mich daran, wie der blasse Mann – Lothar – veranlass hatte, dass meine Hände gefesselt wurden. Ich erinnerte mich auch an das Brennen, das die Fesseln verursacht hatten, die Erinnerung noch immer so stark, dass ich den Schmerz aufs Neue spürte. Plötzlich drängte es mich danach, an meinen Handgelenken zu reiben.

Der Himmel verdunkelte sich, als sich die Sonne langsam den Baumkronen des Waldes näherte. Die Häuser links und rechts vom Weg warfen lange Schatten auf uns, als wären sie seltsame Kreaturen, die ihre Klauen nach uns ausstreckten. All die Leute, deren Blicke uns folgten, waren still – kein Gerede, keine Unterhaltungen, nicht einmal Geflüster. Nur das Klackern der Hufe auf dem Stein.

Ich sah zu Arthur nach vorn, betrachtete das spitze Ende der Kralle, die noch immer aus seiner Schulter ragte. Und die blasse Farbe seiner Haut, als mir auffiel, wie instabil er auf dem Sattel saß. Es gefiel mir ganz und gar nicht.

»Oh, ich weiß, Ihr hasst diesen Mann, ich weiß, wie sehr Ihr ihn verabscheut. Aber es ist kein Geringerer als er selbst, der Mensch und Magier vereinen und Frieden ins Land von Voyar zurückbringen wird.«

»Die Entscheidungen jener, die Ihr am besten zu kennen meintet, sind es, die Euch hierhergeführt haben, um Arthurs Leben zu bewahren«

Ich wollte es nicht wahrhaben. Es war einfacher, ihn zu hassen, als zu verstehen, warum er so war – was es war, das ihm zu dem machte, der er nun war. Ich wollte es nicht verstehen, wollte nicht verstehen, wie man sich nach Tod und Blutvergießen sehnen konnte.

Je mehr ich die Worte des Drachen mit dem Arthur verglich, der dort vor mir ritt, desto weniger glaubte ich ihnen. Arthur hasste sie – Druiden, Menschen mit Magie, Magier – er hasste sie alle. Und hatte mich zwingen wollen, sie zu töten. Weil er gewusst hatte, er könnte mich damit bestrafen, mich damit quälen.

Wie sollte jemand wie er jemals einen Krieg beenden können? Wie sollte er jemals vereinen können, was seit Generationen getrennt war? Wie sollte er Frieden schaffen, wenn er es war, der mordete?

»Frieden? Der ist vorbei, dafür hat Euer zukünftiger König gesorgt.«

Wir erreichten den Trainingshof und ich war froh, all die Blicke losgeworden zu sein, obwohl sie nicht einmal mir gewidmet waren. Ich stieg von meinem Pferd ab, und als ich zu Arthur sah und erkannte, wie er beim Absteigen beinahe von seinem Pferd fiel, ging ich zu ihm.

»Lasst mich Euch helfen«, versuchte ich mit so viel vorgetäuschter Hilfsbereitschaft von mir zu geben, wie ich nur aufbringen konnte.

Ich wollte ihm nicht helfen. Für das, wozu er mich hatte zwingen wollen, verdiente er meine Hilfe nicht. Nur befürchtete ich, ein Sturz vom Pferd würde nur noch mehr Schaden anrichten – immerhin steckte diese bestialische Klaue noch immer in seiner Schulter.

Arthur konnte mich mit seinen Augen kaum fixieren, die Lider zusammengekniffen, als versuchte er herauszufinden, wer vor ihm stand. Er antwortete mir nicht. Dann, als er weiter versuchte, von seinem Pferd abzusteigen, griff ich ihm einfach unter die Arme.

Seine Rüstung drückte ihn nach unten, sein Körper flog mir entgegen, nachdem seine beiden Beine festen Grund erreicht hatten. Ich konnte ihn kaum halten. Er lehnte sich mit seinem gesamten Gewicht auf mich und ich spürte, wie er sein Kinn kurz auf meiner Schulter ablehnte.

»Ich glaube nicht, dass dich der Zufall zu mir gebracht hat, Parzival«, flüsterte er mit letzten Kraftreserven, bevor er sich von mir weg drückte.

Seine Stimme war ein erbärmliches Stöhnen.

Sein Pferd ließ er einfach dort stehen. Er ging an Lancelot und Mordred vorbei zu anderen Rittern, die mittlerweile aufgetaucht waren. Er redete mit ihnen, stand da, als würde er jede Sekunde zusammenbrechen, während er gelegentlich einen Blick auf seine Gefangenen warf.

»Denk nicht, er bräuchte deine Hilfe«, sagte eine Stimme, die keinem Geringeren als Mordred gehörte, die Bitterkeit in ihm unmissverständlich, »er braucht Hilfe von niemandem – nicht mehr.«

Ich sah in Arthurs Richtung, beobachtete die Schweißperlen auf seiner Stirn. Sie kamen nicht von der Hitze – sie kamen vom Fieber.

»Er ist krank«, sagte ich, nicht sicher, ob es eine Feststellung war oder eine Andeutung, die Mordred dazu verleiten sollte, den Lechitel – den Heiler oder Arzt einer jeden Burg – zu rufen oder wenigstens rufen zu lassen.

So wie Arthur aussah, würde er nicht mehr lange auf seinen Beinen stehen können.

Mordred atmete ein Lachen aus.

»Ohne jeden Zweifel«, antwortete er.

Für einen Augenblick schaute er zu Arthur.

Aus den Augenwinkeln beobachtete ich, wie Mordred seine Lippen zusammenpresste. Ich erkannte Hass in dem Blauviolett, das seine Pupillen umzingelte, sie beinahe umschlang. Jetzt, wo die Sonne unterging, strahlte die Farbe wie der Nachthimmel mit seinen unendlichen Sternen.

»Du hättest ihn im Wald sehen sollen«, meinte er dann, eine bittere Schadenfreude in seinem Ton, »nachdem er aufgewacht ist und realisiert hat, dass drei seiner Ritter nicht mehr zurückkehren werden.«

Ein gefährliches Grinsen breitete sich auf seinen Lippen aus – eines, das mir ganz und gar nicht gefiel. Als würde er sich freuen, drei Ritter losgeworden zu sein. Natürlich freute er sich – er hatte selbst gedroht, Ector zu töten.

»Niemand wird mehr Arthurs Wut zügeln können«, meinte Mordred, »die beiden sind das perfekte Beispiel.«

Er nickte auf die Gefangenen zu, auf den alten Mann und den kleinen Jungen.

»Wer sind sie?«, wollte ich wissen, die Augen auf die blutigen Handgelenke gerichtet.

»Druiden«, erklärte Mordred.

Sein Ton war für mich unmöglich als hasserfüllt zu identifizieren, doch als er weiter sprach, hörte ich den Abscheu deutlich heraus – den Ekel, als widerte ihn jeder Gedanke an dieses Volk an.

»Der billige Abklatsch von Magiern, mit Zauberkräften, die nicht mehr wert sind als eine Handvoll verdorbenes Fleisch.«

Dann entdeckte ich ein Zucken in seiner harten Miene – ein kleiner Spalt, der etwas zeigte, das ich so vorher nie bei Mordred gesehen hatte und von dem ich dachte, dass ich es niemals sehen würde. Reue. Und Leid.

»Harmlose Menschen eigentlich, … wenn man sie als solche bezeichnen kann.«

»Was will Arthur mit ihnen?«, fragte ich.

Mordred drehte seinen Kopf zu mir, betrachtete mich mit hochgezogener Augenbraue. Als er feststellte, dass ich meine Frage ernst meinte, schoss ein kurzes Lachen aus ihm heraus. Er schüttelte seinen Kopf.

»Arthur hielt ihr ganzes Geschlecht für ausgelöscht – nun ja, fast alle von ihnen, alle außer einen. Was also denkst du, hat er mit ihnen vor?«

»Arthur sagte mir, es waren Druiden, die dich einst gefangen hielten«, provozierte ich, damit ihm dieser verdammte Gesichtsausdruck verging.

Die Gerissenheit verschwand aus seiner Miene und es tat gut. Oh, und wie es das tat.

Sein linker Mundwinkel zog sich nach hinten. Er sah aus wie ein Bluthund, der im Begriff war, seine Beute zu reißen.

»Hat er das?«, gab er mit zusammengebissenen Zähnen von sich.

Anscheinend hatte ich einen Nerv getroffen.

Wie tödliches Gift schossen die Worte aus seinem Mund.

Ich hätte niemals gedacht, Gefallen daran zu finden, so unter seine Haut zu gelangen, ihn zornig vor Wut zu machen – obwohl sie jetzt, wo Ector nicht mehr hier war, gefährlicher für mich war denn je.

»Nun, dann verstehst du sicherlich, weshalb sie solch Gefahr darstellen«, sagte Mordred, den Kiefer angespannt.

Ich hatte definitiv einen wunden Punkt getroffen. Aber plötzlich gefiel es mir nicht mehr so sehr wie noch vor wenigen Sekunden. Auf einmal dachte ich daran, wie Arthur gewollt hatte, dass ich Druiden tötete.

Er hatte gewusst, ich würde es hassen. Vielleicht hasste Mordred es ebenfalls. Und vielleicht zwang Arthur auch Mordred, für ihn zu töten.

»Sie sehen nicht gefährlich aus«, erklärte ich.

»Sind sie auch nicht«, entgegnete Mordred.

Wir beide sahen in ihre Richtung. Auf keinen Fall wirkten sie in irgendeiner Art gefährlich. Allerdings hatte Praphen auch keinen gefährlichen Eindruck hinterlassen und dennoch hatte er sich in eine Bestie verwandelt und beinahe Arthur und mich getötet.

»Sie sind nicht einmal Druiden.«

Schockiert riss ich meine Augen zu Mordred, seine Miene ein Rätsel. Die Anspannung seiner Gesichtsmuskeln verriet mir jedoch, wie sehr er sich bemühte, seine Gefühle zu verbergen.

Er trug seine Maske.

»Das weißt du nicht«, platzte es aus mir heraus, als ob es besser wäre, wenn Arthur Druiden statt gewöhnliche Menschen tötete.

Erneut atmete Mordred ein Lachen aus.

»Auf dem Weg zurück nach Camelot stießen wir auf drei Fremde. Einer von ihnen war schwer verwundet – sie lag im Sterben, eine Frau nicht viel älter als Morgana, ein still Geborenes in ihren Armen. Der alte Mann versuchte, ihr zu helfen. Er legte seine Hand auf die Stirn des Säuglings und murmelte Worte. Das war es, was Arthur überzeugte, sie seien Druiden. Er tötete die Frau und stach sein Schwert durch den Körper des toten Kindes, weil er dachte, der Alte hätte es verhext. Ein Druide wäre dazu niemals fähig. Aber Arthur hat keine Ahnung. Er weiß nichts von Magie, nichts von Druiden und schon gar nichts von Magiern –«

»Du schon?«, unterbrach ich ihn.

Mordred stoppte, die Wut in ihm stärker als alles andere, sein Kiefer angespannt und die Zähne so heftig zusammengebissen, dass sie knirschten.

Als er so vor mir stand, dieser verzweifelte Hass in ihm, empfand ich zum ersten Mal Mitgefühl für ihn.

»Ich lebte lang genug bei Druiden, um solche Dinge zu wissen.«

Ich schüttelte meinen Kopf, unfähig, seine Worte für wahr anzuerkennen. Ich wollte nicht, dass stimmte, was er sagte. Es machte mich wütend. Aber noch wütender machte mich die Tatsache, dass es Mordred ebenso wenig gefiel wie mir.

»Du lügst!«, beschimpfte ich ihn.

Er betrachtete mich mit einem einzigen Blick – einem Blick, den ein Erfahrener einem Unerfahrenen gab, der Ekel breit auf dem Gesicht gezeichnet, angewidert vom Mangel an Wissen und Verständnis von Grausamkeit.

»Du musst es ja wissen«, sagte er und ging zu seinem Pferd, um es im Stall abzusatteln.

Mein Herz pochte laut genug in meiner Brust, um alle anderen Geräusche auszublenden. Ich starrte Arthur an, der vom einen Bein auf das andere schwankte, seine Körperhaltung schwach und die Haut blass, als wäre er tot oder kurz davor zu sterben. Dann fiel meine Aufmerksamkeit auf den alten Mann und den Jungen, Hände gefesselt, Köpfe nach unten geneigt.

»Oh, ich weiß, Ihr hasst diesen Mann, ich weiß, wie sehr Ihr ihn verabscheut.

Aber es ist kein Geringerer als er selbst, der Mensch und Magier vereinen und Frieden ins Land von Voyar zurückbringen wird.«

Ich drehte mich um, um Mordred hinterherzulaufen. Als ich im Stall auf ihn traf, hielt er den Sattel in seinen Händen und übergab ihn dem Stalljungen.

»Warum sagst du es ihnen nicht?«, fragte ich, die Verzweiflung viel zu offensichtlich in meiner Stimme.

Mordred drehte sich zu mir, sein Ausdruck müde, als wäre er es leid, mit mir reden zu müssen.

»Ich bin nicht Ector«, sagte er, »wenn Arthur meint, er müsste Menschen töten, dann soll er es meinetwegen tun. Ich warte auf den Tag, an dem er für all seine Taten zur Rechenschaft gezogen wird – und glaub mir, der Tag wird bald kommen, der Tag, an dem ich endlich meine Rache an ihm ausüben kann. Vielleicht solltest du das auch tun. Du wirst sehen, je mehr Zeit vergeht, desto mehr strebst du nach seinem Tod.«

»Und wenn er niemals eintrifft? Dieser Tag, von dem du redest?«, fragte ich, als würde ich ernsthaft darüber nachdenken, seinem Rat zu folgen.

Genau das dachte Mordred, ein böswilliges Grinsen quer durch sein Gesicht gezogen.

»Oh, glaube mir, dieser Tag wird früher kommen, als du ahnst.«

Ich dachte nicht darüber nach, seinem Rat zu folgen. Ich hatte mich bereits entschlossen, dem Drachen zu glauben – wenn ich ihm auch nur glaubte, was ich bereit war zu glauben.

Vielleicht mochte wahr gewesen sein, was er über Arthur gesagt hatte, welche Zukunft er für ihn angekündigt hatte. Vielleicht mochte Arthur zu diesem Mann werden. Aber niemals würde Morgana zu dem werden, was der Drache gesagt hatte. Dafür würde ich sorgen. Ich würde sie beschützen. Mit all der Kraft in meinen Knochen.

Plötzlich hastete Mordred auf mich zu, die Aktion so überraschend für mich, dass ich einen Schritt zurücktrat. Er kam näher, beugte seinen Kopf zu mir nach unten, sodass er mir ins Ohr flüstern konnte. Ich spürte die Wärme, die sein Körper auf mich ausstrahlte.

»Jetzt, wo Ector fort ist, gibt es keinen Grund mehr für uns, Feinde zu sein. Wir können aufhören, gegeneinander zu kämpfen und uns stattdessen miteinander verbünden. Vertrau mir. Ich weiß, du verabscheust diese Burg und alle, die sie bewohnen, genauso sehr wie ich. Sei nicht dumm, verschwende dein Leben nicht für jemanden, an den du nicht glaubst.«

Ich konnte nicht anders, als an seine eigenen Worte zu denken, Worte, die er zu mir gesagt hatte, noch bevor wir Camelot erreicht hatten.

»Überleg dir gut, in wen du dein Vertrauen setzt.«

Noch im gleichen Atemzug sprangen meine Gedanken zu Arthur, zu dem Versprechen, das er mir gegeben hatte, aber vor allem zu dem, was er davor gesagt hatte, bevor es überhaupt zu unserer Vereinbarung gekommen war.

»Vielleicht fürchte ich mich nicht vor dir, sondern vor den Allianzen, die du mit anderen eingehen wirst.«

»Du bist ein Feigling«, schoss es aus mir heraus.

Ich erschrak selbst von der Härte dieser Anschuldigung, bemühte mich allerdings, Mordred nichts davon zu zeigen.

Mordred selbst schien überrascht davon. Er blinzelte, neigte seinen Kopf leicht zur Seite, sein Mund stand halb offen in Verwirrung.

»Du hast keine Ahnung, Parzival«, entgegnete er, erst wütend auf mich, doch dann kehrte dieses abscheuliche Grinsen zurück, »ich mag ein Feigling sein, doch dafür bist du ein Narr – bald schon ein toter Narr.«

»Wenn ich sterbe, werde ich dich mit in den Tod reißen«, drohte ich ihm.

Dann packte er mich mit beiden Händen am Kragen und presste mich gewaltsam gegen den nächstgelegenen Holzbalken – wie er mich vor wenigen Nächten gegen einen Baum gepresste hatte. Die Knöchel seiner Fäuste bohrten sich in meine Schultern.

»Pass auf, was du sagst«, warnte er, »denn, wenn deine Drohung wahr ist, werde ich alles dagegen tun, um sie zu verhindern. Es ist ein Spiel, Parzival, all das ist ein Spiel. Spielst du es richtig, gewinnst du und der Preis für deinen Sieg ist deine Freiheit. Aber verlierst du, stirbst du. Also spiel es richtig oder spiel es gar nicht – denn bist du erst einmal drin, kommst du nicht wieder raus, dafür werde ich sorgen.«

»Dieses Risiko bin ich bereit, einzugehen«, spukte ich ihm trotzig entgegen, nicht willig, ihn dem Glauben zu überlassen, er hätte es geschafft, mich einzuschüchtern.

Mordred grinste. Einerseits wirkte es wie sein typisches Grinsen, der Abscheu offensichtlicher als das Schwarz seiner Locken, vermischt mit dem Vergnügen an Gewalt. Andererseits erschien es mir wie seine Maske – seine Maske, die seine Panik vor mir verbergen sollte.

»Du begehst einen Fehler, Parzival«, sagte er, »früher oder später wirst du das Monster erkennen, das Arthur wirklich ist. Wenn du von den Dingen erfährst, die er getan hat, wirst du ihn genauso hassen wie ich. Dein Mut ist an der falschen Stelle. Und eines Tages wirst du es bereuen, mein Angebot abgelehnt zu haben.«

Dann ließ er mich los. Er ging, verließ den Stall und als ich ihn auch verlassen hatte, um zu meinem Pferd zurückzukehren, war Mordred vom Hof verschwunden.

Arthurs Pferd stand noch immer dort, wo ich es zuletzt gesehen hatte. Nachdem ich meines in den Stall gebracht hatte, führte ich seines dorthin und übergab es dem Stalljungen. Als ich mich wieder auf den Hof begab, stand Arthur noch immer bei den Rittern, unterhielt sich noch immer mit ihnen und ließ mich in völligem Erstaunen, dass er überhaupt noch Luft zum Atmen hatte.

Arthur nickte, woraufhin sich vier der Ritter zu den Gefangenen begaben. Jeweils zu zweit packten sie sich einen und führten ihn ab. Ich sah den Jungen weinen, sah seine rot umrandeten Augen und die Wunden an seinen Handgelenken. Die Angst in seinem Blick. Er sah mich an, als die Ritter ihn an mir vorbeiführten, sah mich an, als würde er mich kennen, als würde er hoffen, ich könnte sein Leben retten – vor einem Mann wie Arthur.

Ich begab mich zu dem Lord. Er stand allein, wackelig auf den Beinen.

»My Lord«, begann ich, »wer sind die beiden?«

Arthur drehte sich zu mir um. Ich erschrak, als ich sein Gesicht sah, die hohlen schwarzen Ringe um seine Augen. Sein Körper schwankte in kleinen Kreisen umher. Er ließ mich wundern, ob er meine Frage überhaupt wahrgenommen hatte. Die Antwort erhielt ich wenige Sekunden später, als Arthur endgültig zusammensackte.

Ich fing ihn auf, überwältigt vom Gewicht seiner Rüstung. Die Wucht ließ mich den Schmerz in meiner gebrochenen Hand ganz aufs Neue spüren. Trotzdem gelang es mir, ihn zu halten. Aber er fiel ungünstig auf mich – die Klaue in seiner Schulter verpasste mir eine Schnittwunde an der Wange. Ich schrie auf, schrie nach Lancelot, der, wie ich vermutete, der Einzige war, der sich noch in der Nähe befand.

Keine Sekunde später hörte ich die Schritte des Ritters.

»Helft mir, ihn zu tragen!«, atmete ich schwer aus.

»Wir bringen ihn zum Lechitel«, wies Lancelot an, nachdem er Arthurs Arm um sich gelegt hatte.

Der Ritter machte sich gerade auf, Arthur in die Richtung des Thronsaals zu drehen.

»Nein«, widersprach ich ihm.

Ich erschrak noch im selben Moment. Ich wusste nicht, woher auf einmal all dieses Selbstbewusstsein kam. Vielleicht, weil mir ein Drache einen Einblick in die Zukunft gegeben hatte. Oder vielleicht, weil ich dem Tod nah genug gekommen war, um besser zu wissen, als ihn zu fürchten.

Lancelot starrte zu mir, mit derselben Überraschung, die mich für einen kurzen und gleichzeitig viel zu langen Moment zum Schweigen gebracht hatte.

»Das ist Magie«, erklärte ich dem Ritter, mit einem Nicken in Richtung der Kralle in Arthurs Schulter, »schwarze Magie. Es gibt nichts, was ein Lechitel auf die Wunde aufbringen könnte, das Arthur nicht noch schneller umbringt.«

Lancelot betrachtete mich durch zusammengekniffene Augen.

»Wohin willst du ihn dann bringen?«, fragte er.

Mein Schweigen war Antwort genug. Lancelot entspannte seine Augenlider. Er sah mich zwar nicht mehr mit Verdacht schöpfender Miene an, aber dafür betrachtete er mich jetzt, als hätte ich meinen Verstand verloren. »Erzähl mir nicht, Ector hat dir diesen Wahnsinnigen vorgestellt.«

»Hat er«, entgegnete ich, »und jetzt gerade glaube ich, er ist der Einzige, der Arthur helfen kann.«

»Ich bin nicht sicher, ob Arthur das gefallen würde«, warf Lancelot ein, zum ersten Mal unsicher.

Es war mir egal. Es scherte mich nicht, ob es Arthur gefallen würde, von einem Alchemisten behandelt zu werden.

Natürlich würde es ihm nicht gefallen – in Alchemie steckte immer ein winziger Hauch an Magie, wenn auch so winzig, dass es schon fraglich war, ob überhaupt Magie in ihr steckte.

Manchmal verwechselten die Menschen einfach Wissenschaft mit Magie, aber manchmal wirkten die Magier diesem Glauben auch nicht gerade entgegen.

Alles, was ich wusste, war, dass Arthur im Begriff war zu sterben. Valden kannte sich mit Magie aus, daran bestand kein Zweifel. Vielleicht hatte der alte Mann sogar selbst Magie im Blut.

***

Bis wir es geschafft hatten, bis zur Tür des Alchemisten vorzudringen, hing Arthur zwischen uns wie der leblose Körper einer Puppe – nur war der Lord deutlich schwerer, das ständige Klappern seiner Rüstung wie die Schritte des Todes, der immer näher an Arthur herankroch.

»VALDEN!«, schrie ich, noch lange bevor wir überhaupt in die Nähe seiner Tür kamen, »VALDEN, ÖFFNET DIE TÜR!«

Ich bezweifelte, er würde mich hören, aber nachdem wir das Ende der Treppen erreichten und ich die Tür offen stehen sah, der alte Valden vor ihr – mit einem Fragezeichen breit im Gesicht gezeichnet, die Augen zusammengekniffen, als blendete ihn das Licht – war ich unglaublich erleichtert.

»Was hat das zu bedeuten!«, schimpfte er, als ich rücksichtslos mit Arthur und Lancelot im Schlepptau an ihm vorbeidrängelte.

Seitdem ich das letzte Mal bei ihm gewesen war, hatte sich seine Kammer kaum verändert. In der Mitte brannte noch immer ein Feuer, über dem nun ein breiter Kessel hing. Allerdings bemerkte ich erst jetzt, dass ein Bett fehlte, weshalb Lancelot und ich Arthur mehr oder weniger auf einen Tisch schmeißen mussten. Wir begaben uns zum niedrigsten, wo es leichter wäre, den Lord hinauf zu legen. Gläser gefüllt mit Substanzen, die ich nicht einmal als irgendetwas, das mir bekannt vorkam, identifizieren konnte, bedeckten die Platte. Ich breitete meinen Arm aus, um sie mit einem Ruck zu entfernen.

»HALT!«, schrie Valden von hinter mir.

Er watschelte zu uns wie eine Ente, die Arme vor sich ausgestreckt, die gelben Augen leuchtend wie die eines Raubtieres in der Dunkelheit, leuchtend wie die Schuppen des Drachen, als die Flammen ihr Licht auf ihn geworfen hatten.

»Bist du wahnsinnig, Junge?«, schimpfte er.

Der Alchemist stellte sich schützend zwischen uns und dem Tisch.

»Bist du dir nicht im Klaren, wie lange es gedauert hat, diese Kostbarkeiten herzustellen?«

»Dann sagt uns, wohin mit ihm!«, forderte Lancelot, seine gesamte Haltung ungeduldig.

»Ja, ja«, gab Valden von sich, mit einem abweisenden Schütteln seiner Hände, »überall außer hier.«

»Valden –«, begann ich, die Ungeduld auch in mir exponentiell wachsend.

»Ja, ja!«

Der Alchemist hastete zu einem Tisch weiter hinten, auf dem zwar nur wenige leere Gläser und Gefäße standen, der aber deutlich höher stand als alle anderen.

»Hier«, meinte der alte Mann, als er schnell alles, was auf der Platte, stand auf dem Regal darüber stapelte.

Dass er seinen Rücken überhaupt so weit strecken konnte, um das Regal zu erreichen, war ein Wunder.

Lancelot seufzte neben mir, laut genug, dass Valden es auch hören konnte. Zusammen schleppten wir den Lord zum Tisch, hievten ihn mühsam hinauf, vorsichtig, ihn dabei nicht weiter zu verletzten.

»Was hat ihn so zugerichtet?«, fragte Valden, mit einer ernsten Stimme, die ich nicht von ihm erwartet hatte.

Meine Überraschung ließ mich ihn nur anstarren. Lancelot antwortete stattdessen, leider nicht mit der Information, die der Alchemist gewollt hatte.

»Ist das so wichtig?«, entgegnete er, seine Stimme ein gereiztes Schimpfen.

»Wenn Ihr nicht wollt, dass sein Herz aufhört zu schlagen, dann ist es das.«

»Ich weiß nicht, was es war«, antwortete ich kopfschüttelnd, meine Gedanken schlagartig bei Praphens Verwandlung.

Ich bekam Gänsehaut. Versuchte, die Geräusche aus meinem Kopf zu verbannen. Dann riss ich mich von der Erinnerung, starrte Valden hilflos an.

»Ich weiß nur, dass es vorher ein Mensch war.«

»Das Aussehen«, drängte der Alchemist, »beschreibe es mir!«

Lancelot seufzte erneut.

»Grau-werdendes Haar«, begann der Ritter genervt, »schmächtiger Körper, zerrissene Kleidu –«

»Nicht doch des Menschen! Das Aussehen der Kreatur!«

Valden fuchtelte ungeduldig mit seinen Händen umher. Anscheinend hatte die Ungeduld bei uns allen ihr Maximum erreicht. Lancelot schaute mich an, weil ich der Einzige in diesem Raum – mit vollem Bewusstsein – war, der die Verwandlung miterlebt hatte. Nur verwunderte es mich, dass Lancelot die schwarzen Augen des Bauern mit keiner Silbe erwähnte, obwohl sie bei Weitem das Ungewöhnlichste an ihm gewesen waren.

Ich drehte meinen Kopf, sodass ich statt Lancelot den Alchemisten ansah, der mich ebenso erwartungsvoll betrachtete wie der Ritter. Doch dann, plötzlich, wanderten meine Gedanken in eine ganz andere Richtung.

»Er ist es, nicht wahr? Er ist das Kind, das –«, hatte der alte Mann gesagt, bevor Ector ihn unterbrochen hatte.

»Er weiß es nicht, du hast es ihm nicht erzählt.«

Was wusste ich nicht? Was hatte Ector mir nicht erzählt? Was hatte er gewusst, von dem ich –

»Parzival«, riss mich Lancelots Stimme aus meinen Gedanken.

Ich fing mich, realisierte, dass Arthur in diesem Moment wichtiger war als …

»Wie sah die Kreatur aus, die Arthur angegriffen hat?«, fragte Lancelot.

Seine Stimme war mitfühlend, als würde er denken, ich fürchtete mich vor der bloßen Erinnerung.

Es war wahr, ich fürchtete mich davor. Aber ich bangte mehr um Arthurs Leben als um die Bedrohung, die eine Kreatur darstellte, die ich längst getötet hatte.

»Sein Torso war lang«, erklärte ich, »und dünn, ich konnte die Knochen seiner Rippen sehen – ich konnte so gut wie alle Knochen seines Körpers sehen. Seine linke Hand wurde zu dieser Kralle.«

Valden nickte, seine Miene äußerst konzentriert und die Stirn in Falten gelegt. Er wanderte an seinen Regalen vorbei, offensichtlich auf der Suche nach bestimmtem Material.

»Legt ihm die Rüstung ab«, wies er uns an, »der Arm muss frei sein.«

Er holte etwas hervor, das aussah wie ein dünner Schlauch, mit einer Spitze am einen Ende und einem Beutel am anderen. Die Spitze rammte er in Arthurs Oberarm, nachdem Lancelot die Stahlplatten entfernt hatte. Durch den Schlauch wanderte eine dunkle Flüssigkeit – Arthurs Blut, vergiftet, schwarz.

»Parzival«, sagte er, als sich der Beutel langsam füllte, »du musst die Kralle herausziehen. Wenn sie länger in seiner Schulter bleibt, vergiftet sie sein Herz.«

»Ich werde das machen«, warf Lancelot ein, sein Ton entschlossen, als traute er mir solch eine Aufgabe nicht zu.

»Ihr werdet tun, wofür ihr Ritter am besten geeignet seid«, entgegnete Valden abweisend, »stellt Euch irgendwo hin, wo Ihr niemanden stört und seht gut aus.«

Ich wagte nicht, in Lancelots Gesicht zu blicken. Glücklicherweise drängelte sich der Alchemist vor dem Ritter, sodass dieser keine Gelegenheit mehr hatte, an Arthur heranzukommen und ich sein Gesicht nicht sah. In seinen Händen hielt Valden jeweils ein Gefäß – das eine gefüllt mit einer klaren Flüssigkeit, die sich so gut wie gar nicht von normalem Wasser unterschied. Das andere Gefäß besaß eine breitere Form, der Inhalt bestand aus einer Salbe – von der Farbe und Konsistenz her ähnlich wie die, die er auf meine gebrochene Hand aufgetragen hatte.

Ich legte meine Hände um die Kralle. Sie war hart, das Material von der Beschaffenheit beinahe wie die raue, teilweise wellige Oberfläche von Stein. Vor allem aber fühlte sie sich kalt an, eiskalt.

Ich schaute zu Valden, der den Beutel gefüllt hatte und die Spitze aus Arthurs Arm entfernte. Ich wartete auf eine Veränderung in seinem angespannten Gesicht – eine Veränderung, die mir ein Zeichen geben würde, dass ich die Kralle herausziehen konnte.

»Parzival«, sagte er in einem Flüstern, »er wird bluten. Er wird sehr viel bluten. Sein Körper ist kalt, er braucht Wärme. Wenn du die Kralle herausgezogen hast, will ich, dass du ihn wärmst. Ich bin sicher, du weißt, wie du das schaffst.«

Ich nickte, keinesfalls überrascht oder verwundert oder irritiert von seinen Worten, weil ich mich einzig und allein darauf konzentrierte, Arthur vor dem Tod zu bewahren.

Wie ich es ihm versprochen hatte.

»Sorge dafür, dass ich nicht sterbe.«

Valden legte seine Hand an Arthurs Hals an. Als ich rätselte, was er da tat, drehte er seinen Kopf zu mir und sprach in einem noch leiseren Ton als zuvor.

»Sein Herz hat aufgehört zu schlagen. Du musst ihm Leben einhauchen. Und du weißt, was lebt …«

Er zog eine Augenbraue nach oben.

»Feuer«, antwortete ich, doch es fühlte sich nicht an, als käme diese Antwort von mir.

Valden nickte. Ich verfestigte meinen Griff um die Kralle.

Feuer, dachte ich. Eines der wenigen Dinge, die niemand zu kontrollieren vermochte – nicht einmal ich, der es mit eigenen Händen erschaffen konnte. Ich holte tief Luft, mein Atem zittrig.

»Du musst das Gift verbrennen«, sagte der Alchemist, eines seiner Augen zugekniffen und sein Mund offen, diese seltsam holzigen Zähne zeigend, »aber verbrenn ihn nicht, in Ordnung?«

Ich nickte, diesmal sehr wohl irritiert. Dann zog ich.

Die Kralle war breit, das Loch, das sie in Arthurs Schulter hinterließ, groß. Blutstropfen spritzen mir entgegen, allerdings weniger als erwartet. Dafür quoll schwarzes Blut in Strömen aus seiner Schulter heraus. Es lief über seine Rüstung, färbte das Silber schwarz wie Tinte.

Valden leerte das Gefäß mit der klaren Flüssigkeit, kippte es in Arthurs Schulter.

»*Jetzt!*«, drängte er.

Ich legte meine Hände unter den Stahl, dicht an das Loch in seiner Schulter, der Knochen durchtrennt, die übrig gebliebenen Fleischklumpen überströmt von seinem Blut. Es war kalt. Aber ich dachte daran, wie es sich anfühlen würde, wenn es warm wäre, wenn sein Herz noch schlagen und seinen Körper mit sauberem Blut versorgen würde – ein gesundes Rot statt dem Schwarz überall vor mir.

Ich schloss meine Augen, mein Atem noch immer zitternd. Meine Knochen brachen unter dem Zittern. Ich hatte Angst. Angst, dass Arthur sterben würde, bevor ich herausfinden konnte, ob die Worte des Drachen tatsächlich der Wahrheit entsprachen.

Die Wärme, ich fühlte sie, spürte sie in meiner Brust – dort, wo sich mein Herz befand. Ich hielt an ihr fest, konzentrierte mich, als sie begann, den Rest meines Körpers zu durchströmen.

Dann erreichte sie meine Handfläche, wanderte an meinen Fingern entlang, bis sie schließlich meine Fingerspitzen erreichte. Ich übertrug sie auf Arthur, stellte mir vor, wie sie seine Adern füllte und sein Blut von dem Gift reinigte und sein Herz zum Schlagen brachte.

Valden kicherte hinter mir wie ein kleines Kind. Obwohl ich nicht zu ihm blickte, merkte ich, wie sein ganzer Körper mit dem Lachen auf und ab wackelte.

»Fantastisch«, gab er von sich, während er mit der einen Hand auf seinen Oberschenkel schlug.

Ich öffnete meine Augen.

Arthurs Augen waren noch immer geschlossen, aber sie zuckten.

Im nächsten Moment kippte der Alchemist den Inhalt des anderen Gefäßes in Arthurs Schulter, der zwar so ausgesehen hatte wie eine Salbe, aber keine Salbe war.

»Noch einen Augenblick«, murmelte der alte Mann.

Mit seinem Bein schob er einen Holzeimer zu sich, positionierte ihn etwa auf der Höhe von Arthurs Kopf, direkt vor meinen Füßen.

»Noch einen Augenblick, noch einen Augenblick, noch einen Augenblick«, wiederholte er hastig hintereinander, seine Stimme mit jedem Wort schneller werdend.

Mit einem Mal zuckte Arthurs Körper zusammen. Alle Muskeln verkrampften, sprangen auf. Ich erschrak, riss meine Hände von seiner Schulter, weil ich fürchtete, ihm Schmerzen zugefügt zu haben. Als er sich dann schlagartig zur Seite drehte, stieß mich Valden nach hinten. Arthur spannte sich an, sein Hals langgezogen, als die schwarze Flüssigkeit aus seinem Mund schoss wie Erbrochenes.

Valden lachte, klatschte in die Hände wie ein Wahnsinniger. Lancelot kam zu uns, stellte sich neben mich, während ich einfach nur froh war, dass mich der alte Alchemist von Arthur gezogen hatte, bevor der halb tote Lord die Gelegenheit gehabt hatte, sich auf mir zu übergeben.

Die gesamte schwarze Flüssigkeit schoss aus ihm heraus, landete in dem Eimer, den Valden bereitgestellt hatte. Erst dann traf mich die Erleichterung.

Arthur lebte.

Sein Herz schlug wieder und das Gift entfernte er gerade aus seinem Körper. Als sein Erbrechen ein Ende nahm, entfernten Lancelot und ich die restlichen Teile seiner Rüstung. Arthur stöhnte, nur halb im Klaren darüber, was um ihn herum geschah.

Nachdem wir seine Schulter freigelegt hatten, kippte Valden Wasser über die Wunde. Arthur schrie auf und Valden fing sich einen bösen Blick von Lancelot ein, den der alte Mann mit einem unbekümmerten Schmunzeln erwiderte. Anschließend schmierte er die Wunde ein, mit einer Salbe so grün wie das Gras der Wiese vor den Toren Camelots – nur stank sie noch schlimmer als die Salbe, der er auf meine Hand geschmiert hatte.

Arthur schrie erneut. Auf Valdens Händen vermischte sich das Grün der Salbe mit Arthurs Blut – rot, wie ich erleichtert feststellte – als er tief in die Wunde hineinreichte und ich wegsehen musste, weil mir bei dem Anblick und den Geräuschen unwohl wurde – ganz zu schweigen von dem Geruch.

Als er fertig war, drehte sich der Alchemist zu uns um, schmierte seine verschmierten Hände an Lancelots Rüstung ab und drückte dem Ritter Verbandszeug entgegen.

»Jetzt gehört er ganz Euch, *Schönling*«, gab Valden eher abweisend von sich.

Er warf mir einen Lappen zu, um mein Gesicht abzuwischen. Allerdings war der Lappen dreckiger als die Sohle meiner Schuhe. Trotzdem wusch ich damit mein Gesicht – lieber hatte ich Dreck auf meiner Haut als vergiftetes Blut. Ich erschrak bei dem Anblick meines Verbandes, das weiße Material überzogen vom Schwarz.

»Ich mach dir einen neuen«, meinte der Alchemist.

Nachdem er meinen Verband gewechselt hatte und diese seltsam riechende Salbe nicht nur auf meine Finger, sondern auch auf meine

Wange, wo mich die Kralle durch Arthurs Fall geschnitten hatte, schmierte, wurde auch Lancelot fertig. Valden betrachtete den Verband auf Arthurs Schulter.

»Mh«, kommentierte der alte Mann, während er auf den Verband drückte und ein qualvolles Stöhnen aus Arthur herauspresste, »unsauber, ziemlich unsauber – viel zu wenig Druck auf der Wunde.«

Dann drehte er sich zu mir.

»Ich hielt euch für wahnsinnig, diese Klaue in seiner Schulter zu lassen«, flüsterte er zu mir, laut genug, dass Lancelot ihn noch immer hören konnte, »jetzt versteh ich eure Entscheidung. Keine Minute und der Lordling hier wär verblutet.«

Ich atmete ein Lachen aus. Als ich Lancelots Gesicht sah, kämpfte ich stark dagegen an, laut loszulachen.

Dann sah ich zu Arthur. Die Farbe war in sein Gesicht zurückgekehrt, wenn auch nicht vollständig. Um seinem Mund herum befanden sich noch schwarze Schmierflecke – Überreste von dem Gift, das er ausgebrochen hatte.

»Valden«, sagte ich, woraufhin nicht nur der Alchemist zu mir sah, sondern auch Lancelot, »was hat ihm das angetan? Was war das, was ich gesehen habe? Was war das für eine Kreatur?«

Valdens Gesichtsausdruck bereitete mir Sorgen, nicht wegen seines seltsamen Aussehens, sondern aufgrund der Ernsthaftigkeit seiner Besorgnis. Eine Augenbraue hatte er hochgezogen, seine Lippen angespannt aufeinandergepresst.

»Deiner Beschreibung nach«, antwortete er zögerlich, »ein Zhynchont. Aber …«

»Ein Zhynchont?«, fragte Lancelot.

An der Tonhöhe seiner Stimme zu urteilen, hatte er keine Ahnung, wovon der alte Mann sprach.

»Was? Aber was?«, fragte ich Valden, den Ritter ignorierend.

»Zhynchonten habe ich seit hundert –«, er erschrak, stoppte.

Ich konnte buchstäblich sehen, wie sich der alte Mann auf die Zunge biss. Er ordnete seine Gedanken neu, räusperte sich, bevor er fortfuhr.

»Ich habe diese Wesen seit Ewigkeiten nicht mehr zu Gesicht bekommen. Und ich dachte, ich würde sie nie wieder sehen. Dieser Mann, der sich verwandelt hat, wie sah der aus? Ist dir etwas an ihm aufgefallen? Etwas, das nicht normal wirkte?«

Ich brauchte nicht einmal überlegen.

»Seine Augen«, schoss es aus mir heraus, »sie waren schwarz.«

»Ah«, gab der Alchemist von sich, den Kopf nach hinten geworfen und von mir weg gehend.

Er hastete zum anderen Ende des Raumes, den das Feuer in der Mitte nicht erhellen konnte. Valden verschwand in der Dunkelheit, aber ich konnte hören, wie er Papier durchforstete.

»Seine Augen waren nicht schwarz«, widersprach Lancelot.

Ich legte meine Stirn in Falten, erschrocken, dass es ihm nicht aufgefallen war.

»Habt Ihr es nicht gesehen? Sie waren schwarz, schwarz wie Arthurs Blut.«

»Nein«, protestierte Lancelot, »waren sie nicht. Sie waren normal – wie die eines jeden anderen.«

»HÖCHST INTERESSANT«, erschreckte Valden uns beide.

Fokussiert wie ich auf meine Empörung war, dass Lancelot die schwarzen Augen nicht gesehen hatte, hatte ich den alten Alchemisten nicht zurückkommen hören. Lancelot genauso wenig. Valden trug eine Zeichnung in seinen Händen, das Pergament sogar noch älter als das der Bücher in der Bibliothek.

»Gehen wir mal davon aus, dass unser Schönling das vollkommene Maß an Inkompetenz erreicht hat und –«

»Ich warne Euch, alter Mann«, unterbrach Lancelot wutentbrannt, »ich habe mir Euer Spiel lang genug gefallen lassen, aber noch einmal und ich schwöre Euch –«

»Ja, ja, ja«, meinte Valden mit einem abweisenden Händeschütteln in Lancelots Richtung, »gehen wir einfach davon aus, dass die Augen des Mannes wirklich schwarz waren. Sah die Kreatur so aus?«

Er zeigte mir die Zeichnung – ein absolutes Ebenbild von der Kreatur, in die sich Praphen verwandelt hatte.

Ich nickte.

»Aber er hatte nicht so viele Stacheln«, bemerkte ich.

Das Biest, welches Arthur so zugerichtet hatte, besaß eine dünne

Haut, glatt und grau wie die eines Wolfes mit abgeschnittenem Fell. Die Kreatur auf der Zeichnung hingegen wies unzählige weitere Stachel auf. Sie wuchsen aus der Haut, scharf wie der Stahl, aus dem man Klingen herstellte.

Valden gab ein steifes Nicken von sich.

»Das liegt an der Art des Zaubers«, erklärte er, seine Stimme unnötig dramatisch, dann murmelte er weiter, wobei es sich eher anfühlte, als würde er mit sich selbst sprechen als mit irgendeinem anderen in diesem Raum, »oder es war seine erste Verwandlung – wovon ich eher ausgehe. Obwohl es natürlich auch beides gewesen sein konnte: Die erste Verwandlung und der eine Zauber, obwohl es doch mehr ein Fluch ist als ein Zauber. Oder es war die erste Verwandlung und der andere Zauber – Fluch! – und er hatte nur noch keine Beute gerissen?«

»Valden!«, riss ich ihn aus seinen Gedanken.

Der alte Mann starrte mich an, die Augen weit aufgerissen, als wäre er sich jetzt erst bewusst, dass er Gesellschaft hatte.

»Wovon redet Ihr?«

»Der Mann wurde verhext«, erklärte er uns, ungeduldig, beinahe enttäuscht, dass wir ihm nicht folgen konnten.

»Also war es doch Magie«, sagte Lancelot erstaunt.

»Schwarze Magie«, korrigierte Valden, »und natürlich war es Magie! Denkt Ihr, Menschen verwandeln sich aus heiterem Himmel zu Monstern?«

»Aber wer hat ihn verhext?«, fragte ich.

Valden schüttelte den Kopf.

»Nur äußerst mächtige Magier sind dazu fähig. Und die schwarzen Augen können nur von … wenigen erkannt werden. Sie sind wie die Narbe einer hässlichen Wunde – das Kennzeichen der Verwandlung.«

»Aber was ist mit den Stacheln?«, fragte ich.

»Von diesem Fluch existieren zwei Formen, die abhängig davon sind, ob das Opfer freiwillig oder gewaltsam verhext wurde. Im ersten Fall kann sich der Mensch beliebig in Zhynchont und wieder zurückverwandeln. Die Stacheln wachsen mit jedem Mal, wenn der Zhynchont Blut vergießt. Beim zweiten Fall wird die Verwandlung vom Magier kontrolliert, der den Fluch ausgesprochen hat. Aber dann bleibt der

Mensch Zhynchont und die Haut bleibt, wie sie ist – keine Stacheln und kein Zurück zur menschlichen Form, das Opfer des eigenen Willens beraubt.«

Einen Moment lang herrschte Stille, als wir alle unser Bestes taten, die Informationen in uns auszunehmen und nicht alles, was der alte Mann sagte, für völlig verrückt zu erklären.

»Und das Gift in Arthurs Blut?«, fragte ich.

»Egal welcher Fluch«, erklärte der Alchemist, »Blut und Haut – inklusive der Stacheln und Krallen – sind toxisch. Verharren sie zu lange im Körper, vergiften sie den Wirt. Ihr habt Glück, dass ihr zu mir gekommen seid. Anderenfalls hätte es für den Lordling nicht sonderlich gut ausgesehen.«

Lancelot schaute hinüber zu Arthur, mit einer Miene, die sagte, dass es jetzt schon nicht sonderlich gut für ihn aussah. Der Lord hatte seine Augen fest geschlossen, das Gesicht angespannt, als bereitete ihm alles Qualen. Sein Kopf schwang von links nach rechts – wie gefangen in einem Albtraum.

»Druiden«, murmelten seine Lippen, »Druiden. Druiden. Tod.«

Valden drehte sich zu uns.

»Ihr bringt ihn besser in sein Bett«, meinte der Alte, »vielleicht sind seine Träume weniger beschwerlich, wenn der Hochwohlgeboren ein Federkissen unterm Kopf hat.«

Mit einem letzten genervten Blick machte sich Lancelot auf, um Hilfe zu holen.

»Hier, Jungchen.« Der Alchemist hielt mir die Zeichnung des Zhynchonten entgegen.

»Behalte sie«, meinte er, »ich muss das nicht mehr sehen ...«

Ich bezweifelte, dass ich die Art, wie sich Praphens Körper deformiert hatte, jemals wieder vergessen würde. Ich bezweifelte, dass ich das Aussehen der Kreatur, zu der er geworden war, jemals wieder aus dem Kopf bekommen würde.

Valden betrachtete mich mit einem seltsamen Blick – beinahe wie Ector. Als würde er mich schon länger kennen, als mir bewusst war.

Der alte Mann nickte. Dann drehte er sich um, betrachtete die schwarze Flüssigkeit, die er in den Beutel gefüllt hatte und die, die Arthur in den

Eimer gebrochen hatte. »Ich werde das untersuchen«, verkündete er, als würde er mit sich selbst reden, »mal sehen, ob wir etwas Nützliches daraus basteln können.«

Ich beobachtete ihn dabei, wie er die Sachen auf einen anderen Tisch legte und mit einem Lappen die Stellen reinigte, an denen Arthur nicht in den Eimer getroffen hatte.

»Valden«, sprach ich ihn an, »was Ector sagte –«

»Er hatte recht«, unterbrach der Alchemist, »nicht jetzt – erst, wenn die Zeit reif ist.«

Ich biss die Zähne aufeinander. Mein Herz raste vor Ungeduld. Ich wollte es wissen, wollte endlich wissen, was ich nicht wusste.

Aber ich gab ihm ein resigniertes Nicken, nicht mutig genug, ihn zu fragen, wann die Zeit reif wäre. Vermutlich wusste er es selbst nicht. Ebenso wenig wie ich oder Ector. In diesem Moment bereute ich es mehr denn je, gedacht zu haben, dass sein Verschwinden einen Vorteil für mich bedeutete. Ich war dumm gewesen. Wenn der alte Ritter tatsächlich wusste, was ich wirklich war und es hätte gegen mich verwenden wollen, hätte er es mich längst wissen lassen.

Und so, wie er und Valden reagiert hatten, bezweifelte ich stark, dass Ector danach strebte, mir zu schaden.

»Euer Treffen auf den alten Ritter war kein Zufall, ebenso wenig wie Eure Ankunft in Camelot. Die Entscheidungen jener, die Ihr am besten zu kennen meintet, sind es, die Euch hierhergeführt haben, um Arthurs Leben zu bewahren und die Welt, wie Ihr sie kennt, vor jenen zu schützen, die sie bedrohen.«

Wenig später kehrte Lancelot zurück, mit einigen Rittern im Schlepptau. Sie trugen eine Trage bei sich, hievten Arthur darauf und brachten ihn anschließend in sein Gemach, wo er ruhen sollte, damit seine Wunde heilen konnte.

Ich hatte sein Leben gerettet – das Leben eines Mannes, den ich verabscheute.

Aber der Drache hatte alles verändert. Fast alles.

Zehn

Das Gemüt eines Drachen ist von wilder Natur, ihr Wesen unzähmbar und die Intelligenz bei Weitem unterschätzt. Ein Alchondt, so heißt es, sei der Meister seines Gebietes, kenne das Wesen eines jeden Lebewesens besser als sein eigenes, wüsste mehr über das Reich der Tiere als über das Reich der Menschen. Dabei sind sie es, die die Drachen am meisten unterschätzten, denn zu wenig ist über diese Kreaturen bekannt, da zu wenige, die sie studierten, überlebten.

Als Erfahrenster meines Gebietes behaupte ich mich als den weisesten der Alchondten. Neugierde liegt in unserer Natur, gleichermaßen wie die unstillbare Gier nach Wissen, unzähligen Fragen, die nach einer Antwort suchen. Wir sind es, die untersuchen, die forschen und Rätsel lösen. Auch ich beteiligte mich an der Forschung von Drachen, trotz meines Wissens über die Gefahren, über die Hitze ihres flammenden Atems und den Tod unzähliger anderer Alchondten, die es sich zur Aufgabe gemacht hatten, das generationenübergreifende Rätsel um diese wilden Kreaturen zu lösen.

Wir fanden einen von ihnen nahe des Mahir Sees, angrenzend an das Gebirge von Rar, mit dem Versuch, die Bestie mit frischem Fleisch zu locken. Die Kreatur witterte die List und ich kam kaum mit dem Leben davon.

König Paveillius von Cornwall zeigte großes Interesse an Drachen, er erfuhr von meiner Wissensbegierde und ersuchte mich, ihm bei seinen Forschungen in Ravenhall zu unterstützen. Mit einer halben Armee zogen wir hinaus, um eines dieser Geschöpfe einzufangen. Wir fanden eines in einer Höhle im Erdboden, doch nach dem Verlust unzähliger Soldaten sah er sich gezwungen, die Bestie zu erlegen. Wie sich später herausstellte, handelte es sich um ein

Weibchen – aggressiver als alle anderen Kreaturen, denen ich zuvor begegnet war – welches drei Eier beschützte.

Von Cornwall nutzte die Gelegenheit zu seinem Vorteil aus; er beauftragte mich, die Dracheneier zu hüten, wies mir die Schaffung optimaler Bedingungen an und wartete, bis die Kreaturen schlüpften, mit dem Ziel ihrer Dressur und der Kreation einer Waffe, wie sie keiner zuvor erlebt hatte.

Der Versuch scheiterte und Paveillius von Cornwall verlor sein Leben im Drachenfeuer, denn, wie ich bereits erwähnte: Das Gemüt eines Drachen ist von wilder Natur, ihr Wesen unzähmbar und die Intelligenz bei Weitem unterschätzt.

Keinem Menschen gelang es jemals und wird es je gelingen, diese Kreaturen zu zähmen, sie dem eigenen Willen zu beugen und sie zu benutzen wie ein Pferd zum Reiten oder einen Bluthund zum Jagen.

Anders als jedes andere Lebewesen dieser Welt besitzen Drachen einen Willen, der nicht gebrochen werden kann, der nicht kontrolliert werden kann. Sie besitzen eine Intelligenz, die der des Menschen weitaus überlegen ist.

Ich bin mir durchaus im Klaren über die Erzählungen aus alten Zeiten – längst vergangene Zeiten, in denen die Menschen unter der Herrschaft und den Kriegen anderer litten; Zeiten, deren Aufzeichnungen nicht mehr nachgewiesen werden können.

Stets schenkte ich ihnen keinen Glauben und beschimpfte die Alchondten – die sich mit dem Reich der Tiere beschäftigen – und die Alchardten – deren Fokus auf das Wissen um den Menschen, seinen Körper und seinem Geist liegt – die ihnen Glauben schenkten, als Unwissende, als Verräter ihrer Wissenschaft. Jetzt bin ich es, der Zweifel hegt.

Einst –

Ich blätterte auf die nächste Seite, doch als ich mit dem Lesen fortfahren wollte, stellte ich fest, dass plötzlich ein neues Kapitel begann. Um sicherzugehen, dass ich keine Seite übersprungen hatte, blätterte ich zurück. Erst als ich die Seite erneut drehte, bemerkte ich die Rissstellen am Einband.

Jemand hatte eine Seite herausgerissen. Und wie es den Anschein erweckte, nicht nur eine.

Meinen Rücken gegen die Lehne des Stuhls gelegt, atmete ich aus, enttäuscht. Die Kerzen waren fast abgebrannt, ihr Licht schwach, der Wachs auf der Tischplatte ausgebreitet wie die zu Stein gewordene Lava eines Vulkans.

Ich starrte an die Decke – schwarz, weil ich diesmal nur eine Fackel mit mir genommen hatte, statt alle auf einmal anzuzünden. Sie erinnerte mich an Arthurs vergiftetes Blut, an die schwarze Flüssigkeit, die in Strömen aus seinem Mund und seiner Wunde gekommen war. Keine zwei Stunden war es her gewesen.

Erschöpfung nagte an mir, doch ich weigerte mich, die Bibliothek zu verlassen. Ich wusste nicht genau, was es war, wonach ich suchte – Antworten, nur hatte ich so viele Fragen, dass ich nicht wusste, auf welche.

Für einen Augenblick genoss ich die Ruhe. Dann stand ich vom Stuhl auf, das Buch vor mir geschlossen und unter dem Arm geklemmt.

Kein Tag verging, an dem ich nicht an meine Unterhaltung mit Guinevere – Arthurs Gemahlin – dachte. Ich wunderte mich, wie sie sich wohl jetzt fühlte, mit Arthur in ihrem Ehebett, seine Augen geschlossen und diese Wunde an seiner Schulter. Höchstwahrscheinlich sorgte sie sich um ihn, doch ich glaubte, sie würde sich weniger sorgen, wenn sie Arthur in dem Zustand gesehen hätte, in dem ich ihn gesehen hatte.

Er war tot gewesen.

Sein Herz hatte aufgehört zu schlagen.

Und dennoch lebte er.

»Sorge dafür, dass ich nicht sterbe.«

Das würde ich.

Und hatte ich.

Auch wenn ich ihn verabscheute, wenn die Worte des Drachen nur einen Hauch Wahrheit aufwiesen, würde ich alles dafür tun, um Arthurs Zukunft zu der werden zu lassen, die der Drache ihm angekündigt hatte.

Nicht, um Arthur zu schützen, sondern um Morgana zu schützen, um sie vor dem Schicksal zu bewahren, das der Drache ihr vorhergesagt hatte.

Es war nichts weiter als ein Kampf gegen mich selbst, ein Kampf gegen das, was ich erreichen wollte, denn während ich dafür sorgen musste, die eine Zukunft eintreffen zu lassen, musste ich gleichzeitig dafür sorgen, die andere zu verhindern. Ich wusste nicht, wie ich das schaffen sollte, aber ich würde alles dafür geben, alles tun, was in meiner Macht stünde.

Etwas kam auf mich zu. Ich hatte es schon vorher geahnt – durch die Härte, die Ector mir während unseres Trainings gezeigt hatte. Jetzt, nach meinem Gespräch mit dem Drachen, war ich mir sicher. All das, Ectors Heimlichtuerei, wie er Valden das Wort abgeschnitten hatte, Valden selbst, der mir nichts sagen wollte, der Drache, Praphen, der Angriff auf Arthur – all diese Dinge konnten kein Zufall gewesen sein. Was auch immer es war, das auf mich zumarschierte, ich musste vorbereitet sein. Selbst wenn ich nicht wusste, was genau es war.

Ich hatte ja keine Ahnung.

Ich hatte keine Ahnung, was dieses Etwas war oder wie sehr es mein Leben verändern würde, Arthurs Leben, Morganas, Ectors, sogar Mordreds. Ich ahnte nicht, welches Ausmaß meine Entscheidungen nehmen würden, und ich ahnte nicht den Preis, den ich für meine Handlungen zahlen würde.

Recht desorientiert wanderte ich an den Regalen vorbei, mit dem Ziel, das Buch zurück an seinen Platz zu räumen. Je weiter ich mich von dem Tisch mit der ohnehin schon schwach brennenden Kerze entfernte, desto schwacher wurde auch das Licht und desto weniger sah ich von den Büchern vor mir. Die Luft war kalt. Gänsehaut bildete sich auf meinen Armen und ich fror sogar. Die Erschöpfung wanderte an meinen Knochen entlang, setzte sich dort fest, sodass ich am liebsten gleich hier im Stehen eingeschlafen wäre.

Ich zwang mich weiter, nicht willens genug, mich von einem Schrecken in den nächsten zu zwingen. Kein Traum würde meinen Schlaf erleichtern. Nicht einmal ein Albtraum – selbst über den hätte ich mich gefreut. Nein, das Einzige, was mich im Schlaf erwartete, waren meine Visionen – die Aussicht auf noch mehr Tod und Blutvergießen.

Selbst der Drache, der alles zu wissen schien, konnte mir nicht sagen, ob das, was ich jede Nacht aufs Neue sah, eines Tages wirklich eintreffen würde. Es beunruhigte mich sogar ein wenig, denn immerhin ließ es die Möglichkeit offen, dass ich dieses Ereignis – diese Schlacht ohne Überlebende – verhindern könnte.

Plötzlich lenkte eines der Bücher meine Aufmerksamkeit auf sich.

Im Vergleich zu den anderen besaß es eine ziemlich dünne Form. Der Einband war pechschwarz, sodass ich es in der dunklen Leere vor mir zuerst nicht sah. Ganz oben auf dem Einband befand sich ein Symbol – ein Symbol, das mir nur zu bekannt vorkam. Es war ein Edelstein – oder eher die Nachbildung eines Edelsteins – in der Form einer Raute, darunter das Wort ‚Obsidian' eingraviert.

In meiner Schule hatte ich ein ähnliches Buch gesehen, doch der Anblick des Edelsteins erinnerte mich nicht an das Buch, sondern an den Abend, an dem mir Isaacs seine Kette gegeben hatte. Es erinnerte mich an jenen Tag, an dem ich mein Zuhause verlassen musste, meine Familie und meine Freunde. Dann erinnerte ich mich an den Moment, als ich Morgana den Anhänger gezeigt hatte.

Unfähig, meiner Nostalgie Einhalt zu gebieten, legte ich meine Finger auf den Einband. Er fühlte sich rau an, kalt. Als ich zog, bewegte sich das Buch kein Stück. Selbst als ich mehr Kraft anwandte, rührte es sich nicht.

Ich glaubte, die Müdigkeit gewann langsam die Oberhand, doch nur um sicherzugehen, holte ich die Bücher links und rechts aus dem Regal heraus. Dann, sogar noch irritierter als zuvor, steckte ich meinen Kopf ins Regal, um zu prüfen, ob es sich verklemmt hatte.

Nichts.

Gar nichts konnte sich verklemmt haben.

An mir selbst zweifelnd betrachtete ich die Inschrift des Buches, fuhr mit meinen Fingern über die Buchstaben. Sie waren nicht eingraviert. Sie fühlten sich an, als bestünden sie aus Stahl. Das ‚O' war locker. Als ich meinen Daumen und meinen Zeigefinger daran platzierte, ließ es sich hin und her bewegen. Dann, um zu testen, wie weit es sich bewegen ließ, drehte ich. So lange, bis der Buchstabe horizontal stand.

Ein Geräusch ertönte – ein schleifendes Geräusch, laut, als würde jemand einen schweren Stein verschieben. Kalte Luft kam mir entgegen, die meinen Körper zum Zittern brachte. Einen Moment lang erstarrte ich, unfähig, mich zu bewegen. Die Wand hatte sich geöffnet – oder eher: Ich hatte die Wand geöffnet. Dunkelheit, noch dicker als jene, wie ich sie im Wald erlebt hatte, stellte sich mir entgegen. Ein finsteres Loch, aus dem ein kalter Wind wehte.

»Weißt du, Parzival, manchmal sind Mensch, Magier oder Drache nicht jene, die sie im ersten Augenblick zu sein scheinen. Eben genauso verhält es sich mit Geheimnissen. Auf den ersten Blick sind die Dinge nicht, was sie zu sein scheinen, denn um zu erkennen, was sich direkt vor einem verbirgt, muss man manchmal einfach genauer hinsehen. Die Wahrheit verbirgt sich stets tief im Inneren.«

Guinevere hatte das zu mir gesagt und jetzt, wo ich die offene Wand vor mir sah, konnte ich nicht anders, als zu wundern, ob sie genau das gemeint hatte.

»Die Wahrheit verbirgt sich stets tief im Inneren.«

Tief im Inneren.

Ich zögerte, zitterte. Dann holte ich die Fackel, mit der ich die Kerzen auf dem Tisch angezündet hatte. Trotz der Flamme dicht neben meinem Körper fror ich. Der Tunnel vor mir reichte weiter als das Licht. Ich sah Staub, eine dicke Schicht davon und erloschene Fackeln, die in regelmäßigen Abständen an der Wand hingen. Dort, wo das Licht der Fackel endete, begannen wieder die Schatten. Teilweise wirkte es sogar, als würden sie näher kriechen.

Ich zögerte erneut, unsicher, was mich erwartete.

Dann begab ich mich hinein.

***

Die Luft war eiskalt und … dünn. Spinnweben hingen an den Wänden, an den Ständern der Fackeln, doch entdeckte ich keine einzige Spinne. Als ich zögerliche Schritte tiefer in den Gang hinein wagte, fühlte sich alles falsch an. Das hier fühlte sich falsch an. Und dennoch konnte ich nichts anderes tun, als weiterzulaufen, die Fackel von mir gestreckt, die Schatten beiseite drängend.

Dann ertönte ein Geräusch, dasselbe Geräusch, welches ich gehört hatte, als sich die Wand geöffnet hatte. Nur schneller. Als ich mich umdrehte, sah ich, wie sie sich schloss, wie die Mauer meinen Weg zurück zur Bibliothek versperrte. Ein Wind wehte durch den Tunnel, so stark, dass meine Fackel erlosch. Ich erschrak, wobei das Buch aus meinem Arm fiel. Das Buch, von dem ich völlig vergessen hatte, dass ich es noch immer bei mir trug. Als der Knall ein Echo durch den

Tunnel schickte, zuckte ich erneut zusammen.

Ich wagte es nicht, mich zu rühren, wagte es nicht, mich vom Fleck zu bewegen, weil ich mich vor dem fürchtete, was in der Dunkelheit lauerte. Mein Atem zitterte und für einen viel zu langen Augenblick dröhnte er laut genug in meinen Ohren, um mir das Gefühl zu geben, dass mich jede Sekunde eine Kreatur angreifen würde. Eine Kreatur, die sich bisher noch nicht gezeigt hatte, die mit den Schatten wandelte und darauf wartete, mich zu verschlingen.

Ich brach in Panik aus. Zum ersten Mal bereute ich es, nicht ständig eine Waffe mit mir zu tragen.

Dann vernahm ich ein Zischen. Ein Schauer lief mir den Rücken hinunter wie der Schweiß von meiner Stirn. Ich spürte die Kälte, spürte die Dunkelheit und die Stille – alles Dinge, die mich verwundbar machten. Das Zischen wurde lauter und mit einem Mal entfachten sich all die Fackeln.

Ihr Licht erhellte den Tunnel – ein langer Gang, der tief genug in die Burg hineinführte, dass ich das Ende von dort, wo ich stand, nicht sehen konnte.

Wärme berührte meine Haut, sanft wie ein Kuss. Schatten tanzten an den Wänden, auf dem Boden, wirbelten den Staub umher, der sich seit Jahren angesammelt hatte.

»Die Wahrheit verbirgt sich stets tief im Inneren.«

Tief im Inneren, dachte ich, als meine Schritte durch den Gang hallten, zusammen mit dem Flackern der Flammen.

Die Angst hing noch immer an meinem Leib, umarmte mich wie ein Umhang. Aber in diesem Moment war sie das Letzte, worauf ich mich konzentrierte. Die Frage, wohin mich die Fackeln führen würden, interessierte mich mehr als die Frage nach einem Weg zurück zur Bibliothek, denn ich glaubte, sie würden mich zu der Antwort führen, nach der ich suchte.

Die Luft war noch immer kühl, aber ich fror nicht mehr. Ich blickte nicht zurück. Ich lief so lange weiter, bis ich vor einer Treppe stand. Sie führte nach unten, führte noch tiefer in die Burg hinein. Die Fackeln folgten den Stufen, also folgte ich ihnen auch.

Dann stand ich vor einer hölzernen Tür, von oben bis unten mit

Spinnweben und Staub überzogen. Sie war nicht einmal verschlossen. Im Gegenteil, sie stand sogar einen Spalt breit offen. Doch konnte ich nur Dunkelheit dahinter erkennen. Ich legte meine Hand auf das Holz, morsch und trocken. Es knarrte, offenbarte mir einen Raum. Als ich ihn betrat, entfachten sich keine Fackeln, doch das Licht, das die Flammen hinter mir spendeten, genügte, um die Regale vor mir zu sehen, den Tisch in der Mitte und die Bücher und Schriftrollen, die nicht nur die Regale, sondern auch den Boden in Hülle und Fülle überfluteten.

Meine Nackenhaare richteten sich auf, als mir ein weiterer Windhauch entgegenkam. Ich schlich weiter in den Raum hinein, als ich etwas sah, das mich an der Glaubwürdigkeit meiner Augen zweifeln ließ.

Ein Punkt – ein winziger blauer Punkt schwebte direkt vor mir inmitten der Luft. Ich erstarrte an der Stelle, steif wie ein Brett. Der Punkt bewegte sich auf mich zu. Und während er immer näher kam, vergrößerte er sich, bis er den Umfang meines Kopfes erreicht hatte. Dann stellte ich fest, dass es kein Punkt war, sondern ein Licht, ein blaues Licht, das, obwohl es sich direkt vor mir befand, weder Wärme noch Kälte ausstrahlte.

Panisch schnappte ich nach Luft – ich hatte meinen Atem angehalten und würde ich es noch eine Sekunde länger tun, würde meine Lunge platzen. Meine Brust bewegte sich hektisch auf und ab. Vor mir taumelte das Licht von links nach rechts, von oben nach unten, als würde es mich genau inspizieren – als könnte es nicht glauben, was sich vor ihm befand, so wie ich nicht glauben konnte, was sich vor mir befand.

Ich streckte meine Hand langsam aus, weil ich wissen wollte, ob – wenn ich es berührte – ich Kälte oder Wärme spüren würde. Ich wollte wissen, wie es sich auf meiner Haut anfühlte, wollte wissen, ob meine Hand durch das Licht wie durch Luft hindurchdrang oder ob sie dagegen stoßen würde wie gegen eine Wand.

»Was bist du?«, wundert ich und streckte meine Hand weiter aus.

Doch dann, kurz bevor meine Hand nahe genug dran war, um es zu berühren, sprang das Licht an die Decke. Obwohl es weder größer noch kleiner wurde, strahlte es noch heller, noch kräftiger, sodass all die Bücher und Schriftrollen von dem blassen Blauton ummantelt wurden. Im nächsten Moment sank es nach unten, wo es etwas über dem Schreibtisch zum Stehen kam.

Jetzt war alles hell.

Ich sah mich um und inspizierte all die Regale – viel zu wenige für die Anzahl an Büchern – jedes einzelne von ihnen überfüllt, ebenso wie der Boden, der aussah wie ein einziger Teppich aus altem Pergament, tausende und abertausende Seiten, herausgerissen aus Büchern, die vielleicht gar nicht mehr existierten. Selbst der Schreibtisch war überfüllt, die Bücher darauf zu einem Turm gestapelt. Auf dem Boden standen noch mehr dieser Türme – es war ein Wunder, dass ich über keinen gestolpert war. Dieser Raum war ein Anblick, von dem ich nicht wusste, ob er mich erschrecken oder verwundern sollte. Wohin ich nur blickte, sah ich getrocknete Tinte auf altem Pergament, manche Seiten verblasst genug, um die Inschrift für immer zu verbergen.

Ich ging auf den Schreibtisch zu, die Augen nicht von dem Licht ablassend. Ich nahm mir eines der Blätter.

Zu Zeiten, welche die Menschheit in nur wenigen Jahren für Legenden halten werden, herrschten sie über den gesamten Globus; an ihrer Seite die geflügelten Bestien, die der Mensch niemals aufgehört hat, zu fürchten. Ihre Flügelschläge brachten den Sturm, ihr Gebrüll kündigte den Donner an und ihr Atem schmolz jeder Kreatur das Fleisch von den Knochen. Unzähmbar, beschreiben sie die Alchondten – Menschen, die sich einem Glauben hingegeben haben, der versucht, die komplexen Wunder dieser Welt mit einfachen Antworten zu entkräften. Drachen, erklärten die Alchondten, folgten nichts und niemandem außer sich selbst und dennoch frage ich mich: Was macht es mit einem Menschen, der nicht an Magie glaubt? Es macht ihn arrogant, ignorant und blind, denn es sind die Magier, Zauberer und Hexen, denen die Drachen einst gefolgt waren, weil nur sie es waren, die nicht nach der Unterwerfung dieser Tiere strebten, sondern sie stets als ebenbürtig erachteten.

Die Seele des Menschen ist vergiftet durch seine Gier nach Macht, durch sein Lüstern nach Einfluss. Während sie die Drachen also jagten, verbündeten sich die Magier mit ihnen und vereint, als Verbündete, flogen sie über ganze Landstriche, warfen Schatten auf Städte und Burgen. Die Magier hatten nie Interesse am Panzer ihrer Haut, strebten nie nach der Herstellung von Waffen aus ihren Zähnen und Klauen oder der Kreation von Schmuck aus ihren Schuppen; niemals badeten die Magier im Blut der Drachen, weil sie glaubten, es machte sie stärker.

Wie die Magier die Weisheit der Drachen anerkannten, so erkannten auch die Drachen die Weisheit der Magier an. Das ist es, was uns Magier von den Menschen unterscheidet, und das ist es, was für den Krieg zwischen Menschen und Magier verantwortlich war, was zum Tod der Drachen führte und die Bevölkerung der Menschen und Magier dezimierte. Seit einhundert Jahren ist der Krieg vorbei und noch immer erzittern sie vor uns. Doch ist es nicht ihre Angst, an der wir appellieren, sondern ihre Vernunft.

Magier, dachte ich, ein Wort, das bis jetzt in keinem einzigen Buch der Bibliothek Erwähnung gefunden hatte. Bis jetzt.

Langsam begann ich zu verstehen, weshalb dieser Raum existierte. Als ich die Inschriften all der Bücher las, bestand kein Zweifel mehr.

Aufstieg der Magier, Die Heldentaten des Ambrosius, Bündnisse zwischen Menschen und Zauberern, Der Pakt der Dreizehn, Künste der alten Magie.

All diese Bücher handelten von Magie, von Magiern und Hexen.

»Die Wahrheit verbirgt sich stets tief im Inneren.«

»Lasst Euch gesagt sein, Merlin, größter aller Zauberer, das Schicksal unzähliger Leben hängt von Euch ab und – noch mehr – die Zukunft des ganzen Landes von Voyar.«

Die ganze Zeit über hatte ich mich gefragt, wie der Drache auf die Idee gekommen war – wie er hatte glauben können, dass *ich* ein mächtiger Zauberer wäre. Und noch mehr hatte ich mich gefragt, wie ich jemals … *er* werden sollte – wie ich jemals Merlin werden sollte.

Ich war ein Kind, ein Junge. Natürlich konnte ich zaubern, doch hatte ich noch lange nicht genug in meiner Schule gelernt, um zu sein, was der Drache gesagt hatte – ehe es dazu gekommen war, hatte man mich fortgeschickt. Feuer zu erschaffen, war das Erste und Einzige, das ich gelernt hatte. Wie sollte ich also jemals ein Magier werden, der den Worten des Drachen gerecht würde?

Die Antwort lag direkt vor mir. Sie lag in all diesen Büchern.

Ich ging zu einem der Regale, zog vorsichtig ein Buch heraus und nahm es mit mir zum Schreibtisch, legte es neben das Buch, das ich mitgebracht und, nachdem es auf den staubigen Boden gefallen war, beinahe in dem Gang vergessen hatte.

»Künste der alten Magie«, las ich vor, mein Blick zum Licht wandernd, als wäre es eine Person, mit der ich mich unterhalten konnte, »von Eliphias dem Weisen.«

Eine Staubwolke kam mir entgegen, als ich es öffnete und mit jeder Seite, die ich weiterblätterte.

»Der Weg in den Kopf«, staunte ich, mein Blick wieder zum Licht gerichtet.

Irgendwie kam ich mir dabei ein wenig lächerlich vor, weshalb ich leise für mich weiter las.

Wie bei allen anderen Dingen, so führt auch bei der Magie der Weg zum Kopf durch das Herz. Große Kraft zeichnet sich durch große Leidenschaft aus, während uneingeschränkte Kraft durch die Kontrolle dieser entsteht. Nur wer aus Vernunft und Intelligenz zaubert, vermag es, sich seiner Macht bewusst zu sein und sie für sich allein zu kontrollieren; nur wer sein Herz öffnet und seinen Geist befreit, entzieht sich dem Einfluss anderer Mächte. Es ist die Hürde – die größte Bürde und das schwerste Hindernis zugleich – eines jeden Zauberers, einer jeden Zauberin, eines jeden Magiers und einer jeden Magierin, sich von Gefühlen zu befreien und sich gleichzeitig ihrer bewusst zu sein. Schmerz, Liebe, Verlockung und Trauer sind es, die ein jedes Lebewesen zu dem machen, was es ist, die Menschen menschlich machen, doch es sind auch sie, die Mann wie Frau dazu bringen, jene Leben zu nehmen, die sie schworen, zu beschützen. Wut führt zu ungeahnter Kraft, doch sie wird schnell unkontrolliert, endet schnell in Hass, in Zorn gegenüber jenen, die man einst liebte und jene, für die man bereit war, sein eigenes Leben zu geben. Magie ist ein Rätsel; sie ist eine Kraft, die die Alchardten seit Jahren zu verstehen ersuchten; ein uraltes Geheimnis, das selbst dem weisesten aller Magier verhütet bleibt. Was wir wissen, ist, dass der Kopf zur Kraft führt, doch das Herz lässt die wahre Magie frei – ob die Magie, die Leben behütet oder die Magie, die es nimmt, ist abhängig von ihrem Träger.

Abhängig von ihrem Träger... Ich erinnerte mich daran, was der Drache gesagt hatte – was er über Morgana gesagt hatte – dass sich eine unzähmbare Macht in ihr verbarg und dass es das war, was sie so gefährlich machte.

Was, wenn ich es verhindern konnte? Was, wenn ich Morgana helfen konnte?

Aber wie? Wie sollte ich Arthurs Zukunft eintreffen lassen, während ich gleichzeitig Morganas verhinderte?

***

Die Flammen zeigten mir den Weg zurück. Sie führten mich die Stufen hinauf, brachten mich zurück in den Gang, zurück zur Mauer, die sich geöffnet hatte. Nur wusste ich nicht, wie ich sie von hier aus öffnen sollte.

Für eine Sekunde bekam ich Panik, pure Panik, die die Schweißperlen von meiner Stirn tropfen ließen, weil ich befürchtete, ich müsste warten, bis irgendwann jemand den Gang von außen öffnete.

Glücklicherweise war dies nicht der Fall.

Ein starker Windzug huschte an mir vorbei, sorgte dafür, dass meine Haare zu Berge standen und ich panisch zur Seite trat. Mein Fuß stieß gegen etwas – die Fackel, die ich hier liegen gelassen hatte. In derselben Sekunde, in der ich sie aufhob, erloschen die Flammen an den Wänden. Dunkelheit kehrte zurück in den Gang.

Das Geräusch ertönte, schleifend und laut, als zöge jemand einen gigantischen Felsbrocken hinter sich her. Ich zuckte zusammen.

Kein Licht drang durch die Öffnung hindurch, wodurch ich befürchtete, dass sich statt der Mauer vor mir eine andere geöffnet hatte. Dann sprang die Fackel zurück ins Leben. Das rot-orange Licht schoss mir entgegen, schlagartig wie ein Blitz, sodass ich die Fackel beinahe fallengelassen hatte – wie zuvor das Buch. Mein Herz raste in meiner Brust, überfordert von einfach allem, genau wie ich.

Ich stöhnte, einerseits, um mich zu beruhigen, andererseits, um einem Gang – der nicht einmal lebte und den es überhaupt nicht interessierte – zu zeigen, wie sehr er mich aufregte.

Erschöpfung übermannte mich, sobald sich die Mauer hinter mir schloss. Ich wusste nicht, wie viel Zeit ich in dem Raum verbracht hatte, aber als ich die Ställe erreichte, lag eine schwarze Decke über dem Himmel. Wenige Sterne leuchteten neben dem Mond. Die Luft fühlte sich erfrischend an, beinahe wie wenn man an einem heißen Sommertag ins Wasser sprang.

Als ich den Stall betrat, erinnerte mich der Anblick meines Pferdes daran, dass Ector noch immer dort draußen war und dass ich nicht wusste, ob er überhaupt noch lebte. Dann sah ich Morgana. Zuerst traute ich meinen Augen nicht; ich dachte, das war's, dachte, die Müdigkeit hatte mich weit genug gebracht, Dinge zu sehen, die gar nicht da waren. Sie lag auf dem Stroh, neben meinem Pferd, die Hände unter ihrem Kopf gelegt wie ein Kissen.

Seit Tagen hatte ich sie nicht gesehen. Und jetzt war sie hier, hatte auf mich gewartet.

Ich sah sie dort liegen, sanft ruhend, ihr schwarzes Haar wie ein dunkler Fluss aus Rabenfedern und die Augen geschlossen. Ich konnte nicht anders, als mich an den Drachen zu erinnern, daran zu denken, dass er sich nicht mehr hätte irren können.

Ich hatte sie vermisst. Und jetzt schmerzte es, sie wiederzusehen.

Ich lehnte mich an die Wand neben der Tür, rutschte an ihr hinunter und sank auf das Stroh, weil meine Beine mich nicht mehr tragen konnten. Mein Atem zitterte, wie er es nur tat, wenn ich den Drang verspürte, zu weinen. Jetzt, mit alldem, was geschehen war, fühlte ich mich einsamer denn je; das Wissen, welches ich erlangt hatte, eine schwerere Bürde als meine Visionen. Schwerer als geheim zu halten, was ich war. Morgana war die Einzige, die es wusste – die Einzige, von der ich mit Sicherheit behaupten konnte, dass sie wusste, ich war ein Magier. Aber niemals würde ich ihr sagen, was mir der Drache gesagt hatte. Denn ich fürchtete, allein seine Worte erneut auszusprechen, würde sie Wahrheit werden lassen.

»Parzival«, sagte eine verschlafene Stimme, die – wie es sich anhörte – ebenfalls nicht ganz glauben konnte, was sie vor sich sah.

Ich drehte meinen Kopf zu ihr, meine Augen müde. Als ich in ihre Augen blickte, fühlte es sich an, als sähe ich sie zum ersten Mal. Ihre Lippen formten ein unsicheres Lächeln, ihre Miene war besorgt. Sie kam zu mir, setzte sich vor mich hin. Dann entdeckte sie die Wunde auf meiner Wange.

Ihre Lippen trennten sich voneinander, als würde sie etwas sagen wollen, doch kein Wort kam aus ihr heraus. Sanft glitten ihre Finger an der Wunde entlang, an der gesunden Haut neben dem verkrusteten Blut. Ich spürte ihre Wärme, roch den Sturm in ihr, den Meeresduft. Meine Finger fuhren an ihrer Hand entlang, an der Hand, die auf meiner verletzten Wange lag. Ich konnte meine Augen nicht von ihren abwenden und ich konnte das Gefühl nicht ignorieren, dass mein Herz schneller schlug.

Wir waren längst keine Kinder mehr, dachte ich.

Dann lächelte sie und ich konnte nicht anders, als es zu erwidern – trotz all der Sorgen, die durch meinen Kopf rasten wie tollwütige Hunde.

»Mordred erzählte mir, was geschehen ist«, unterbrach sie die Stille, nachdem wir uns eine Weile lang nur angestarrt hatten, »ich bin sofort hergekommen. Ich habe den ganzen Tag auf dich gewartet.«

»Und die halbe Nacht«, ergänzte ich.

Sie lächelte.

Meine Wangen wurden warm.

»Ich habe mir Sorgen um dich gemacht«, sagte sie, ihre Stimme sanft wie die Berührung ihrer Hand auf meiner Wange.

Ich wünschte, ich hätte ihr sagen können, dass es nichts gab, worüber sie sich Sorgen machen müsste. Aber es wäre eine Lüge gewesen, eine Lüge, die ich nicht bereit war, ihr zu erzählen.

Stattdessen lächelte ich sie einfach an.

»Manchmal wünschte ich, wir hätten Avalon nie verlassen. Manchmal wünschte ich, all das wäre niemals geschehen«, überraschte sie mich.

Aber ich konnte sie verstehen. Ich konnte alles verstehen – ihre Trauer, ihren Schmerz, manchmal sogar ihre Wut. Wie oft hatte ich mir gewünscht, ich wäre wieder in meiner Schule? Wie oft hatte ich mich danach gesehnt, in meinem Gemach aufzuwachen, mit Isaacs gegenüber von mir? Wie oft hatte ich an das Lachen in seinem Gesicht gedacht und daran, wie sehr ich es vermisste?

Jedes Mal schmerzte die Erinnerung. Denn es erinnerte mich daran, wie glücklich ich einst gewesen war. Und ließ mich bereuen, es nicht mehr genossen zu haben.

Wäre ich in Avalon aufgewachsen, wäre ich vielleicht eine völlig andere Person geworden, hätte vielleicht ein Leben gelebt, ohne ständig

Angst zu verspüren – jedenfalls nicht die Art von Angst, wie ich sie jetzt verspürte.

»Am schlimmsten ist es, wenn die Menschen, die dir die schönsten Erinnerungen geben, selbst zu einer werden.«

Ich nickte.

»Ich auch«, sagte ich.

»Ich vermisse meine Eltern«, erzählte sie mir, »obwohl ein Abenteuer immer das war, was ich mir gewünscht hatte … und was mir meine Eltern stets verwehrten. Jetzt wünsche ich mir, wieder bei ihnen zu sein. Ohne Abenteuer – davon hab ich genug; ich dachte immer, am Ende wird alles gut, aber jetzt weiß ich, ich lag falsch.«

Ich ließ meinen Blick nicht von ihrem ab.

»Du bist am Leben«, sagte ich, »und ich bin bei dir – das muss doch für irgendetwas zählen, oder nicht?«

Sie nickte, einer ihrer Mundwinkel war sanft nach oben gezogen. Dann, plötzlich, verhärtete sich ihre Miene, als wäre ihr ein unschöner Gedanke gekommen.

»Ich will, dass du mir etwas versprichst«, meinte sie, »versprich mir, dass du mich niemals verlässt. Versprich mir, dass wir immer zusammenbleiben, egal, was geschieht. Wenn alles zerbricht, wir halten zusammen.«

»Ich verspreche es«, sagte ich ihr, mit all der Ehrlichkeit in meinem Herzen.

Wenn alles zerbrach, wir hielten zusammen.

Elf

Ein Monat verging, bis Arthur wieder auf seinen Beinen stehen konnte – bis er wieder der Lord sein konnte, der mich in den Wahnsinn trieb. Ich wusste nicht, wie es mit mir weitergehen würde, jetzt, wo Ector fort war. Jeden Abend und jeden Morgen hatte ich in Richtung des Torbogens geschaut, hatte gehofft, er würde wiederkehren.

Aber er kam nicht.

Wie sich herausstellte, änderte sich für mich so gut wie nichts. Tagsüber trainierte ich abwechselnd mit Lancelot und Tristan, wobei ich mich noch immer gezwungen sah, mein Schwert mit der linken Hand zu führen. Mittlerweile stellte es sich als kein Problem mehr heraus. Allerdings befürchtete ich, dass ich meine rechte Hand bald wieder an den Schwertkampf gewöhnen müsste, zumal sie sich nun seit knapp über einem Monat in einem Verband befunden hatte.

Mordred ließ mich soweit es ging in Ruhe.

Überraschenderweise übertrug Arthur mir sogar die Aufgabe, ihm jeden Tag drei Mahlzeiten ans Bett zu bringen – die Einzigen, die sein Gemach betreten durften, waren seine Gemahlin, Lancelot und ich und ab und zu sogar Valden, der jedes Mal eine seltsame, übel stinkende Salbe auf Arthurs Wunde auftrug, bevor er ihm einen neuen Verband umlegte.

Arthur hasste es, dass der Lechitel diese Aufgabe nicht übernehmen konnte, weil Valden darauf bestand, dass er der Einzige wäre, deren Arznei seine Verletzung heilen könnte. Ihm zu glauben, fiel mir nicht schwer, allerdings konnte der Alchemist die Genugtuung nicht verbergen, die es ihm gab, wenn er die Salbe so grob auftrug, dass er Arthur zum Aufschreien brachte. Die Genugtuung, die ich dabei empfand, konnte Arthur nur nicht sehen, weil er damit beschäftigt war, sich den Schmerzen nicht hinzugeben.

Lancelot behandelte mich wie seinen eigenen Knappen, wofür ich ihm äußerst dankbar war. Er gab mir Ratschläge, wie ich in einem Kampf meine Balance besser halten könnte und wie ich meinen Gegner aus seiner herausbringen konnte. Zum Schluss gelang es mir sogar, gegen Tristan zu gewinnen.

Wir beide befanden uns inmitten einer weiteren Trainingseinheit, als Lancelot mich zu einer Ratsbesprechung in den Turm holte. Tristan durfte sogar mit.

Der Raum sah noch immer aus, wie ich ihn in Erinnerung hatte – die runde Form der Wände, mit den Fackeln in ihren Ständern, das runde Dach, das sich nach oben hin zuspitze und der lange Tisch, Arthur am hinteren Ende, neben ihm einige seiner Ritter.

Mordred sah ich auch, wie beim letzten Mal saß er auf dem hintersten Platz an der linken Seite. Am Körper trug er ein Lederwams, in derselben Farbe wie seine blau-violetten Augen. Lancelot nahm neben Arthur Platz, Tristan stellte sich hinter ihn, wie ich hinter Ector gestanden hatte.

Es schmerzte – den leeren Stuhl zu sehen, auf dem Ector sitzen würde, wenn er bei uns wäre.

Aber er war es nicht. Und dieser leere Stuhl vor mir sorgte dafür, dass ich es nicht vergaß, erinnerte mich daran, dass er nicht zurückkehren würde, dass ich auf die wichtigste meiner Fragen vermutlich niemals eine Antwort erhalten würde.

Arthur richtete sich auf, erklärte die Ratssitzung für eröffnet. Nach einem Monat Bettruhe stand er recht unbeholfen auf seinen Beinen; an seiner Schulter befand sich noch immer ein Verband, ich sah ihn durch das graue Hemd, das er trug, sein goldener Kronreif wie immer auf seinem Kopf.

»Was wissen wir über das Attentat auf Euch?«, fragte einer seiner Generäle – Sir Bors.

Der Mann wirkte alt, bei Weitem nicht so alt wie Ector, aber alt. Ein langer grauer Bart wanderte von seinem Kinn nach unten, die Spitze seinen silbernen Brustharnisch streichelnd. Ich wusste nicht, wie, aber wer auch immer es war, der es geschafft hatte, dieses Rüstungsteil über Sir Bors' Bauch zu bekommen, hatte mehr als nur den Titel eines Ritters verdient.

»Ich fürchte, wir wissen nicht genug«, antwortete der Lord mit einem Blick zu Lancelot, »ich habe die Befragung der Druiden veranlasst, die wir mit uns gebracht haben. Viel aus ihnen herausbekommen, haben wir nicht.«

»Und die Kreatur, die Euch angegriffen hat?«

Arthur schwieg, seine Gesichtsmuskeln verkrampft, als wäre er wütend über die Frage.

»Ein Zhynchont«, klärte Lancelot Sir Bors und all die anderen Anwesenden auf.

Stirnrunzeln bekam er als Antwort. Mordred schien der Einzige zu sein, den diese Erklärung alarmierte – vielleicht, weil er mit dabei gewesen war, als Praphen sich verwandelt hatte, vielleicht, weil er wissen wollte, was diese Kreatur war oder vielleicht, weil er diesen Namen bereits gehört hatte. Oder vielleicht hatte es einen anderen Grund, dass Mordred aussah, als hätte Arthur ihm die Schuld für alles, was im Wald geschehen war, gegeben.

»Parzival hat die Kreatur gesehen. Nur durch seine Beschreibung gelang es uns, die Kreatur zu identifizieren –«

»Dieser Junge«, unterbrach Sir Bors, mit einem Nicken in meine Richtung, »Ihr vertraut auf das Wort eines Kindes?«

»Das tue ich«, antwortete Lancelot, »denn es sind entweder die Informationen, die wir durch ihn haben oder überhaupt keine.«

»Dann finde ich, sollte er sie mit uns teilen«, mischte sich ein weiterer Mann ein.

Er streckte seine Hände weit von sich, das Gesicht in eine strenge Miene gelegt, und bewegte seinen misstrauischen Blick auf mich zu, als er mich direkt ansprach.

»Teile dein Wissen mit uns, Junge«, verspottete er mich, »sag uns alles, was du weißt.«

Der Mann wirkte nicht sonderlich erpicht darauf, mich sprechen zu hören. Meine Hände zitterten, weshalb ich sie hinter meinem Rücken versteckte. Ich sah zu Arthur, der mir zunickte. Überrascht von der Geste erklärte ich den Männern des Rates alles, was ich Valden erzählt hatte und, darüber hinaus, alles, was der durchgedrehte Alchemist mir erzählt hatte.

»Verhext?«, hörte ich einen lachen.

»Unmöglich«, entgegnete ein anderer.

Dann ergriff Sir Bors das Wort.

»Es gibt keine Magier mehr, Junge. Also ist das, was du uns erzählst, entweder ein Märchen oder eine Lüge, um dein eigenes Verbrechen zu verheimlichen.«

Mein Herz fühlte sich an, als explodierte es jeden Moment, das Klopfen in meiner Brust heftig genug, um es bis in meine Ohren zu hören. Alle Blicke galten mir. Arthur runzelte die Stirn, Lancelot auch, als zögen sie die Anschuldigung des Ritters tatsächlich in Betracht.

Das ist es, wovor ich mich die ganze Zeit gefürchtet hatte. Ein falsches Wort und alles wäre vorbei. Einige von denen, die hier an diesem Tisch saßen, hatten die Kralle in Arthurs Schulter selbst gesehen. Doch es scherte sie einen Dreck. Ich musste nicht einmal schuldig sein – Arthur musste nur denken, ich wäre es. Der Lord hatte keine Erinnerungen mehr an die Nacht. Obwohl er die Kreatur mit eigenen Augen gesehen hatte, wusste er es nicht mehr.

»Vielleicht warst du es, der unseren Lord angegriffen hat!«, beschuldigte mich der Ritter weiter.

Arthur stütze sein Kinn mit Zeigefinger und Daumen, während er die Diskussion vor sich beobachtete, wachsam wie eine Harpyie, die eine Maus vor sich laufen sah.

»Mordred«, sagte der Lord.

Bei dem Klang seiner Stimme gefror mir das Blut in den Adern.

»Du warst dabei. Hat Parzival mich angegriffen?«

Mehr denn je lehrte mich dieses Grinsen das Fürchten. Es war, als würde niemand sonst es sehen, nur ich – die Art, wie sich seine Mundwinkel aufwölbten, wie sich die Lippen voneinander trennten und diese Zähne zeigten. Er sah mich an, grinste mich an, als hätte er seit meiner Ankunft in Camelot genau darauf gewartet.

Seine Augen waren hungrig. Er drehte sich zu Arthur, sah den Lord mit derselben Bitterkeit an, die er stets wie eine Maske trug.

Ich schloss meine Augen, weil ich den Anblick nicht ertragen konnte, weil ich nicht in all die verhassten Augen sehen wollte, die mich gleich anstarren würden.

Niemand würde mir glauben. Ich war ein Kind und – trotz der Zeit, die ich mittlerweile in Camelot verbracht hatte – nichts weiter als ein Fremder.

»Parzival spricht die Wahrheit«, hörte ich Mordred sagen und dachte, das war's gewesen.

Dann sprangen meine Augen auf, überrascht, verwirrt, als ich realisierte, was er gesagt hatte.

»Der Bauer verwandelte sich in diese Kreatur, die dann Arthur angriff. Für mich sieht das alles nach einem Hinterhalt aus. Immerhin war es der Bauer selbst, der meinte, er hätte ein Druidenlager gefunden. Wir haben keines gefunden. Nicht einmal eine Spur.«

»Aber Ihr fandet die zwei Druiden«, protestierte einer der Generäle, sein Blick nur auf Arthur fixiert, als existierte der junge Ritter überhaupt nicht.

Mordred begegnete ihm mit einem Kopfschütteln.

»Bloße Puppen. Dass wir sie gefunden haben, war ein Zufall. Wüssten sie etwas von dem Angriff, dann wüssten wir es bis jetzt.«

»Aber was ist mit dem Verschwinden von Ector und den zwei anderen Rittern?«, fragte Sir Bors, noch immer nicht sonderlich überzeugt von meiner Unschuld.

»Ich glaube nicht, dass Druiden etwas damit zu tun haben«, warf Lancelot ein, »vielleicht sind sie auf weitere Zhynchonten getroffen. Und vielleicht endete diese Begegnung mit mehr Verlusten.«

Sir Bors atmete ein Lachen aus, schüttelte unglaubwürdig den Kopf.

»Selbst, wenn es stimmt, was Ihr sagt, Sir, es existieren keine Magier mehr, die den Bauer verhext haben könnten!«

»Die gibt es sehr wohl«, lenkte Arthur die Aufmerksamkeit auf sich. Sein Kinn verweilte noch immer auf seinen Fingern; seine Augen wanderten von Gesicht zu Gesicht. Als er mich ansah, lief mir ein kalter Schauer den Rücken hinunter.

»Die in Avalon waren, mögen fort sein. Aber es gibt noch einen –

weitaus gefährlicher als alle anderen.«

Der Name meiner Heimatstadt auf Arthurs Lippen versetzte mir einen weiteren Schauer. Warf meine Realität ins Nichts.

Er musste gehört haben, was geschehen war – vermutlich hatte die Nachricht mittlerweile jede Burg im Land von Voyar erreicht. Dennoch wirkte Arthur nicht sonderlich schockiert darüber. Selbst wenn er Magie verabscheute … in jener Nacht waren nicht nur Magier gestorben, sondern auch Männer, Frauen, Kinder – ob Magie oder nicht, die Angreifer hatten darauf keine Rücksicht genommen. Sie hatten einfach alles niedergebrannt.

»Ich weiß nicht mit Sicherheit, wo er sich jetzt befindet«, fuhr Arthur fort, »aber ich habe eine Vermutung.«

Stille herrschte.

»Gloris von Cornwall«, hörte ich dann Lancelots Stimme.

Der Ritter blickte zu seinem Lord, alarmiert. Arthur nickte.

»Gloris von Cornwall«, bestätigte er.

***

Arthur schickte all die Ritter und Generäle fort. Nachdem sich die Vorschläge von Friedensersuchen bis hin zu Kriegserklärungen nur so überschnitten hatten, verlor der Lord seine Geduld. Nachdenklich hatte er mit dem Kopf geschüttelt, die Augen auf die Tischplatte vor ihm fixiert. Die Anspannung in seiner Miene ließ mich nervös werden und anders als seine Generäle wusste ich, dass ihr übereifriger Enthusiasmus ihn reizte. Er sprang auf von seinem Stuhl, brachte sie zum Schweigen und schickte alle hinaus.

»Du nicht, Parzival«, sagte er, »du bleibst.«

Während er wartete, bis der letzte Ritter den Raum verlassen hatte, wanderte er zum Fenster, die Hände hinter seinem Rücken verschränkt. Ich sah ihm die Erschöpfung an und als er seine Augen schloss und seufzte, erkannte ich, dass er sie nicht einmal vor mir verbergen wollte.

»Was werdet Ihr nun tun?«, fragte ich ihn vorsichtig.

Seine Augen reflektierten das Licht, das durch das Fenster schien, wodurch sie einen Schein verliehen bekamen, der sie wie blaue Diamanten aussehen ließ.

»Ich kenne Euch nicht besonders lange, aber ich kenne Euch genug, um zu wissen, dass Ihr Gloris von Cornwall kein Friedensangebot machen werdet.«

Arthur drehte sich vom Fenster zu mir.

Vielleicht hatte ich die Worte in einem etwas zu abwertendem Ton von mir gegeben.

»Dann kennst du mich besser als meine Generäle«, entgegnete er.

»Lass mich dir ein Angebot machen, du hilfst mir, König zu werden und im Gegenzug dafür sorge ich für so wenig Blutvergießen wie möglich.«

Er betrachtete mich wie ein Kind, das er noch nie zuvor gesehen hatte. Seine Augen nahmen jedes Detail von mir auf.

»Du hast mein Leben gerettet«, überraschte er mich nach langem Schweigen, »obwohl du jeden Grund hattest, es nicht zu tun. Ich glaube nicht einmal, dass Mordred mich gerächt hätte. Ich gebe zu, als Sir Bors den Verdacht auf dich lenkte, habe ich es ernsthaft in Betracht gezogen – besonders aufgrund dessen, was ich im Thronsaal zu dir gesagt habe, bevor wir aufbrachen. Aber du warst es, der mich zu dem Alchemisten brachte. Warum die Mühe, wenn du es warst, der mich töten wollte?«

»Um den Verdacht von mir abzulenken«, schlug ich vor.

Arthur betrachtete mich mit einem recht ungeübten Lächeln. Sein Mundwinkel wanderte so sacht nach oben, dass ich nicht wusste, ob er versuchte zu lächeln, oder ob er mich anknurrte.

»Weißt du, Parzival, manchmal weiß ich nicht, ob du schlau bist oder einfach nur lebensmüde.«

Ich verkniff mir ein Lachen. Dann schüttelte ich den Kopf.

»Ich habe Euch nicht angegriffen«, erklärte ich, »selbst, wenn Mordred mich schützen würde, hätte einer von uns noch immer Praphen töten müssen – den harmlosen Bauern, nicht das Monster, zu dem er wurde. So etwas würde ich niemals tun. Und ich hätte es ganz sicher nicht Mordred tun lassen. Selbst als Ihr mir sagtet, ich müsste Druiden töten, wusste ich, dass ich es nicht tun würde. Nicht einmal, wenn Ihr androhen würdet, mich zu töten.«

»Ich schätze deine Ehrlichkeit«, sagte Arthur mit hochgezogenen

Augenbrauen, »aber erneut: Ich weiß nicht, ob du schlau bist oder lebensmüde.«

Ich atmete tief durch, mein Herz rasend in meiner Brust. In Wirklichkeit wusste ich es in diesem Moment selbst nicht. Aber etwas hatte sich verändert. Seit meinem Gespräch mit dem Drachen hatte sich etwas an meiner Einstellung gegenüber Arthur verändert. Ich wusste nur noch nicht, was.

»Ich werde nicht für Euch töten«, meinte ich, »aber das bedeutet nicht, dass ich meinen Teil der Abmachung nicht einhalten werde. Ich helfe Euch, König zu werden und ich sorge dafür, dass Ihr nicht sterbt – wenn Ihr versprecht, die Leben Unschuldiger zu bewahren. Tötet so viele Männer von Cornwall wie Euch beliebt, aber lasst Bauern und Druiden in Frieden. Keiner von ihnen stellt irgendeine Gefahr für Euch dar.«

»Du von allen solltest es besser wissen – es war ein Bauer, der mich beinahe tötete.«

»Er hatte keine Kontrolle über das, was er tat«, entgegnete ich, »er war verhext.«

»Ein Grund mehr, weshalb die Magier vernichtet werden müssen«, murmelte Arthur zu sich selbst.

Ich schwieg einen Moment lang, überlegte mir die nächsten Worte weise.

»Arth–«, begann ich und bereute es noch im selben Augenblick.

Panik ließ mein Herz einen zusätzlichen Impuls durch meinen Körper jagen.

»My Lord«, korrigierte ich rasch, doch bevor ich fortfahren konnte –

»Arthur genügt, Parzival.«

Ich schluckte heftig. Weil ich einen Test oder eine List hinter dieser Aussage vermutete und weil ich nicht wahrhaben konnte, dass dieser sonst so unnachgiebige Mann Sanftmut zeigen konnte.

Seine Stimme war nichts weiter als ein Seufzen – als wäre er das ständige Tauziehen um Macht und Kontrolle leid – und als er sich mit dem Daumen und Zeigefinger die Augen rieb, erschrak ich zum zweiten Mal innerhalb desselben Moments, dass er seine Erschöpfung so öffentlich vor mir zeigte.

»Arthur«, gab ich also von mir.

Ich wartete – unsicher – aber nichts veränderte sich an seiner Körperhaltung, also fuhr ich fort.

»Ich weiß nicht, weshalb Ihr Magie verabscheut, aber … ich will, dass Ihr wisst, dass nicht jeder Magier gefährlich ist. Nicht jeder von ihnen strebt nach Eurem Tod.«

»Wie könntest du das wissen? Du bist ein Kind.«

»Ein Kind, das Euer Leben rettete.«

Arthur nickte, dieses unbeholfene Lächeln und beinahe-Knurren auf seinen Lippen. Er legte seine Hand auf meine Schulter.

»Und das soll nicht unbelohnt bleiben«, meinte er, »ich machte dich zu Ectors Knappen, aber er ist fort. Deshalb sollst du nun mein Knappe sein.«

Mit seinen blauen Augen betrachtete er mich einen langen Moment. Ich konnte meine Augen nicht von seinen abwenden – irgendetwas ging in ihm vor, etwas, das ich bei Arthur so noch nicht gesehen hatte. Es machte mich neugierig.

»Ich vertraue dir, Parzival, wie ich kaum jemanden zuvor vertraut habe. Und ich verspreche dir, ich halte meinen Teil der Abmachung ein – so wenig Blutvergießen wie nötig. Aber da gibt es noch etwas, das ich im Gegenzug von dir will: Ich will, dass du mir immer die Wahrheit sagst. Immer. Von jetzt an.«

»Ich gebe Euch mein Wort«, sagte ich.

»Und ich vertraue darauf«, entgegnete Arthur, »also, sag mir, was ist es, das ich nun tun sollte?«

Zwölf

»*Ich will, dass du mir immer die Wahrheit sagst. Immer.*«

Es war kalt. Mir war kalt. Mein Atem kam in knappen Zügen, ich sah den Dampf, zu dem er wurde, vor mir aufsteigen.

Mein Körper schmerzte, so sehr, dass ich nicht einmal sagen konnte, wo der Schmerz am tiefsten saß. Eine Decke aus graublau legte sich über dem Himmel. Am Horizont jedoch ging die Sonne auf, ihre Strahlen bohrten sich durch die Wolken, drangen durch sie hindurch und warfen ihr Licht auf das Chaos.

Tod – überall sah ich Tod. Sie lagen vor mir, ihre Augen offen, ihre Rüstungen besudelt vom Dunkelrot ihres Blutes. Hinter ihnen bäumten sich die Mauern einer gigantischen Burg auf. Ich hörte Flügelschläge im Wind; hörte Raben krächzen und sah, wie sie auf den Körpern landeten, wie sie das Fleisch von den Toten rissen.

Die Sonne blendete mich und ich entdeckte das Blut auf meinen Händen, frisches Blut, glänzend auf meiner Haut. Ich blickte nach unten, blickte in die Augen, die mich anstarrten. In die Augen, die durch mich hindurch starrten. Es fühlte sich an, als würde alles zerbrechen. Und alles zerbrach in der Tat.

Ich schreckte auf. Mein Kopf fühlte sich kalt an, meine Sicht recht schwammig, als befände ich mich unter Wasser. Bis ich realisierte, wo ich war, dauerte es einen Moment. Mein Rücken schmerzte von der unangenehmen Position, in der ich gelegen hatte. Ich saß am Tisch, das blaue Licht schwebte über mir, bestrahlte all die überfüllten Regale um mich herum. Ein Stück Pergament klebte an meinem Gesicht. Ich zog es ab, überrascht von dem Widerstand und der Kraft, die ich benötigte, um es zu entfernen. Dann erschrak ich.

Ich war eingeschlafen.

Nach meinem Gespräch mit Arthur hatte ich mich in den Raum unterhalb der Bibliothek begeben. Ich wollte nachdenken – über das, was ich mit Arthur besprochen hatte und über das, was ich wirklich tun würde.

»Ich will, dass du mir immer die Wahrheit sagst. Immer. Von jetzt an.«

Das hatte er zu mir gesagt. Ich hatte ihm mein Wort gegeben, doch was war mein Wort wert, wenn ich ihn von Anfang an belogen hatte? Und wenn ich es noch immer tat?

Vielleicht würde ich ihm nie die Wahrheit sagen. Oder vielleicht würde ich ihn immer denken lassen, ich wäre nur ein einfacher Junge.

Hastig sprang ich vom Stuhl auf, entschlossen und dennoch unsicher über meine Entscheidung – ich wusste nicht, was es mich kosten würde. Ich fürchtete mich vor dem, was geschehen würde, wenn Arthur die Wahrheit herausfand.

Von der Bibliothek aus musste ich einen weiten Weg hinter mich bringen. Durch die Fenster, die ich passierte, schien kein Licht. Draußen herrschte Dunkelheit. Viel Zeit blieb mir nicht mehr. In Wirklichkeit blieb mir gar keine Zeit mehr. Bis ich den Turm fand, hatte ich mich zweimal verlaufen, und selbst dann wusste ich nicht, ob es der richtige war.

Zwei Wachen standen vor einer Tür, das Holz fast schwarz aufgrund des wenigen Lichtes. Als ich sie passieren wollte, hielt mir einer der beiden Männer seine Hand entgegen. Seine Rüstung klapperte bei der Bewegung, der Stahl an seinem Körper dunkelgrau, mit einem öligen Glanz. »Was willst du hier?«

Aus den Augenwinkeln sah ich, wie der andere den Griff seines Schwertes umfasste.

»Ich bin hier auf Geheiß von Arthur Pendragon – Lord dieser Burg – ich –«

»Ich weiß, wer der Lord dieser Burg ist! Hältst du mich für einen Narren, Junge? Ich will wissen, was du hier willst. Warum sollte Arthur ein Kind schicken, um seine Angelegenheiten für ihn zu klären, wenn ihm tausend fähige Ritter zur Verfügung stehen?«

Das war eine wirklich gute Frage.

»Warum fragt Ihr ihn nicht selbst? Und wenn Ihr schon dabei seid, erklärt ihm auch, weshalb sich sein Anliegen verzögerte, damit ich es nicht tun muss. Er wird sich freuen, davon zu hören – er ist in ausgesprochen guter Laune heute!«

Ich hätte niemals gedacht, dass es so einfach für mich sein würde, den Kerker zu betreten. Anscheinend waren Arthurs Launen bekannt unter seinen Männern – ich konnte es ihnen unmöglich verübeln, dass sie ihm ausgerechnet dann nicht über den Weg laufen wollten.

Hier unten war es kalt und irgendwo hörte ich Wasser tropfen. An den Wänden hingen kaum Fackeln – nur wenige in großen Abständen, die das Innenleben der Zellen zeigten – die meisten davon leer.

Plötzlich hörte ich ein Geräusch hinter mir. Als ich mich umdrehen wollte, spürte ich schon den Stahl an meiner Kehle.

»Welch Überraschung«, hörte ich die Stimme.

Sein Atem war warm, ich spürte ihn auf meiner Haut, während er sprach. Meine Nackenhaare bäumten sich auf. Gänsehaut folgte und ein Kribbeln wanderte durch meinen Körper wie die Welle eines Meeres.

»Eines muss ich dir lassen, du erstaunst mich immer wieder. Du spielst ein gefährliches Spiel, Parzival. Was machst du hier?«

Die letzten Worte verließen seinen Mund wie Gift. Der Stahl bohrte sich tiefer in meine Haut, die Klinge meinen Kehlkopf streichelnd.

Er hätte mich aufschlitzen können und niemand hätte jemals gewusst, dass er es war. Schon so viele Gelegenheiten hatten sich ihm geboten. So oft schon hätte er mich töten können und hatte es dennoch nicht getan. Also wartete er entweder auf die richtige Gelegenheit oder er war einfach nur ein Feigling, der jeden vom Gegenteil überzeugen wollte – sich selbst eingeschlossen.

»Nimm die Klinge von meiner Kehle und ich sag es dir«, entgegnete ich.

Er zögerte einen Moment, übte mehr Druck auf den Dolch aus. Dann nahm er ihn von meinem Hals und stieß mich nach vorn. Ich drehte mich zu ihm um und sah, dass er mir die Klinge entgegenstreckte. Die nächste Fackel befand sich mehrere Meter von uns entfernt. Es überraschte mich, wie geschickt Mordred im Schatten lief – wie wenig Geräusche er verursacht hatte, sodass ich ihn erst bemerkt hatte, als sich der Dolch bereits an meiner Kehle befand. Ich konnte sein Gesicht nicht sehen, doch ich erahnte, wie angespannt es sein musste.

»Ich könnte dich dasselbe fragen, weißt du«, lockte ich ihn, während ich an meiner Kehle rieb.

Ein schmaler Schnitt befand sich auf der Haut, stark genug, um ein Brennen zu verursachen, aber zu schwach, um zu bluten.

Mordred war nichts weiter als eine Silhouette vor mir – ein Schatten vor einem noch dunkleren Schatten. Ich erkannte, wie sich sein Kopf bewegte, die schwarzen Locken die Dunkelheit um sich herum aufsaugend.

»Weißt du, wie mühelos ich dich hätte töten können? Weißt du, wie viel Freude es mir bereitet hätte?«

»Warum hast du es dann nicht schon längst getan?«

Ich brauchte kein Licht, um sein Grinsen zu sehen. Und ich brauchte kein Licht, um zu sehen, wie rasch es von seinen Lippen verschwand, als ich ihn nicht mit seinem Titel ansprach. Oh, es machte ihn wütend. Er hasste es. Weshalb ich mich umso mehr wunderte, dass er nichts unternahm – besonders nachdem er gedroht hatte, mir die Kehle aufzuschlitzen, wenn ich ihm noch einmal den Respekt verweigerte.

»Du hattest die Gelegenheit«, provozierte ich, »mehr als einmal. Und du hattest sie wieder bei der Ratssitzung. Du hättest die Anschuldigung nur bestätigen müssen und dann wärst du mich los gewesen –«

»Aber es hätte keinen Sinn gemacht, nicht wahr? Du und Arthur, ihr – irgendetwas steht zwischen euch, etwas, das euch gleichzeitig verbindet. Nein, dich zu verraten, wäre kein schlauer Zug gewesen. Arthur hätte dich bestraft, doch nicht so, wie ich es wollte. Wenn die Zeit gekommen ist, werde ich derjenige sein, der urteilt, und dann werde ich derjenige sein, der es vollstreckt. Wenn nicht ich das Schwert schwinge, wird keiner es tun. Also, was willst du hier?«

Seine Stimme wanderte die Decke entlang, bohrte sich durch meine Ohren wie ein Messer durch Butter. Er meinte seine Drohung ernst. Ich stand ihm im Weg und er wollte sich meiner entledigen. In diesem Moment erinnerte ich mich an den Wald, an die Nacht, in der Praphen Arthur angegriffen hatte und an Mordred, der mich zu Boden gerammt hatte, als ich dem Lord hatte helfen wollen. Ich erinnerte mich, wie er mich gepackt und gegen einen Baum geworfen hatte, mir gesagt hatte, ich stünde ihm im Weg.

Nur hatte er mir schon so oft gedroht. Bis jetzt hatte er noch nicht eine davon wahr gemacht. Er hasste es, dass ich ihn nicht mit ‚my Lord' ansprach und trotz seiner vielen Morddrohungen tat ich es noch immer nicht. Auch Ector hatte er bedroht, getötet hatte er den alten Ritter allerdings nicht. Was nichts daran änderte, dass er mich hasste – vielleicht, weil es ihm nicht gelang, mich einzuschüchtern und vielleicht noch mehr, weil er erkannte, wie seine Drohungen mir mehr Mut verliehen.

Oh, er hasste mich.

Und vielleicht hasste er sich auch ein bisschen selbst.

Aber er verabscheute Arthur.

»Er wird sie töten«, antwortete ich.

Mordred wusste genau, von wem ich sprach.

»Was lässt dich denken, ich scherte mich auch nur einen Dreck um sie?«, erwiderte er.

»Warum sonst wärst du hier?«

Der Dolch in seiner Hand sank nach unten.

»Du hast selbst gesagt, sie wären keine Druiden. Lancelot meinte, sie wüssten nichts über das Attentat auf Arthur, also hält Arthur sie für nutzlos – lebend jedenfalls. Er will sie hinrichten, ein Zeichen setzten, dass er kein Erbarmen für jene zeigt, die ihm trotzen. Und dass er keine Angst hat – weder vor Cornwall noch vor einem Zauberer.«

»Er ist ein Narr, wenn er das glaubt. Gloris von Cornwall wird mehr Attentäter senden, so lange, bis einer seinen Auftrag ausgeführt hat.«

»Hilf mir, sie zu befreien«, schoss es aus mir heraus, ein Hauch an Verzweiflung in meiner Stimme.

Mordred schwieg. Eine ganze Weile lang sagte er nichts. Für einen kurzen Moment fürchtete ich sogar, er wäre gegangen, fürchtete, jetzt hätte er die Gelegenheit ergriffen, mich zu verraten. Doch er wäre nicht derjenige, der das Schwert schwingen würde, nicht wahr? Nein, er stand noch immer vor mir, sein Körper mit der Dunkelheit verschmolzen, den Dolch in seine Scheide gesteckt, sodass ich nicht einmal mehr den Stahl sah. Ich spürte seine Anwesenheit. Und für eine Sekunde dachte ich sogar, ich könnte ihn atmen hören.

»Wozu bräuchtest du meine Hilfe?«, fragte er, genervt, als wollte er nicht darüber nachdenken, aber nicht anders konnte.

»Die Wachen«, sagte ich, »die Schüssel. Und ich brauche zwei Pferde, deren Verschwinden nicht sofort auffallen wird.«

»Und dann? Was dann? Einfach durchs Tor reiten? Du bist ein noch größerer Narr als Arthur, wenn du denkst, es wäre so einfach. Die Tore sind nachts geschlossen. Niemand kommt dort ungesehen rein oder raus.«

»Also warten wir, bis es Tag wird und die Tore offen sind?«

Mordred lachte.

»Wirklich, ich dachte, du wärst schlauer. Nein, wir warten nicht darauf, dass die Tore geöffnet werden. Es gibt einen anderen Weg. Triff mich bei den Ställen. Du hast eine halbe Stunde.«

»Woher weiß ich, dass ich dir trauen kann?«, rief ich ihm leise hinterher, als er sich auf den Weg hinaus begab.

Wieder verschmolz sein Körper mit dem Schwarz um ihn herum. Nicht einmal dort, wo er an den Fackeln vorbeilief, sah ich ihn. Diesmal konnte ich nicht sagen, ob er wirklich gegangen war oder noch immer vor mir stand. Eine Weile lang hörte ich nichts, nicht das leiseste Geräusch, nur das Plätschern des Wassers im Hintergrund.

Dann ertönte ein lautes Klirren. Direkt vor mir flog etwas auf den Boden. Ich schnappte heftig nach Luft, hielt sie an, mein Körper steif wie eine Mauer.

»Gar nicht – genauso wenig, wie ich weiß, ob ich dir trauen kann«, sagte Mordred, »sieht aus, als bliebe keinem von uns eine Wahl.«

Ich starrte seine Silhouette an. Dann beugte ich mich nach unten und hob den Eisenring auf, das Klirren mehrerer Schlüssel wie das Rasseln von Ketten.

»Denk dran«, erinnerte Mordred, »eine halbe Stunde.«

***

Der Schlüssel wanderte ins Schloss. Mit einer einzigen Drehbewegung entfernte sich der Bolzen. Ich öffnete das Gitter und zwei müde Augen starrten in meine Richtung. Neben mir brannte eine Fackel, die Flammen warm auf meiner Haut – schon beinahe zu warm. Ich konnte ihre

Gesichter kaum sehen. Ihre Körper waren dunkle Schatten.

»Steht auf«, sagte ich, meine Stimme harscher, als ich gewollt hatte, »und haltet euch dicht bei mir.«

Sie standen auf, unsicher, und als sie an mir vorbeiliefen, die Köpfe nach unten gebeugt, sah ich die Prellungen auf ihren Gesichtern, das getrocknete Blut auf ihrer Haut. Ich atmete schwer ein, versuchte, mein Mitleid für mich zu behalten und hoffte, hoffte, hoffte, hoffte, dass alles nach Plan laufen würde.

Erst als wir uns der Tür näherten, erreichte die Angst meinen Kopf. Sobald ich sie öffnete, gäbe es kein Zurück mehr. Ich misstraute Mordred – mehr als jedem anderen Menschen in dieser Burg. Und ich wusste nicht, ob er die Wachen fortgeschickt und die Schlüssel geklaut oder ob er ihnen alles erzählt und sie dazu gebracht hatte, ihm die Schlüssel auszuhändigen, um mich in eine Falle zu locken. Egal, welche der beiden Möglichkeiten es war, ich würde es jeden Moment herausfinden. Wobei es nicht schadete, wenn ich mich beeilen würde – mir blieb eine halbe Stunde und eine halbe Stunde war nicht besonders viel. Besonders wenn mir keine Möglichkeit blieb, die Zeit zu verfolgen. Das Einzige, was mir einen Hinweis darauf geben würde, wie viele Minuten verstrichen, wäre der Mond. Nur würde ich den wohl kaum sehen können, wenn ich mich in der Burg befand.

Mordred schon. Er würde genau wissen, wann die halbe Stunde vorbei wäre und wenn ich bis dahin noch immer nicht bei den Ställen wäre…

Wir würden uns langsam durch die Gänge schleichen müssen und langsam würden wir vorankommen. Sehr, sehr langsam…

Ein Stein fiel mir vom Herzen, als ich den Platz auf der anderen Seite der Tür verlassen vorfand.

»Ihr wartet hier«, sagte ich, während ich meinen Weg nach oben erklomm.

Niemand befand sich vor der Tür zum Turm. Niemand befand sich auf dem Gang dahinter. Keine Wachen, nur die Fackeln an den Wänden, die ihre Schatten auf den Boden warfen. Ich kehrte um.

»Folgt mir«, rief ich in die Dunkelheit.

Eine Sekunde lang fürchtete ich, sie wären fort. Dann sah ich, wie zwei Gestalten aus der offenen Tür heraustraten. Ich warf nicht mehr als einen flüchtigen Blick auf sie. Doch der genügte, um ihre zerrissene Kleidung zu sehen, die Wunden an ihren Armen und Beinen. Dann entschied ich, dass ich diesen Anblick nicht ertragen konnte. Also versuchte ich, meine Augen stets nach vorn zu richten, um mich zu versichern, dass niemand uns sah.

»Wohin bring Ihr uns?«, fragte eine raue Stimme – die des alten Mannes.

Ich drehte meinen Kopf zu ihnen, aber ich sah sie nicht an.

»Fort von hier«, antwortete ich und ging weiter.

Bis zu den Ställen mussten wir einen weiten Weg hinter uns bringen, weiter als mir lieb war. Doch in der gesamten Burg herrschte Stille, die Gänge waren leer und die Nacht weit genug vorangeschritten, um den noch so größten Schlafverweigerer ins Land der Träume zu entführen. Was nicht bedeutete, dass wir nicht auf Wachen stoßen könnten.

Vor allem mussten wir uns vom Thronsaal fernhalten sowie von jedem Eingang eines Turmes. Während ich mich also bemühte, zwei Gefangene ungesehen aus der Burg zu eskortieren, kämpfte ich gleichzeitig damit, mich nicht zu verlaufen. Nachdem wir einige Gänge passiert hatten, stellte es sich zudem als Schwierigkeit heraus, die Zeit im Auge zu behalten. Ich hatte keine Ahnung, wie lange wir gebraucht hatten, um diesen kurzen Weg hinter uns zu lassen und ich wusste nicht, wie viel wir noch benötigten, um die Ställe zu erreichen.

Am schlimmsten fühlte sich das Wissen an, dass, egal welche Lüge ich mir einfielen ließe, niemand dumm genug wäre, sie mir zu glauben. Ein Blick auf die beiden hinter mir genügte, um jedem mein Vorhaben zu verraten. Weshalb ich umso vorsichtiger sein musste. Bei jeder Ecke, die wir passierten, ging ich voraus, prüfte, ob keine Wachen dort standen. Fast immer rief ich den alten Mann und den Jungen hinterher, im guten Wissen, dass wir ungesehen voranschreiten konnten.

Das einzige Problem stellte der Turm zur Waffenkammer dar – der einzige Weg für uns zu den Ställen. Natürlich existierte auch eine andere Möglichkeit, aber die führte durch den Thronsaal – den Arthurs Ritter beinahe besser bewachten als sein eigenes Gemach.

Zwei Wachen standen vor der Tür, gekleidet im silbernen Stahl, Schwerter an ihren Hüften und die Gesichter von Helmen bedeckt. Neben ihnen brannte eine Fackel. Der Stahl reflektierte die Spitzen der

Flammen auf seiner Oberfläche, als wäre er ein Spiegel.

Ich drehte mich zu dem alten Mann und dem Jungen, hielt meine Augen von ihren Gesichtern fern.

»Zwei Wachen blockieren die Tür, durch die wir hindurch müssen«, erklärte ich ihnen im leisesten Flüstern, »ihr wartet hier, während ich durchgehe. Dahinter liegt die Waffenkammer. Sie bietet viel Schatten. Wenn ihr euch gut versteckt, kann man euch nicht einmal am Tag dort entdecken. Ich gehe rein und sorge für Lärm. Sobald die Wachen hinterherkommen, geht ihr durch die Tür und versteckt euch. Sie werden die Fackel mitnehmen, die neben ihnen an der Wand hängt. Wenn ihr die Waffenkammer betretet, haltet euch gebeugt und sucht euch das erstbeste Versteck.«

Ich wartete auf keine Antwort. Sobald ich ihnen alles erklärt hatte, ging ich um die Ecke und stolzierte ohne Probleme an den Wachen vorbei. Noch nie hatte ich ihnen so viel Beachtung geschenkt wie jetzt. Sie hatten mich noch nie gestört und dank meiner vielen nächtlichen Wanderschaften zu den Ställen, würdigten sie mich nicht einmal eines Blickes.

In der Waffenkammer angekommen, sorgte ich für das, was ich dem alten Mann und dem Jungen versprochen hatte – Lärm. Der Ständer mit den Übungsschwertern knallte auf den Boden. Das Klirren des Stahls sendete ein Echo durch die ganze Kammer, laut genug, um die halbe Burg zu wecken.

Aber niemand kam.

Dann schrie ich. Schrie, laut und qualvoll wie eine Frau, die gerade ihr Kind gebar. Dann kamen die Wachen, Schwerter gezückt und Fackel in der Hand – wie ich es erwartet hatte.

»Verzeiht«, gab ich von mir, als ich zwei Schatten hinter den Wachen vorbeikriechen sah, »der Ständer hat mich zu Tode erschreckt.«

Ich konnte ihre genervten Gesichter sogar durch die Helme sehen.

»Ja«, sagte einer der Männer, »unmöglich zu überhören.«

Sie steckten ihre Schwerter zurück in die Scheiden. Ich war froh, dass sie sich bereits umgedreht hatten, denn ich konnte mir ein Grinsen nicht länger verkneifen.

»Verdammter Narr«, hörte ich den anderen murmeln, kurz bevor sich die Tür hinter ihnen schloss.

Wer hätte gedacht, dass das so einfach werden würde …

Mit den Wachen verschwand auch das Licht, worüber ich mich zum Teil freute – jetzt konnte ich den beiden ins Gesicht sehen, ohne die Prellungen und Wunden wahrzunehmen. Ich hatte Mitleid mit ihnen. Aber noch mehr Mitleid konnte ich mir nicht erlauben.

»Warum tut Ihr das?«, fragte der alte Mann.

In der Dunkelheit beobachtete ich, wie sein gesamter Körper mit seinen hastigen Atemzügen auf und ab wanderte. Ich hörte ihn atmen. Und wenn ich mich genau konzentrierte, hörte ich sogar sein Herz schlagen.

»Wartet hier«, antwortete ich – nicht die Antwort, die er haben wollte, aber besser als die Antwort, die ich ihm geben würde.

Die Luft traf mich wie ein Schlag ins Gesicht, frisch und kalt und überraschend. Ein Blick hinauf in den Himmel und ich erwischte mich selbst dabei, wie ich daran dachte, wie verrückt mein Vorhaben wirklich war. Oder wie Arthur es ausgedrückt hätte: lebensmüde. Lebensmüde in der Tat.

Der Himmel sah genauso aus wie in Avalon, der Mond schien genauso hell, die Wolken genauso grau. Ich hätte alles dafür gegeben, um mich auf dem Dach meiner Schule wiederzufinden, um die Dächer der vielen Häuser zu sehen, wenn ich wieder hinunterschaute. Doch was ich sah, waren die Mauern einer Burg, ein leerer Hof, ein Torbogen gegenüber von mir, vor dem zwei Wachen standen. Als ich feststellte, dass ich Isaacs Kette hielt, ließ ich sie los. Ich verdrängte die Erinnerung an ihn.

Schritte kamen auf mich zu.

Mordred.

Bosheit in seiner Miene, Arglist im Violett seiner Augen.

Aufs Neue bereute ich, keine Waffe bei mir zu tragen. Ich rechnete damit, dass er gleich sein Schwert zöge. Als er dann auf mich zukam, dachte ich, es wäre der Dolch.

»Eine halbe Stunde hast du gesagt«, verteidigte ich mich, »hier bin ich.«

»Ja«, entgegnete Mordred, seine Stimme wie das Knurren eines Wolfes, »aber allein.«

Seine Augen studierten mich, musterten mich von oben bis unten. Er war wachsam und ich erkannte, wie er nach einem Hinweis suchte, der meine wahren Absichten verraten würde. All meine Muskeln spannten sich an. Ich stellte mir vor, wie Mordred mich angriff, überlegte, wie er mich angreifen würde und wie ich darauf reagieren müsste. Ohne Waffe in meinem Besitz durfte es sich als beinahe unmöglich herausstellen. Ich müsste versuchen, ihn zu entwaffnen – eine Aufgabe, die ich bisher noch bei niemandem bewältigt hatte, nicht einmal bei Tristan.

»Wo sind die Pferde? Du solltest zwei Pferde bereitstellen«, warf ich ihm vor.

Mordred antwortete mit einem Grinsen.

»Wo sind die beiden, die du befreien wolltest?«, entgegnete er.

»Sie verstecken sich.«

Daraufhin atmete Mordred ein Lachen aus.

»Natürlich«, meinte er.

Dann, bevor er fortfuhr, sah er sich um, als würde er sichergehen wollen, dass sich niemand in der Nähe befand. Er kam einen weiteren Schritt auf mich zu. Ich hörte, wie er einatmete; sah seine Silhouette vor mir – ein Schatten in der Dunkelheit.

»Also was nun? Niemand traut dem anderen? Irgendeiner von uns muss den ersten Schritt machen oder die Sonne geht auf und deine beiden Schützlinge werden hingerichtet.«

Ich biss meine Zähne zusammen, spürte, wie sich mein Unterkiefer anspannte, wie meine Ungeduld wuchs.

»Wo sind die Pferde?!«, verlangte ich zu wissen.

»Sie brauchen keine«, entgegnete Mordred, »ohne Pferde sind sie schwerer aufzuspüren. Und egal, welches Pferd ich stehle, es wird auffallen, sobald der Stallbursche seinen Aufgaben nachgeht.«

Ich nickte, während ich gleichzeitig seine Antwort auswertete. Er war clever. Nur konnte ich nicht einschätzen, ob er noch immer versuchte, mich in eine Falle zu locken – ob er es überhaupt versuchte. Ich wollte ihm nicht die Genugtuung geben und dumm genug sein, auf ihn hereinzufallen.

Nur hatte er nicht nur mit den Pferden recht, sondern auch damit, dass die Sonne bald aufginge und dass das Tor noch immer geschlossen war. Letzten Endes blieb mir nichts anderes übrig, als auf seine Ehrlichkeit zu vertrauen.

Ich rief nach den beiden. Kurz darauf traten ihre Schatten unsicher aus der Waffenkammer heraus. Hier draußen herrschte noch immer genügend Dunkelheit, dass mir der Anblick ihrer Wunden erspart blieb. Sie traten neben mich.

»Hier sind sie«, wendete ich mich Mordred zu, »also was nun?«

Mordred grinste – ein Grinsen, das ich sogar in der Dunkelheit erkannte. »Folgt mir.«

Er marschierte zum Ende der Waffenkammer, dort, wo sie auf die Mauer traf. Als er davor stehen blieb, glaubte ich, alle Adern in meinem Körper würden explodieren. Mein Herz raste in meiner Brust. Und ich schwor mir, wenn gleich Wachen auftauchten, würde ich Mordreds Dolch krallen und ihn dem übereifrigen Lord an seine hübsche Kehle pressen.

Er sah zu uns, die Arglist in ihm wie die Kraft, die sein Herz zum Schlagen brachte.

»Angst?«, verhöhnte er mich.

Sein Arm bewegte sich, zog an etwas.

»Wenn das ein Trick ist –«

Ein Geräusch unterbrach mich. Es kam von direkt vor mir und hörte sich an wie das Schleifen, welches immer ertönte, wenn sich die Wand zum geheimen Gang in der Bibliothek öffnete. Wie auch dort wehte mir ein eisiger Wind entgegen.

»Was dann?«, entgegnete Mordred.

Ich antwortete nicht – ich konnte nicht.

»Dacht' ich's mir«, meinte er und verschwand, sein Körper verschlungen von dem Schwarz.

Erst als ich ihnen zunickte, liefen der alte Mann und der Junge hinterher. Dann folgte ich ihnen. Die erste Stufe nach unten überraschte mich und ich war sofort wüten, dass Mordred mich nicht davor gewarnt hatte. Ich konnte mir gar nicht vorstellen, wie sehr mein Fall nach unten ihn amüsiert hätte. Glücklicherweise gelang es mir noch rechtzeitig, die Wand zu greifen, der Stein feucht, moosbewachsenen und stinkend nach zu vielen Jahren der Vernachlässigung.

Als die Stufen plötzlich endeten, überraschte es mich erneut – mein Fuß darauf vorbereitet, weiter nach unten zu sinken, überfordert von dem raschen Aufprall. Hinter uns schloss sich der Eingang. Während sich meine Augen an die Dunkelheit gewöhnten, drang Mordred bis zur Hälfte des Ganges vor.

Ich konnte kaum glauben, wo ich mich gerade befand – in einem geheimen Gang unter der Burg – noch einem. Nur anders als bei dem, den ich in der Bibliothek gefunden hatte, brannten hier keine Fackeln von selbst. In Wahrheit brannten hier überhaupt keine Fackeln. Nicht eine Lichtquelle existierte, die mir mein Vorankommen hätte erleichtern, meine Schritte hätte sichern können. Ich musste mich einzig und allein auf die Fähigkeit meiner Augen verlassen, sich der Dunkelheit anzupassen.

Links und rechts von mir entdeckte ich breite Nischen in der Mauer, die Schatten in ihnen dunkler als jene vor mir. Die kalte Luft provozierte einen Schauer in mir. Ich schüttelte mich – zum Teil, weil ich fror und zum Teil, weil mir der Gedanke graute, dass sich Kreaturen hier verstecken und ich nicht fähig war, sie zu sehen.

Mordred wartete auf mich, zusammen mit den beiden Gefangenen, die wir befreien wollten, bevor es weitere Stufen nach unten ging. Wenige Meter vor uns befand sich ein kleiner Torbogen, der sich zu einem weiteren langen Gang zog. An dessen Ende befand sich ein Ausgang.

Nur noch wenige Meter.

Nur noch wenige Meter und der alte Mann und der Junge wären frei. Vermutlich konnten sie die Freiheit schon schmecken, sie fühlen, mit jedem Muskel ihres Körpers.

Dann, als ich vor ihrem Gang in die Freiheit stand, die beiden und Mordred hinter mir, spürte ich zum zweiten Mal in dieser Nacht kalten Stahl auf meiner Kehle.

Jemand zündete eine Fackel an, das Zischen der Flammen hallend im kalten Gang, die Wärme erschütternd. Um uns herum standen ein halbes Dutzend Ritter, gekleidet in ihren silbernen Rüstungen. Meine Augen glitten an der Klinge an meinem Hals entlang. Sie führte zu einem Schwert, gehalten von einer kräftigen Hand. Jeder Muskel in Lancelots Gesicht war angespannt. Das rot-orange Licht der Fackel hob seinen Kiefer hervor, setzte einen Kontrast zwischen seinem schwarzen Haar und der schwarzen Dunkelheit hinter ihm.

Das Blut pulsierte in meinem Kopf. Mein Herz raste.

Dann schlug es so heftig, dass es sich anfühlte, als schlüge es gar nicht mehr.

Lancelot stand nah genug neben mir, dass ich seine Schwerthand – und somit auch das Schwert – von mir stoßen konnte. Der Stahl klirrte beim Aufschlag gegen die Mauer. Mit seiner linken Faust holte er nach mir aus. Ich entkam seinem Schlag, wich zurück. Einer der Ritter griff nach mir; ich schaffte es, ihn wegzuschubsen, in dem Moment, in dem er einen Schritt auf mich zutrat und sein Bein in der Luft baumelte. Er fiel, die Stahlplatten an seinem Körper klirrend wie zerbrechendes Glas.

Ein flüchtiger Blick um mich herum und ich sah, dass die Wachen den alten Mann und den Jungen bereits gefangen hatten. Von Mordred existierte keinerlei Spur. Als wäre er nicht einmal hier gewesen.

Lancelot bahnte sich seinen Weg an den anderen Rittern vorbei. Sein Schwert hatte er zurück in die Scheide gesteckt. Sein Tempo war rasch, ließ mir kaum Zeit, seine nächste Handlung einzuschätzen. Ich trat zurück, panisch. Die Hand zur Faust geballt, spitze Stahlplatten an seinen Fingern und Knöcheln, schlug er nach mir. *Das* hätte *geschmerzt* – ordentlich. Vielleicht hätte mir der Schlag sogar das Bewusstsein geraubt. Aber ich blockte seinen Arm ab, zwang ihn auf halbem Wege zu meinem Gesicht zum Stehen.

Dass sich sein anderer Arm auf mich zu bewegte, sah ich nicht.

Erst als es zu spät war und das Messer bereits in meiner Seite steckte.

Anfangs spürte ich nur einen leichten Druck. Dann verwandelte sich der Druck in ein Brennen.

Ich hätte nicht gedacht, dass es so sehr schmerzen würde.

Vom Messer schaute ich auf zu Lancelot, sah in seine braunen Augen. Ich erkannte Zweifel in ihnen. Zweifel und … eine Mischung aus Reue und Besorgnis. Dann sah ich etwas wieder anderes in seinen Augen – die Reflexion eines schwarz-gelockten Lords, der seine Hand hob, in der sich ein Gegenstand befand, den er mit voller Wucht auf meinen Hinterkopf schlug.

Danach sah ich nichts mehr.

Nur noch schwarz.

***

Ich wachte auf in einer Zelle, allein, mit Schmerzen am Kopf und an der Seite. Blut durchnässte mein Hemd an der Stelle, wo Lancelots Messer durch meine Haut gedrungen war. Das Brennen benebelte mich. Mir war kalt, als fließe kein Blut durch meine Adern, sondern Eis. Als ich mich umsah, verloren meine Augen ständig ihren Fokus.

Gitter befanden sich überall um mich herum. Nur hinter mir stand eine Mauer aus nacktem Stein. Zwei Schatten lagen in der Zelle neben der meinen, die Fackel nicht stark genug, ihre Gesichter zu erhellen. Trotzdem wusste ich, wer sie waren.

Im nächsten Moment hörte ich, wie jemand die Tür zu den Kerkern aufsperrte. Eine Wache näherte sich, eine weitere Fackel in der Hand und eine bucklige Gestalt im Schlepptau. Valdens gelbe Augen leuchteten, machten seinen Blick unheimlich. Die Wache sperrte die Tür zu meiner Zelle auf, Valden trat herein und der Ritter schloss sie hinter ihm wieder.

»Ich dachte, du wärst verrückt, Junge«, meinte der alte Alchemist, »jetzt weiß ich, dass du einfach nur dein Leben verachtest.«

Ich lachte, aber stoppte sofort, als ich realisierte, wie viele Schmerzen es verursachte. Dann stöhnte ich, statt zu lachen.

»Ja, ja, in diesen Schlamassel hast du dich ganz allein hineingeritten. Jetzt ertrag auch die Konsequenzen.«

Aus seiner Robe holte er ein Fläschchen hervor, gefüllt mit einer Flüssigkeit, deren Farbe ich nicht erkennen konnte. Er goss sie auf meine Wunde. Ich schrie. Valden lachte und zeigte mir dabei diese holzigen Zähne.

»Diesen Teil genieße ich immer am meisten«, lachte der alte Mann.

Ich stöhnte, während Valden Nadel und Faden hervorholte.

»Und alle halten mich für verrückt«, murmelte er, als er meine Wunde nähte.

»Was auch immer Arthur von Gefahren fernhält«, meinte ich unter zusammengebissenen Zähnen.

»Äh«, stöhnte der alte Mann, »ihr habt ziemlich unterschiedliche Ansichten von Gefahren, du und Arthur. Anders als du hält er Gloris von Cornwall und seine Attentäter für keine Gefahr. Aber Druiden – meinte er – die seien eine Bedrohung!«

Valden schüttelte den Kopf und zum ersten Mal verstand ich, dass er – fast, aber nicht ganz wie Mordred – Gräuel gegenüber Arthur empfand. Nur äußerte sich sein Gräuel in Form von Verhöhnung, mit einem seltsamen, nicht ganz, aber fast zynischen Humor.

»Obwohl er die Angelegenheiten mit den Zhynchonten überraschend ernst nimmt …«

»Vielleicht, weil einer von ihnen ihn fast getötet hat«, entgegnete ich.

Valden zuckte mit seinen Schultern – eine großräumige Geste, die seine Finger dazu veranlasste, zu sehr an dem Faden zu ziehen, der meine Wunde zusammenhielt. Ich biss mir auf die Zunge, um nicht erneut aufzuschreien.

»Was ist mit dem Turnier? Denkt Ihr, er wird es absagen?«

Valden lachte, schnitt den Faden durch und knotete ihn zusammen.

»Wenn du das denkt, kennst du den Lordling nur halb so gut, wie du meinst, ihn zu kennen. Der Abend des Festmahls – nachdem der Sieger gekürt wurde – soll auch der Abend seiner Krönung sein. Und er hat nicht annähernd so viele Wachen bei sich, wie mir lieb wäre.«

Dann beugte sich der Alte näher zu mir, seine Stimme ein lautes Flüstern. Aus den Augenwinkeln vernahm ich Bewegungen in der Zelle nebenan.

Ich wusste, dass Valden nur die Hälfte von dem meinte, was er sagte – vielleicht sogar nur einen Viertel – aber seine Worte wirkten für einen Unwissenden noch immer überzeugend.

»Seine halbe Armee wird fort sein, draußen im Wald. Sie werden das Gebiet nach weiteren Zhynchonten absuchen, während die andere Hälfte versucht, diesem Cornwall-Menschen eine Falle zu stellen – irgendwo im Norden.«

Nachdem er meine Stichwunde verbunden hatte, schmierte er mir eine Salbe, die sich – wie es aussah – einfach in einer Tasche seiner Robe befand und nicht einmal in einem Glas, an den Hinterkopf. Der Geruch war übel.

Daraufhin inspizierte er meine Hand. Mit einem kleinen Messer schnitt er an dem fest gewordenen Stoff entlang. Mit der Grobheit, die ich von ihm kannte, zog er meine Hand an sich heran, bewegte meine steifen Finger, als würde er kleine Stöcke brechen.

»Sieht gut aus!«, brüllte er, seine Stimme einen Schock durch meine Ohren versetzend.

Er stand auf, klopfte am Gitter, woraufhin die Wache zurückkehrte und dem Alchemisten die Tür aufsperrte. Bevor er aus meiner Sicht verschwand, drehte er sich noch einmal zu mir um.

»Versuch, deine Finger ein bisschen zu bewegen«, meinte er, sein Kopf wippte, als würde er nicken, »aye, versuch, sie zu bewegen.«

Er verschwand, die Wache und das Licht mit ihm. Einige Momente später hörte ich wieder die Tür, die nach draußen führte.

Auch wenn er verrückt war (und vielleicht ein bisschen seltsam), schätze ich diesen Mann. Schätze die Ehrlichkeit, die sich hinter seinem Humor verbarg. Wenn ich in seine gelben Augen sah, erkannte ich neben der unnatürlichen Farbe einen Hauch Magie, einen winzigen Funken – ein Funkeln, das nur jene erkannten, die wussten, was es war. Ein ähnliches Funkeln hatte ich schon oft in Morganas Augen gesehen, im Grün ihrer Iris. Ich wünschte mir, sie wäre jetzt bei mir, während ich mich gleichzeitig wunderte, was sie tun würde, sobald sie herausfand, was geschehen war. Dann wunderte ich mich, was Arthur tun würde.

»Warum habt Ihr das getan?«, fragte der alte Mann, seine raue Stimme beinahe kratzig in meinen Ohren.

Er presste sich gegen das Gitter, das unsere Zellen voneinander trennte, quetschte seinen Kopf durch eines der Quadrate.

»Warum wolltet Ihr uns befreien?«

»Weil ich wusste, was Arthur mit euch vorhatte.«

»Wisst Ihr, was er mit Euch tun wird?«

Ich nickte, unsicher, ob der alte Mann es überhaupt sah.

»Ich fürchte, das tue ich«, antwortete ich ihm.

Dann veränderte sich die Stimme des alten Mannes. Sie verzerrte sich, erhielt einen dunklen Klang, der mir einen Schauer den Rücken hinunterlaufen ließ.

»Das letzte Blut der Pendragons wird fließen. Sie werden alle sterben.«

***

Ich atmete schwer, die warme Luft als Dampf vor mir aufsteigend. Erschöpfung zerrte an meinen Kräften und verstärkte die Schmerzen an meinem Körper. Vor mir befand sich ein Feld von Leichen – Ritter und Soldaten gekleidet im Rot ihres eigenen Blutes, vom Silber und Schwarz ihrer Harnische nichts mehr übrig. Hinter ihnen stand eine Burg, gigantisch wie ein Felsen, einschüchternd wie die Flügel eines Drachen.

Am Horizont kroch die Sonne hervor. Raben flogen an mir vorbei. Sie setzten sich auf die Gebeine der Toten, steckten ihre Schnäbel in die offenen Wunden, rissen das Fleisch heraus.

Licht schien mir ins Gesicht. Blut klebte an meinen Händen – frisches Blut, glänzend im Dunkelrot.

Dann sah ich die Augen.

Ich schreckte auf, verschwitzt und heftig nach Luft schnappend. Meine Lunge schmerzte, als hätte ich den Atem zu lange angehalten. Drei Wachen standen vor mir, eine an der offenen Gittertür, während die anderen beiden meine Hände in Ketten legten und mich auf die Beine hievten. Zusammen mit drei weiteren Wachen, die den alten Mann und den Jungen aus ihrer Zelle holten, führten sie mich den Turm hinauf und die Gänge entlang zum Thronsaal.

Mit der Stichwunde in meiner Seite konnte ich kaum Schritt halten. Wenn ich zurückfiel, stießen sie mich nach vorn. Keiner sprach ein Wort.

Arthur saß auf dem Thron, eine silberne Rüstung mit goldenen Verzierungen an seinem Körper, den Kronreif auf seinem Kopf. Beide Hände krallten sich und die Knäufe der Armlehnen. Anspannung zeigte sich in jedem seiner Muskeln. Guinevere stand neben ihm. Ihre eine Hand ruhte auf der Schulter ihres Gemahls, während die andere den Stoff ihres blauen Kleides umschlang.

Lancelot und Mordred standen jeweils links und rechts auf der zweiten Stufe unter Arthur und seinem Thron. Noch vor den anderen Stufen standen viele andere Ritter, sogar einige Generäle – darunter Sir Bors, mit seinem langen Bart und seinem fetten Wanst und seinem viel zu stolzem Gesicht.

Die Wachen stellten mich und die beiden anderen in einer Reihe auf. Arthurs Augen fielen sofort auf mich, verweilten auf meinen längst nicht mehr so zarten Schultern. Sein Kinn wanderte leicht nach oben, die Bewegung so fein, dass niemand sonst sie sah. Mein Kinn wanderte minimal nach unten.

Dann richtete ich meinen Körper auf, trotzig und mit einem Gefühl von dummem Stolz, den ich so noch nicht kannte, oder gekannt hatte.

»Nun denn«, hallte Arthurs Stimme durch den Saal – seine ich-bin-der-König Stimme, »was haben wir hier? Zwei Druiden –«

Seine blauen Augen musterten die beiden neben mir. Dann wanderte sein Blick zu mir.

»– und einen Verräter.«

Der Moment, in dem sein Blick auf mir verweilte, dauerte länger an, als mir lieb war. Zum Glück wandte er sich kurz darauf wieder den anderen zu.

»Ihr wisst, dass der Bursche euch nur hat schuldiger aussehen lassen? Wäre ich nur einen Funken grausamer, ließe ich euch alle drei hinrichten. Jetzt hängt es von euch ab, ob es drei sein werden oder nur einer, der einen Strick um seinen Hals finden wird.«

Mit seinen Händen drückte er sich von seinem Platz ab. Er wanderte die Stufen hinab, seine Schritte mit Sorgfalt gesetzt.

»Ich weiß, Gloris von Cornwall schickte euch zwei, egal, unter wie vielen Schmerzen ihr es leugnet. Euer Lord mag eure Leben weggeworfen haben, aber ich gebe euch eine Chance, eure Würde zurückzuerlangen.«

Arthur verschränkte die Hände hinter seinem Rücken. Ich sah, wie fest sie einander griffen. Dann fokussierte er seine Aufmerksamkeit allein auf den alten Mann.

»Kehrt zurück zu Eurem Lord«, wies er ihn an, »sagt ihm, dass ich bereit bin, in meinem Turnier gegen ihn anzutreten. Er soll kommen, wenn er es wagt. Tritt er gegen mich an und gewinnt, entsage ich jedem Gräuel ihm gegenüber. Verliert er, muss er sich für seine Verbrechen verantworten, sowohl vor mir als auch vor all den anderen Lords, die mir die Treue schwören werden. Lehnt er ab, marschiere ich gegen ihn – nicht als Lord, sondern als König. Doch sollte es so weit kommen, werde ich ihm keine Gnade zeigen.«

Sobald Arthur sich umgedreht hatte, griffen die Wachen den alten Mann.

»Ich stelle Euch ein Pferd zur Verfügung«, meinte Arthur noch, »und genug Proviant für die Reise.«

Der alte Mann wehrte sich gegen die Wachen. Das Rasseln seiner Ketten hallte die hohen Wände entlang und ich spürte das Gewicht meiner eigenen Ketten, erinnerte mich an die Wunden durch die Fesseln, die die Schwarzen Reiter mir angelegt hatten, an das Brennen auf meiner Haut.

»Was wird aus meinem Enkel?«, rief der Alte.

Andere Wachen hatten den Jungen bereits in ihrem Gewahrsam und brachten ihn vermutlich zurück in den Kerker.

»Er verweilt in meiner Obhut«, antwortete Arthur, »so lange, bis Ihr Euren Auftrag ausgeführt und Gloris meine Nachricht übermittelt habt.«

Ich hörte den Alten nach Luft schnappen. Dann hörte ich ihn stöhnen und seine Ketten rasseln. Die Wachen brachten ihn zum Vorhof, wo höchstwahrscheinlich schon ein Pferd wartete. Als ich ihm hinterherschaute, sah ich zum ersten Mal sein blutiges Gesicht, das Rot dunkel und getrocknet. Seine Augen waren schwarz.

Dann rissen die Wachen ihn so zu sich, dass sein Rücken zu mir zeigte. Kurz darauf verschwanden sie hinter den geschlossenen Toren des Thronsaals. Langsam drehte ich mich zurück, während ich versuchte, herauszufinden, was es bedeutete – für mich, für Arthur, für sein Vorhaben …

Schwarz – seine Augen waren schwarz.

Sie waren nicht schwarz, als Arthur sie mit sich nach Camelot gebracht hatte.

»Nun zu dir«, hörte ich seine Stimme.

Sie hallte, als wäre sie weit entfernt, als könnte sie mich nicht erreichen von dort, woher auch immer sie kam.

Ich sah zu ihm auf, mein Herz pochend in meiner Brust, in meinen Ohren. Jeden Schlag nahm ich intensiver wahr als den vorherigen.

Arthur stand am unteren Ende der Stufen, mit der Haltung eines Königs. Guinevere kam zu ihm und nahm seine Hand in die ihre. Ihre Bewegung war unsicher, ihr Griff leicht. Arthur verfestigte ihn, drückte ihre Finger an seine, während er mit seinem Daumen über ihre Knöchel strich.

»Geht«, wies er an, »ihr alle, außer Lancelot.«

Die Ritter und Generäle gehorchten ihm und verschwanden aus der Tür, durch die die Wachen zuvor den Jungen hinaus eskortiert hatten. Mordred warf mir einen angespannten Blick zu, bitterböse, als wäre er enttäuscht, dass es letzten Endes doch nicht er wäre, der das Urteil sprechen und das Schwert schwingen würde. Dann verschwand auch er, sodass nur noch Arthur, Guinevere, Lancelot und ich in der riesigen Halle standen.

Arthur grinste sein unbeholfenes Grinsen. Auf eine gewisse Art amüsierte mich der Anblick und ich konnte das Schmunzeln nicht von meinen Lippen verbannen.

»Lancelot, seit so gütig und nehmt ihm die Ketten ab«, meinte der Lord.

»Du bist verrückt, weißt du das«, hielt mir der Ritter vor, als er mich von den Ketten befreite, das Rasseln wie bei dem alten Mann, als er sich den Wachen widersetzt hatte, »und lebensmüde.«

Ich lachte. »Das höre ich oft in letzter Zeit.«

»Aber du bist schneller geworden«, gab er dann zu, »dass du meinen Schlag abwehrst, hatte ich nicht erwartet.«

»Mag sein, aber das Messer in Eurer anderen Hand hatte ich nicht kommen sehen.«

»Du wolltest erstochen werden, weil du meintest, es wäre glaubwürdiger!«, hielt er mir vor.

Das stimmte. Nur hatte die Stichwunde auch eine weitere Funktion gehabt. Ohne sie hätte es für Valden keinen Grund gegeben, mir einen Besuch abzustatten.

»Ja! Aber ich wusste nicht, dass es so sehr schmerzen würde.«

»Was hast du erwartet? Es war ein Messer!«

»Ein kleines Messer.«

Was ebenfalls stimmte. Ich hatte Lancelot extra gesagt, er sollte ein kleines Messer nehmen, um möglichst wenig Schaden zu verursachen. Trotzdem hatte ich höllische Schmerzen und zudem noch viel Blut verloren.

Arthur betrachtete mich nachdenklich. Während ich meine Handgelenke rieb und ihn dabei in seine blauen Augen sah, dachte ich an unsere Unterhaltung nach der Ratssitzung.

»Was ist es, das ich nun tun sollte?«, hatte er mich gefragt.

»Wir lügen«, hatte ich ihm geantwortet, *»um die Wahrheit herauszufinden.«*

Arthurs Soldaten würden diesem alten Mann folgen. Und wenn er sie tatsächlich bis nach Ravenhall oder Gol Ahdist führte, wussten wir nicht nur, dass die von Cornwalls hinter alldem steckten, sondern auch, dass der Zauberer, von dem Arthur gesprochen hatte, bei ihnen war. Die schwarzen Augen, die ich eben gesehen hatte, waren der Beweis dafür.

Und wenn Cornwall wirklich zum Turnier käme, würde er einen großen Umweg machen und denken, Arthur hätte nicht genug Wachen, die für seine Sicherheit sorgten. Was er nicht wüsste, war, dass niemand in dem Wald nach Zhynchonten suchen würde. Im Norden würde auch niemand versuchen, ihm eine Falle zu stellen.

Jetzt mussten wir nur hoffen, dass die Nachricht seinen Herren erreichte. Und dass dieser reagierte, wie wir es wollten. Denn selbst wenn es nicht die von Cornwalls wären, sondern irgendein anderer Lord oder eine andere Lady, würden sie noch immer denken, Arthur wäre während des Turniers am angreifbarsten.

Sie würden versuchen, ihn zu töten.

Aber sie würden es nicht schaffen.

»Was ist mit Mordred?«, fragte Arthur.

Seine Miene hatte sich völlig gewandelt. Vom einen auf den anderen Augenblick verschwand dieser minimale Hauch an Fröhlichkeit. Stattdessen kehrte die Ernsthaftigkeit in sein Gesicht zurück, was ich vor allem an seinem Stirnrunzeln erkannte.

»Mir wurde gesagt, er sei dir gefolgt und dann hätte er dich bewusstlos geschlagen.«

Ich lachte, noch immer erstaunt, wie geschickt er sich im Schatten halten konnte – und von welcher Brillanz seine Lügen zeugten. Alle.

»Ich überzeugte ihn, mir zu helfen«, erklärte ich, dann log ich, »ich hab ihm nicht viel erzählt. Nur, dass Ihr dem zugestimmt habt. Als die Wachen kamen, muss er gedacht haben, ich hätte ihn hintergangen.«

Allein, dass Mordred mich bis zum Ende des geheimen Ganges gebracht hatte, überraschte mich. Ich hatte es nicht erwartet. Obwohl ich nicht genau wusste, was ich überhaupt von ihm erwartet hatte. Dass er überhaupt bereit gewesen war, mir zu helfen, war ein Wunder. Er musste mir vertraut haben – auf seine eigene Art und Weise, aber er musste mir vertraut haben.

»Ach, Mordred«, stöhnte Arthur, »er würde alles tun, um mir zu trotzen.«

»Was ist mit dem Turnier?«, hörte ich Guineveres Stimme heute zum ersten Mal.

Erwartungsvoll wanderten ihre Augen von Arthur zu Lancelot, einmal sogar zu mir. Sie war eine hübsche Frau, zart, aber selbstbewusst. Mutig wie anmutig. Ihr Kleid endete an ihren Schultern, ließ die Ärmel frei und zeigte ihre hellbraune Haut. Goldene Armbänder verzierten ihre beiden Oberarme, an denen mehrere Schnüre befestigt waren; Schnüre, die zu goldenen Federn zusammenliefen. Sie fingen das Licht auf, das durch die Fenster schien, reflektierten es wie die glänzenden Rüstungen der Ritter Camelots. Um ihrem Hals hing die Brosche mit dem Edelstein. Auf ihrem Kopf befand sich der Kranz. Alles Gold. All der Schmuck an ihrem Körper ließ sie selbst wie einen wundersamen Edelstein aussehen.

Sorge verbarg sich hinter dem Graubraun ihrer Augen. Obwohl ich es sah, bezweifelte ich, dass Arthur und Lancelot es auch sahen. Sie schaute zu mir und ich spürte die Last auf mir.

»Ich bezweifle nicht, dass der alte Mann alles mitgehört hat«, versicherte ich ihr.

Aus den Augenwinkeln hatte ich die Bewegung in der Zelle nebenan wahrgenommen, als er dichter an das Gitter gekrochen war, um zu lauschen. Darüber hinaus hatte Valden alles laut und deutlich von sich gegeben – alles, was ich ihm gesagt hatte, das er erzählen sollte. Von den wenigen Wachen während des Turniers bis hin zu der Falle, die Cornwall gestellt werden sollte.

»Ja, aber hat er es geglaubt?«, entgegnete Arthur.

Er war angespannter denn je. Mit seiner rechten Hand rieb er sich den Hinterkopf, mit der anderen presste er Guineveres Finger in seinen Griff.

Ich nickte, mein Blick auf die Hände des Ehepaars gerichtet.

Ich blickte auf zu Arthur, versuchte, ihn allein mit meinem Gesichtsausdruck zu überzeugen, wenn meine Worte es schon nicht taten. Er betrachtete mich für einen kurzen Moment, der mir viel zu lang erschien.

Dann nickte er. »Dann sollten wir uns in die zweite Phase des Plans begeben«, meinte der Lord mit einem weiteren Nicken zu Lancelot.

Die zweite Phase.

Die darin bestand, alle Vorbereitungen für das anstehende Turnier zu treffen, jeden noch so kleinen Winkel der Burg zu bemannen und jede Möglichkeit eines Attentates auszumerzen.

Arthurs Daumen strich über Guineveres Finger. Zärtlichkeit kannte ich von Arthur nicht. Seine Frau anscheinend schon. Irgendwie schaffte sie es, seine Anspannung zu verringern. Irgendwie schaffte sie es, ihm einen Teil der Bürde abzunehmen. Allein durch die Berührung ihrer beiden Hände.

Sie gab ihm Kraft. Und er ihr.

»Was auch immer geschehen mag«, versicherte Lancelot, »wir werden vorbereitet sein.«

Kaum hatte der Ritter seinen Satz beendet, krachte die Tür zum Ostflügel der Burg auf. Der Lärm hallte durch den Saal wie Donner während eines Sturms. Den Blitz konnte ich quasi vor mir sehen.

Morgana marschierte auf uns zu. Alle rissen ihre Köpfe in ihre Richtung. Eine verzweifelte Wache eilte ihr hinterher, versuchte Arthur zu erklären, dass er alles versucht hatte, um die junge Dame, die gerade auf ihn zustürmte, vom Saal fernzuhalten. Erst als ich die Wache näher betrachtete, entdeckte ich die leere Scheide. Das Schwert dazu hielt Morgana. Sie deutete es auf Arthur.

»Ihr könnte mit Euren Untertanen tun, wie Euch beliebt«, schimpfte sie – *brüllte* sie, »aber Ihr werdet Parzival nicht anfassen! Ich werde es nicht erlauben!«

Arthurs Kinn wanderte nach oben, ebenso wie seine Augenbrauen. Er sah zu mir.

»Das überlasse ich euch beiden«, sagte er dann.

Mit seiner Gemahlin an der Hand machte er sich auf den Weg zur Tür, durch die auch die anderen Ritter und Generäle verschwunden waren. Lancelot folgte ihnen. Bevor sie verschwanden, drehte Arthur sich noch einmal um.

»Und Parzival, bitte sag deiner … *Leibgarde*, sie soll meiner Wache das Schwert zurückgeben.«

Morgana begegnete dem Lord mit recht aggressivem Stirnrunzeln. Nichtsdestotrotz gab sie dem Mann sein Schwert zurück. Nachdem auch dieser verschwunden war, ließ Morgana ihre Verwirrung zu. Und all die anderen Emotionen, die sie bisher erfolgreich verdrängt hatte.

»Was …«, begann sie kopfschüttelnd.

Sie hatte Schwierigkeiten, ihre Worte zu formen. So wie es aussah, wusste sie nicht einmal, was sie denken sollte. Vor zwei Minuten hatte sie gedacht, Arthur würde meinen Tod wollen. Jetzt stand ich vor ihr, unversehrt – teilweise jedenfalls – und glücklich. Einfach nur glücklich. Weil sie vor mir stand.

Ich betrachtete sie, betrachtete das schwarze Haar – wie ein Wasserfall aus Rabenfedern – und die Lippen einer Göttin. Magie in ihren Augen. Wenn ich sie ansah, sah ich immer Hoffnung, immer irgendetwas, das mir Kraft gab und mir gleichzeitig offenbarte, wie sehr ich mich vor der Welt fürchtete.

»Was hat das zu bedeuten?«, schaffte sie schließlich zu sagen.

Eine schwarze Strähne fiel in ihr Gesicht.

»Verzeih, dass ich dir nichts davon erzählt habe. Es fühlte sich an, als bliebe uns kaum Zeit –«

Sie trat von mir zurück. Enttäuschung legte sich über ihre Miene wie Gewitterwolken, die grüne Wiesen mit Grau bedeckten.

»Es ist nicht, als würde ich dir nicht trauen«, versuchte ich, ihr zu erklären, »denn das tue ich. Ich vertraue dir mehr als jedem anderen.«

»Dann erzähl es mir jetzt!«

Ich öffnete meinen Mund. Aber keine Worte verließen meine Lippen. Alles, woran ich denken konnte, waren die Worte des Drachen. Sie verfolgten mich wie ein Albtraum. Wie meine Visionen.

»Eine unzähmbare Macht verbirgt sich in ihr.«

»Mit ihr als Waffe in den Händen des Falschen wird sie alles auslöschen, das sich in ihren Weg stellt – sogar Euch.«

»Ihr müsst sie aufhalten.«

»Ihr werdet verlieren, wen Ihr liebt, werdet jene sterben sehen, die Ihr als Eure Freunde versteht und zerstört finden, was Ihr einst Eure Heimat nanntet.«

Besonders als ich sie am meisten verdrängen wollte, konnte ich an nichts anderes mehr denken. Meine Hand zitterte. Ich wollte sie hinter meinem Rücken verstecken, doch Morgana war mir einen Schritt voraus. Sie nahm meine Hand in ihre. Ich spürte die Wärme ihrer Haut auf meiner, spürte, wie sie in meinen Körper wanderte. Die Angst verschwand. Nervosität nahm ihren Platz ein und übermannte mich, als Morganas grüne Augen in die meinen starrten.

Sie fesselte mich mit ihrem Blick. Und ich verstand die Welt nicht mehr.

»Was ist es, das dich so quält?«

Ihre Stimme war nicht mehr als ein Flüstern. Ein Flüstern, das mir einen Schauer den Rücken hinunterlaufen ließ. Ich hörte meinen Atem. Und ich hörte ihren. Ich sah nach unten, weil ich es nicht ertragen konnte, ihr Gesicht zu sehen und gleichzeitig an die Worte des Drachen zu denken. Sie gab mir ein ermutigendes Schmunzeln und ich fragte mich, wie sich solch Güte jemals in Grausamkeit verwandeln könnte.

Morgana kam näher, meine Hand noch immer in ihrer – beinahe so, wie Guinevere Arthurs Hand gehalten hatte. Dann lehnte sie ihre Stirn gegen meine. Ihr Atem wärmte meine Haut. Ihr Haar strich mir durchs Gesicht und ich roch den bittersüßen Duft ihres Parfüms. Ich biss meine Lippe so hart, ich schmeckte Blut in meinem Mund.

»Ich kann nicht«, sagte ich mit zitternder Stimme.

All die Angst, die ich die letzten Tage verdrängt hatte, kam zum Vorschein. Ich fühlte sie stärker denn je. Fühlte die Todesangst und wie sie meine Eingeweide verzerrte. Es war dieselbe, die ich verspürt hatte, als mich diese Kreatur angegriffen hatte. Dieselbe, als Valden mir gesagt hatte, Arthurs Herz hätte aufgehört zu schlagen.

Ich spürte die Angst um *sie* – um Morgana – die Angst, sie würde eines Tages zu dem werden, wovor man mich gewarnt hatte. Die Angst vor dem Tag, an dem meine Vision kein Traum mehr wäre.

Ich konnte es ihr nicht sagen. Die Worte würden meinen Mund nicht verlassen. Sie auszusprechen, wäre, als würden sie gerade dann eintreffen. Weshalb ich sie für mich behielt.

Ich hatte Angst. So viel Angst, dass ich beinahe das Atmen vergaß.

»Warum traust du mir nicht?«, flüsterte sie, ihr Atem warm auf meinem Ohr.

Ich schaute zu ihr auf. Ihr Kopf entfernte sich von meinem und wir blickten einander in die Augen.

»Das tue ich«, erklärte ich ihr.

Ich war geschockt – mehr als alles andere – dass sie mir nicht glaubte.

Sie schüttelte ihren Kopf, ihr schwarzes Haar wie Blätter im Wind.

»Nein«, sagte sie, »das sind nur leere Worte. Da ist etwas, das du mir nicht sagen willst. Würdest du mir vertrauen, hättest du es mir längst erzählt.«

»Morgana, ich –«

»Nein!«, unterbrach sie mich.

Sie riss ihre Hand von mir. Der Klang ihrer Stimme wie der Hieb einer Peitsche.

»Nein, Parzival. Ich will, dass du mir die Wahrheit sagst. Wenn du mir nicht traust, dann sag es mir, aber erzähl mir keine Lügen. Ich kenne dich. Und manchmal fühlt es sich an, als würde ich dich besser kennen als du dich selbst. Hör auf, mich zu belügen. Und vor allem: Hör auf, dich selbst zu belügen. Wenn du das geschafft hast, bin ich bereit, dir zu helfen.«

Sie drehte sich um und ließ mich dort stehen, ließ mich ihr sprachlos hinterhersehen. Ließ mich bereuen, dass ich meinen Mund gehalten hatte und dass ich ihn noch immer hielt.

***

Mordred stand vor der Tür meiner Kammer, die Arme vor der Brust verschränkt, sein Schwert an der Hüfte. In seinem Blick erkannte ich neben der Bitterkeit auch noch Wut. Ich blieb weit genug von ihm entfernt stehen, konzentrierte mich auf seine Körperhaltung, weil ich befürchtete, dass sein Besuch nichts mit Anstand zu tun hatte.

Er war voller Zorn. Und an seinen Augen erkannte ich, dass er ihn an jemandem auslassen wollte.

»Was willst du?«, verlangte ich.

»Was wollt Ihr, *my Lord!*«, verbesserte Mordred.

Seine Augenbrauen wanderten nach oben, als erwarteten sie, dass ich seine Worte wiederholte.

Ich. Tat. Es. *Nicht.*

Mordred stieß einen Lufthauch aus, der einem verspottenden Lachen ausgesprochen nahekam, das Grinsen in seinem Gesicht strahlend vor Grausamkeit.

»Also war all das – was? – ein Trick?«, wollte er wissen.

»All das ist ein Spiel«, entgegnete ich, »du hast es selbst gesagt.«

Mordred nickte, seine Augen die eines wachsamen Wolfes, zähnefletschend, Speichel vom Eckzahn hinunter laufend.

»Ich hätte es wissen sollen«, meinte er, »du bist eine betrügerische Ratte wie jeder andere an diesem gottverdammten Ort.«

Eine rasche Bewegung und er zog das Schwert aus seiner Scheide. Ich trat einen weiteren Schritt zurück, um mich noch mehr von seiner Reichweite zu entfernen. Der Stahl stellte eine perfekte Verlängerung seines Armes dar. Die Spitze zeigte auf mich.

»Die Täuschung war nicht gegen dich gerichtet«, erklärte ich ihm, Panik in mir aufsteigend.

Ich hatte kein Schwert, keine Waffe, keine Möglichkeit, mich zu verteidigen.

»Das ändert nichts daran«, meinte er.

Mordred trat einen gefährlichen Schritt auf mich zu.

Er hatte recht. Selbst wenn nicht er es gewesen war, den ich in die Irre hatte führen wollen, so war er es noch immer, der auf meine Lügen hereingefallen war. Er hatte sie genauso geglaubt wie der alte Mann und der Junge. Und anders, als ich Arthur erzählt hatte, hatte ich Mordred in Wirklichkeit in nichts eingeweiht. Er hatte von nichts gewusst – gar nichts. Ich hatte ihn glauben lassen, dass er gegen Arthur vorging, wenn er in Wahrheit sein Vorhaben unterstützte. Das war es, was ihn am meisten quälte. Das und die Tatsache, dass ich ihn getäuscht hatte – ein kleiner Junge, nichts weiter als ein Kind in seinen Augen.

Vielleicht hätte ich ihn nicht einmal gebraucht. Arthur hatte mir bereits von dem geheimen Gang erzählt. Wir hatten abgemacht, dass Lancelot dort zusammen mit ein paar weiteren Rittern auf uns warten würde, dass sie sich in der Dunkelheit verstecken würden. Mordreds Beisein hatte ich nicht mit eingeplant. Nur kam es mir zu gelegen, zumal keine der Wachen in der Burg von Arthurs und meinem Plan gewusst hatte.

»Du greifst einen Unbewaffneten an?«, provozierte ich, als Mordred einen weiteren Schritt auf mich zumachte.

»Denkst du wirklich, ich scherte mich um Stolz?«

»Das tue ich«, entgegnete ich, »warum sonst würdest du ständig mit ‚my Lord' angesprochen werden wollen?«

Mordreds Wut platzte aus ihm heraus. »Weil ich einer bin! Ich bin der Lord eines jeden Mannes, einer jeden Frau und eines jeden Kindes dieser Burg! Und du zeigst mir endlich den Respekt, der mir gebührt!«

Seine Augen wurden glasig, ob vor Wut konnte ich nicht sagen. Doch ich sah Schmerz in seinen Augen.

Diese Entdeckung schockierte mich. Wodurch ich mich für den Bruchteil einer Sekunde nicht konzentrierte.

Mordreds Schwert schwang nach mir. Der Stahl schnitt die Luft, ein Windhauch folgte. Beinahe hätte er auch mich geschnitten. In diesem einen Schlag steckte genug Kraft, die meine Schultern von meinem Kopf befreien konnte. Ich duckte mich und die Klinge rammte sich in die Mauer neben mir.

Ich hätte diesen Moment nutzen können, um Mordred anzugreifen. Aber ich fürchtete mich vor seinem Zorn und vor der Klinge in seiner Hand. Er zog das Schwert aus der Mauer, hackte nach mir wie ein Schlächter nach einem Schwein. Ich wich aus, doch mit jedem Mal entkam ich meinem Tod um eine Haaresbreite weniger.

Mordred trat mir in den Bauch. Ein Stechen brannte sich durch meine Seite. Ich schrie auf. Im nächsten Augenblick knallte mein Kopf auf den Stein. Der Aufprall schickte ein Piepen durch meinen Schädel. Meine Sicht verschwamm, das Bild vor meinen Augen verzerrte sich wie das einer Illusion, wenn die Hitze den eigenen Kopf erreichte und die Landschaft vor einem erscheinen ließ, als bestünde sie aus tausenden Wellen.

Ich hörte Klirren, als Mordred sein Schwert auf den Boden warf. Stattdessen zog er seinen Dolch. Kurz darauf spürte ich ihn an meiner Kehle und starrte in Mordreds hungrige Augen. Sie waren das Einzige, was ich klar sah. In ihnen erkannte ich so viel Wut, Hass, Zorn. Schmerz. Er zitterte. Seine Augen waren noch immer glasig. Er biss seine Zähne zusammen, zeigten mir die Anspannung.

Ich erinnerte mich an seine vielen Drohungen. Vor allem aber an die letzte.

»Weißt du, wie mühelos ich dich hätte töten können? Weißt du, wie viel Freude es mir bereitet hätte?«

Ich hatte keine Angst vor ihm, denn ich sah, dass er sich mehr fürchtete.

»Tu es«, sagte ich.

Hastig bewegte sich seine Brust mit jedem Atemzug auf und ab. Der Dolch drückte sich tiefer in meine Haut, aber nicht tief genug, um mir Schmerzen zu bereiten. An meiner Seite spürte ich die Nässe, spürte das Blut, das sich in den Stoff meines Hemdes sog. Spürte das Brennen, das die aufgerissenen Nähte verursachten.

Mordred machte schluchzende Geräusche. Alles an ihm zitterte und ich erkannte, wie sehr der Zorn ihn zerriss.

Dann schleuderte er den Dolch gegen die Mauer, wo er dann auf den Boden vor uns krachte und mehrere Meter weiter schlitterte.

Ohne ein Wort von sich zu geben, stand er auf. Er würdigte mich nicht einmal eines Blickes, als er sein Schwert aufhob und ging. Den Dolch ließ er liegen.

Ich stieß all die Luft aus meiner Lunge. Mein Atem kam in zittrigen Zügen. Das Brennen an meiner Seite intensivierte sich. Ich stülpte mein durchnässtes Hemd nach oben, das Gewicht schwer, wie wenn man in Wasser gefallen war. Die Wunde stand offen, die gerissenen Nähte lagen verteilt im Blut. Ich legte mich zurück und konzentrierte mich auf meinen Atem, versuchte nicht mehr zu zittern, während ich gleichzeitig Kraft zum Aufstehen sammelte.

Die Hand über die Wunde gepresst, kam ich nur langsam voran. Mordreds Dolch lag vor mir. Ich nahm ihn mit. Von meiner Kammer war es kein weiter Weg bis zu Valden – wenn man die vielen Stufen nicht mitzählte. Mein Gemach befand sich im siebten Stockwerk. Valden residierte zwei Stockwerke unterhalb der Burg. Letzten Endes stellten sich die Stufen als größtes Problem heraus. Mein Blut tropfte auf den nackten Stein. Rote Flecke auf grauem Grund.

Als ich endlich Valdens Tür erreichte, blieb mir kaum Kraft zum Anklopfen.

»Da hast du dir was Feines eingebrockt, Jungchen«, kommentierte der Alchemist, »ich werde gar nicht erst fragen, wie es dazu kam.«

Wofür ich ihm unglaublich dankbar war.

Was zwischen Mordred und mir geschehen war, konnte ich selbst nicht einmal in Worte fassen. Wie sollte ich es dann dem alten Mann erklären?

Ich hatte gedacht, das wär's; hatte gedacht, jetzt würde er all seine Drohungen wahr machen. Aber Mordred hatte nicht mich angegriffen – nicht wirklich. Er hatte sich selbst angegriffen.

Der Schmerz in seinen Augen, auf seinen Lippen, in seiner ganzen Haltung … ich hatte es gespürt, hatte den Schmerz gespürt, als gehörte er mir. Als wäre es mein eigener. In ihm herrschte Chaos. Ein Chaos, das Arthur mit Bestrafungen nur weiter unterstützen würde. Und dafür tat er mir leid.

Valden flickte den Schnitt zum zweiten Mal zusammen, nachdem er die betroffene Stelle zuerst gereinigt und anschließend wieder diese brennende Flüssigkeit hineingekippt hatte.

»Einen feinen Gegenstand hast du da«, bemerkte Valden.

Mit einem Nicken deutete er auf den Dolch. Die Klinge glänzte, selbst im wenigen Licht, und besaß eine leicht gewellte Form. Der Griff bestand aus einem seltsamen Material – eines, das sich beinahe anfühlte wie Knochen. Eingravierungen befanden sich darauf. Verschiedene Formen, sanfte Wellenmuster, die mich an Wasser erinnerten, ein Krake in deren Mitte. Nach oben hin formten sich die Wellen in andere Linien, beinahe wie Kreise, über denen ein Greif flog, die Flügel ausgebreitet und drei einzelne Federn hinter ihm. Auf der anderen Seite nahmen sie ein anderes Schema an, die Linien wild wie Feuer. Ein Phönix erhob sich aus den Flammen. Unten, auf der gegenüberliegenden Seite des Kraken, entdeckte ich härtere Eingravierungen, Muster, die mich an das Gestein von Gebirgen erinnerten. Auf ihnen stand ein Hirsch, sein Geweih gewaltig, majestätisch – wie die Krone eines Königs.

Dass Mordred diesen Dolch aufgegeben hatte, war eine Schande.

»Warte mal«, gab Valden von sich. Er verschwand in die dunkle Ecke seiner Kammer. Ich hörte ihn nach irgendetwas kramen. Nach kurzer Zeit kehrte er zurück, mit einer Scheide aus Leder in seinen Händen. Die Größe stimmte perfekt mit dem Dolch überein.

Er zog die Waffe aus der Scheide hinaus – ebenfalls ein Dolch, doch im Gegensatz zu dem, den ich hielt, war seiner schlicht gehalten.

»Ihr tragt eine Waffe bei Euch«, gab ich erstaunt von mir.

»Ich mag verrückt sein, aber ich bin kein Narr«, entgegnete der alte Mann, »ob ich dasselbe von dir behaupten kann, muss ich noch herausfinden. Aber eins sag ich dir, du machst es verdammt schwierig.«

Ich schmunzelte. Valden schenkte mir sein seltsames Lächeln, ein Auge zugedrückt, der eine Mundwinkel nach oben gezogen und die holzigen Zähne zeigend. Er überreichte mir die Scheide. Als ich den Dolch hineinsteckte, dachte ich an die vergangenen Tage – vor allem aber an die vergangene Nacht.

»Valden«, sagte ich, »wisst Ihr, ob es noch einen anderen Weg gibt, jemanden zu verhexen? Der Magier, der den Zauber ausspricht, muss er anwesend sein? Oder kann ihn ein anderer für ihn aussprechen?«

Valden schüttelte den Kopf.

»Nein, nicht, dass ich wüsste. Nur der Magier selbst kann sein Opfer verhexen. Und abhängig von der Willenskraft des Wirtes setzt sich der Zauber fest. Das ist alles, worum es bei Magie geht, nicht wahr? Wie stark man ist: nicht im Körper, sondern im Geist.«

Ich nickte abwesend.

»Als die Wachen den alten Mann im Thronsaal abführten, sah ich seine Augen. Sie waren schwarz. Aber sie waren nicht schwarz, als Arthur ihn hierher gebracht hatte.«

»Also denkst du, er wurde hier verhext?«

Ich nickte, diesmal nicht abwesend. Diesmal starrte ich Valden in seine gelb leuchtenden Augen.

»In der Zelle – nachdem Ihr gegangen wart – sagte er zu mir, das letzte Blut der Penrdagons würde fließen. Er sagte, sie würden alle sterben. Seine Stimme hatte sich verändert, sie – sie war … verzerrt.«

Ich spürte, wie mein Atem wieder zittrig wurde, wie sich die Gänsehaut auf meinem Nacken bildete und an meinem Rücken hinunterwanderte. Dort in der Zelle war es kalt gewesen. Und jetzt spürte ich die Kälte wieder ganz aufs Neue.

»Was meinte er damit, Valden? Und – und in einer Ratsbesprechung hatte Arthur gesagt, er wüsste von einem Zauberer, der noch lebte – gefährlicher als alle anderen. Welchen –«

Ich brach ab, weil mir die Worte im Halse stecken blieben. Allein die

Gedanken zu formen, schmerzte, denn sobald sie sich in meinem Kopf festsetzten, sah ich die Bilder vor mir. Ich sah den Nachthimmel und den Rauch, der hinaufstieg. Ich sah den Turm meines Schulleiters. Sah ihn brennen und hörte die Menschen schreien.

»Welchen Zauberer meinte er? Ich dachte - ich dachte, sie wären alle tot?«, presste ich aus mir heraus.

»Wir beide wissen ganz genau, dass das nicht stimmt.«

Die Ernsthaftigkeit, die er mir entgegenbrachte, überraschte mich. Auch die Bedeutung seiner Worte. Ich hatte geahnt, dass der alte Mann etwas wusste. Nur hatte ich nicht damit gerechnet, dass er so viel wusste. Und ich fragte mich, ob es vielleicht das gewesen war, was Ector mir noch nicht gesagt hatte – dass er wusste, was ich war. Dass er von Anfang an gewusst hatte, wer ich war.

Bevor ich es überhaupt gewusst hatte.

Aber woher?

»Was bedeutet das für uns, Valden?«

»Dass die Gefahr, die dem Lordling droht, größer ist, als wir gedacht hatten. Ein Zauberer wünscht seinen Tod. Und dieser Zauberer wird nicht aufhören, ehe er hat, was er will. Selbst dann – befürchte ich – wird er nicht aufhören. Er ist gefährlich, Parzival. Er ist ein Mann, der die Welt gerne brennen sieht. Er wird alles zerstören, was sich ihm in den Weg stellt und jeden kontrollieren, der sich ihm widersetzt. Er wird niemals aufhören. Niemals; nicht, bis von allem nur noch Asche und Staub übrig bleiben.«

Asche zu Asche.

Staub zu Staub.

Diese Worte waren das Erste, woran ich dachte.

Dreizehn

Mordreds Dolch trug ich fortan an meinem Körper. Das Leder der Scheide tippte ständig gegen meinen Oberschenkel, erinnerte mich daran, dass sie da war, dass ich mich nicht mehr ärgern musste, weil ich keine Waffe bei mir trug.

Es erstaunte mich immer wieder, wie viel sich verändert hatte – wie sehr ich mich verändert hatte. Damals hätte ich nie eine Waffe tragen wollen. Mittlerweile fühlte ich mich ohne unsicher. Angst verspürte ich noch immer. Und Trauer, Kummer, um jene, die ich verloren hatte. Daran hatte sich nichts verändert. Der kleine, ängstliche Junge existierte noch immer und ich bezweifelte, dass er jemals aufhören würde, zu existieren. Denn zu all meinen Ängsten waren nur mehr hinzugekommen. Ängste um mich, Ängste um Morgana und sonderbarerweise sogar Ängste um Arthur.

Aber auch Kummer.

Um Ector.

An Mordred dachte ich auch. Nur wusste ich nicht, was ich von ihm denken sollte. Mehr als einmal hatte er mir angedroht, mich zu töten. Einmal hätte er seine Drohung fast wahr gemacht. Ich fürchtete mich vor ihm. Ich hasste ihn. Aber ich hatte seinen Schmerz gesehen und irgendwie hatte ich ihn sogar selbst gespürt. Seitdem empfand ich auch Mitleid für ihn.

Während der Ratssitzung stand ich nicht mehr hinter Ectors leerem Stuhl, sondern hinter Arthur. Sein Kopf bewegte sich von links nach rechts, als er mit seinen Rittern und Generälen sprach und ihnen beim Sprechen zuhörte. Der Kronreif glänzte auf seinem blonden Haar.

Als sich der Tag dem Ende neigte, reflektierte es den Schein der untergehenden Sonne.

Mit seinen Generälen plante er das Turnier, welches nur noch wenige Tage vor uns lag. Draußen vor der Burg wurden die ersten Vorbereitungen und Vorkehrungen ausgeführt – eine Art Arena wurde gebaut, kreisförmig, mit hohen Wänden und Zuschauerpodesten.

Noch nie hatte ich ein Turnier erlebt, nicht einmal ein kleines. Arthurs Turnier wirkte schon jetzt gigantisch, denn immerhin würde er in wenigen Tagen fast alle Lords des ganzen Landes empfangen. Vielleicht hätte ich dem sogar mit Freude entgegenstreben können … wäre nicht die Angelegenheit mit dem Magier gewesen, der Arthur nach dem Leben trachtete.

Bis jetzt wusste ich noch nicht, ob Arthur plante, selbst an den Wettkämpfen teilzunehmen. Ich hoffte, er zog es nicht einmal in Betracht, denn anderenfalls würde es die Gewährleistung seiner Sicherheit deutlich verkomplizieren. Was unseren Plan allerdings anging, konnte seine Teilnahme vielleicht sogar dabei helfen, Gloris von Cornwall in eine Falle zu locken.

Mordred saß wie immer weit hinten am Tisch. Seine violetten Augen beobachteten Arthur – wachsam wie ein Fuchs. Er wirkte erschöpft, sein Blick abgekämpft und die Augenringe wie die Falten eines alten Mannes. Plötzlich eilte ein Mann in Rüstung durch die Tür. Zum ersten Mal seit der Besprechung wandte Mordred seine Aufmerksamkeit von Arthur ab.

Unter seinem Arm hatte der Mann seinen Helm geklemmt. Seine Stirn glänzte vom Schweiß, und als er zu Arthur hastete, klapperten die Metallplatten an seinem Körper, als wäre er ein laufendes Musikinstrument. Gestresst verbeugte er sich vor dem Lord. Dann kam er auf Arthur zu und flüsterte ihm ins Ohr. Die Generäle und Ritter ließen ihn keine Sekunde lang aus den Augen.

Zwar konnte ich Arthurs Gesichtsausdruck nicht sehen, doch ich erkannte, wie sich sein Körper versteifte. Arthur erhob sich von seinem Stuhl. Die Köpfe der Ritter neigten sich mit seiner Bewegung nach oben.

»Verzeiht die Unterbrechung«, verkündete der Lord in seiner Anstandsstimme, »eine dringende Angelegenheit zwingt mich, unsere Sitzung später fortzuführen. Sir Rogh und Sir Madhir, ihr bleibt hier.

Die anderen bitte ich zu gehen. Mordred, du bleibst auch.«

Die Männer folgten Arthurs Beispiel und erhoben sich. Sie verbeugten sich vor dem Lord und verließen einer nach dem anderen den Raum des Rates. Bevor Mordred näher zu uns kam, warf er Arthur einen seltsamen Blick zu, den ich weder als Neugierde noch als Hass identifizieren konnte. In Wirklichkeit war seine Miene leer, als wäre ihm alles gleichgültig.

Anspannung lag im Raum, so dick, ich hätte sie mit Mordreds Dolch in zwei Teile schneiden können.

Der Ritter, der in die Ratssitzung hineingestürmt war, erklärte uns, dass die Männer, die den alten Mann hatten verfolgen sollen … nun ja, sie hatten ihn vor drei Tagen verloren. Das Pferd, das Arthur ihm zur Verfügung gestellt hatte, hatten sie tot aufgefunden – der Bauch aufgeschlitzt und die Innereien nach außen gekehrt. Als wäre es von einer Bestie zerfleischt worden.

Von einer Bestie.

Arthur drehte sich zu mir um, als der Ritter diese Worte aussprach. Ein Blick genügte und wir beide wussten, dass der Ritter mit seiner Vermutung falschlag, als er meinte, diese Bestie könnte den alten Mann ebenfalls getötet haben.

Ich erinnerte mich an die schwarzen Augen, an die Art, wie sich seine Stimme verzerrt hatte. Ich schluckte heftig. Arthur musste die Panik in meiner Miene gesehen haben – obwohl ich sie vor ihm verbergen wollte. Der Lord drehte sich wieder zu seinen Männern um.

»Sir Madhir«, begann er, »sorgt dafür, dass die Wachen in der Burg verdoppelt werden. Sichert jeden Gang, auch jene, die unterhalb der Burg liegen. Stellt sicher, dass nichts ungesehen die Burg betritt – oder sie verlässt. Verdoppelt auch die Wachen am Tor und in der Stadt. Haltet Ausschau nach einem alten Mann. Seine Wunden müssten noch immer zu erkennen sein, er hat sie überall am Körper und vor allem im Gesicht. Wer sich verdächtig verhält, wird festgenommen.«

Sir Madhir verbeugte sich vor Arthur, die eine Hand auf dem Knauf seines Schwertes gelegt, die andere an seiner Hüfte. Er war ein Mann mittleren Alters, seine Haare rotbraun gelockt. Auf und um seiner Nase herum befanden sich Sommersprossen.

Nachdem er gegangen war, um die Umsetzung Arthurs Anweisung keine Sekunde zu verzögern, wandte der Lord sich dem Nächsten zu.

»Sir Rogh«, sagte er, »stellt eine Truppe Eurer besten Männer zusammen. Folgt der Spur des alten Mannes und – und wenn Ihr auf seltsamere Spuren stoßen solltet, verfolgt diese. Nehmt Mordred mit, er weiß, wovon ich rede.«

Sir Rogh verbeugte sich. Die Narbe, die unter seinem linken Auge begann und von dort aus zu seiner Oberlippe wanderte, ließ ihn gefährlich wirken – wie einen Mann, der tat, was ihm befohlen wurde, selbst wenn der Preis sein eigenes Leben wäre.

Dann sah Arthur zu Mordred. In seinen Augen erkannte ich die Besorgnis. Nur wusste ich nicht, ob sie aus Fürsorge dort war oder aus Vorsicht.

»Und gebt gut auf ihn Acht«, meinte er dann, seine Augen noch immer auf seinen einstigen Schützling gerichtet.

Mordred sprach kein Wort, auch nicht, als er Sir Rogh hinaus folgte. Die ganze Zeit über blieb seine Miene leer – was mich mehr beunruhigte als sein Zorn.

Sobald beide verschwunden waren, ließ Arthur sich in seinen Stuhl fallen. Er stöhnte erschöpft, rieb sich die Augen und stöhnte mehr.

»Wir müssen vorsichtig sein, Parzival«, sagte er, »eine falsche Entscheidung und ich bin tot.«

***

Ich atmete die frische Luft ein. Meine Muskeln schmerzten – einerseits vom Training mit Lancelot und andererseits vom langen Sitzen, als ich mich in den geheimen Raum der Bibliothek zurückgezogen hatte. Den Verband hatte Valden abgenommen, danach hatte der Alchemist gesagt, ich solle meine Finger bewegen, um meine Hand an die Belastung zu gewöhnen. Es hatte sogar gut funktioniert, doch als ich zum ersten Mal wieder ein Schwert in meiner rechten Hand hielt, wurde ich auf die harte Weise an das Gewicht einer solchen Waffe erinnert.

Tristan kämpfte gut.

Aber ich auch.

Danach hatte ich mich in die Bibliothek begeben.

Jedes Training erinnerte mich an Ector und daran, dass er nicht mehr da war. Ich hatte ihn gehasst für die Schmerzen, die er mir zugefügt hatte. Doch jetzt, wo ich glaubte, dass Ector mehr gewusst hatte, als er mir erzählt hatte … entschloss ich zu glauben, dass er mir all die Schmerzen nicht grundlos zugefügt hatte. Seine Härte hatte mich stärker gemacht. Das verstand ich jetzt.

»Du bist stärker, Junge, das weiß ich. Du musst die Macht akzeptieren, die durch deine Adern fließt. Wenn du weiterhin versuchst, sie zu unterdrücken, wird es dich eines Tages das Leben kosten.«

Vielleicht hatte er sie von Anfang an damit gemeint – die Magie in mir. Und er hatte recht. Denn während ich meine Fähigkeiten vor Arthur versteckte, versteckte ich sie auch vor mir. Und jetzt, wo es hieß, dass Arthur mit meiner Hilfe eines Tages Menschen und Magier vereinen würde, musste ich zu dem werden, der ich schon immer sein sollte. Jetzt, wo es hieß, dass ein anderer Magier nach seinem Tod strebte, musste ich aufhören, mich vor mich selbst zu verstecken. Ich musste aufhören zu fürchten, was ich war, um einem Lord zu helfen, der Magier verabscheute.

Doch er verabscheute sie nicht nur.

Er tötete sie.

Und ich wollte nicht, dass er mich auch tötete.

Das größte Problem lag darin, dass ich nicht wusste, wie ich mich vorbereiten sollte, weil ich nicht wusste, worauf ich mich vorbereiten sollte. Valden hatte mir gesagt, wie gefährlich dieser Zauberer sei. Und als ich die Bücher durchsuchte, verzweifelte ich. Das Einzige, was ich konnte, war Feuer zu erschaffen. Und ich konnte es nur, weil ein Lehrer es mir beigebracht hatte. Ein Lehrer, der gewusst hatte, wovon er sprach. Wie also sollte ich mir selbst Dinge beibringen, von denen ich keine Ahnung hatte?

Magie war eine seltsame Kraft – eine, die sich nicht messen ließ. Durch Ector und Lancelot hatte ich den Schwertkampf gelernt. Sie erklärten mir, wie ich die Waffen halten musste, wie ich einen korrekten Schlag ausführte und wie ich einen parierte. Durch Pathosth wusste ich über die Lords und Ladys Bescheid, über die Bündnisse und Feindschaften, die einst zwischen ihnen geherrscht hatten und die noch immer zwischen ihnen herrschten.

Mit der Magie verhielt es sich anders. Zwar gab es Erklärungen, wie ein Zauber funktionierte, doch wie man ihn ausführte, hing allein vom Zauberer ab. Manche zauberten aus Wut, andere nutzen allein die Kraft ihres Willens. Aber ich …

Ich zauberte anders.

Wenn ich ein Feuer erschuf, gelang es mir nicht durch Wut, aber auch nicht durch das Ausschalten meiner Gefühle. Wenn ich Feuer erschuf, spürte ich alles intensiver als sonst – ich spürte die Hitze, die Luft um mich herum, mein Herz schlagen und das Blut durch meinen Körper fließen.

Ich wusste nicht, ob es etwas Besonderes war. Ich wusste nicht, ob andere diese Dinge auch spürten, wenn sie zauberten. Aber immer, wenn es geschah, fühlte es sich außergewöhnlich an.

Auf meinem Weg zu den Ställen begegnete ich mehr Wachen als sonst. Vielleicht hätte ich mich sicherer fühlen sollen. Eigentlich hätte ich beruhigter sein sollen, was Arthur anging. Aber ich war es nicht. Im Gegenteil, ich fühlte eine panische Angst, wähnte mich gleichzeitig in meiner eigenen Ohnmacht. Diese Wachen zu sehen, fühlte sich an, als wäre Arthur verletzlicher denn je. Und es zeigte, dass er sich auch fürchtete – was mich beunruhigte.

»Sorge dafür, dass ich nicht sterbe.«

An diesem Abend kam Morgana nicht zu den Ställen. Im Thronsaal hatte ich sie das letzte Mal gesehen. Ich hatte gehofft, sie würde kommen. Obwohl ich wusste, sie würde es nicht tun.

Im Stall kümmerte ich mich erst um mein Pferd. Arthurs besaß einen besonderen Platz im hintersten der Ställe. Ich wechselte das Heu aus, gab dem Tier Futter und füllte das Wasser nach. Danach kümmerte ich mich um das Fell, anschließend um die Hufe.

Auf dem Weg zurück zu meiner Kammer lief mir ein Schatten über den Weg. Seit fast zwei Tagen hatte ich kaum etwas gegessen – heute Abend hatte ich nicht einmal den Speisesaal betreten – weshalb ich zuerst dachte, diese Bewegung vor mir wäre nichts als Einbildung.

Ich fror an der Stelle, als ich ein Geräusch hörte. Vor mir bog der Gang nach links ab – von dort kam das Klirren. Ein Schauer schlich über meine Haut. Der blasse Lichtschein erlosch.

Mit gezogenem Dolch blieb ich vor der Ecke stehen, lauschte nach einem weiteren Geräusch, während ich versuchte, meinen heftigen Herzschlag zu ignorieren. Auf meiner Haut spürte ich die Einritzungen auf dem Griff des Dolches, die feinen Linien, die Flügel des Phönixes und die Tentakel des Kraken. Als ich genug Mut aufbringen konnte, um die Ecke zu pirschen, entdeckte ich einen leeren Gang. Auf dem Boden lag eine erloschene Fackel samt ihres Ständers. Irgendetwas hatte ihn von der Wand gerissen. Und irgendetwas hatte die Flammen all der anderen Fackeln vor mir erstickt. Bis zum anderen Ende herrschte absolute Dunkelheit und ich wusste, etwas stimmte ganz und gar nicht.

Dann dachte ich sofort an Arthur.

Ich nahm eine der Fackeln, hauchte ihr Leben ein und folgte der Dunkelheit.

Am anderen Ende entzweite sich der Gang. Rechts von mir brannten die Fackeln – links von mir nicht. Ein weiteres Geräusch ertönte. Wieder ein Klirren, doch diesmal lauter, und irgendetwas anderes – wovon ich genau wusste, wonach es sich anhörte. Nur wollte ich es nicht glauben. Bis ich es mit meinen eigenen Augen sah.

Meine Schritte hallten. Und so leise ich auch versuchte, voranzukommen, erschien mir in der Stille nichts lauter als mein Atem, mein zittriger, panischer Atem. Die Luft blieb mir im Halse stecken, als ich die Pfütze entdeckte. Dunkelrote Flüssigkeit in einem breiten Pool. Mittendrin lag ein Mann in einer Rüstung, sein Schwert gezogen und seine Kehle bis zum Knochen durchtrennt.

Plötzlich hörte ich ein weiteres Geräusch. Panik brach in mir aus. Und für nur eine Sekunde blieb mir die Luft weg. Ich schaute mich um, sah aber nichts – nur einen pechschwarzen Gang vor mir. An der Wand etwas über der Leiche befanden sich Blutspritzer.

Arthur.

Arthur!

Ich nahm das Schwert des Toten. Sprintete los. Meine Beine zitterten, doch ich rannte schneller denn je, schneller, als ich in Avalon gerannt war, als die Flammen meine Heimat verschlungen hatten.

Ich hatte erwartet, vor Arthurs Gemach anzukommen. Stattdessen führte mich der Weg zum nördlichen Eingang des Thronsaals. Die Tür stand offen und ich wusste, was auch immer es war, das ich bis hierher verfolgt hatte, befand sich dahinter. Hoffentlich tat Arthur es nicht.

Eine Hand packte mich an der Schulter, erschreckte mich, sodass ich sie von mir schlug, noch während ich mich drehte.

Auf einmal stand Arthur vor mir, gefolgt von Lancelot und zwei weiteren Rittern. Der Lord runzelte die Stirn.

»Parzival«, sagte er, wobei ich mir nicht ganz sicher war, ob es tatsächlich das war, was er gesagt hatte, »was machst du hier?«

Ich schaute zu Lancelot – sein Gesicht ein absolutes Ebenbild von Arthurs.

»Etwas ist in der Burg«, gab ich von mir.

Arthurs Stirnrunzeln intensivierte sich nur noch mehr. In Lancelots Miene, allerdings, nistete sich Wachsamkeit ein.

»Wovon sprichst du?«, belächelte Arthur, als wäre er nicht vor einigen Wochen von einer Kreatur angegriffen worden und hätte dabei beinahe sein Leben verloren.

Wieder fiel mein Blick auf Lancelot, diesmal hilfesuchend. Aber der Ritter schwieg.

»Wenn du mich nun entschuldigst, ich werde im Thronsaal erwartet.« Er drängte mich beiseite.

Ihr könnt dort nicht hineingehen, wollte ich schreien. Aber ich wagte es nicht. Ich schaute ihm hinterher, wie er die Tür weiter öffnete und sich plötzlich wieder zu mir umdrehte, bevor er weiterging.

»Wenn du schon hier bist, komm mit rein. Aber tu das Schwert weg.«

Im Thronsaal brannten alle Fackeln. Alles wirkte normal und ich begann plötzlich an mir selbst zu zweifeln – vielleicht hatte mich der Hunger doch Dinge sehen lassen, die nicht existierten. Dass ich auf einmal nicht mehr das Schwert hielt, machte alles nur noch schlimmer. Die Fackel hielt ich auch nicht mehr. Also hatte ich mir die letzte halbe Stunde vielleicht nur eingebildet.

Dann stellte ich fest, dass ich das Schwert an der Wand angelehnt hatte, die Fackel lag davor. Entweder war es der Hunger, der mich verrückt machte, oder die Panik, die meinen gesamten Körper mit jedem Herzschlag mitzucken ließ.

Das Dröhnen in meinen Ohren betäubte mich.

Ich spürte, dass irgendetwas nicht stimmte.

Arthur blieb vor den Stufen zum Thron stehen. Mordred stand etwas weiter hinten. Vor ihm kniete eine Gestalt. Erst beim zweiten Hinsehen erkannte ich den alten Mann.

Ich erschrak. Fragte mich, wo die anderen Ritter geblieben waren, die sich mit dem jungen Lord auf die Suche begeben hatten.

»Wir fanden ihn nicht weit entfernt«, verkündete Mordred, »er war bereits auf dem Weg hierher.«

Mordred hörte sich erschöpft an. In seinem Gesicht befand sich neben Schweiß und Dreck eine Wunde an der Schläfe, das Blut getrocknet.

»Wo ist Sir Rogh?«

Arthurs Stimme schoss wie ein losgelassener Pfeil auf Mordred zu, die Vorahnung in ihr unmöglich zu überhören. Mordred starrte den Lord an, seine Miene völlig leer.

»Tot«, antwortete er, »genau wie die anderen Ritter. Er tötete sie.«

Mordred nickte in die Richtung seines Gefangenen.

»Ein alter Mann?«, verlangte Arthur zu wissen.

Er glaubte es nicht, die Wut in ihm stieg an.

Plötzlich fing der Mann an, laut loszulachen. Sein Ton hörte sich an wie schrille Schreie. Ein Schauer lief mir den Rücken hinunter. Und wie es aussah, fühlten sich die anderen genauso.

»Eure Arroganz macht Euch schwach«, spuckte der Mann.

Die Stimme, mit der er sprach – ich hatte sie nur einmal gehört, in der Zelle im Kerker, als sie sich so verzerrt hatte wie jetzt.

Der Mann schaute auf, blickte Arthur ins Gesicht, während sein Grinsen Zähne zeigte – normale Zähne, die sich in scharfe verwandelten. Dann sah ich, was niemand außer mir sehen konnte. Schwarze Augen.

Panik stieg in mir auf. Niemand realisierte, was vor sich ging. Niemand konnte früh genug reagieren, um aufzuhalten, was in diesem Moment geschah.

Der alte Mann verwandelte sich in ein Biest, eine Kreatur, ein Monster. Erst schleuderte er Mordred bis ans andere Ende der Halle. Dann streckte er die zwei Ritter nieder, die sich ihm in den Weg stellten. Lancelot und ich waren die Einzigen, die zwischen Arthur und seinem Tod standen. Und nach der Mühelosigkeit zu urteilen, mit der dieses Ding die zwei Ritter zerfetzt hatte, standen unsere Chancen gleich null.

Lancelot zog sein Schwert. Alles, was ich hatte, war ein Dolch. Sogar Arthur hielt sein Schwert in den Händen. Wir stellten uns dem Zhynchonten. Als plötzlich ein Kreischen ertönte. Daraufhin erloschen die Fackeln.

Und ich sah nichts mehr.

Was ich dann tat, hätte meinen Tod bedeuten können. Aber mir blieb keine Zeit, um irgendetwas anderes zu tun. Mir blieb nicht einmal Zeit, um über die Konsequenzen nachzudenken. Also konzentrierte ich mich, das Pochen in meinem Ohr so laut, es verdrängte alles um mich herum. Ich atmete tief ein. Und als ich wieder ausatmete, gab ich all die Wärme von mir, die ich in meinem Körper spürte, all die Hitze, die mein Blut zum Kochen brachte – den Funken, der das Feuer entfachte.

Die Fackeln brannten wieder.

Lancelot schaffte es, der Kreatur auszuweichen. Der Ritter schwang sein Schwert und verpasste dem Biest eine Schnittwunde auf dem rechten Oberschenkel. Ein schriller Schrei versetzte den Saal ins Zittern. Aus den Augenwinkeln sah ich plötzlich einen großen Schatten auf Arthur zustürmen. Eine zweite Kreatur streckte ihre Krallen nach Arthur aus.

Er sah sie nicht.

Ich schrie seinen Namen.

Auf einmal geschah alles unglaublich schnell. Ich hielt den Dolch. Ich sprintete an Arthur vorbei. Die Kreatur holte nach mir aus. Ich duckte mich, spürte den Windhauch an mir vorbeiziehen. Keine Sekunde später schmiss ich mich nach oben, der Dolch voran. Ich bohrte die Klinge so tief in den Kopf dieser Kreatur, dass sie starb, bevor sie realisierte, was geschehen war.

Schwarzes Blut spritze mir entgegen, als ich den Dolch hinauszog. Aus dem Loch, das er hinterlassen hatte, floss noch mehr davon.

Der andere Zhynchont, in den sich der alte Mann verwandelt hatte, zögerte. Zwei Stachel zeigten sich auf seiner Haut. Seine schwarzen Augen blickten auf die am Boden liegende Kreatur und das schwarze

Blut, das aus seinem Kopf quoll wie umgeschüttetes Öl. Dann schossen seine Augen auf Arthur zu.

»Ihr werdet Euch wünschen, Ihr wärt in diesem Wald gestorben. Jetzt eröffnet er selbst die Jagd auf Euch. Und er wird bald hier sein.«

Die Kreatur lächelte ein Lachen aus messerscharfen Zähnen, bevor Lancelot sein Schwert schwang und dem Biest den Kopf von den Schultern trennte. Der Ritter atmete heftig, hielt seinen Mund aber geschlossen, als ihm schwarzes Blut entgegenschoss – die Punkte in seinem Gesicht wie Tintenflecke. Arthur starrte einzig und allein in die Leere.

Ich dachte an Valdens Worte.

»Ein Zauberer wünscht seinen Tod.«

»Er wird niemals aufhören.«

» Niemals; nicht, bis von allem nur noch Asche und Staub übrig bleiben.«

Asche zu Asche. Staub zu Staub.

***

Schon am nächsten Tag standen Arthur und ich auf den Stufen, die zum Thronsaal führten, schauten auf den Vorhof, wo man den Galgen errichtete. Das regelmäßige Hämmern fühlte sich beinahe an wie ein zweiter Herzschlag.

»Verstehst du jetzt, weshalb Druiden gefährlich sind?«, meinte Arthur.

Er stand vor mir, sah aber nicht zurück, als er mit mir sprach. Es waren die ersten Töne, die ich seit letzter Nacht von ihm hörte. Lancelot hatte sich kurz nach dem Angriff in den Kerker begeben. Der Junge hatte sich noch immer dort befunden, was bedeutete, dass eine weitere Kreatur ihren Weg in die Burg gefunden hatte – mit dem Ziel, Arthur zu töten.

Jetzt wollte der Lord kein Risiko eingehen – er wollte den Jungen tot sehen – und ich konnte nicht behaupten, dass ich von seinem Vorhaben abgeneigt war. Der Gedanke schockierte mich selbst. Ich hatte Angst – um Arthur, um diesen verdammten Lord, dem ich am liebsten den Hals umgedreht hätte. Aber noch mehr fürchtete ich mich davor, mich selbst auf dem Weg zu verlieren. Wenn er eines Tages König wäre, wollte ich noch immer sein, wer ich einst gewesen war – selbst, wenn es ein kleiner, ängstlicher Junge wäre. Denn dieser kleine, ängstliche Junger war … ich. Und ich war kein Mörder.

Als ich davor stand – vor dem Podest mit der Falltür in seiner Mitte – rebellierte alles in mir. Arthur würde ein Kind ermorden. Und ich ließ es zu.

»Verstehst du jetzt, weshalb Magie ein Feind ist?«

Ich konnte nicht abschätzen, ob er eine Antwort verlangte – eine ehrliche auf keinen Fall. Ich dachte nur daran, wie schier unmöglich es für mich wäre, ihn vom Gegenteil zu überzeugen. Und wie gefährlicher es für mich wurde – für mich, der selbst ein Magier war.

Die Schlinge, die sich später um den Hals des Jungen befinden würde, befand sich bereit um meiner Kehle, seit ich Camelot zum ersten Mal betreten hatte. Und seitdem zog sie sich immer weiter zu.

Eines Tages würde ich an ihr ersticken.

Das Problem daran war, dass ich sie mir selbst umgelegt hatte.

»Sie sind gefährlich, Parzival«, erklärte er, seine Stimme beunruhigend, eine toxische Mischung aus Hass und Angst, »sie verdienen es zu sterben. Und den Tod werde ich ihnen geben. Das ist mein Geschenk an sie alle, denn nichts anderes vermachten sie mir.«

Er ging an mir vorbei, zurück zum Thronsaal. Ich schaute ihm nicht in die Augen und sah ihm nicht hinterher. Hinter mir hörte ich nur, wie er die Türen öffnete und wie sie anschließend zufielen. Das Hämmern war beinahe lauter, eindringlicher.

Ich setzte mich auf die Stufen, winkelte meine Beine an und umschloss sie mit meinen Armen. Meine Hände zitterten. An ihnen klebte noch immer schwarzes Blut.

Die ganze Nacht hatte ich kein Auge zubekommen und jetzt spürte ich, wie die Erschöpfung an mir zerrte. Vor allem aber war es der Schrecken, der mir keine Ruhe ließ – Arthur hatte angeordnet, jegliche Wachen zu verdoppeln und dennoch hatte es eine dieser Kreaturen ungesehen in die Burg geschafft. Sie hatte nicht nur den Mann getötet, den ich gefunden hatte, sondern mehrere.

Wo auch immer diese Kreaturen wandelten, folgte der Tod.

Es war ein kühler Morgen. Ein zarter, aber gleichzeitig kalter Wind wirbelte die Luft umher und ließ die Haare auf meinen Armen zu Berge stehen.

»Er ist ein Monster«, hörte ich plötzlich.

Ich erschrak. Meine Muskeln verkrampften, aber entspannten sich noch im selben Augenblick.

»Arthur«, erklärte sie, ihre grünen Augen allein auf mich gerichtet, »er ist ein Monster.«

Ich antwortete ihr nicht, widersprach ihr nicht, aber stimmte ihr auch nicht zu. Einfach, weil ich nichts davon tun konnte. Oder tun wollte.

Morgana kam zu mir und wir beide beobachteten, wie der Galgen immer mehr seine Form annahm.

»Egal, wie viel Zeit ich an diesem Ort verbringen werde«, meinte Morgana nach langer Stille, »es wird sich nie wie ein Zuhause anfühlen.«

Ich drehte meinen Kopf zu ihr, überrascht von dem Themawechsel, überrascht von dieser plötzlichen Ehrlichkeit, die sowohl ihre Stimme als auch ihr Gesichtsausdruck vermittelte.

»Jedes Mal, wenn ich durch diese Gänge laufe, spüre ich, dass ich nicht hierher gehöre. Jedes Mal, wenn ich mit den feinen Damen und Herren des Hofes speise, spüre ich ihre Blicke, die mir bestätigen, dass ich eine Fremde bin und immer eine Fremde bleiben werde. Und jeden Tag denke ich darüber nach, welchen Fehler ich begangen habe, nicht mit dir fortzureiten. Und dann denke ich daran, dass ich mich immer wieder so entscheiden würde. Nur verstehe ich nicht, wieso. Die einzige Person, die mir wirklich Sicherheit gibt, bist du.«

In ihren Augen erkannte ich dasselbe Funkeln, das ich schon oft gesehen hatte. Nur diesmal schien es heller, eindeutiger. Meine Mundwinkel wanderten nach oben und meine Lippen zeichneten ein Lächeln. Als Morgana es erwiderte, spürte ich, wie meine Wangen warm wurden.

»Erinnerst du dich an den See?«, fragte ich sie in Gedanken schwelgend.

Morgana nickte, ein kurzes Lachen im Gesicht, weil dieselbe Erinnerung unsere Gedanken kreuzte.

»Ich erinnere mich daran, wie ich dich ins Wasser gestoßen habe … und du geschrien hast wie ein kleines Mädchen«, entgegnete sie.

Ich verdrehte meine Augen. Schmunzelte aber. Dann verhärtete sich plötzlich meine Miene. Morgana runzelte die Stirn.

»Was ist?«, fragte sie.

Ich schüttelte meinen Kopf nachdenklich, während ich gleichzeitig versuchte, meine Gedanken in Worte zu fassen.

»Hast du jemals das Gefühl gehabt, als würdest du dich selbst verlieren? Als würdest du auf einmal Dinge tun und sagen, von denen du früher nicht einmal gewagt hättest, sie zu denken? Hast du jemals das Gefühl gehabt, als wärst du nicht du selbst?«

Einen Moment lang sah sie mich noch stirnrunzelnd an. Dann veränderte sich ihre Miene.

»Ja«, antwortete sie.

»Macht es dir Angst?«

Sie nickte.

»Aber wie sehr du dich auch veränderst, in dir wird immer ein Teil von dir selbst bleiben – ein Teil, der sich nicht verändert, der so bleibt, wie er es schon immer war.«

Ihre Augen funkelten, aber es waren ihre Lippen, die meine Aufmerksamkeit auf sich zogen. Ihre sanften Lippen, die geschmeidige Bewegungen ausführten, während Morgana sprach. Es war unglaublich – solche Worte von ihr zu hören – und es fühlte sich an, als würde mein Herz schneller schlagen und gleichzeitig in tausend Teile zerspringen. Vor allem als sie mir dieses Lächeln gab.

Dieses Lächeln, das nur mir gehörte.

Der Drache hatte mir gesagt, sie wäre gefährlich. Er hatte mir gesagt, sie würde eines Tages alles zerstören, sogar mich. Nur wie könnte jemand, der so ein Lächeln besaß, so grausam werden?

Ich erwiderte ihr Lächeln, nur war meines ein halbherziges, eines, das meine Sorgen nicht verbergen konnte.

»Manchmal wünsche ich mir, all das wäre nie passiert«, sagte ich ihr.

Meine Augen richteten sich auf den Galgen. Einer der Arbeiter knotete bereits die Schlinge und während sie sich festzog, fühlte es sich an, als schnürte er mir die Luft ab.

Aus den Augenwinkeln sah ich Morganas Hand auf mein Gesicht zukommen. Ihre Haut war warm auf meiner, die Berührung sanft, als wäre ich ein zerbrechlicher Gegenstand. In diesem Augenblick fühlte ich mich auch so. Sie übte Druck aus, drehte meinen Kopf zu sich, sodass sich unsere Blicke vereinten. Dann lächelte sie wieder.

»Ich dachte, du wärst wütend auf mich«, gestand ich ihr, weil ich an das letzte Mal dachte, als wir uns gesehen hatten – wo sie aus dem Thronsaal gestürmt war und gemeint hatte, ich vertraute ihr nicht; wo sie gemeint hatte, ich würde sie und mich selbst belügen.

Sie hatte recht. Hätte ich ihr vertraut, hätte ich es ihr längst erzählt – nur vertraute ich nicht einmal mir selbst. So viele Dinge existierten, von denen ich ihr nicht erzählt hatte und – wie auch immer – sie wusste davon. Vielleicht, weil ich es nicht mehr ertragen konnte, die Bürde allein zu tragen, es aber auch nicht wagte sie ihr zu überreichen.

»Das war ich auch«, antwortete Morgana, obwohl ich ihre Antwort nicht gebraucht hatte, um zu wissen, dass sie wütend gewesen war.

Ich wusste auch, dass nicht Arthurs und mein Plan den Grund dafür darstellte. Nicht die Tatsache, dass ich ihr nichts davon erzählt hatte, machte sie wütend, sondern die Tatsache, dass ich ihr so vieles verschwieg. So viele Dinge und Geheimnisse, von denen sie wusste, dass ich sie vor ihr verbarg. Das hatte sie gemeint, als sie mir vorgeworfen hatte, ich würde ihr nicht vertrauen.

Ich gab ihr ein verzweifeltes Schmunzeln, die Worte des Drachen wie eine Krankheit in mir, die im Begriff war, auszubrechen.

»Du siehst erschöpft aus«, warf sie plötzlich ein.

Sie betrachtete mich, kippte ihren Kopf zur Seite.

»Du siehst schrecklich aus«, korrigierte sie.

So fühlte ich mich auch. Ich fühlte mich, als würde ich jeden Moment zusammenbrechen.

Morgana hakte sich bei mir ein.

»Komm«, sagte sie dann, »lass uns etwas essen.«

Ich blickte noch einmal zurück, als sie mich die Treppen hinaufführte. Der Galgen wartete, die Falltür geschlossen und die Schlinge vom Balken hängend.

Ich schluckte heftig.

Es war ein trüber Morgen, kalte Winde wehten und die Wolken saugten das Sonnenlicht in sich auf, sodass es nicht bis zum Erdboden reichte.

Plötzlich dachte ich an Arthur, an seinen Hass, der sich gegen sämtliche Träger der Magie richtete und an den König, zu dem er mit meiner

Hilfe werden könnte. Welten lagen zwischen dem Mann, der er jetzt war und dem Mann, der er sein würde.

Als Morgana und ich durch die Halle liefen, starrte ich auf den Thron. Ich dachte, dass eines Tages ein würdiger König dort sitzen würde. Und ich hoffte, dass Arthur dieser König werden konnte – der König, der Mensch und Magier vereinen und den Krieg beenden würde.

Dass der wahrhaftige Krieg noch nicht einmal ansatzweise begonnen hatte, wusste ich nicht.

Aber ich wusste, dass meine Visionen noch nicht eingetroffen waren, also ahnte ich, dass noch etwas Gewaltiges auf mich zumarschierte.

Morgana und ich begaben uns zum kleinen Speisesaal, wo nur noch wenige Ritter saßen und ihre Mahlzeiten zu sich nahmen. Sie alle starrten, als Morgana die Kammer betrat. Ich wurde nervös, aber Morgana ließ sich nichts anmerken. Das Kinn nach oben gerichtet, glitt sie an den Männern vorbei – mit der Eleganz einer Dame des Hofes. Mit der Eleganz einer Lady, einer Königin. Neben ihr fühlte ich mich wieder wie der kleine, ängstliche Junge, der aus seiner brennenden Heimat geflohen war.

Morgana nahm sich ein großes Stück vom Roggenbrot, welches sie mit einer der letzten Feigen und einigen Datteln auf ihren Teller legte. Ich nahm nur Brot, kaute darauf, als wäre es eine alte Schuhsohle. Meine Augen wanderten durch die Kammer, versuchten abzuschätzen, wie viele uns noch anstarrten. Alle starrten uns noch an – oder eher Morgana.

»Beachte sie nicht«, sagte Morgana, mit einer Stimme, als gehörte ihr diese Burg, »sie sind nur winzige Funken in einem gigantischen Feuer. Es gibt viel schönere Dinge, denen du deine Aufmerksamkeit schenken kannst.«

Das ließ mich wieder zu ihr blicken, ließ mich in das Grün ihrer Augen starren und aufs Neue darüber wundern, wie bezaubernd sie war. Sie schmunzelte und meine Faszination für sie wuchs. Meine Wangen erröteten und ich spürte, wie ein Lächeln meinen Lippen entglitt. Dann fing sie an, herzhaft zu lachen. Und ich lachte mit ihr, weil ihr Lachen ansteckender war als die Seuche.

Dieser eine Moment, in dem wir beide lachten, in dem wir uns beide lachend in die Augen starrten, war einer der wenigen Momente, in denen ich alles andere um mich herum vergaß.

Doch wie es mit solchen Momenten war, verflog er schneller als ein Flüstern im Wind.

Glocken läuteten. Die Ritter hörten auf, uns anzustarren, erhoben sich von ihren Plätzen. Einer nach dem anderen verließ die Kammer, bis nur noch Morgana und ich dort saßen.

Ich wollte den Glocken nicht folgen; ich wollte mich nicht mit den anderen nach draußen begeben und zusehen, wie einem kleinen Jungen das Genick brach. Aber gleichzeitig konnte ich auch nicht hier sitzen bleiben. Ich musste dorthin. Ich musste seine Augen sehen, musste sehen, ob das Schwarz in ihnen blühte wie das Rot auf den Blättern einer Rose. Aber ich fürchtete mich davor. Ich fürchtete mich davor, weil ich ein Mörder wäre, wenn dem nicht so war.

Als ich aufstand, packte Morgana meinen Ärmel. Erschrocken von der Wucht ihrer Berührung starrte ich zu ihr. Jetzt, wo wir alleine waren, zeigte sie, wie sie sich wirklich fühlte, zeigte ihre Angst und ihr Unwohlsein, ihr Unbehagen.

»Du musst nicht mitkommen«, versicherte ich ihr.

Sie schüttelte den Kopf.

»Keiner von uns muss dorthin gehen«, entgegnete sie.

Ich zögerte, weil ich ihren Worten wirklich glauben wollte. Aber ich konnte nicht. Weshalb sie nach einem Augenblick aufstand und mit mir zusammen den Speisesaal verließ – entweder stellten wir uns dem gar nicht oder wir taten es gemeinsam.

Auf dem Vorhof standen hunderte Menschen, wobei es mich überraschte, dass all diese Leute Platz hatten – Damen und Herren in feinen Kleidern und Gewänden, in Seide und Leinen, die erwartungsvoll aufschauten, als fände gleich eine Theateraufführung statt. Auf der anderen Seite sah ich, wie die Bewohner der Stadt ihre Aufgaben vernachlässigten und sich noch vor dem Tor zum Vorhof aufstellten, die Blicke neugierig.

Nach einer Weile verstummten die Glocken.

Ruhe kehrte ein.

Ruhe, die vom Klirren der Stahlplatten und dem Rasseln von Ketten unterbrochen wurde. Wachen führten den Jungen durch die Massen. Die Leute blieben ruhig, machten sich aber keine Mühen, ihr grässliches Grinsen zu verbergen. Mit jedem Schritt, den der Junge machte, spürte ich mehr und mehr, wie Morganas Knochen zitterten. Mein Herz rasend in meiner Brust, nahm ich ihre Hand, hielt sie fest in der meinen.

Sie hatte genug Tod gesehen und ich hasste es, ihr noch mehr Leid aufzubürden.

Tod war keine Lösung.

Und Mord sollte niemals eine sein.

Dennoch, als ich das Schwarz in seinen Augen sah – die Dunkelheit, die einen dicken Nebel über die Pupille, die Iris und die weiße Augenhaut legte – fragte ich mich, welche andere Lösung Arthur vor *seinem* Tod bewahren konnte.

Wir hatten es versucht.

Wir hatten versucht, Gloris von Cornwall eine Falle zu stellen. Nur hatte dieser Versuch Arthur beinahe das Leben gekostet.

Ich konnte meine Augen nicht von dem Jungen abwenden, von seinen Gesichtszügen, die Angst zeigten – die Angst eines Kindes, das ins Gesicht des Todes blickte. Angst, die ich bereits zu oft verspürt hatte und jetzt nur zu gut nachempfinden konnte.

Ich hatte Mitleid mit ihm. Trotz allem hatte ich Mitleid mit ihm, trotz der Gefahr, die er darstellte. Trotz der schwarzen Augen.

Ich schaute mich um, sah all die Menschen, die gekommen waren, um den Jungen sterben zu sehen, weil Arthur sie glauben ließ, er wäre ein Druide und somit eine Gefahr. Dann stellte ich mir mich an seiner Stelle vor. Stellte mir vor, wie die Wachen mich zum Galgen führten und wie all die Menschen um mich herum standen, um zuzusehen, wie das Leben meinen Körper verließ, weil Arthur herausgefunden hatte, dass ich ein Magier war – weil diese dumme Angst in ihren Köpfen zu Tod führte. Zu Tod und Blutvergießen.

Als ich zurücksah, entdeckte ich, dass der Junge bereits auf dem Podest stand. Die Schlinge war zu hoch. Einer der Wachen holte ein Fass, stellte es auf die Falltür und hievte den Jungen hinauf.

Morganas Hand zitterte in meiner. Oder meine Hand zitterte in ihrer.

Plötzlich öffneten sich die Tore zum Thronsaal. Die Menge drehte sich um, starrte den Lord der Burg an – Morgana und ich eingeschlossen. Arthur trug prunkvolle Gewänder, die Seide feiner als die der Damen und Herren des Hofes. Der goldene Kronreif auf seinem Kopf absorbierte jegliches Licht. Guinevere befand sich an seiner Seite, doch sie blieb mit Lancelot und einem weiteren Ritter am Eingang stehen, während Arthur mit zwei weiteren Rittern auf den Galgen zumarschierte.

Sein erster Blick fiel auf den Jungen, die Schlinge um seinem Hals, Angst in seinem Gesicht. Arthurs zweiter Blick fiel auf mich. Erwartung und Anspannung in seiner Miene.

Mein Atem zitterte und als ich dem Lord zunickte, hasste ich mich dafür.

»Verstehst du jetzt, weshalb Druiden gefährlich sind?«

»Verstehst du jetzt, weshalb Magie ein Feind ist?«

»Sie sind gefährlich, Parzival, sie verdienen es zu sterben. Und den Tod werde ich ihnen geben. Das ist mein Geschenk an sie alle, denn nichts anderes vermachten sie mir.«

Ich drückte Morganas Hand fester. Gleichzeitig hielt ich mit meiner anderen Hand die Kette um meinen Hals – so fest, dass sich der Anhänger in meine Haut bohrte.

In diesem Moment fühlte sich Arthurs Blick an wie tausende Nadelstiche. Er starrte mir direkt in die Augen und ich starrte in seine, als mich ein noch schlimmeres Gefühl überkam. Da war noch etwas in seinen Augen, in seinem Blick, in seiner ganzen Ausstrahlung – etwas, das niemand außer mir sah. Nur sah ich es nicht – ich fühlte es, spürte seine Angst und seinen Schmerz, als wären sie die meinen. Ich spürte auch Zorn.

Je länger ich ihn anstarrte, desto intensiver spürte ich es. Und desto mehr dominierte der Zorn.

Ein Stirnrunzeln zeigte sich auf seinem Gesicht, die Augenbrauen nach oben wandernd wie die Flügel eines Falken. Als fühlte er plötzlich, was ich in seinen Augen sah.

Dann brach er den Kontakt ab, abrupt, sodass es sich anfühlte, als zog jemand ein Messer aus mir heraus, das sich eine Weile lang in meinem Körper befunden hatte.

Arthur stand auf dem Podest, die Schultern breit, die linke Hand auf dem Knauf seines Schwertes ruhend, als seine Augen durch die Menge fuhren. Totenstille herrschte. Die Aufmerksamkeit eines jeden Einzelnen galt einzig und allein dem Lord Camelots, dessen goldener Kronreif funkelte, als wäre er bereits der König des ganzen Landes. Seine Brust wanderte auf und ab, seine Nasenflügel zitterten und seine rechte Hand ballte sich zur Faust.

»Magie«, hallte seine Stimme, »ist gefährlich. Sie ist unser Feind – ist es seit jeher gewesen. Somit wird jeder, der sie innehat, automatisch zu unserem Feind. Ob Mann. Frau. Oder Kind.«

Sein Kiefer spannte sich an, seine ganze Miene blieb konzentriert, die blauen Augen fokussiert.

»Sie denken, Magie mache sie uns überlegen. Sie denken, unsere Menschlichkeit mache uns schwach. Aber wir sind nicht schwach – wir sind stärker als jemals zuvor.«

Zustimmendes Gemurmel wanderte wie eine Welle über den Hof. Arthur erhob seine Stimme, sprach lauter und mit mehr … Wut.

»Einst lebten die Menschen in Furcht vor den Zauberern«, sagte er, »um den Krieg, der zwischen ihnen tobte, zu beenden, schlossen sie ein Friedensabkommen. Doch wie lange hielt dieser Frieden an?«

Arthurs Augen fuhren durch die Menge. Er wartete, starrte in wütende, verzweifelte und nachdenkliche Gesichter.

»Wie lange hielt dieser Frieden an?«, schrie er so kräftig, dass ich selbst von meiner Position aus die Schlagader an seinem Hals sehen konnte.

Arthur verzog seine Miene zu einem verabscheuungswürdigen Gesichtsausdruck. Er ließ mir einen eiskalten Schauer den Rücken hinunterlaufen. Meine Nackenhaare standen zu Berge und ich wusste mit Sicherheit, dass es meine Hand war, die zitterte, und nicht Morganas.

»Es hat ihn nie gegeben. Viel zu lange erlaubten wir ihresgleichen, in unserer Welt zu leben, unsere Luft zu atmen. Die Zeit der Furcht ist vorbei. Die Zeit der Angst ist vorbei. Für uns! Für sie hat sie gerade erst begonnen.«

Arthurs Stimme wurde mit jedem Wort eindringlicher, als wären seine Worte keine Worte, sondern Hände, die nach ihm griffen und an ihm zerrten.

Die Menschen um ihn herum brachen in Jubel aus. Aggressive Schreie tanzten durch die Luft, gefolgt von Morddrohungen, Kriegserklärungen. Nur Morgana und ich schwiegen. Nur Morgana und ich realisierten, was all das hier bedeutete. Und nur wir wussten, wie es aussah, wenn solche Worte in die Tat umgesetzt wurden – welches Leid folgen würde. Leid und Blut und Tod.

Gänsehaut breitete sich auf meinem Körper aus. Neben mir vernahm ich, wie Morgana erschrocken nach Luft schnappte, als Arthur sich leicht zur Seite drehte, um mit einer Hand auf den Jungen zu deuten.

»Ich beschuldige dieses Kind der Ausführung von Magie. Und als ein Zeichen, dass ich es verbiete, gegenüber Wesen wie ihm Gnade walten zu lassen, verurteile ich ihn zum Tod durch den Strick. Ihm soll entweder das Genick brechen oder er soll hängen, bis das Leben langsam aus seinem Körper gekrochen ist. Dieser Junge ist einer von vielen und einer der Letzten von wenigen. Soll sein Tod eine Warnung sein an jene, die es wagen, Magie zu unterstützen. Soll sein Tod sie wissen lassen, dass ich die Jagd längst eröffnet habe und sie sich nun dem Ende neigt. Und für all jene, die mir trotzen: Mögen die Klingen unserer Schwerter das Letzte sein, was sie spüren.«

Seine Stimme wurde unheimlich; seine Worte erschütternd.

Ich dachte an meine Heimat – an das Feuer, das die Häuser und Menschen verschlungen hatte. An die Schreie. Und an die Reiter, die von Haus zu Haus gezogen waren. Ich stellte mir vor, wie Arthur dasselbe tat, denn seine Worte versprachen nicht weniger.

Meine Hand krallte sich fester um die Kette um meinen Hals.

Die Leute um Morgana und mich herum brachen in Jubel aus. Geschrei und Zuspruch. Sie rissen ihre Hände in die Höhe und zeigten dem Jungen mit der Schlinge um den Hals bedrohliche Gesichter.

Arthur wartete, bis sie alle schwiegen. Als er realisierte, dass es länger andauerte als seine Geduld, hob er eine Hand in die Luft und der Lärm verstummte.

Arthur sprach mit gleichmäßiger Stimme, leise genug, um einen Schauer durch meine Knochen zu jagen.

»Wir haben uns ihnen lange genug unterworfen«, verkündete er, »wir haben uns lange genug vor ihnen gefürchtet.«

Als er sich zum Hebel bewegte, bemerkte ich, wie Morgana neben mir bebte. Arthur atmete einmal tief durch, wobei sein gesamter Brustkorb die Bewegung großzügig ausübte. Mein Herz pochte heftig in meiner Brust, besonders, als ich Morganas Anspannung spürte.

Ich drehte mich zu ihr, sah sie an und bemerkte, wie konzentriert sie Arthur anstarrte. Ihr Blick war tödlicher als die Klinge eines Dolches. Ich flüsterte ihren Namen, doch sie schien mich nicht einmal zu bemerken. Dann rüttelte ich an ihrer Hand, deren Finger sich fest um meine gekrallt hatten.

Sie schenkte mir keine Beachtung.

Sie war weg.

»Die Zeiten der Magie sind vorbei«, hörte ich Arthurs Stimme verkünden.

Ich drehte mich noch rechtzeitig zu ihm, um zu sehen, wie sich die Falltür öffnete. Das Fass fiel. Und mit ihm der Junge, der darauf gestanden hatte. Die Schlinge spannte sich. Aber das Genick des Jungen gab nicht nach. Er hing dort vor den Augen hunderter Zuschauer. Vor meinen Augen. Vor Morganas Augen. Er hing, die Füße zappelnd, der Mund offen – schnappte nach Luft, doch die Schlinge um seinen Hals ließ es nicht zu.

Sein Gesicht wechselte die Farbe. Es wurde blass, seine Lippen hellblau. Und da hing er. Und erstickte. Langsam.

Langsam.

Ganz langsam erstickte er, während seine Augen ein immer intensiver werdendes Rot erhielten – als würden sie jeden Moment zerplatzen.

Dabei zuzusehen, wie das Leben zu langsam – viel, viel zu langsam – aus diesem kleinen Körper hinaus gesaugt wurde, fühlte sich an, als würde ich selbst ersticken. Bei diesem Anblick fühlte es sich sogar falsch an zu atmen.

Morgana erging es nicht besser. Hektisch schnappte sie nach Luft, ihre Atemzüge kurz, panisch, als würde sie an ihnen ersticken. Ihre Augen ließen nicht von Arthur ab.

Ich realisierte nicht, was vor sich ging. Erst als es zu spät war, verstand ich.

Morganas Kiefer spannte sich an, als sie ihre Zähne heftig zusammenbiss. Ihre Augenbrauen zitterten, spannten sich an und entspannten sich in kurzen Abständen. Hass funkelte in dem Grün ihrer Iris. Abscheu in dem Schwarz ihrer Pupillen.

Sie sah den Jungen sterben, aber ihre Aufmerksamkeit galt nur Arthur und Arthur allein. Er war schuld an dem Leid dieses Kindes. Wut kochte in ihr.

Ich blickte zu Arthur, bemerkte, wie er sein Kinn hochhielt und gleichzeitig versuchte, die Maske der Gleichgültigkeit auf seinem Gesicht zu behalten. Dass er dieses Kind verschonen wollte, bezweifelte ich – er wusste, welche Gefahr von ihm ausging. Genau wie ich. Aber wie ich, sah er, dass es ein Kind war, dass gerade vor all diesen Menschen erstickte, dessen Gesicht eine unnatürliche Farbe annahm und das unheimliche Geräusche von sich gab. Geräusche, die niemand von sich geben sollte.

Morgana sah nur Letzteres. Sie sah nur, dass Arthur ein Kind ermordete. Und sie verabscheute ihn dafür. Der Anblick des Jungen quälte sie – deutlich mehr, als er mich quälte.

Plötzlich spürte ich, wie sich mit einem Mal ihr gesamter Körper anspannte. Er wurde steif, die Muskeln erfroren. Ihre freie Hand ballte sich zur Faust, die Fingernägel vergruben sich fest im Fleisch ihrer Handfläche.

Der Junge zappelte, während ganz Camelot auf seinen Tod wartete. Seine Füße traten um sich, suchten nach einem Boden. In diesem Moment betete ich für seinen Tod. Vergebens. Stattdessen geschah etwas viel Schlimmeres.

Der Junge war noch immer nicht tot, wodurch Morgana ihre Wut nicht mehr kontrollieren konnte. Sie gab schluchzende Geräusche von sich, als würde sie weinen, nur … aggressiver, als würde sie Schreie unterdrücken.

Dann bebte nicht nur Morgana, sondern der gesamte Boden. Ich sah, wie die Leute zusammenzuckten und um sich schauten, um herauszufinden, was dieses Beben verursachte. Arthur wurde unruhig, die Ritter seiner Leibgarde ebenfalls.

Was danach kam, fühlte sich an wie eine Erschütterung in der Luft – wie eine Welle, die durch den Ozean von Menschen preschte und sich gegen den Galgen warf. Die Holzbalken erschütterten, zitterten und brachten das ganze Gerüst zum Wackeln. Das Holz knackte. Splitter preschten aus den einzelnen Balken heraus, als diese entzweibrachen.

Arthur hastete vom Podest. An der Stelle, wo er gestanden hatte, schossen spitze Splitter breiter als die Klinge seines Schwertes in die Höhe. Wäre der Lord dort stehen geblieben, hätten sie ihn aufgespießt.

»Es ist der Druidenjunge!«, schrie eine Frauenstimme.

»Er versucht, sich zu befreien!«, ergänzte ein Mann nicht weit weg.

Panik brach in mir aus, denn ich wusste, dass es nicht dieses Kind war. Er war so gut wie tot, strampelte nicht einmal mehr mit seinen Füßen. Nicht er war es, der all das verursachte. Nicht er war es, der dafür sorgte, dass tausende Splitter in Arthurs Richtung schossen.

Morgana war es.

Ich drehte mich zu ihr, riss meine Hand aus ihrem Griff, der immer fester wurde. Ich packte sie an den Schultern, zerrte und rüttelte und versuchte, sie abzulenken. Versuchte, ihre Aufmerksamkeit auf mich zu ziehen und dafür zu sorgen, dass sie aufhörte. Aber sie war zu weit weg. Sie war außerhalb meiner Reichweite.

Ich flüsterte ihren Namen. Verzweifelt. Diese höllische Angst in mir, dass jemand bemerkte, dass sie die Splitter auf Arthur fliegen ließ.

Plötzlich formte ihr Gesicht eine noch wütendere Miene. Über meine Schulter sah ich nach hinten, sah, wie der Balken mit der Schlinge des Jungen gebrochen und das Kind auf den Boden gefallen war.

»Er wird uns alle töten!«, schrie eine weitere Frauenstimme.

Sie waren alle so erbärmlich – lächerlich; sie machten mich krank. Machten mich wütend, weil ihre Arroganz nach ihrer Angst stank. Ich hasste sie – hasste sie alle, als ich sah, wie sie den Jungen beschuldigten, der nach Luft schnappte, aber keine seine Lunge erreichte. Und ich verabscheute mich dafür, dass ich dankbar dafür war. Dankbar dafür, dass sie ein halb totes Kind beschimpften.

Dieser Anblick – die lockere Schlinge um seinen Hals, sein blasses Gesicht, das die Adern unter seiner Haut wie gigantische Würmer erschienen ließ, die durch sein Inneres krochen. Dann sah ich, dass sein Kehlkopf nach innen gedrückt war. Er erstickte. Morgana platze vor Wut. Und ich konnte sie verstehen. Ich konnte sie verstehen – ob Monster oder nicht, er war ein Kind.

Mehr Splitter griffen Arthur und seine Leibgarde an, die Ritter um den Lord versammelt.

Ich drehte mich wieder zu Morgana. In dem Wissen, dass ich sie nicht aufhalten konnte, packte ich sie fester und drängte sie durch die Massen in die Richtung der Ställe. Keiner schenkte uns große Beachtung. Alle konzentrierten sich einzig und allein auf den erstickenden Jungen und bemerkten nicht, dass er dieses Chaos niemals verursachen könnte – nicht in diesem Zustand.

Aber sie waren blind. Sie waren alle blind vor Gier, Hass, Zorn und Angst. Und dafür hasste ich sie.

Morgana wehrte sich nicht – obwohl es sich als ziemlich schwer herausstellte, sie dorthin zu drängen, wo ich sie haben wollte. Nachdem wir den Torbogen passiert hatten, löste sich die Masse langsam auf. Die Wachen, die rechts und links gestanden hatten, waren zu Arthur gerannt, sodass wir ungesehen die Waffenkammer erreichen konnten. Sobald sich die Tür hinter uns geschlossen hatte und wir im Turm standen, fing Morgana an zu schreien. Ich spürte, wie ihr Schmerz auf mich ein preschte; wie er meine Organe zerquetschte und meine Knochen zermalmte. Ich drückte sie gegen die Wand, spürte, wie sich meine Finger in ihre Schulterknochen gruben.

»MORGANA, HÖR AUF!«, schrie ich sie an.

Ich hatte Angst.

Ich hatte panische Angst, dass uns jemand sehen würde.

Ich hatte panische Angst, dass uns jemand gesehen hatte.

Morgana verzog ihre Miene, als würde der Schmerz nur schlimmer. Ich starrte in ihre Augen – in ihre wundervollen grünen Augen und hielt an ihr fest, ließ sie nicht los – niemals. An ihrer Wange lief eine Träne hinunter, doch ihr Gesicht machte alles andere als einen traurigen Eindruck. Es war voller Wut und voller Hass. Am liebsten hätte sie sich von mir losgerissen, wäre zurückgerannt, nach draußen, wo sie dafür gesorgt hätte, dass einer dieser Splitter Arthurs Körper durchbohrte.

Aber das konnte ich nicht zulassen.

Ich hatte solche Angst. Denn als ich erkannte, wie schier unmöglich es für mich war, Morgana zu beruhigen, erinnerte es mich an etwas anderes. Als Morgana sich gegen mich wehrte, erinnerte ich mich an etwas, an das ich mich nicht erinnern wollte. Doch ich sah, wie sie die Kontrolle über sich selbst verlor. Ich sah es mit meinen eigenen Augen.

»Eine unzähmbare Macht verbirgt sich in ihr.«

»Mit ihr als Waffe in den Händen des Falschen wird sie alles auslöschen, das sich in ihren Weg stellt – sogar Euch.«

»Ihr werdet verlieren, wen Ihr liebt, werdet jene sterben sehen, die Ihr als Eure Freunde versteht und zerstört finden, was Ihr einst Eure Heimat nanntet.«

»Der Hass wird sie zerfressen, er wird die Kontrolle über sie übernehmen.«

An diesem Tag bekam ich eine Kostprobe von dem, wovor der Drache mich gewarnt hatte, denn Morganas Wut schien alles andere in ihr zu unterdrücken.

Ich presste sie härter gegen den kalten Stein und sie drückte stärker dagegen. »Morgana. Hör. Auf.«

Tränen auf meinen Wangen. Wenn ich sie nicht einmal jetzt von ihrer Wut abbringen konnte, wie sollte es mir gelingen, wenn sich das, was der Drache gesagt hatte, bewahrheitete?

Ich würde sie verlieren.

Sie wehrte sich mehr gegen meinen Griff. Ich konnte nicht aufhören zu weinen; konnte die Tränen nicht verdrängen, weil meine panische Angst überwog. Dann warf ich mich auf sie. Mein Gesicht grub sich in ihre Kleidung, gewärmt von ihrer Haut, der Duft vom wilden Sturm in meiner Nase.

Ich umklammerte sie, konzentrierte mich auf die Wärme, die ihr Körper spendete.

Ihre Muskeln waren noch immer angespannt.

Strähnen ihres schwarzen Haars streichelten meine Wange. Ich spürte ihren Atem auf meinem Nacken. Ich atmete ihren Duft ein. Ich hielt sie fest, presste ihren Körper gegen meinen und spürte ihr Becken, ihre Taille und die Kurven ihrer Brüste.

Plötzlich spannte sich ihr Körper auf eine andere Art an – als würden ihr all diese Dinge auf einmal auch bewusst; als spürte sie auf einmal deutlich, wo ihr Körper den meinen berührte.

Ich ließ sie langsam los, entfernte mich von ihr und starrte in ihre grünen Augen. Sie sah mich an. Ihr Blick war intensiv, als wäre sie sich meiner Präsenz bewusster als sonst.

In diesem Moment wurde mir eines klar: Morgana konnte ihre Magie nicht kontrollieren – sie hatte nie von ihrer Existenz gewusst.

Der Drache hatte mich davor gewarnt, hatte gesagt, dass eine unkontrollierte Macht in ihr schlummerte – eine Macht, die früher oder später ihren Weg an die Oberfläche finden würde.

Jetzt war es so weit.

Zum ersten Mal hatte sich dieses Funkeln in ihren Augen auf eine andere Art gezeigt – auf die wahre Art. Zum ersten Mal hatten sich meine Vermutungen bewahrheitet. Durch ihre Adern floss Magie – eine äußerst mächtige Form der Magie noch dazu. Und wenn ich verhindern wollte, dass sie Morgana zerstören würde, musste ich ihr helfen, diese Macht zu kontrollieren.

Der Drache hatte mir gesagt, ich wäre der Einzige, der sie aufhalten könnte. Vielleicht bedeutete sie aufzuhalten nicht, sie zu töten. Vielleicht bedeutete es, ihr mehr beizubringen, sie zu lehren, ihre Gedanken, ihre Gefühle und ihre Magie zu kontrollieren.

Alles, was ich tun musste, war daran zu glauben, dass ihre Liebe stärker war als ihr Hass.

***

Als ich in Morganas Augen schaute, wurde mir klar, dass ich nie wieder auch nur einen einzigen Tag ohne sie verbringen wollte. Auch wenn sie vor wenigen Augenblicken beinahe Arthur getötet hatte, empfand ich etwas für sie, das sich nach mehr anfühlte als Freundschaft. Ich sorgte mich um sie – so sehr, dass ich sogar bereit war, mein eigenes Leben für das ihre zu geben.

In dem Blick, den sie mir gab, tanzten die Reflexionen der Fackeln an den Wänden, wodurch ihre Augen eine unbeschreibliche Intensität erhielten. Meinen eigenen Blick konnte ich kaum von ihr abwenden.

Draußen herrschte vermutlich wahnsinnige Unruhe – Chaos – nach alldem, was geschehen war. Aber ich vermutete, dass das Holz mittlerweile schwieg, nachdem ich es geschafft hatte, Morgana zu mir zurückzuholen.

Meine Hand hielt an ihrer fest und während ich sie hielt, dachte ich daran, dass ich sie nie wieder loslassen wollte.

Dieser Tag war einer jener gewesen, die mich lehrten, was Angst und Kummer wahrlich bedeuteten. Ich hatte die schwarzen Augen des Jungen gesehen und dennoch waren sie normal, als er starb. Er war verhext gewesen. Doch wenn er auch zu einem Monster geworden wäre, so starb er als Mensch, als Kind.

»Wohin gehen wir?«, fragte Morgana – die ersten Worte, die sie mir seit dem Vorfall auf dem Hof gewidmet hatte. »Was hast du vor?«

Ich gab ihr keine Antwort. Verbissen zog ich ihre Hand dichter an mich heran, erhöhte mein Tempo. Sie wehrte sich nicht, diesmal nicht, obwohl sie mir nur zögerlich folgte.

Ich führte sie weiter den Gang entlang, bis wir die Türen erreichten – Türen, die Morgana noch nie gesehen hatte, trotz der Tatsache, dass sie sich in der Burg besser auskannte als ich. Wir blieben stehen und ich drehte mich zu ihr um und schaute ihr tief in die Augen. Mir entging dabei nicht die Unsicherheit, die sie verspürte – obwohl sie diese gut versteckte.

»Wo sind wir?«, wollte sie wissen.

Ihre Augen konzentrierten sich auf mich, nahmen jedes Detail von mir auf. Ich starrte nur das Grün an und beobachtete, wie die Magie darin funkelte, als wäre sie der abgebrochene Teil eines Sterns, den ich ganz für mich allein hatte.

Ich lächelte sie an. Ich war glücklich. Glücklich, weil sie – bei allem, was ich verloren hatte – mir geblieben war.

»Du kannst meine Hand jetzt loslassen«, sagte ich ihr mit einem breiten Schmunzeln, obwohl ich wünschte, sie täte es nicht.

Ihre Wangen wurden ganz rot. Hastig löste sie ihren Griff und presste ihren Arm dicht an ihren Körper, der sich vor wenigen Minuten noch dicht an meinem befunden hatte. Der Gedanke ließ meine Wangen warm werden. Ich drehte mich schnell von Morgana weg, bevor sie das Rot entdecken konnte.

Ich nahm die Fackel neben der Tür aus ihrem Ständer. Das Licht war schwach im Gegensatz zur Dunkelheit der Bibliothek. Kühle Luft kam uns beiden entgegen.

»Folge mir«, sagte ich und betrat die Bibliothek.

Morgana kam hinterher – wenn auch recht zögerlich, die Arme noch immer steif an ihren Körper geschmiegt. Sie sah sich um, versuchte sogar weiter zu sehen, als das Licht reichte. Hinter uns schlossen sich die Türen.

»Du hättest mir auch einfach sagen können, dass wir in eine Bibliothek gehen«, erklärte sie, als sie die ersten Bücherregale erkannte.

Ich drehte mich zu ihr um, rasch, sodass die Flammen neben meinem Ohr sausten. Wieder tanzte das Feuer in Morganas Augen.

»Du hattest recht«, gestand ich ihr.

Morgana runzelte die Stirn, während ihre Augenbrauen einen kritischen Bogen formten.

»Als du sagtest, es gäbe etwas, das ich dir nicht erzähle: Du hattest recht. Aber du lagst falsch, als du meintest, ich würde dir nicht vertrauen. Denn das tue ich. In Wirklichkeit habe ich mir selbst nicht vertraut. Ich hatte Angst, Morgana, ich hatte einfach nur Angst.«

Ich schüttelte meinen Kopf.

»Aber jetzt habe ich keine mehr.«

Es war nicht die ganze Wahrheit, denn in Wirklichkeit würde ich nie aufhören Angst zu haben. Das Einzige, was sich verändert hatte, war, dass mir nun nichts anderes geblieben war, als endlich etwas zu unternehmen. Ich wusste, die Warnungen des Drachen zu leugnen, würde weder Morgana noch mir helfen. Also musste ich handeln.

»Parzival, was –«

»Vertraust du mir?«, unterbrach ich sie.

Ihre grünen Augen starrten tief in meine. Ihr Ausdruck war ernst, teilweise sogar besorgt, aber hauptsächlich ernst.

»Mehr als irgendjemand anderem«, antwortete sie.

Eine Bürde, von deren Existenz ich bis jetzt nicht gewusst hatte, fiel von mir ab. Ich gab ihr ein Lächeln, doch es war ein halbherziges, weil ich mich auf das konzentrierte, was ich gleich tun würde.

Ich holte tief Luft, während ich Morgana in die Augen starrte. Ich sah nur sie und wusste, mehr bräuchte ich nicht.

Die Magie in meinen Adern erlaubte mir, Feuer zu entfachen. Also würde sie mir auch erlauben, es zu ersticken.

Ein weiterer Atemzug. Und die Flamme erlosch. Morgana schnappte erschrocken nach Luft. Sie wusste, dass ich zaubern konnte. Aber noch nie hatte ich ihr es so offensichtlich gezeigt. Bei meinem nächsten Atemzug konzentrierte ich mich wieder auf die Wärme um mich herum und in mir drin. Ich konzentrierte mich auf die Wärme, die Morgana mir gab. Als ich ausatmete, gab ich sie von mir.

Jede einzelne Fackel und jede einzelne Kerze entflammte, das Zischen hallend in der größten Bibliothek, die ich jemals gesehen hatte. Ich sah all die Bücher, all die Regale, die Treppen, die in die nächsten Stockwerke führten und die Tische, die dort standen.

Morganas Mund fiel vor Erstaunen offen. Sie schätzte Literatur nicht, wie ich es tat – was sie nicht davon abhielt, diesen Anblick zu bewundern. Allerdings befand sich jene Literatur, die ich ihr zeigen wollte, nicht hier – nicht direkt.

Ich hing die Fackel in einen leeren Ständer und hielt Morgana meine Hand entgegen.

»Dann komm mit mir.«

Sie nahm meine Hand und ich führte sie an den Regalen vorbei. Diesmal folgte sie mir entschlossen, ohne den winzigsten Hauch an Zweifel. Dann erreichten wir das Regal mit dem besonderen Buch, das uns dorthin führen würde, wohin ich wollte.

»Parzival«, hielt mich Morganas Stimme davon ab, den Buchstaben zu drehen, »was besorgt dich so sehr?«

Die Frage überraschte mich. Aber Morgana ließ mir keine Zeit, über eine Antwort nachzudenken.

»Etwas plagt dich, ich sehe es in deinen Augen. Ich weiß, dass es etwas mit dem zu tun hat, was heute geschehen ist, aber ich habe es schon zuvor bei dir gesehen. Fast immer, wenn du mich ansiehst.«

Ich öffnete meinen Mund, schloss ihn aber wieder. Ihr die Wahrheit zu verheimlichen, würde bedeuten, dass alles, was ich ihr eben gesagt hatte, eine Lüge war. Ich wollte sie nicht anlügen, wirklich. Ich hatte es nie gewollt.

»Ich kann es dir nicht sagen«, antwortete ich ihr.

Enttäuschung nistete sich in ihr ein. Sie bohrte sich durch meinen Brustkorb wie ein vom Bogen losgelassener Pfeil.

»Aber ich kann es dir zeigen.«

Morgana sah mich lange an. Dann nickte sie und ich drehte den ersten Buchstaben des Wortes Obsidian. Die Inschrift war ganz kalt. Doch noch lange nicht so kalt wie der Windhauch, der uns entgegenkam, nachdem sich die Wand geöffnet hatte.

Wenn Morgana sich erschrocken hatte, zeigte sie nichts davon. Sie sagte nichts, schaute nur von mir in den dunklen Gang und wieder zurück zu mir. Meine Hand hielt sie noch immer, auch als wir den Gang betraten und sich die Wand hinter uns schloss und wir in der Dunkelheit standen. Sobald sich die Fackeln entfacht hatten, gingen wir weiter. Bis zu den Treppen. Bis zur Tür. Und von dort aus in den Raum hinein.

»Nach Ihnen, my Lady«, sagte ich und lächelte sie an.

In dieser Nacht leuchtete das blaue Licht heller als je zuvor. Als es mich bemerkt hatte, umkreiste es mich mehrmals aufgeregt – beinahe, als freute es sich, mich wiederzusehen.

»Hallo, mein Freund«, gab ich lachend von mir, denn seltsamerweise freute auch ich mich, es wiederzusehen.

Dann bemerkte das Licht Morgana und schwebte auf sie zu. Morgana sah es intensiv an, streckte ihre Hand nach der blau-leuchtenden Geist-ähnlichen Kugel aus.

»Was ist das?«, wunderte sie sich.

Lange bevor ihre Finger überhaupt in die Nähe des Lichtes kamen, machte es einen Satz zurück. Anschließend kreiste es in immer kleiner werdende Kreise in Richtung der Decke. Es brachte Morgana zum Lachen.

Oh, wie ich dieses Lachen vergötterte …

Und wie sehr ich es eines Tages vermissen würde …

»Parzival –«, sagte Morgana und schaute mich verwundert an.

Ihre Stimme hatte die Andeutung einer Frage.

Was ist das?, hatte sie vermutlich sagen wollen. Aber sie brach inmitten ihres Satzes ab. Schweigend starrte sie mich an, ihr Blick beinahe verschlingend. Und schweigend schmunzelte sie.

Ich schaute von ihr weg, um zu verhindern, dass meine Wangen erröteten. Das Licht bewegte sich auf den Schreibtisch zu, wo es den gesamten Raum in ein blass-blaues Licht warf. Erst als Morgana die unzähligen Bücher, Schriftrollen und die losen Seiten entdeckte, schien sie ungefähr zu realisieren, wo sie sich befand.

Sie schaute sich um, interessierter denn je. Gleichzeitig bewegte sie sich auf den Schreibtisch zu. Dann betrachtete sie eines der aufgeschlagenen Bücher und fuhr mit ihrem Finger über die alten Seiten. Ihre Augen folgten der Inschrift und nach nur wenigen Worten schoss ihr Blick in meine Richtung.

»Ich habe den Raum vor einiger Zeit gefunden«, erklärte ich ihr, »alles, was sich hier befindet, handelt von Magie. Von derselben Magie, die durch meine Adern fließt. Und durch deine.«

Ein leichtes Stirnrunzeln lag auf ihrem Gesicht, aber es war keines der Verwirrung, sondern eher eines, das ihre Anspannung verdeutlichte. Ihre Neugierde. Ein Stirnrunzeln, das zeigte, wie die Geschehnisse des heutigen Tages durch ihren Kopf wirbelten.

»Ich weiß nicht, wie das geschehen konnte«, sagte sie.

»Ich schon«, entgegnete ich.

Ich gab ihr ein Schmunzeln – ein gequältes diesmal.

»Es war dein Zorn«, erklärte ich, »deine Wut. Sie haben etwas in dir ausgelöst, das für eine lange Zeit verborgen war – etwas, von dem du nicht einmal wusstest, dass es sich in dir befindet. Aber jetzt weißt du es.«

Ich kam zu ihr, näher, als ich eigentlich geplant hatte.

»Du musst lernen, es zu kontrollieren«, sagte ich mit warnender Stimme, die meine Angst verbergen sollte, »so etwas wie heute darf nie wieder geschehen, verstehst du?«

Morgana nickte. Ich wusste, dass sie sich schuldig fühlte, aber ich konnte nicht einschätzen, ob sie es bereute.

Ich lächelte sie an, doch erneut war es ein gequältes Lächeln.

»Die Magie war schon immer ein Teil von dir«, sagte ich, »selbst, wenn du nicht von ihr wusstest. Dein Zorn und deine Wut haben sie freigesetzt und jetzt liegt es an dir, sie zu nutzen. Du musst lernen, mit ihr umzugehen.«

»Was bedeutet das? Für mich, meine ich.«

»Es bedeutet, dass du aufpassen musst. Du musst vorsichtig sein – vorsichtiger denn je. Du hast gesehen, was passiert, wenn nicht.«

Wir hatten es beide gesehen. Und wir hatten es gehört. Arthur hatte der Magie den Krieg erklärt und somit auch uns beiden. Anscheinend würde es nur schwieriger werden, aus ihm den König zu machen, der für Frieden sorgen würde. Aber es war nicht unmöglich. Nicht, solange ich noch an ihn glaubte.

Morgana schüttelte den Kopf, ihr Gesichtsausdruck beinahe so wütend wie vorhin, als sie die Splitter auf den Lord gehetzt hatte.

»Arthur ist ein Monster«, schimpfte sie, »seinetwegen müssen wir uns verstecken.«

Sie hatte recht. Mit allem. Und selbst wenn Mordred einst gesagt hatte, Hoffnung sei gefährlich, war sie dennoch das Einzige, was mich weiterkämpfen ließ.

»Arthur kann grausam sein«, zitierte ich Guinevere, »aber ich kann das ändern. Und manchmal … tun wir grausame Dinge aus den richtigen Gründen.«

Sie dachte nach, sah mich innig an. Dann schüttelte sie mit dem Kopf.

»Wie kann der Tod eines Kindes ein richtiger Grund sein?«, fragte sie, ihre Stimme vorwurfsvoll.

Ich blickte in ihre Augen und wunderte mich, ob sie es verstehen würde, wenn ich es ihr erklärte.

»Er war verhext, Morgana«, versuchte ich es, »der Junge war verhext. Er hätte sich in eine dieser Kreaturen verwandelt, die Arthur beinahe getötet hatte.«

Dass es eine dieser Kreaturen bereits ungesehen in die Burg geschafft hatte, erzählte ich ihr nicht.

»Und wenn schon«, murmelte sie, »ich verstehe nicht, weshalb du dich auf einmal so sehr für ihn einsetzt. Du hast ihn verabscheut. Du wolltest von hier fortlaufen, schon vergessen? Was hat sich geändert?«

Ich dachte lange über meine Antwort nach. Überlegte, ob ich ihr von meiner Unterhaltung mit dem Drachen erzählen sollte; ob ich ihr sagen sollte, was er über Arthur berichtet hatte; was er mir über sie berichtet hatte. Ich entschied mich dagegen.

»Ich habe verstanden, dass ich nicht immer von meinen Problemen weglaufen kann«, erklärte ich ihr stattdessen, »und wenn ich hier gefangen bin, werde ich alles daran setzten, um die Fesseln um meinen Händen zu dem Werkzeug zu machen, das mir die Freiheit schenkt.«

»Also versuchst du, Arthur zu kontrollieren …«

»Nein, nicht kontrollieren – niemand wird ihn jemals kontrollieren können. Ich will versuchen, ihn zu beeinflussen, ihn zu ändern. Aber jetzt bist du es, der all meine Aufmerksamkeit gilt.«

Ich setzte mein charmantestes Grinsen auf und schenkte es ihr.

Morganas Augenbrauen wanderten nach oben.

»Und womit gebührt mir die Ehre?«, zog sie mich auf.

Ich schmunzelte kurz. Dann wurde meine Miene ernst, weil ich wieder an die Splitter dachte, die Arthur angegriffen hatten. Erst jetzt schien mir die schiere Gewalt an diesem Zauber bewusst zu werden. Morgana hatte das Holz kontrolliert, hatte es so zum Brechen gebracht, dass die Splitter explosionsartig auf den Lord zugeschossen waren, mit dem Ziel, seinen Körper aufzuspießen.

Ihre Macht war größer, als ich erwartet hatte, ihre Fähigkeiten überraschend fortgeschritten.

Als ich sie ansah, fragte ich mich, ob es tatsächlich das erste Mal gewesen war, dass sie gezaubert hatte. Wenn dem so war, musste sie schnell lernen, die Magie in ihr zu kontrollieren.

Anderenfalls …

Ich versuchte, die Warnung des Drachen zu vergessen; versuchte, sie in den Hintergrund zu drängen, während ich mich einzig und allein auf Morgana fokussierte.

»Ich sagte bereits: Was heute geschah, darf nie wieder geschehen. Du musst lernen, die Magie in dir zu kontrollieren. Ich kann dir zeigen, wie. Also lass mich dir helfen.«

Wenn ich auch keinerlei Ahnung hatte, wie ich das anstellen sollte – für sie würde ich einen Weg finden. Für sie und nur für sie. Immer für sie.

Alles, was ich konnte, war Feuer zu kreieren – und es anscheinend auch zu ersticken. Selbst wenn ich viel Zeit in diesem Raum verbracht hatte; selbst, wenn ich versucht hatte, mir diese verschiedenen Zauber beizubringen, wusste ich nicht, ob ich es schaffen konnte, sie Morgana zu lehren. Immerhin kam ich selbst nur sehr langsam voran.

Aber was hätte ich nicht alles für sie getan?

Ich legte meine Hand auf das offen liegende Buch auf dem Schreibtisch, fühlte das raue Papier und die längst getrocknete Tinte. Das

Buch handelte von Techniken, mit denen man das Wetter kontrollieren konnte – Blitze beschwören, Stürme verursachen, Regen entstehen und enden lassen, Wolken kreieren, Hurrikans, Flutwellen, Dürre, Brände und Dinge, die sogar meine Vorstellungen überschritten.

Morgana und ich betrachteten beide die Inschrift. Nachdem ihre Augen den Worten gefolgt waren, sah sie auf und inspizierte den Raum.

»Diese Bücher müssen Jahrhunderte alt sein«, gab sie von sich.

Ich betrachtete ihre funkelnden Augen, die Wellen ihres Haares und die vollen Lippen.

Ich wollte ihr helfen.

Ich musste ihr helfen, denn anderenfalls – befürchtete ich – würden die Worte des Drachen eines Tages eintreffen, würden meine Visionen eintreffen und ich würde alles verlieren – erneut. Mir blieb keine andere Wahl, als zu verhindern, dass Morgana jemals wieder aus Wut zauberte. Auf dem Hof hatten alle gedacht, der Junge wäre schuld an dem Chaos. Aber Glück wie dieses würde Morgana kein zweites Mal haben.

Sie musste lernen, ihre Gefühle zu verstehen und zu erkennen, wann sie am meisten schmerzten. Sie musste lernen, ihre Magie zu kontrollieren – so wie ich lernen musste, mich nicht vor meiner zu fürchten. Dann – und nur dann – würden wir beide überleben. Nur dann hätten wir eine Chance.

Vielleicht würde ich dann eines Tages sogar träumen können – einen Traum haben, von dem ich nicht durchgeschwitzt und verängstigt aufschrecken würde.

Vielleicht würde ich dann zum ersten Mal die Momente mit Morgana wahrlich genießen können – zum ersten Mal würde ich ihr in die Augen sehen können, ohne dabei an meine Visionen oder die Worte des Drachen denken zu müssen. Ich würde ihr in die Augen schauen können, ohne fürchten zu müssen, dass es ihre Augen waren, die mich jede Nacht leblos anstarrten.

»Komisch«, gab Morgana von sich, als sie weiter im Buch las.

Ich war so in meinen Gedanken versunken, dass ich nicht einmal bemerkt hatte, dass sie mich nicht mehr ansah. Ihre Augen vertieften ihren Blick auf die Inschrift, ein Runzeln auf ihrer Stirn und leichte Verwirrung in ihrem Gesicht.

Es war jenes Buch über die Manipulation des Wetters, worüber sie wunderte. Als ich es gefunden und ein paar Seiten gelesen hatte, konnte ich es nicht mehr aus meinen Händen legen – selbst, wenn die Art des Zaubers meine Fähigkeiten weit überschritt. Allein die Vorstellung daran, Stürme herbeizurufen … wie ein Drache mit einem einzigen Flügelschlag. Nur würde ich es mit meinen Gedanken tun; und mit der Magie in meinem Blut.

Dass ich eines Tages in der Lage wäre, Blitze zu erzeugen, rief unglaublichen Ehrgeiz in mir hervor. Ich wollte alles wissen. Nur war ich auf dasselbe Problem gestoßen wie Morgana.

»Ich dachte immer, dass es bestimmte Sprüche gibt, die Zauberer anwenden«, sagte sie, »aber hier ist kein einziger zu finden. Es gibt nicht einmal eine wirkliche Anleitung.«

Ich schmunzelte, weil ich daran dachte, wie sehr eine Anleitung einfach alles erleichtern würde.

Jeder musste für sich selbst herausfinden, wie ein Zauber funktionierte, wie man die Magie in sich aktivierte. Ich schaffte es durch die Wahrnehmung meiner Umgebung, also hatte ich die größte Hürde bereits überwunden. Jetzt lag es an Morgana, herauszufinden, wie sie ihre Magie zum Leben erwecken konnte.

Hatte sie das erst geschafft, bestand die nächste Hürde darin, herauszufinden, wie sie den Zauber auf sich anpasste – auf ihre Art zu zaubern.

Pathosth stand vorne am Pult, überblickte seine Schüler wie ein General sein Heer. Es war meine erste Stunde, das erste Mal, dass ich – dass wir alle die Gelegenheit bekamen, alles, was wir bis jetzt gelernt hatten, anzuwenden.

Als er es uns vormachte, wirkte es so einfach. Er breitete seine Handfläche vor sich aus und noch im selben Moment entstand eine Flamme wenige Zentimeter über seiner Haut. Der Anblick war faszinierend. Inspirierend. Ich konnte es kaum erwarten, es selbst auszuprobieren, aber im selben Augenblick wunderte ich mich, was geschehen würde, wenn ich mein Feuer nicht kontrollieren konnte, wie er es tat.

Die Flamme schien seiner Haut keinen Schaden zuzufügen. Was, wenn es bei mir anders wäre? Wenn ich das Feuer nicht kontrollieren konnte und die Flamme meine Haut vom Knochen schmolz? Wenn sie wuchs und das Gebäude niederbrannte?

Ich schluckte heftig und während die anderen Schüler übten, wagte ich es nicht einmal, einen Versuch zu starten. Isaacs gab sich mehr Mühe als sonst, biss konzentriert auf seine Unterlippe, als er die Bewegung unseres Schulleiters nachahmte. Die Kette um seinen Hals wackelte mit jeder Bewegung, tippte immer wieder sanft gegen seinen Brustkorb.

Dann bemerkte Pathosth meine Angst – was nur eine Frage der Zeit gewesen war, denn er bemerkte alles, immer. Er kam zu mir, lobte einen der anderen Schüler im Vorbeigehen. Sein langes Gewand sorgte dafür, dass es aussah, als würde er schweben. Wie ein Geist.

»Parzival«, sagte er, ein verstecktes Schmunzeln auf seinen Lippen, »willst du es nicht versuchen?«

Ich sah zu ihm auf, nervös, mied aber seine Augen, weil ich mich für meine Angst schämte. Isaacs hatte nie Angst. Nie.

Ich dafür immer, bei allem, was ich tat.

»Ich … ich weiß nicht, wie ich es tun soll«, redete ich mir ein, »wenn es nur eine Anleitung gäbe, wo ich –«

Pathosths zartes Lachen unterbrach mich. Er lachte mich nicht aus – es war das Lachen eines Mannes, der unzählige Jahre hinter sich hatte und sich noch immer an den Tag erinnerte, an dem er zum ersten Mal die Magie in seinen Adern benutzt hatte.

»Köche benutzen Rezepte, die ihnen erklären, welche Zutaten sie benötigen, um einen Kuchen zu backen«, erklärte er, »aber wir sind keine Köche, die einen Kuchen backen. Wir sind Magier.«

Ich nickte, allerdings nur aus Höflichkeit, weil ich mich keinesfalls besser fühlte. Pathosth sah die Verzweiflung. Eine seiner Augenbrauen schoss nach oben, ein Schmunzeln in der Ecke seines Gesichtes.

»Dennoch«, ergänzte er, »wenn zehn Köche denselben Kuchen mit exakt denselben Zutaten backen, schmeckt jeder Kuchen dennoch anders. Weil jeder von ihnen eine geheime Zutat hat – ein Geheimnis, das nur ihnen gehört. Ein Tänzer orientiert sich am Takt seines schlagenden Herzens, um die Gleichmäßigkeit seiner Bewegungen zu garantieren. Ein Bogenschütze lauscht dem Wind, spürt ihn auf seiner Haut und weiß, wie er den Bogen auszurichten hat. Ein Ritter konzentriert sich auf die Augen seines Gegners, die ihm verraten, wie dieser seinen nächsten Schlag setzten wird. Worauf also konzentrierst du dich? Was ist deine geheime Zutat? Was soll dein Geheimnis werden?«

Ich dachte darüber nach, ziemlich lange sogar, und ging verschiedene Momente durch, die mich bis zu diesem Zeitpunkt geprägt hatten. Meine Visionen – an sie dachte ich zuerst, an die Nächte, in denen ich schweißgebadet aufschreckte, Angst und Panik in meinen Knochen. Ich dachte daran, wie echt alles wirkte, wie sehr ich die kalte Luft gespürt hatte, den nassen Schweiß auf meiner Haut und die Erschöpfung in meinen Muskeln – die Schmerzen. Dann erinnerte ich mich plötzlich an den Morgen, den ich mit Isaacs auf dem Dach verbracht hatte, nachdem ich aus einer Vision aufgeschreckt war. Ich erinnerte mich an die aufgehende Sonne und spürte ihre Wärme noch immer auf meinem Gesicht.

»Woher weiß ich, dass es funktionieren wird? Und dass ich es kontrollieren kann?«

»Wenn du bereit bist, wirst du es wissen«, war seine einzige Antwort.

Ich schloss meine Augen. Konzentrierte mich auf meinen Atem. Auf die kalte Luft, die ich in meine Lungen saugte und auf die warme Luft, die ich von mir gab. Ich konzentrierte mich auf mein schlagendes Herz, auf das Blut, das es durch meinen Körper pumpte, auf die Wärme, die es verursachte. Dann legte ich meine Handflächen aufeinander. Ich rieb sie, um noch mehr Wärme zu erzeugen. Das Maß an Konzentration, das ich erreicht hatte, aufrechtzuerhalten, stellte sich als äußerst schwierig heraus. Aber ich schaffte es. Ich schaffte es, mich zu konzentrieren; schaffte es, mit meinen Händen Hitze zu erzeugen und diese Hitze von mir zu geben. In der Form eines Feuers. Das auf meiner Handfläche ruhte wie ein kleines Lebewesen.

Es fühlte sich warm an, aber nicht so warm, dass es meine Haut schmelzen würde. Mein Herz pochte aufgeregt, ich lachte, musste mich aber noch immer auf das Feuer konzentrieren, damit es nicht erlosch.

Als die anderen Schüler bemerkten, dass ich es geschafft hatte, brach der Raum in Unruhe aus. Mich zu konzentrieren, fiel mir in diesem Moment deutlich schwerer. Dennoch gelang es mir, die Flamme am Leben zu halten.

Pathosth lächelte. Als er sah, dass ich zu ihm blickte, nickte er, als hätte er nicht eine Sekunde an mir gezweifelt. Momente wie diese waren es, die mich nicht meinen Schulleiter in ihn sehen ließen, sondern einen Vater.

Ich hatte es geschafft; hatte geschafft, was die andern erst drei Wochen später schaffen sollten.

Morgana schüttelte ihren Kopf vor Faszination, als sie die Abbildung eines Magiers sah, der das Wasser eines Sees in die Luft beförderte und es als Regen auf die Erde zurückfallen ließ.

»Die Magie kommt allein von dir«, erklärte ich ihr, »nicht von Tinte auf einem Stück Pergament.«

»Jemand, der fähig ist, solche Dinge zu vollbringen, muss unglaublich starke Magie in sich haben«, entgegnete sie, die Augen noch immer auf die Abbildung fixiert.

Ich schüttelte meinen Kopf, sicher, dass sie die Geste aus den Augenwinkeln sehen würde. »Magie ist Magie«, sagte ich, »wie sie sich äußert – welches Ausmaß sie annimmt – hängt allein von dir ab. Vor allem davon, wie sehr du an dich selbst glaubst.«

Morgana blickte wieder zu mir. Ihr Gesichtsausdruck hatte sich verändert, die Begeisterung ersetzt durch … etwas anderes. Ich muss sie ernst angesehen haben oder besorgt oder mit einem seltsamen Ton gesprochen haben, denn sie betrachtete mich mit Mitleid in ihren grünen Augen – als erkannte sie etwas, dass ich selbst nicht sah.

»Alles, was dich ausmacht, formt die Magie in dir und unterscheidet sie von der Magie in mir oder der Magie in all jenen, durch deren Adern sie fließt. Es ist in Ordnung, wütend zu sein, aber so wie du nie ein Versprechen geben sollst, wenn du glücklich bist oder eine Entscheidung aus Enttäuschung treffen sollst, so solltest du auch nie aus Wut zaubern. Niemals.«

Ich schüttelte meinen Kopf, konzentriert, während ich an das Chaos in mir selbst dachte. In diesem Moment war mir nicht ganz klar, wem ich meine Worte widmete – Morgana oder mir.

»Es ist kompliziert, ich weiß«, meinte ich, »einerseits darfst du deine Gefühle nicht außer Acht lassen; andererseits darfst du sie nicht die Oberhand gewinnen lassen. Du musst lernen, sie zu kontrollieren – deine Freude, deine Trauer. Deinen Zorn. Niemals darfst du sie vergessen. Niemals darfst du sie unterdrücken. Immerhin machen sich dich zu … dir. Sie machen dich zu dem, was du bist. Sie sind die Einzigen, die dir stets treu bleiben werden. Und wenn du es schaffst, sie zu kontrollieren, werden sie deine Stärke sein. Wenn nicht –«

Ich brach ab. Mein Mund stand offen und Morgana starrte mich erwartungsvoll an.

»Der Hass wird sie zerfressen.«

»Bis nichts mehr von der Morgana übrig geblieben ist, die Ihr einst kanntet.«

»Was?«, fragte Morgana.

Ihre Augen kniffen leicht zusammen.

»Was passiert, wenn nicht?«

»Dann zerstören sie dich.«

Morganas Gesichtsausdruck war gefasst, als wäre sie sich der Gefahr bewusst, fürchtete sich aber keinesfalls vor ihr.

Ich erinnerte mich an Pathosth, an die Bilder in seinen Augen, die ich immer sah, wenn er von Dingen erzählte, die er selbst erlebt hatte.

»Was ist, wenn ich es nicht schaffe, sie zu kontrollieren?«, fragte ich.

Pathosth schmunzelte. Aber es war ein betrübtes Schmunzeln, eines, das mir nicht gefiel. Seine Augen sahen keinen spezifischen Punkt an, glitten nur nach vorn und schwebten in seinem Büro umher.

Als er nach einigen Momenten wieder zu mir sah, lächelte er.

»Du wirst sie niemals vollständig kontrollieren können, mein Junge«, erklärte er mir, dann atmete er ein Lachen aus, »aber das ist nicht schlimm – niemand kann das, nicht einmal ich. Und wer bin ich, wenn nicht der zweitgrößte Magier der Welt?«

Ich lachte und er auch.

»Wer ist der größte?«, fragte ich.

»Der steht direkt vor mir«, antwortete er und ich lachte wieder, erkannte nicht, dass er seine Aussage ernst meinte.

Seine Miene verwandelte sich in eine nachdenkliche, als wusste er etwas, von dem ich nichts ahnte. Dann kniete er nieder, sodass sich unsere Köpfe auf gleicher Höhe befanden.

Er legte eine Hand auf meine Schulter.

»Du wirst niemals all deine Gefühle vollständig kontrollieren können. Es wird immer Momente geben, in denen deine Emotionen überwiegen. Aber ich sehe kein Problem darin. Es ist in Ordnung, Angst zu haben, Parzival. Es ist in Ordnung, wütend zu sein und es ist in Ordnung, traurig zu sein – das ist es, was uns menschlich macht.«

Danach ging er mit mir auf die Terrasse. Pathosth lehnte sich gegen das Geländer, wie er es immer tat. Draußen war die Luft noch immer warm – es war Sommer und die Nächte waren fast so warm wie die Tage. Die Sterne leuchteten hell am Him-

mel. Aber nicht sie waren es, die meine Aufmerksamkeit auf sich zogen, sondern die Burg der le Fays, dahinter die Mauern der Stadt und noch weiter dahinter ein Hügel mit einem einzigen Baum.

Er fehlte mir. Pathosth war immer wie ein Vater für mich gewesen und jetzt, wo er fort war, wusste ich, wie viel er mir wahrlich bedeutet hatte.

»Eines Tages, Parzival«, hatte er zu mir gesagt, »wirst du der mächtigste Magier sein, den die Welt je gesehen hat. Du wirst Dinge vollbringen, von denen ich nicht einmal zu träumen wage. Du wirst Entscheidungen treffen, die dir das Herz brechen werden und du wirst Menschen verlieren, die dir wichtig sind. Doch du wirst neue Freunde finden, neue Menschen kennenlernen, die dir zeigen werden, was das Leben lebenswert macht. Eines Tages wird eine Person in dein Leben schreiten, ohne die du keinen weiteren Tag verbringen möchtest. Halte dich immer an die schönen Dinge im Leben, Parzival, denn der Tag wird kommen, an dem alles zu zerbrechen scheint … und wenn es so weit ist, erinnere dich daran, wie glücklich du gewesen bist. Vergiss niemals jene, die dir zeigten, wie man lacht, wie man lebt, wie man liebt.«

Früher schien die Zukunft, die er beschrieben hatte, noch weit entfernt. Unerreichbar eigentlich. Jetzt war alles eingetroffen – fast alles jedenfalls.

Ich hatte Menschen verloren, die mir wichtig waren. Ich hatte meine Heimat verloren.

Ich hatte alles verloren.

Aber dafür hatte ich etwas anderes gefunden, eine Person, ohne die ich keinen weiteren Tag verbringen wollte. Die mich daran erinnerte, dass es möglich ist, trotz all dem Schmerz glücklich zu sein; die mir zeigte, wie man lachte. Wie man lebte.

Und wie man liebte.

Morganas Augen funkelten wie die Sterne. Die Magie in ihr wie flüssiges Gold. In mir verspürte ich ein seltsames Gefühl. Mein Herz fühlte sich an, als schlüge es plötzlich drei Takte schneller.

»Woher weißt du so viel darüber?«, fragte sie fasziniert.

Ich zuckte mit den Schultern.

»Ich lese gerne«, antwortete ich, »und ich hatte einen guten Lehrer – den besten.«

Erst sah sie mich an. Dann zeichneten ihre Lippen ein Schmunzeln.

»Unmöglich«, scherzte sie, »der steht doch schon vor mir.«

Ich lachte, amüsiert über ihre Aussage.

»Woher wusstest du es?« Ihre Frage kam aus dem Nichts.

»Du wirkst nicht überrascht über das, was ich getan habe«, ergänzte sie.

Ich atmete tief ein, zuckte kurz mit den Schultern und gab ein zögerliches Kopfschütteln von mir. Meine Lunge füllte sich mit kalter Luft.

»Seit dem Moment unserer ersten Begegnung wusste ich, dass etwas an dir besonders ist. Ich sah es an deinen Augen. Ich sehe es noch immer – das Funkeln, die Magie.«

Morgana entwich ein leises Lächeln. Sie ließ ihren Blick nicht von mir ab – beinahe, als würde sie sich an etwas erinnern.

»Die Nacht, in der uns Ector von den Schwarzen Reitern befreite – nachdem der blasse Mann Ector bewusstlos geschlagen hatte. Du hast das Schwert zum Brennen gebracht. Wie –«

»Ich war wütend«, unterbrach ich sie, »ich hatte aus Wut gezaubert, weil, … weil ich es nicht ertragen konnte, wie er dich quälte. Ich sah dich leiden und… da hab ich rotgesehen.«

Morgana starrte mich an. Ich spürte das Gewicht ihrer Augen auf mir wie das Gewicht einer Rüstung.

»Deine Wut hat dich stark gemacht…«

»Ja, aber nur für diesen Moment. Hätte ich länger an ihr festgehalten, wäre es nicht so gut für mich ausgegangen.«

Morgana schwieg. Eine Weile lang. Aber sie hörte nicht auf, mich anzusehen.

»Was geschieht, wenn Arthur von uns erfährt?«, fragte sie dann.

»Du hast es heute gesehen«, antwortete ich.

»Er ist ein Monster«, entgegnete sie, »ich hasse ihn. Ich hasse sie alle. Was maßt er sich an zu denken, ihm gebührte das Recht, Menschen wie uns zu töten?«

»Er kann es versuchen, aber ich werde ihn nicht lassen. Ich werde ihn nicht lassen, verstehst du, Morgana. Ich werde nicht zulassen, dass er dir auch nur ein Haar krümmt.«

Vierzehn

Arthur stand vor den Stufen seines Throns, als ich auf ihn traf. Seine blauen Augen umschlossen das Kunstwerk vor sich, die Muster, deren Farbe sich im Licht zu verändern schien. Meistens jedoch glitzerte es im Schwarz, manchmal auch in einem dunklen Violett. Aber jetzt war es schwarz. Er sah den Thron an, als konzentrierte er sich auf etwas, als würde er eine komplexe Formel berechnen. Ich vermutete, dass er an das Turnier dachte – oder eher an das Festmahl danach. Seit Tagen hatte er an nichts anderes gedacht und, um ehrlich zu sein, beschäftigte es auch mich.

Wir hatten einen Plan entworfen, eine Strategie, die Arthur vor weiteren Attentaten beschützen und ihm gleichzeitig helfen sollte, König zu werden. Nur hatten wir diesen Plan entworfen, bevor sich der alte Mann genau hier im Thronsaal in den Zhynchont verwandelt hatte.

»Ihr werdet Euch wünschen, Ihr wärt in diesem Wald gestorben. Jetzt eröffnet er selbst die Jagd auf Euch. Und er wird bald hier sein.«

Arthur bemerkte mich, schenkte mir allerdings so gut wie keine Beachtung. Alles, was er tat, war, sich für eine Millisekunde zu mir zu drehen, um sich dann wieder seinen Gedanken und dem Thron zuzuwenden.

Ich stellte mich neben ihn, starrte mit ihm den gewaltigen Thron an – nichts weiter als ein Stuhl, eigentlich, ein Stuhl für einen reichen Schnösel, der genug Macht und Einfluss besaß, sich König zu nennen.

»Ich habe viel über Drachen gelesen«, hörte ich meine Stimme im Saal hallen, ein Gefühl, an das ich mich erst gewöhnen musste.

Arthur drehte seinen Kopf zu mir, eine seiner Augenbrauen minimal angehoben, die Andeutung einer in Falten gelegten Stirn auf seinem

Gesicht. Als ich ihn ansah, studierte ich das Blau in seinen Augen, die helle Farbe wie ein wolkenloser Himmel einige Stunden nach dem Sonnenaufgang. Wie der Himmel, den ich einst beobachtet hatte. Auf dem Dach meiner Schule. Mit Isaacs.

Dann sah ich von ihm weg, sah stattdessen den Thron an. Ich nickte in die Richtung dieses pompösen Stuhls – eine Geste, die Arthurs Aufmerksamkeit dorthin lenken sollte.

»Es sind Drachenschuppen«, sagte ich.

Neben mir hörte ich Arthur tief durchatmen.

Bis er mit mir redete, verbrachten wir eine ganze Weile im Stillen.

»Der Vater meines Urgroßvaters gab die Herstellung in Auftrag«, erklärte Arthur, »er wollte einen Thron kreieren, der seine Feinde zum Zittern bringen würde. Mit zehn seiner besten Ritter begab er sich in den Wald. Er machte sich auf die Suche nach einem Drachen, von dem Gerüchte besagten, dass einer nahe bei Camelot lauerte – in den Höhlen unter dem Wasserfall. Er fand die Bestie. Sie brannte seinen Männern das Fleisch von den Knochen, spie Feuer, das ihre Rüstungen zum Schmelzen brachte. Keiner von ihnen sollte jemals nach Camelot zurückkehren. Mein Urgroßvater machte sich auf die Suche nach seinem Vater, er fand sie alle tot. Den Drachen auch.«

Arthur machte eine Pause, in der seine blauen Augen die Schuppen betrachteten. Als wäre der Thron selbst ein versteckter Drache, der darauf wartete, jene zu verschlingen, die ihm zu nahe kamen. Arthurs Kiefer zuckte.

»Mein Urgroßvater gab dem Drachen einen Namen, denselben, den er später auch dem Wald verlieh: Rhûn – der Wald, der lebt; der Wald, der tötet. Eintausend Klingen waren nötig, um die Haut vom Körper des Drachen zu trennen. Zwanzig Jahre dauerte die Fertigstellung. Siebenundzwanzig Jahre war mein Urgroßvater alt, als er zum ersten Mal darauf saß. Die Drachenköpfe an den Armlehnen sind das Ebenbild des Drachen, der seinen Vater tötete – das Ebenbild von Rhûn.«

Ich inspizierte die fein eingearbeiteten Einzelheiten der goldenen Miniaturskulpturen, betrachtete die Köpfe, die so groß waren wie meine Faust. Am Kiefer und am langen Maul der Kreatur befanden sich Hörner, ähnlich wie die des Drachen, dem ich begegnet war. In der Höhle. Bei dem Wasserfall.

Ich fragte mich, ob Arthur glaubte, alle Drachen wären tot – ebenso wie er glaubte, alle Magier, mit der Ausnahme von einem, wären tot.

»Glaubt Ihr, es gibt noch immer welche?«, wagte ich dann, unfähig, die Frage für mich zu behalten.

»Ich hoffe nicht«, antwortete Arthur.

Er drehte sein Gesicht wieder zu mir, die Miene ernst, tausende Gedanken in seinem Kopf, die alle um sein Ziel, König zu werden, schwirrten.

»Sie sind Teil der Magie«, erklärte er, »Teil dessen, was wir bekämpfen. Wenn sie noch immer leben, ist unser Krieg gegen die Magier nichts weiter als ein Marsch in unsere Gräber.«

Zuerst fragte ich mich, ob es nicht längst einer wäre – auch ohne die Drachen. Dann erinnerte ich mich an Avalon, an meine Heimat und meine Schule. Ich sah die Flammen. Hörte die Schreie. Und glaubte, so fühlte sich Krieg an.

»Warum verabscheut Ihr Magie?«, fragte ich.

Ich war nervös, griff die Kette um meinen Hals, um gegen den Trommelwirbel in meinem Kopf anzukämpfen. Arthur befand sich auf einem schmalen Pfad zwischen Anspannung und Zorn. Momente wie dieser waren es, in denen Arthur manchmal seine unsichtbare Rüstung abwarf. Nur dauerten diese Momente nur so lange an wie seine Geduld. Und ich fragte mich, wie lange sie diesmal andauern würde. Denn wenn ich mich zu weit voran wagte, würde ich ihn verlieren und er würde sich wieder verlaufen, in seiner Festung der Gleichgültigkeit.

»Weil sie nicht kontrolliert werden kann«, antwortete er, »und weil man niemanden, der sie innehat, vertrauen kann.«

Wenn er sich da mal nicht irrte.

Aus den Augenwinkeln erkannte ich, wie Arthur auf einmal seine Augen zusammenkniff. Er sah mich an, als führte ich etwas im Schilde, als würde ich ihm etwas verheimlichen.

»Ich fürchte mich nicht vor dem Tod, wenn es das ist, was du denkst. Es gibt schlimmere Schicksale als den Tod. Zum Beispiel ohne jene weiterleben zu müssen, die einem alles bedeuten.«

Das war es also: Er wusste, wie sich dieser Schmerz anfühlte und wie sehr er einen quälte. Wusste, wie sehr er einen formte. Ich wusste es auch. Denn ich wurde jeden Tag daran erinnert.

»Am schlimmsten ist es«, sagte ich, »wenn die Menschen, die einem die schönsten Erinnerungen geben, selbst zu einer werden.«

Arthur sah mich überrascht an, als hätte er niemals gedacht, dass ich verstehen würde. Dann nickte er. »Ja.«

»Aber das ist nicht das Ende«, fügte ich noch hinzu.

Arthur schwieg, sein Brustkorb weiter nach oben gehend. Er starrte nicht auf mich, sondern auf irgendeinem Punkt hinter oder neben mir.

»Warum wollt Ihr wirklich König werden?«

Mit dieser Frage lenkte ich seinen Blick wieder direkt zu mir. Ich überraschte ihn damit und einen Moment lang wusste er nicht einmal, was er sagen sollte.

Das hingegen überraschte mich.

»Die Welt ist zerbrochen«, erklärte er mir, »ich will sie wieder ganz machen.«

»Indem Ihr tausende Leben auslöscht?«

Er warf mir einen strengen Blick zu, mehr nicht – was mich sogar noch mehr überraschte als seine verzögerte Antwort.

»Manchmal ist Krieg das Einzige, was uns Frieden bringt.«

Seine Worte hallten in meinen Kopf, zusammen mit den Schreien, die ich hörte, wann immer ich meine Augen schloss.

»Ihr sagtet, es gäbe Schlimmeres als den Tod … zu jemanden zu werden, der man nie sein wollte, wäre ein weiteres Beispiel dafür. Oder sich in etwas zu verlieren, das einem letzten Endes nimmt, was man hatte beschützen wollen.«

Damit hatte ich eine Grenze überschritten – das war mir bewusst. Aber Arthur wirkte nicht, als wäre er im Begriff, mich dafür zu bestrafen, mich zu Boden zu stoßen, wie er es schon einmal getan hatte. Diesmal starrte er mich einfach nur an, mit Zweifel zwischen der Wut in seinem Blick.

Plötzlich hallte Lärm durch den Thronsaal. Eine Tür wurde geöffnet – aufgeschlagen, wie es sich anhörte. Das Geräusch lenkte Arthur und mich ab, zog unsere Blicke in die Richtung eines jungen Lords, der schnellen Schrittes auf uns zutrat.

Mordreds Gesicht enthielt dieselbe Bitterkeit wie immer, seine schwarzen Locken hüpften mit jedem Schritt auf und ab. Ein violettes Hemd bekleidete seinen Oberkörper, die Farbe im gleichen Ton seiner Augen, der Stoff locker an den Ärmeln.

Arthur wirkte, als hätte er Mordred erwartet. Er tischte dem jungen Ritter und Lord ein beinahe väterliches Lächeln auf. Mordreds Miene blieb eiskalt.

»Ihr ließt mich rufen …«, meinte er.

Arthur drehte sich um und nickte einem der Wachen zu, welcher kurz darauf aus dem Thronsaal in Richtung des Vorhofes huschte.

»Ich hörte von deinem Vorhaben, an dem Turnier teilzunehmen«, erklärte Arthur, »weshalb ich mir die Freiheit nahm, dir ein Geschenk zu machen.«

In diesem Moment öffneten sich die großen Türen zum Thronsaal, aus denen die Wache vor wenigen Sekunden verschwunden war. Die Platten seiner Rüstung glänzten an seinem Körper wie der Schmuck einer Dame. In seinen Händen trug er eine Scheide. Ein Schwert steckte darin, das Material aus feinstem schwarzen Leder passend zu Mordreds Haaren.

Mit seiner Hand deutete Arthur auf das Schwert. Das gesamte Heft besaß die Form eines fliegenden Drachen. Schuppen wanderten am Material entlang; Schuppen, von denen jede Einzelne im Blutrot schimmerte. Der Knauf stellte den Schwanz dar – er war spitz, tödlich wie die Klinge eines Dolches. Flügel ersetzten die Parierstange, blutrote Flügel, die Knochen schwarzviolett schimmernd.

Mordred platzierte seine Hand um den Griff – um den Körper des Drachen. Als er das Schwert hinauszog, sah ich unterhalb der Parierstange den Kopf der Kreatur, jedes Detail so genau, als wäre er echt. Orange-gelbe Augen leuchteten. Das Maul war geöffnet. Es spie Feuer, das die Hohlkehle der Klinge entlanglief.

Ich sah die Reflexion des Schwertes in Mordreds Augen; sah, wie sein Blick die Flammen zum Leben erweckte; hörte ihr Zischen, ihr Peitschen.

Es war ein majestätisches Schwert. Es war ein Kunstwerk, das selbst Mordred den Atem raubte.

»In dem Turnier wirst du das Haus Pendragon repräsentieren – mein Haus. Ich will, dass du dementsprechend ausgestattet bist. Soll es dir Glück bringen und dich am Ende als Sieger dastehen lassen.«

Fünfzehn

Es war einer der letzten Tage, die ich mit Morgana zusammen in dem Raum unterhalb der Bibliothek verbrachte. Wir beide wussten, dass das Turnier in zwei Tagen stattfand und sich über mehrere Tage ziehen würde. Alle Lords und Ladys hatten Camelot erreicht. Arthur hatte sie in der Burg untergebracht, mit ihnen zusammen in einer der größeren Säle gespeist und für ihre Unterhaltung gesorgt. Ich – als Arthurs Knappe – hatte ihn bedient und würde es diesen Abend wieder tun.

Die Gefolgsleute, die mit ihren Lords und Ladys angereist waren, wohnten in Zelten vor der Burg. Mittlerweile war die gesamte Wiese vor Camelot ein einziges Meer von Menschen und Pferden, in deren Mitte eine schier gigantische Arena stand.

Glücklicherweise sah Arthur davon ab, selbst an den Wettstreiten teilzunehmen. Wie all die anderen Lords und Ladys schickte er stattdessen einen ausgewählten Wettstreiter voran – in diesem Fall Mordred – der für ihn kämpfen und die Stärke seines Hauses repräsentieren sollte. Lancelot hatte mir erklärt, dass es meistens die Söhne waren (manchmal sogar auch die Töchter), die die Schwerter, Lanzen und Bögen für ihre Eltern führten. Da Arthur noch keinen Nachkommen hatte, entschied er sich für Mordred, der seiner Meinung nach der Rolle eines Sohnes am nächsten kam.

Jetzt lag es an Mordred, sich in den verschiedenen Disziplinen zu beweisen.

Der Gedanke, Arthur im Chaos nicht beistehen zu müssen, verschaffte mir etwas Ruhe – immerhin, als sein Knappe würde ich bei ihm sein müssen, ihm die Lanze reichen und sonst all die anderen Aufgaben eines Knappen erledigen müssen. Aber wenn ein Unfall geschah, würde ich nicht einmal eingreifen dürfen. Abgesehen davon, war ich heilfroh, nicht dort unten stehen zu müssen. Ich würde hinter Arthur auf einer Tribüne stehen, weit weg vom Wettstreit.

Aber ich war nicht Narr genug, um zu denken, das Turnier würde ein Kinderspiel werden. Ich würde Augen und Ohren auf Arthur richten müssen. Und Mordreds Dolch immer bei mir tragen.

Sorge dafür, dass ich nicht sterbe, hatte Arthur zu mir gesagt. Und genau das gedachte ich zu tun. Nur würde es mit jedem Tag schwerer werden. Seitdem der Lord diese Worte zu mir gesagt hatte, hatte sich vieles verändert. Ich hatte mich verändert.

Und es fühlte sich an, als hätte auch Arthur sich geändert.

Zwei Attentate waren auf ihn verübt worden. Eines davon hatte dafür gesorgt, dass sein Herz kurzzeitig zu schlagen aufgehört hatte. Genau deshalb wurde ich das Gefühl nicht los, dass während des Turniers ein weiterer Angriff auf ihn stattfinden würde. Ich war mir sogar sicher. Weshalb Arthur und ich unseren Plan so gestaltet hatten, dass wir bestimmten, wann die Attentate erfolgen würden. Wir würden sie provozieren, indem sich Arthur in mehreren Situationen allein wiederfinden würde.

Selbstverständlich würden wir das den Angreifer nur glauben lassen. Arthur hatte genug Spione, die ihn beobachten würden, genug Bogenschützen, deren Aufmerksamkeit auf Arthur und der Umgebung läge und eigene Attentäter, die ihre Dolche bereithalten würden.

Trotzdem hielt ich es nicht für ausreichend.

»Ihr werdet Euch wünschen, Ihr wärt in diesem Wald gestorben. Jetzt eröffnet er selbst die Jagd auf Euch. Und er wird bald hier sein.«

Das hatte er gesagt – der alte Mann, der sich in diese abscheuliche Kreatur verwandelt hatte. Wen genau er meinte, wusste ich nicht. Aber ich hatte eine ungefähre Ahnung. Und ich bezweifelte, dass mich mein Gefühl täuschte.

»Ein Zauberer wünscht seinen Tod.«

»Ich will es probieren«, riss mich Morganas Stimme aus meinen Gedanken.

Sie trug ein figurbetontes Kleid, welches sich unterhalb der Hüfte teilte und ihre vom roten Stoff umschlungenen Beine zeigte, wenn sie ging. Der Kragen des Kleides reichte bis an ihr Kinn, der Stoff an den Ärmeln war dick, lag aber dich an. Auf dem grauen Material befanden sich rote Verzierungen in Form von roten Blütenblättern.

Ihre Augen strahlten am meisten. Vor allem, wenn sie in meine Richtung sahen.

Vor ihr auf dem Schreibtisch lag ein Buch über die Anwendung der Magie in der Medizin. Dafür interessierte sie sich am meisten – für Wundheilung, Krankheitsbekämpfung und die Wiederbelebung eines stillstehenden Herzens.

Hin und wieder hatte ich mich selbst dabei erwischt, wie ich sie angestarrt hatte, wie ich sie immer dabei beobachtete, wenn ihre Augen den Zeilen folgten und sich ihre Mundwinkel nach oben beugten.

»Was?«, fragte ich irritiert.

Sie deutete auf das Buch. Nachdem ich ihr einen fragenden Blick gegeben hatte, drehte sie es zu mir, deutete mit ihrem Finger auf eine Passage, die erklärte, wie man verwundete Organe heilte.

»Was ist?«, fragte Morgana mit zusammengekniffenen Augen, als sie meinen Blick sah.

Ich schüttelte mit dem Kopf.

»Nichts«, sagte ich, »hast du das gut durchdacht?«

Sie nickte, entschlossen wie nie.

»In Ordnung«, meinte ich und zog Mordreds Dolch aus der Scheide.

Meine Finger klammerten sich um den Griff, während ich die Spitze der Klinge gegen meinen Oberkörper drückte.

»Was tust du!«

»Ich ramme mir den Dolch in den Bauch«, sagte ich, als wäre es das Normalste der Welt, »um den Zauber zu üben, brauchst du ein beschädigtes Organ, oder nicht? Ich hoffe für dich, dass es funktioniert!«

Morgana verdrehte die Augen. Ich konnte mein Schmunzeln kaum für mich behalten. Dann drehte Morgana das Buch wieder zu sich. Mit ihren Händen stütze sie ihren Kopf, ihre Körperhaltung recht deprimiert, der Anblick allerdings herrlich.

Ich steckte den Dolch weg und ging zu ihr, lehnte mich so sehr über den Tisch, dass ihr nichts anderes übrig blieb, als mir direkt in die

Augen zu sehen. Ich schmunzelte über ihr erzwungenes Stirnrunzeln, das sie mir immer dann gab, wenn sie ihr eigenes Lachen verdrängte.

»Lass uns etwas anderes probieren«, meinte ich, »etwas, das bei Weitem weniger tödlich für mich endet.«

Da war es – das Schmunzeln, das sie hatte verstecken wollen.

Ich breitete meine Handfläche vor ihr aus.

»Hier«, sagte ich und sie schaute auf meine Finger, auf meine Haut, rau von all den Trainingsstunden mit Lancelot und Tristan.

Diesmal musste ich keine Wärme selbst erzeugen. Diesmal genügte allein die Vorstellung.

Das Feuer brannte auf meiner Haut, zart, sacht, als wäre es ganz und gar nicht jene Macht, die fähig war, die Leben einer ganzen Stadt zu verschlingen. Ich beobachtete die Flammen, die verschiedenen Farben und die geschmeidigen Bewegungen. Auf meinem Gesicht spürte ich die Wärme intensiver als auf meiner Handfläche.

Dann bewegte ich meine Finger nach innen, erstickte das Feuer.

»Du musst die Wärme in dir spüren«, erklärte ich ihr, weil es damals für mich der einfachste Weg gewesen war, die Flammen zu erzeugen, »konzentriere dich auf nichts anderes. Nur die Wärme. Und dann lass sie frei.«

Morgana schloss ihre Augen. Anspannung breitete sich auf ihrem Gesicht aus. Sie konzentrierte sich auf ihren Atem – holte tief Luft und atmete lange wieder aus. Mit jedem Mal wurden ihre Atemzüge länger, intensiver, ihre Miene konzentrierter. Sie breitete beide Handflächen vor sich aus und pustete ihren warmen Atem auf ihre Haut. Eine Weile lang wiederholte sie diese Prozedur. Dann nahm ihr Gesichtsausdruck die Form von Frustration an. Stöhnend riss sie ihre Augen auf, schüttelte enttäuscht mit dem Kopf.

»Welch Glück, dass ich mir nicht den Dolch in den Bauch gerammt habe«, scherzte ich.

Morgana war nicht zum Lachen zumute.

Sie versuchte es erneut, scheiterte aber. Dann versuchte sie es wieder und wieder und wieder und wieder. Mit jedem Versuch wuchs ihre Ungeduld. Sie wurde frustrierter und mit ihrem Frust kam ihr Zorn zum Vorschein.

»Ich verstehe nicht, weshalb ich es nicht schaffe«, schimpfte sie, »vor ein paar Tagen habe ich einen Galgen in tausend Teile zersplittern lassen und jetzt schaffe ich nicht einmal ein winziges Feuer!«

»Weil du an diesem Tag eine Grenze überschritten hast«, erklärte ich ihr.

Ihr Kopf schoss zu mir, ihre Augen zusammengekniffen, als hätte ich sie beleidigt.

»Was hast du gefühlt«, fragte ich sie, »als du den Jungen dort hängen sehen hast?«

Ihre Gesichtsmuskeln zuckten. Morgana überlegte, ihre Brust sanft auf und ab wandernd. Ein leichtes Stirnrunzeln schlich sich bei ihr ein.

»Schmerz«, antwortete sie dann.

»Dann bist du an einem Punkt angelangt, an dem der Schmerz alles andere ausblendete – an dem er so stark war, dass dein Körper allein nicht mehr damit umgehen konnte. Der Anblick dieses Jungen – mitanzusehen, wie er … wie er erstickte – quälte dich so sehr, dass die Magie in dir ohne dein Wissen darauf geantwortet hat. Es ist eine Schutzfunktion. Eine, die wir – wenn sie einmal aktiv ist – nicht kontrollieren können. Weshalb es wichtig ist, dass du deine Gefühle kontrollieren lernst, denn Gefühle wie Schmerz, Angst oder Trauer enden in Wut. Und wenn du diese Wut nicht bekämpfen kannst, ergreift sie Besitz von dir.«

Morgana betrachtete mich – auf einmal anders als zuvor. Sie war nicht gereizt und dennoch bereitete mir ihr Blick Unbehagen.

»Ist es dir schon einmal passiert?«, fragte sie.

Ich nickte.

»Wann?«

»Damals. In der Ruine. Als das Schwert in Flammen aufging.«

Ich schämte mich dafür; schämte mich dafür, dass ich die Kontrolle verloren hatte. Ich hatte gewusst, was geschehen könnte und dennoch …

Ich hatte es einfach zugelassen; hatte nicht einmal dagegen angekämpft. In diesem Moment hatte ich mich zum ersten Mal nicht gefürchtet. Es hatte sich angefühlt, als würde ich schweben – als hätte mir mein Zorn Flügel verliehen. Es hatte sich gut angefühlt. Und das war es, was mich das Fürchten lehrte.

Morgana studierte mich mit ihren grünen Augen, studierte wachsam wie ein Wächter.

»Warum?«, wollte sie wissen.

Ich biss mir auf die Wange. Ich hatte es ihr schon einmal gesagt, aber sie wollte es wieder hören.

»Weil ich sah, wie sehr seine Worte dich quälten, die des –«

»– des blassen Mannes«, beendete sie, als würde sie sich wieder an die Nacht erinnern.

So viel Zeit war seither vergangen, so viele Dinge waren geschehen, die Morgana und mich verändert hatten. Wir beide waren längst keine Kinder mehr. Manchmal hatte es sich sogar angefühlt, als wäre ich nie eines gewesen – nicht einmal in meiner Schule. Die Angst vor der Zukunft, die mir meine Visionen jede Nacht aufs Neue gezeigt hatten und mir noch immer zeigten … all das hielt mich davon ab, Kind zu sein, hielt mich davon ab, glücklich zu sein. Und sorglos.

Jetzt war ich ein Knappe, der eines Tages zum Ritter geschlagen würde. Lancelot trainierte mich dafür, wie Ector es vor ihm getan hatte. Aber ich war noch viel mehr. Ich war ein Magier, der seine Fähigkeiten verstecken musste, um sein Leben zu schützen. Ich war ein Lehrer, der Morgana die Künste der Magie lehrte und ihr beibrachte, ihre Gefühle zu kontrollieren – um sie zu beschützen, um zu verhindern, dass jene Zukunft eintraf, vor der ich mich am meisten fürchtete.

»Es machte mich wütend«, erklärte ich ihr, »so wütend, dass ich die Kontrolle verlor. Ich habe ihn gefühlt – deinen Schmerz – als wäre es mein eigener. Ich konnte es nicht ertragen, dich leiden zu sehen.«

Ich schüttelte den Kopf.

»Anscheinend kann ich es noch immer nicht. Dich während der Hinrichtung so zu sehen … ich – ich kann es nicht. Ich will es nicht: mitansehen, wie es dich zerfrisst, wie es an dir zerrt und dich nach unten reißt.«

Da waren sie alle wieder – die Angst, der Schmerz und dieses Gefühl in mir, als schnürte irgendetwas meine Organe ab. Als könnte ich nicht einmal mehr atmen, ohne das Stechen in meiner Brust zu spüren.

Ich hatte nicht einmal bemerkt, dass Morgana näher gekommen war. Erst als sich ihr Gesicht direkt vor meinem befand und ich die warne Luft ihres Atems auf meiner Haut spürte. Ich schluckte heftig. Mein Herz pochte wie verrückt. Ich sah die Magie in ihren Augen, sah sie leuchten wie die Sterne am Himmel. Ihre Lippen trennten sich voneinander, ließen ihren Mund leicht offen stehen und zogen meine Aufmerksamkeit für den Bruchteil einer Sekunde auf sich. Dann starrte ich ihr wieder in die Augen.

Ihre Hand legte sich auf meine Wange. Die Berührung war sanft. Fast wie ein Kuss. Oder wie ein Flüstern. Sie starrte mich einfach nur an. Und zum ersten Mal erwischte ich mich dabei, wie ich darüber nachdachte, wie sich ihre Lippen wohl anfühlen würden, wenn sie die meinen berührten.

»Willst – äh – willst du … es erneut versuchen?«, stotterte ich.

Morgana schmunzelte – vermutlich, weil sie sah, wie rot meine Wangen wurden. Aber sie machte es dadurch nur noch schlimmer. Die Hitze brannte auf meinen Wangen.

»Ja«, sagte sie dann.

Ihre Stimme war zart. Wie die Melodie eines Liedes.

***

»Das könnten wir üben«, schlug Morgana vor, als sie auf die Seite eines Buches deutete.

Mittlerweile hatten wir Stunden in diesem Raum verbracht. Nach meinem Training mit Tristan hatte ich mich direkt zu ihr begeben, in dem Wissen, dass Arthur zu beschäftigt mit der Unterhaltung seiner Gäste war, um meine Abwesenheit zu bemerken.

Ich hatte die Zeit aus den Augen verloren, aber ich bezweifelte, dass wir mehr als drei Stunden in dem Raum verbracht hatten – wägte mich also in dem Wissen, dass mir noch genügend Zeit bis zum Abendmahl blieb. Wenn ich dort zu spät kam, steckte ich in großen Schwierigkeiten.

Ich zog das Buch über die Tischplatte. Mehrere lose Seiten flogen dabei aus dem Buch, fielen auf den Boden – nicht, dass es irgendwie auffiel; es waren nur ein paar Seiten mehr auf einem Teppich aus altem Pergament und getrockneter Tinte. Dann las ich.

Gedankenmanipulation – Eingriff in das Unterbewusstsein

Die Manipulation von Gedanken erfordert ein hohes Maß an Konzentration; sollte daher nur von erfahrenen – fortgeschrittenen – Magiern vollzogen werden.

Heilpraxis und psychotherapeutische Behandlungen – dort tritt sie meistens auf, erstreckt sich jedoch über unzählige Bereiche unterschiedlichster Art und Funktion.

Drei essenzielle Rubriken müssen bekannt sein, bevor der Eingriff in das Unterbewusste durchgeführt werden kann – Gedanken, Gefühle und Erinnerungen – von denen alle miteinander verbunden sind.

Die Gedanken stehen für den Kopf; die Gefühle für das Unterbewusste, die Erinnerungen für das Bewusste.

Ein Gedanke geht immer mit einer Erinnerung einher, eine Erinnerung mit Gefühlen. Ignoranz des einen führt zur Unterdrückung des anderen.

Ich selbst verbrachte viel Zeit mit dem menschlichen Geist und widmete mein Leben dem Dasein eines Alchardten, doch selbst die Spannweite meiner Jahre reichte nicht aus, um alles zu erfahren.

Mit Sicherheit zu sagen ist allerdings, dass der geringste Fehler zum Tod des Patienten führt. Ich lernte, dass jene, die sich meiner Untersuchung aus freiem Willen unterzogen, überlebten. Jene, die sich sträubten und bei denen ich mir gewaltsam Zugang zum Geist verschaffte, starben, ehe ich das Unterbewusstsein erreichen konnte.

Nachahmern ist daher Letzteres nicht zu empfehlen. Magie ist kein Element des Mordes – sie soll Leben bewahren und keine nehmen.

Als wichtig erscheint zudem, die Patienten vorzuwarnen – die Behandlung wirft Schmerzen hervor – körperliche, geistige, unbewusste, die erst später erscheinen. Wehrt sich der Patient während der Behandlung trotz freiwilliger Untersetzung, sind nachfolgende Schäden und sogar der Tod nicht auszuschließen.

<u>Durchführung der Behandlung</u>

Wissenswert!

<u>Kontaktlos</u>
nahezu unmöglich

Zugang zum Geist kann nicht hergestellt werden
Erneuter Versuch: Zugang konnte gewährt werden – führte zur Überlastung des Geistes des Patienten
Patient verstarb

Kontakt bestehend
Konzentration gefordert – eigene Gefühle dürfen nicht auf Patient übergreifen
Kontakt muss bestehen – Abbruch führt zu Schäden

Aus den Aufzeichnungen ergibt sich die Empfehlung der Durchführung mittels bestehenden Kontaktes – dieser kann hergestellt werden durch Berührung der eigenen Handfläche mit dem Kopf oder Herz des Patienten, dort ist der Weg zum Geist am ungefährlichsten.

Manipulation der Gedanken sowie die Einflussnahme auf die Erinnerungen finden meistens im wachen Zustand statt – schlafender Zustand ist ebenfalls möglich, erschwert aber die Suche nach den gewünschten Gedanken oder Erinnerungen, auf denen die Manipulation oder die Einflussnahme verübt werden soll.
Behebung von Schlafstörungen wird durchgeführt, während der Patient schläft.
Um den Prozess zu beschleunigen, bietet sich an, das Unterbewusstsein des Patienten insofern zu beeinflussen, dass dieser einschläft.
Auch hier: Patient muss sich bereit erklären und über eventuelle Schmerzen aufgeklärt werden!
Anderenfalls erleidet der Patient den Tod.

Ich schaute von dem Buch auf und wusste nicht, ob Morgana scherzte. Ihr Gesicht deutete allerdings darauf hin, dass sie es ernst meinte. Dann fragte ich mich, ob sie das Wort »Tod« genauso oft gelesen hatte wie ich.

»Nicht?«, meinte sie dann.

Meine Augenbrauen schossen an die Decke. Morgana zuckte mit den Schultern, ließ ihren Blick umherschweifen. Sie beugte sich nach unten, hob eines der Blätter auf. Während sie las, kam ihr Stirnrunzeln zum Vorschein.

»Hier«, meinte sie, »lies das.«

Sie hielt es mir entgegen und ich nahm es, fühlte die raue Beschichtung des Papiers.

... herrschten die Drachen über den gesamten Globus, legten Städte in Trümmer, schmolzen den Menschen das Fleisch von den Knochen und sorgten dafür, dass die Welt brannte – so erzählen es jedenfalls die Legenden.

Um deren Unglaubwürdigkeit unter Beweis zu stellen, betrieb ich Nachforschungen, doch was ich herausfand, entsprach nicht meinen Erwartungen.

Die Legenden sind falsch – denn die Drachen herrschten nicht allein. An ihrer Seite standen die Magier, deren Macht der der Menschen bei Weitem überlegen war. Zusammen, als sich die Menschen weigerten, sich ihrem Willen zu beugen, warfen sie Schatten auf den Erdboden und ließen Feuer auf ihn regnen. Ein Krieg entfachte – einer, wie ihn die Welt nie gesehen hatte, denn es kämpften nicht Magier und Drachen gegen Mensch und Pferd. Nein, Magier kämpfte gegen Magier, Drache gegen Drache, denn während die einen die Unterdrückung der Menschen genossen, unterstützten die anderen ihre einstigen Untertanen, kämpften Seite an Seite für ihre Freiheit und vergossen ihr magisches Blut.

Tausende Leben forderte dieser Krieg.

Einhundert Jahre dauerte er an.

Er endete durch einen Pakt, geschlossen von zehn Magiern und drei Menschen – der Pakt der Dreizehn. Mit ihm sollte die Unterdrückung der Menschen enden, sie sollten als gleichwertig anerkannt werden, Ländereien zugesichert bekommen, über die sie selbst herrschen konnten. Doch nicht alle hielten sich an dieses Abkommen.

Es scheint, als gäbe es bis heute noch Magier, die sich nach den alten Zeiten sehnen; Magier, die danach streben, den Willen der Menschen zu brechen und sie zu dem machen wollen, was sie einst waren – Sklaven.

»Was ist?«, fragte Morgana, ihre Stimme alarmiert.

Vermutlich war es mein Gesichtsausdruck, der sie besorgte. Ich gab ihr keine Antwort – ihre Worte schienen weit entfernt, ihre Stimme ein Hallen in der Dunkelheit, ein Hallen in einer Höhle am anderen Ende der Welt.

»Parzival?«

Meine Finger bohrten sich ins Pergament. Ich stürmte aus dem Raum hinaus, raste die Treppen hinauf in den Gang. Morgana rief erneut meinen Namen. Ich hörte, wie sie mir folgte, wie sie nach Luft schnappte, als die Fackeln mit einem Mal erloschen. Das schleifende Geräusch ertönte, die Wand öffnete sich.

In der Bibliothek brannten nur wenige Kerzen, gerade genug, um das Regal zu finden, in dem das Buch stand, das ich suchte. Morgana war hinter mir, aber die Laute, die sie von sich gab, klangen wie die einer fremden Sprache, deren System ich nicht verstand.

Hastig griff ich eine Kerze vom Tisch, hielt sie an die Einbände der Bücher, um die Inschrift lesen zu können.

Dann sah ich es.

Legenden der Drachenjäger.

Ich öffnete die Seite, an der sich die Rissstellen befanden, legte die Seite, die Morgana mir gegeben hatte, an. Aus den Augenwinkeln sah ich ihr Gesicht, sah sie das Buch ebenso sprachlos anstarren, wie ich es tat.

Mein eigener Atem dröhnte in meinen Ohren. Ich drehte meinen Kopf zu ihr, starrte sie an, mein Mund halb offen. Ihr Blick verharrte auf dem Buch.

Ihre Finger strichen über das Pergament und ich erinnerte mich daran, wie es sich angefühlt hatte, als diese Finger meine Wange berührt hatten. Dann blätterte sie zurück.

»Stets schenkte ich ihnen keinen Glauben«, las sie vor, »und beschimpfte die Alchondten – die sich mit dem Reich der Tiere beschäftigen – und die Alchardten – deren Fokus auf das Wissen um den Menschen, seinen Körper und seinem Geist liegt – die ihnen Glauben schenkten, als Unwissende, als Verräter ihrer Wissenschaft. Jetzt bin ich es, der Zweifel hegt. Einst –«

Sie blätterte um.

»– herrschten die Drachen über den gesamten Globus, legten Städte in Trümmer, schmolzen den Menschen das Fleisch von den Knochen und sorgten dafür, dass die Welt brannte – so erzählen es jedenfalls die Legenden.«

Es passte.

Als Morgana es realisierte, starrte sich mich an, stillschweigend und sprachlos.

»Wo – woher – woher wusstest du –«

»Ich habe diesen Ausschnitt vor einiger Zeit gelesen«, erklärte ich ihr, »als ich die Seite umblätterte, sah ich die Rissstellen. Als du mir diese Seite in die Hand gedrückt hast, kam die Erinnerung zurück.«

Ich musste Morgana nicht einmal ansehen, um zu wissen, welcher Gedanke ihr soeben durch den Sinn schoss.

»Was hat das zu bedeuten? Die Seite, das Buch, der Raum?«

Diese Frage hatte ich mir gestellt, seit ich den Raum gefunden hatte; versteck tief im Inneren der Burg, unterhalb der Bibliothek, der Eingang gut genug versteckt, dass es schier unmöglich war, ihn zu finden.

Er musste sich in Camelot befunden haben, seit diese Burg errichtet worden war. Arthur verabscheute Magie und alles, was mit ihr zu tun hatte, also konnte er unmöglich von diesem Raum wissen. Anderenfalls hätte er ihn bereits zerstört, zusammen mit den ganzen Büchern, die sich darin befanden.

Plötzlich schossen mir Guineveres Worte in den Sinn.

»Bist du jemals in der Bibliothek gewesen?«

»Weißt du, Parzival, manchmal sind Mensch, Magier oder Drache nicht jene, die sie im ersten Augenblick zu sein scheinen.«

»Eben genauso verhält es sich mit Geheimnissen. Auf den ersten Blick sind die Dinge nicht, was sie zu sein scheinen, denn um zu erkennen, was sich direkt vor einem verbirgt, muss man manchmal einfach genauer hinsehen. Die Wahrheit verbirgt sich stets tief im Inneren.«

Tief im Inneren.

Ich schluckte heftig.

»Ich bin nicht sicher«, antwortete ich, »aber wir müssen vorsichtig sein. Diese Bücher sind nicht grundlos dort unten. Und wir täten besser daran, diesen Raum und alles, was sich in ihm befindet, für uns zu behalten.«

***

Nachdem ich ihr den Ratschlag gegeben hatte, rieb Morgana ihre Handflächen aneinander. Erst langsam, dann schneller und heftiger. Die Vorstellung allein reichte nicht aus, um das Feuer zum Brennen zu bringen – selbst ich hatte am Anfang eigene Hitze kreieren müssen. Erst jetzt, Jahre später, gelang es mir, Feuer zu entfachen, indem ich nichts weiter tat, als meine Hand auszubreiten.

Morganas Augenbrauen bewegten sich aufeinander zu, die Stirn erneut angespannt in Falten gelegt, die Augen geschlossen. Sie breitete ihre Handflächen vor sich aus, atmete warme Luft aus, um die Wärme zu verstärken.

Nichts passierte.

Morgana stöhnte.

Das blaue Licht schwebte dicht neben mir und als sich Morgana wütend umdrehte, fühlte es sich beinahe so an, als würde das Licht unsicher auf mich blicken.

»Weshalb funktioniert es nicht!«, schimpfte sie.

Ihr Ton schien das Licht zu verängstigen. Mit einem Mal schoss die blaue Kugel hinter mich, als würde sie sich dort verstecken. Ein leiser Windhauch wanderte an meinem Nacken entlang, ließ meine Haare zu Berge stehen.

Damals hatten meine Mitschüler drei Wochen gebraucht, bis sie es geschafft hatten, einen Funken zu erzeugen. Nur war es vermutlich das Letzte, was Morgana hören wollte.

»Versuch es erneut«, wies ich an.

Ich ignorierte den genervten Blick, den sie mir gab.

»Diesmal stellst du dir ein Bild vor. Erinnere dich an das Feuer in deinem Kamin. An die Flammen in Avalon. An das Lagerfeuer, an dem wir mit Ector gesessen hatten. Erinnere dich, wie sie ausgesehen haben. Erinnere dich an die Farben, an die Bewegungen und an die Geräusche. Konzentriere dich auf jedes Detail. Und auf die Wärme. Stell dir vor, wie eine dieser Flammen nur dir gehört.«

Sie hatte ihre Augen geschlossen, konzentrierte sich auf meine Stimme und auf ihre Atmung. Ich beobachte ihren angespannten Gesichtsausdruck, ihre Augen, die unter den Lidern hin und her huschten, ihre Lippen, von denen ich meinen Blick nicht abwenden konnte.

Ihre Hände ballten sich zu Fäusten. Ich sah, wie sich die Muskeln anspannten und wie das Weiß ihrer Knöchel durch die Haut drückte. Sie merkte, es funktionierte nicht. Deshalb wurde sie wütend.

Und genau dann, als ich hätte eingreifen sollen, verwandelte sich ihre Wut in Hitze, die ihr Blut zum Kochen brachte und das Feuer entfachte.

Flammen knisterten auf ihrer ausgebreiteten Handfläche. Morgana freute sich, doch mir blieb der Atem weg.

Ihr Lachen hallte durch den stillen Raum, Gänsehaut bildete sich auf meinem Körper. In Morganas Augen spiegelten sich die Flammen – das Rot, das Orange, das Gelb. Noch immer befanden sich ihre Gesichtsmuskeln im angespannten Zustand. Eine Sekunde später spannten sie sich sogar noch mehr an. Das Feuer wuchs. Es tanzte nervös, zitterte und peitschte, während sie sich darauf konzentrierte, es noch größer werden zu lassen.

»Hör auf!«, verlangte ich, doch sie schenkte mir keine Beachtung.

Ich hatte Angst, dass sie es nicht kontrollieren könnte. Hatte Angst, dass sich das Feuer ausbreitete, dass es seine Krallen nach den Büchern ausstreckte, nach den Regalen, nach mir. Ich hatte Angst, weil ich mich daran erinnerte, was das Feuer den Menschen meiner Heimat angetan hatte. Und weil ich mich an den Turm erinnerte, der gebrannt hatte wie eine Fackel, der schwarze Rauch in den Nachthimmel aufsteigend.

Ich konzentrierte mich auf die Flamme in Morganas Hand, die mittlerweile größer geworden war als der Umfang ihres Kopfes. Ich sorgte dafür, dass sie erstickte.

»Warum hast du das getan!«, zischte Morgana in meine Richtung.

»Ich sagte dir, du sollst aufhören«, schrie ich.

»Warum? Ich habe es endlich geschafft – du solltest dich freuen!«

»Ich habe dir gesagt, du darfst nicht aus Wut zaubern! Ich habe dir gesagt, was passieren kann, wenn du es tust!«

»Und wenn es nun einmal die einzige Art ist, wie ich zaubern kann?«

»Das darf es nicht sein!«

Ich schrie, weil die Angst in mir größer war als alles andere.

»Der Hass wird sie zerfressen.«

»Sie wird sich selbst in ihrem Zorn verlieren, der sie von innen heraus zerstören wird, bis nichts mehr von der Morgana übrig geblieben ist, die Ihr einst kanntet.«

»Morgana«, sagte ich, meine Stimme krampfhaft ruhiger gestellt, »du darfst nicht aus Wut zaubern. Es ist gefährlich. Du musst einen anderen Weg finden.«

Morgana sah mich an, als verstünde sie die Welt nicht mehr.

»Du sagtest, jeder besäße einen eigenen Weg, die Magie in sich zu aktivieren.«

»Das ist richtig, aber –«

»Nein«, unterbrach sie mich, obwohl ich ihr erklärt hatte, wie gefährlich es war; obwohl ich alles dafür gegeben hatte, dass sie nicht diesen Weg für sich wählte.

Sie starrte mich an, empört.

»Ich weiß, du willst es nicht hören, aber du kannst nicht alles kontrollieren. Du kannst deine Spielchen mit Arthur spielen, aber du kannst sie nicht mit mir spielen. Ich bin nicht so ignorant wie er.« Nein. Nein! Nein, nein, nein, nein, nein.

In der Tat, sie war nicht so ignorant wie Arthur: Sie war noch viel ignoranter.

»Wie soll ich lernen, wenn alles, was du tust, darin besteht, mir zu sagen, wie ich es nicht machen soll!«

Mit diesen Worten stürmte sie aus dem Raum, ließ mich alleine dort stehen, inmitten der Bücher und losen Seiten. Ließ mich ihr hinterher starren wie ein Hund, den man ausgesetzt hatte. Ich blickte ihr hinterher und als sie hinter den Treppen verschwunden war, fixierte ich diese. Das Licht kam wieder vor, schwebte in Richtung Tür, als würde es ebenfalls Morgana hinterhersehen.

»Der Einzige, der mächtig genug ist, sie aufzuhalten, seid Ihr.«

Nein! Nicht in eintausend Jahren würde ich daran denken.

Ich wollte ihr helfen. Die ganze Zeit über hatte ich ihr doch nur helfen wollen. Aber jede Entscheidung, die ich traf, schien das zu verursachen, was ich verhindern wollte.

In Wirklichkeit hatte ich keine Ahnung, was ich tat – oder was ich tun sollte. Aber ich wusste, ich würde nicht aufgeben. Ich wusste, ich würde niemals aufhören, es zu versuchen.

Sechszehn

Lancelot und ich standen am anderen Ende des großen Speisesaals. Nur bei besonderen Anlässen fand hier ein Abendmahl statt und dieser Abend – dessen war ich mir sicher – war wohl einer der wichtigsten in Arthurs Leben.

Reihen von Tischen standen in dem gigantischen Saal, die Wände hoch, verziert im Rot-Gold – die Farben der Pendragons. Von der Decke hing ein Kronleuchter in der Form eines feuerspeienden Drachen. Kerzenständer dekorierten die Tische, Teller und Besteck standen bereit, während die eintreffenden Gäste von Dienern mit Wein versorgt wurden.

Lancelot und ich befanden uns hinter dem Platz, der für Arthur vorgesehen war, am einzigen Tisch, der horizontal ausgerichtet war und all die anderen vertikal ausgerichteten Tische überblickte. Dennoch bot er genügend Sitzgelegenheiten, dass alle Lords und Ladys Platz hatten. Der Rest, die wichtigsten Mitglieder ihres Gefolges – meistens Ritter der Leibgarde, Söhne und Töchter – saßen an den anderen Tischen. Arthurs Platz befand sich in der Mitte des langen Tisches, doch im Augenblick stand der Lord am Eingang des Saals, begrüßte die Lords und Ladys, die nacheinander eintrafen.

Seine Körperhaltung gab keinerlei Anzeichen von Nervosität von sich. Auf seinem Kopf befand sich der goldene Kronreif, der wie ein Heiligenschein über seinem blonden Haar schwebte. Arthur trug seine feinsten Kleider – ein rotes Hemd aus Seide, darüber eine schwarze Tunika, deren Stoff aussah wie die Drachenschuppen, die den Thron verzierten.

Guinevere stand neben ihm, begrüßte zusammen mit ihrem Gatten die Gäste, ihren Arm mit seinem verhakt. Ihr Kleid funkelte durch die silbernen Steine, die den dunkelblauen Stoff dekorierten. Von ihrer Brust aus wurde die Seide schmaler, bis sie sich wie eine Kette um ihren Hals wickelte. Ihre Schultern blieben frei, die bronzene Haut zog die Blicke vieler Männer auf sich. Erst an den Armen begann der Stoff wieder und schwang sich wie eine aufblühende Rose nach unten zu ihren Handgelenken.

»Lord Jassen und Lady Joyce Elfenbein«, erklärte Lancelot, als Arthur und Guinevere das erste Paar begrüßten, seine Stimme leise gehalten.

Wie ihr Name ankündigte, trugen sie beide schneeweiße Kleidung an ihren Körpern. Lord Jassens Haut wirkte blass, sein rotes Haar dafür umso intensiver. Sommersprossen schmückten seine Nase und ihre Umgebung. Sein weißer Mantel reichte ihm bis zu den Füßen. An seiner Schulter befand sich etwas, das aussah wie die ausgestreckten Krallen eines Bären.

Das Kleid von Lady Joyce betonte ihren schmalen Körper, unterstütze die Kurven ihrer Hüfte und die ihres Busens. Gestickte Muster befanden sich auf dem Stoff, ihre Formen wie die hunderter Schneeflocken. Ihr blondes, fast weißes Haar reichte bis zu ihren Schultern; ihre Augen, eine Mischung aus Gold und Grau, studierten Arthur, ihre Lippen erzwangen ein Lächeln.

»Sie waren einst Verbündete der Pendragons, aber dieses Bündnis endete mit Uthers Tod«, erklärte der Ritter neben mir.

Während all die Gäste eintrafen, nannte Lancelot mir ihre Namen, gab mir Informationen über ihre Häuser, manchmal über ihre Wappen und ob sie Verbündete der Pendragons waren oder nicht. Wovon er mir nichts erzählte, waren die Leitsprüche. Es war eine Schande, denn es interessierte mich am meisten. Zugegeben, im Grunde kannte ich sie alle, aber es änderte nichts daran, dass ich sie hören wollte. Pathosth hatte sie mich gelehrt und jedes Mal, wenn der Ritter neben mir die Namen aussprach und die Wappen beschrieb, kramte ich nach den Worten, die dazugehörten – Vasilias Finir, Lord von Aang Hai, Verbündeter der Pendragons, auf seinem Wappen ein toter Baum auf einem Hügel, die Landschaft düster und umgeben vom Nebel.

Lausche dem Wind. Doch verfalle nicht seinen Lügen.

Danestha Sevata, Lady von Gol Voljage, keine Verbündeten der Pendragons, ein brennender Pfeil auf ihrem Wappen, die Spitze besudelt vom Blut und passend dazu die Worte: *Unsere Pfeile verfehlen nicht.*

Svenja Dovatel, Lady von Cyrian. Zwei Flügel verzierten das Wappen – zwei Flügel, die so hell waren, dass es wirkte, als würden sie die Schatten im Hintergrund aufsaugen und die Dunkelheit in pures Licht verwandeln.

Kein Schatten ohne Licht, waren die Worte dieses Hauses.

Dois Digthyr, Lord von Mahir, ehemaliger Verbündeter der Pendragons, sein Wappen ein Mann mit dem Unterkörper eines Pferdes auf grauem Grund, ein gespannter Bogen in den Händen, der Pfeil bereit; Akkir Festa, Lord von Dansk, Verbündeter der Pendragons, sein Wappen zeigte einen Faun, der auf einem Stein saß und auf einer Panflöte spielte; Lewis und Becca Nimmer, Lord und Lady von Nagrobek; Antha Severin, Lady von Dahn Brisk, ein Dolch, der einen Totenschädel spaltete, stellte ihr Wappen dar. Auf der Stirn des Schädels befand sich ein zwölfzackiger Stern – die Linien dunkelrot, als hätte jemand das Muster dort eingeritzt, als sich noch Haut und Muskel über dem Knochen befunden hatten. In der Mitte des Sterns war ein einziger Blutfleck. *Nichts bricht leichter als ein Herz* – so lauteten der Leitspruch des Hauses.

Iman Marekk war der nächste, Lord von Trehebitian; Karalius und Dorothea Pan, Lord und Lady von Alsahyid kamen danach, dann Memphis Yaesh. Die Liste nahm kein Ende. Mehr und mehr Gäste betraten den Speisesaal, alle Fremde in meinen Augen, doch die Namen, die Lancelot aufzählte, kannte ich alle.

Am meisten jedoch lenkte Astah Ceresc, Lady von Minuath, meine Aufmerksamkeit auf sich. Mit ihr betraten ein Dutzend Ritter den Saal. Alle davon waren Frauen, gekleidet in den feinsten Rüstungen, ausgestattet mit den tödlichsten Klingen.

Die Lady selbst trug ein eng anliegendes grünes Oberteil, das nur wenig von ihren Oberschenkeln bedeckte, über einer schwarzen Hose. Lederbänder verzierten ihre beiden Unterarme vom Handgelenk bis zur Ellenbeuge, auf deren Unterseite jeweils ein kleines Messer angebunden war. Ein breiter Gürtel befand sich um ihrer Taille, drückte ihren

Busen nach oben. Auch dieser war bestückt mit dutzenden Messern. Hellbraunes Fell bedeckte ihre linke Schulter – vermutlich das eines Fuchses.

Doch es war nicht ihre Kleidung, die mich einschüchterte. Es war ihr Auftreten – dieses gefährliche Lächeln, welches sie Arthur und Guinevere auftischte; ihr anmutiges Gesicht, das einen jeden verführen konnte, der nicht aufmerksam genug war, um es besser zu wissen; die strahlend blauen Augen so verführerisch wie gefährlich.

An den Seiten war ihr Haar nicht länger als einige Millimeter; oben war es lang, hätte vermutlich ihr gesamtes Gesicht bedecken können, hätte sie es nicht streng nach hinten gekämmt.

Der Sitz ihres Hauses – Minuath – befand sich auf einer Insel im Osten: Isgard. Ich erinnerte mich an die Geschichtsstunden, in denen ich gelernt hatte, dass Unzählige versucht hatten, die Insel einzunehmen, die Ceresc zu stürzen. Keiner von ihnen hatte es je bis auf die Insel geschafft. Doch am meisten faszinierte mich, dass ihr Heer ausschließlich aus Frauen bestand, schon immer. Viele Lords und Ritter hatten es als eine Beleidigung gesehen, bis einer von ihnen – Hosta Nasdir, Lord von Lhagrazh – versuchte, Lady Astah bewusst zu machen, dass nur der Mann für das Schlachtfeld gemacht ist und nicht der zarte Körper einer Frau.

Hosta Nasdir verlor über die Hälfte seiner Armee und beinahe seinen Kopf, während Astah Ceresc nur minimale Verluste erlitt. Sie verschonte den Lord, ließ ihn schwach aussehen, weil er aufgegeben hatte, statt bis zum Tod zu kämpfen. Seitdem stellte niemand mehr die Stärke des Hauses Ceresc infrage.

Ihr Wappen zeigte eine Schleiereule, die Flügel ausgebreitet – als bremste sie einen Sturzflug ab – die Krallen nach einer Ratte ausgestreckt, die vor ihr auf dem Erdboden kroch. Im Hintergrund zogen Wolken am Vollmond vorbei.

Schärfer als jede Klinge, unbeugsam wie das Meer – so ihr Leitspruch.

Nach ihr betrat Mordred den Saal, die übliche Bitterkeit in seinem Gesicht. Er verbeugte sich vor Arthur und seiner Gemahlin, während er Guineveres Hand in die seine nahm und einen Kuss auf ihre Finger hauchte.

Erst jetzt fiel mir die Brosche um ihren Hals auf – sie funkelte in Mordreds blauvioletten Augen. Ich konnte nicht anders, als zu bemerken, wie attraktiv er aussah, wie edel, mit dem schwarzen Pelzmantel über seiner violetten Tunika.

Mit einem flüchtigen Blick auf mich setzte er sich an einem der vertikal ausgerichteten Tische.

»Vergiss nicht«, sagte Lancelot, nachdem er mir erklärt hatte, dass Oliver und sein jüngerer Bruder Gloris von Cornwall sowie Hosta Nasdir als einzige Lords Arthurs Einladung nicht gefolgt waren, »du bist der Knappe des zukünftigen Königs. Also lass dich nicht behandeln, als wärst du ein Insekt, das zerquetscht werden müsse. Verschaff dir Respekt.«

Es hörte sich an, als würde er aus Erfahrung sprechen. Nur, wenn ich all diese Lords und Ladys ansah – vor allem Lady Astah – hatte ich keine Ahnung, wie ich das anstellen sollte. Wie sollte ich den Respekt einer Frau erlangen, die das Heer eines Mannes zertrümmert hatte, als wäre es nichts weiter als ein Turm aus Bauklötzen? Wenn ich sie anblickte, fühlte ich mich wie ein kleiner Junge, wie das Kind, das weinend aus seiner Heimat geflohen war.

»Aber …«, hörte ich den Ritter dann von sich geben, »provoziere wenn möglich keine Auseinandersetzungen. Erhebt jemand die Hand gegen dich, ist das eine Beleidigung gegen Arthur. Diese Mischung hier ist explosiv wie eine von dem verrückten Alchemisten in seiner Höhle unten; ein falsches Wort und die Burg fliegt in die Luft. Also … sag nicht mehr, als du musst. Immerhin sind wir hier, um Verbündete zu gewinnen, nicht noch mehr Feinde.«

Die Diener brachten das Essen. Auf goldenen Tabletts brachten sie gebratene Gänse, Schweinepasteten und dampfende Hühnersuppen in den Saal. Brote wurden ausgelegt sowie Teller mit Käse und Trauben, mit Feigen und saftigen Kirschen und Äpfeln. Gefüllte Forellen folgten kurz darauf und überall stieg der Duft von zartem Fleisch in die Luft.

Mein Magen knurrte – alles, was ich zum Abend gegessen hatte, beschränkte sich auf ein Brot und kalte Erbsensuppe. Dass die Suppe kalt gewesen war, war meine Schuld, aber das war nicht der Punkt.

Lancelot betrachtete mich mit hochgezogener Augenbraue, als ich über das viele Essen staunte – vermutlich, weil er genau wusste, welche Gedanken meinen Kopf durchkreuzten. Dann riss ich mich zusammen, konzentrierte mich auf das, wofür ich hier war.

Arthur saß direkt vor mir, Guinevere zu seiner Linken. Nachdem all das Essen gebracht worden war, erhob er sich von seinem Platz, ein Glas in der Hand, mit Wein gefüllt, den ich ihm eingegossen hatte.

»My Lords«, verkündete er, »my Ladys, ich danke euch für die Möglichkeit, euch in dieser Burg zu beherbergen, mein Brot mit euch zu teilen und die Konflikte, die zwischen uns stehen, ein für alle Male aus der Welt zu schaffen. Möge der Beginn des morgigen Turniers Frieden schaffen und möge der Sieger, der aus ihm hervorgeht, Ehre für sein Haus bringen.«

Er hob sein Glas noch einmal in die Höhe, bevor er daraus trank. Die anderen Lords und Ladys folgten seinem Beispiel und tranken mit ihm auf das Turnier und den Beginn des Friedens mit ihm. Daraufhin eröffnete Arthur das Mahl. Hinten in der anderen Ecke des Saals spielten Musiker, sorgten mit ihren Instrumenten für Heiterkeit, während das Murmeln etlicher Gespräche innerhalb der vier Wände vibrierte wie die Oberfläche einer Glocke, nachdem man mit einem Hammer auf sie geschlagen hatte.

Ich beobachtete Arthur, wie er sich bemühte, mit all den Lords und Ladys ins Gespräch zu kommen, sie zum Lachen zu bringen und – überraschenderweise auch – ihnen zu schmeicheln. Guinevere tat dasselbe. Was das anging, war das Ehepaar ein eingespieltes Team.

In Wirklichkeit beneidete ich sie sogar – für die Blicke, die sie sich einander zuwarfen und das verlegene Schmunzeln, das sie einander gaben. Wenn ich die beiden dabei beobachtete, musste ich stets an Morgana denken.

Mit seinem Weinglas in der Hand begab sich Arthur zu Lady Ceresc. Sie lauschte seinen Worten aufmerksam. Ich beobachtete, wie sie ihn musterte, wie sie jedes Detail von ihm aufnahm, ihn betrachtete, als wäre sie ein Raubtier und er ihre Beute. Ihre Augenbrauen besaßen eine seltsame Form – an ihren jeweiligen Enden, wo sie sich zum Ohr neigten, formten sie sich in einer Spitze nach oben, um dann wieder nach unten zu fallen, sodass sie im Ganzen aussahen wie kleine Hörner.

Es verlieh ihrem Gesicht eine unheimliche Note – eine beinahe boshafte Bedrohlichkeit.

Während Arthur mit ihr sprach, blieb ihre Miene kalt. Nur wenige Male beugten sich ihre Mundwinkel nach oben – und wenn, dann auf eine Art, die mir die Nackenhaare zu Berge stehen ließ.

Arthur trank mit ihr, warf ihr ein schmeichelndes Lächeln zu, bevor er sich zu Memphis Yaesh begab (Lord von Roi) – ein breitschultriger Mann mit einem Bart, dessen Ende er mit silbernen Ringen in zwei Zöpfe gebunden hatte.

Astah Ceresc sah ihm hinterher, als er ging, hungrig wie ein Wolf oder wie die Schleiereule ihres Wappens. Nicht weit weg von ihr drehte sich einer der Lords zu Lancelot und mir um.

»Mehr Wein!«, verlangte Vasilias Finir, Lord von Aang Hai und einer der wenigen Verbündeten des Hauses Pendragon.

Mit dem Weinkrug in meinen Armen begab ich mich zu ihm, schenkte ihm mit all der Vorsicht und Eleganz, die ich aufbringen konnte, mehr Wein ein.

An diesem Abend trug auch ich feinere Kleidung, als mir gebührte – glänzend schwarze Stiefel, eine braune Hose, ein sanftes graues Hemd, darüber eine ärmellose rote Tunika, auf deren Mitte man einen feuerspeienden Drachen gestickt hatte.

»My Lord«, sagte ich, während ich mich verbeugte.

Als ich wieder fast bei Lancelot ankam, packte mich eine Hand am Arm – meine Muskeln waren gewachsen, denn als mich das letzte Mal jemand dort gepackt hatte, reichten die Finger noch um sie herum. Jetzt taten sie es nicht.

Ich drehte mich zu der Person, die mich gepackt hatte und erschrak, als ich in Lady Astah Cerescs Gesicht starrte. Mein Blut gefror.

»Dasselbe für mich«, sagte sie.

Ich neigte meinen Kopf.

»My Lady«, gab ich von mir.

Auf ihrem kleinen Finger und auf dem Ringfinger befanden sich zwei Krallen, welche vermutlich die einer Eule nachahmen sollten. Der Stahl bohrte sich in meine Haut und ich war froh, als sie mich losließ. Dann, mit viel Mühe, nicht zu erschaudern, goss ich den Wein in ihr Glas. Nachdem ich es fast bis zum Rand gefüllt und mich wieder umgedreht hatte, packte sie mich erneut am Arm. Die Krallen bohrten sich erneut in mein Fleisch. Ich zuckte zusammen.

Lady Astah betrachtete mich mit wachsamen Augen, das Rot-orange in ihnen wie das einer ewigen Flamme. Als sie ihre Hand von mir nahm, blieb ich stehen, weil ich wusste, sie würde mich wieder greifen, wenn ich ging.

Mit den Krallen an ihren beiden Fingern strich sie durch mein Gesicht, wanderte an meiner Wange entlang. Ich spürte die Kälte des Stahls, spürte, dass er scharf genug war, um mich aufzuspießen, aber nicht lang genug, um mich zu töten.

»Du hast ein trauriges Gesicht, Junge«, sagte sie und betrachtete mich noch einen Moment länger.

In ihren Augen erkannte ich mein Spiegelbild – ein Bild, das ich nur ansah, wenn ich es nicht vermeiden konnte. Die graue Iris war ungewöhnlich und starrte auf mich zurück.

»Wie lautet dein Name, Kind?«, fragte sie dann.

»Parzival, my Lady.«

»Parzival«, ließ sie den Namen auf ihrer Zunge zergehen.

Jenen Namen, den Pathosth mir gegeben hatte; an jenem Tag, an dem mich jemand als Säugling vor den Toren seiner Schule ausgesetzt hatte.

»Sag mir, was verbirgt sich hinter all dem Trubel? Sicherlich ist es nicht nur das Turnier, weshalb sich dein Lord solch Mühe gibt, uns allen zu gefallen …«

»Ich fürchte, ich bin nicht in der Position, Euch mit dieser Information zu versorgen, my Lady – ich bin nur ein Knappe. Ihr werdet bis zum Ende des Turniers warten müssen.«

Astah Ceresc gab mir ein gefährliches Grinsen.

»Du weißt, mit wem du hier sprichst, nicht wahr, Kind?«

»Das tue ich«, antwortete ich, »und ich hege höchste Achtung für Euch. Aber ich kann nicht von mir geben, was ich nicht weiß. My Lady.«

Eine Lüge. Sie erkannte es. Grinste. Mein Herz hämmerte in meiner Brust. Ich versuchte, eine kühle Miene zu bewahren.

»Du besitzt Temperament für einen Knappen«, entgegnete sie, »welch Schande, dass es an einen Mann wie Arthur Pendragon verschwendet wird – du würdest einen guten Ritter abgeben … und einen noch besseren Isgardi.«

Isgardi – so nannten sich die Gefolgsleute des Hauses Ceresc und die Bewohner der Insel Isgard. Seit Generationen bestand die Armee der Cerescs ausschließlich aus Frauen; nur wenigen Männern war es erlaubt, ein Teil des Heeres zu werden und das nur, wenn sie sich als würdig erwiesen.

Die meisten taten es nicht.

»Sieh«, meinte Lady Astah dann, als sie ihren Kopf in die Richtung der Tische vor sich drehte.

Ich folgte ihrem Blick, schaute auf die Massen an Menschen vor mir, die lautstark miteinander sprachen, während sie wild um sich gestikulierten.

»Dort«, gab Astah von sich.

Mit einem Nicken deutete sie auf eine junge Frau, die aus der Menge herausstach.

Kurzes weißes Haar bedeckte ihren Kopf, die Augen in einem blassen Silber. Sie trug blaue Kleidung, über der sich ein Umhang in demselben Blau befand, die Schulterstücke waren mit Lederbändern verbunden, die wie ein Kreuz über ihren Oberkörper gingen.

»Meine Tochter«, erklärte Lady Astah, »Ellaria Ceresc. Sie wird in meinem Namen am Turnier teilnehmen.«

Ellaria sah in diesem Moment zu ihr. Lady Astah nahm ihr Weinglas, hob es an, als würde sie mit ihrer Tochter anstoßen – welche die Geste erwiderte. Beide tranken einen Schluck. Dann sah Lady Astah zurück zu mir, geduldig wie eine Katze, die beobachtete, wie eine Maus direkt in die Falle huschte, die sie ihr gestellt hatte.

»Wie könnt Ihr –«

»Eine Tochter gebären ohne Ehemann?«, beendete sie meine Frage, weil sie genau darauf gewartet hatte.

»Ich habe es nicht«, erklärte sie.

Dann lehnte sie sich in die Lehne des Stuhls hinein, ihre Augen ohne eine Unterbrechung auf mich gerichtet – den Jungen mit dem traurigen Gesicht.

»Die Isgardi halten nichts von der Reinhaltung des Blutes – das Blut mag rein sein, aber wenn jemand nicht das Herz einer Kämpferin – oder eines Kämpfers – besitzt, ist diese Person wertlos für mich. Mein Blut mag nicht durch Ellarias Adern fließen, aber sie ist ebenso meine Tochter wie ich ihre Mutter bin. Ich erwählte sie als meine Erbin, weil ich weiß, sie ist nicht nur stark, sondern weise. Wenn sie das Turnier gewinnt, umso besser.«

Diesmal war ich es, der grinste. Ich sah auf die Tischreihen vor uns und betrachtete Ellaria Ceresc, deren Gesichtszüge so sehr der Frau ähnelten, die neben mir saß, dass ich wunderte, ob sie nicht doch dasselbe Blut teilten.

»Eine Freundin von mir würde Euch sehr mögen«, meinte ich zu Astah.

Sie neigte ihren Kopf leicht zur Seite, schenkte mir das Grinsen eines Wolfes, während ich daran dachte, dass Morgana bei den Isgardi vielleicht besser aufgehoben wäre als bei mir.

Die Insel lag im Osten, einen dreiwöchigen Ritt entfernt, vielleicht weniger – die Seeüberfahrt nicht mitgerechnet. Morgana wäre weit weg von hier, in sicherer Entfernung von Arthur, von alldem, was sie an das erinnerte, was sie verloren hatte. Und von mir, der vielleicht der Grund dafür war, dass sie zu der wurde, die sie niemals werden sollte.

»Vielleicht stellst du uns eines Tages vor«, meinte Lady Astah.

Ja, dachte ich, vielleicht; vielleicht sogar früher als später.

Sie hauchte mir noch ein weiteres Lächeln zu. Dann ließ sie mich gehen.

Ich stellte mich zurück auf meinen Platz, neben Lancelot in seiner glänzenden Rüstung, die Tristan stundenlang poliert hatte, der Weinkrug in meinen Händen leichter als zuvor. Lancelot hatte mich beobachtet, während Lady Astah mit mir gesprochen hatte. Ich hatte es gesehen, als sie mich mit ihren Krallen gepackt hatte.

»Was wollte sie?«, fragte er, seine Stimmer ernst, fast streng.

Ganz genau konnte ich es ihm nicht sagen. Das Gespräch mit ihr hatte eine rasche Wendung genommen, von was-hat-Arthur-vor bis reines-Blut-nützt-nichts und wir-sind-alle-Kriegerinnen.

»Ich bin mir nicht sicher«, antwortete ich.

»Hat sie dir gedroht? Oder Arthur?«

Ich spürte, wie sich die Falten auf meiner Stirn bildeten.

»Ich bin mir nicht sicher«, antwortete ich.

Als ich weiter darüber nachdachte und Lancelots verwirrten Blick aus den Augenwinkeln sah, ertönte plötzlich ein lautes Lachen aus der Richtung, wo Arthur noch immer neben Lord Memphis Yaesh stand. Der Mann klopfte ihm mit seiner breiten Hand auf den Rücken, als sein Mund weit aufging und er ein Lachen von sich gab, das einem Gebrüll sehr ähnlich kam. Auf seinem Kopf befand sich ein Iro – ein einziger Streifen an braunem Haar. Die Koteletten an den Seiten seines Gesichts wuchsen nach unten in Richtung seines Kinns, hörten allerdings in der Höhe seiner Mundwinkel auf, wo sie sich mit dem Rest seines Bartes vermischten.

Arthur lachte mit ihm. Dann winkte er mich mit zu sich.

»Ihr wollt also diesen Jungen für Euch kämpfen lassen«, stellte Lord Yaesh fest, als ich ihm Wein einschenkte.

»Mordred«, korrigierte Arthur, »ja.«

»Ist der Bursche überhaupt ein Ritter?«

»Einer meiner besten.«

»Hat er einen Knappen?«

»Er wird meinen haben«, antwortete Arthur, unglücklicherweise als ich gerade dabei war, sein Glas zu füllen.

Die rote Flüssigkeit quoll über den Rand und auf seine Finger. Arthur erschrak, stieß seinen Arm von sich, um seine Kleidung vor Weinflecken zu bewahren. Dann schoss er mir einen bösen Blick zu. Ich schluckte heftig.

Memphis Yaesh bellte sein Lachen.

»Hoffentlich ist er geschickter mit dem Schwert als mit einem Weinkrug«, sagte der Mann lachend.

»Er sollte es besser sein«, murmelte er, leise genug, dass Lord Yaesh es nicht hörte, aber laut genug für mich, den Unterton in seiner Stimme zu erkennen.

»Verzeiht, my Lord«, entschuldigte ich mich.

Als ich mich zurück zu meinem Platz begab, sah ich in Mordreds Richtung, der sich mit den Rittern unterhielt, die neben und vor ihm saßen. Ich fragte mich, ob er bereits von seinem Glück wusste.

Vermutlich nicht, anderenfalls hätte ich heute viel mehr seiner gehässigen Blicke erhalten.

Plötzlich öffneten sich eine der gigantischen Türen des Speisesaals. Eine Wache eilte zu Arthur, flüsterte ihm ins Ohr, woraufhin sich die Augen des Lords schlagartig weiteten.

»Bring den Mann herein!«, hörte ich ihn den Befehl erteilen.

Kurz bevor die Wache die Türen erreichte, sprangen sie offen.

Die Fackeln zitterten bei dem Wind. Ein Mann stand dort – ein Mann, der mir das Blut in den Adern gefrieren ließ. Sein Auftritt brachte die Musik zum Schweigen, die Gespräche zum Verstummen.

Kalte Augen observierten den Saal und all jene, die sich in ihm befanden.

»Hosta Nasdir«, sagte Lancelot, »Lord von Lhagrazh.«

Die Stimme des Ritters klang, als könnte er nicht glauben, was sich vor ihm abspielten. Und ich konnte nicht glauben, dass es *dieser Mann* gewesen war, den Astah Ceresc mit ihren Kriegerinnen in die Flucht geschlagen hatte.

Zerberstet die Schädel und mahlt sie zu Staub - so lauteten die Worte von Haus Nasdir.

Drei senkrecht ausgerichtete Speere verzierten sein Wappen. Auf jedem von ihnen befand sich ein aufgespießter Kopf. Und weil das anscheinend nicht einschüchternd genug war, sah der Lord selbst aus wie ein Biest, sein Gesicht kantig, die Knochen spitz wie Klingen. Drei Narben erkannte ich. Zwei wanderten über jeweils ein Auge, die dritte Narbe befand sich auf dem Nasenknochen. Mit blutroter Farbe hatte er sie übermalt, sodass niemand sie übersehen konnte.

Rüstung bedeckte seine Schultern, Tierfell seinen Hals und den oberen Teil seiner Brust. Der Rest des Oberkörpers blieb frei, die Muskeln härter als Stein, hervorgehoben durch die Schatten der Fackel neben ihm. Eine gigantische Doppelaxt trug er auf seinem Rücken, die eine Klinge größer als die andere. Sie war diagonal an seinem Rücken angebracht, überkreuzte ein Breitschwert, das ebenfalls dort hing.

An der Klinge der Axt klebte getrocknetes Blut.

Als ich zu Astah Ceresc sah, entdeckte ich keinerlei Angst – sie grinste ein hungriges Grinsen, ihr Gesichtsausdruck wirkte, als würde sie einen alten Liebhaber wiedersehen.

»Was ist es für eine Gastfreundlichkeit, wenn der Gastgeber seinem

Gast den Zutritt verweigert?«, verkündete Nasdir, seine Stimme wie das Zähnefletschen eines Bluthundes.

»My Lord«, hallte Arthurs Stimme durch den Saal, vorgetäuschte Freundlichkeit auf seiner Zunge.

Er gab sich wirklich Mühe.

»Soeben befahl ich meiner Wache, Euch zu uns zu geleiten. Ich bitte Euch, nehmt Platz!«

Der Tisch, an dem Arthur und all die anderen Lords und Ladys saßen, bot noch Platz für mehr, einige Sitze standen sogar noch leer.

Hosta Nasdir begab sich nach vorn zu uns, während seine Gefolgsleute die Tische vor uns besetzten.

Mit ihm waren sie alle hier. Alle außer Oliver und Gloris von Cornwall.

Die Spiele konnten beginnen.

***

Das Turnier begann am nächsten Morgen. Tausende versammelten sich in und vor der Arena, Ritter und die auserwählten Vertreter ihrer Häuser bereiteten sich vor.

Für Mordred stand ein Zelt bereit, in dem er sich erholen konnte, wenn er gerade nicht antreten musste, wo ich – als sein provisorischer Knappe – ihm helfen konnte, seine Rüstung an- und abzulegen und wo der Lechitel seine Wunden versorgen würde.

Ich hatte auf ihn gewartet, hatte sein Pferd gefüttert und gesattelt, sein Schwert geschliffen – das majestätische Schwert, welches Arthur ihm geschenkt hatte, mit dem Heft eines feuerspeienden Drachen – und seine Rüstung poliert. Mit größter Sorgfalt hatte ich alles erledigt, selbst wenn es Mordred war, für den ich es tat. Letzten Endes repräsentierten wir beide dasselbe Haus.

Draußen hörte ich das Wiehern der Pferde, hörte Gespräche und Bier fließen, Wetten wurden abgeschlossen und Witze über jene erzählt, die man als keine Konkurrenz erachtete.

Die Luft war frisch, aber nicht kalt – eine willkommene Abwechslung zur Luft in der Burg oder der der Bibliothek oder der des Raumes unterhalb der Bibliothek. Nichtsdestotrotz bildete sich Gänsehaut auf meinen Armen. Ich erinnerte mich an den gestrigen Abend, an all die strengen Blicke, die man Arthur zugeworfen hatte, an meine Unterhaltung mit Astah Ceresc und an Hosta Nasdir.

Arthurs Vorhaben war eine Tortur – ein Wunder müsste geschehen, um all diese Lords und Ladys dazu zu bringen, das Knie vor ihm zu beugen. Vor allem aber besorgte es mich, dass ich nicht wusste, ob Arthur bis zum Ende des Turniers noch leben würde.

Viele jener, die nun hier in Camelot waren, gehörten zu den Feinden der Pendragons, andere waren einstige Verbündete, deren Bündnis mit Uther Pendragons Tod geendet hatte. Nur wenige zählten zu Arthurs Verbündeten.

Mordred betrat das Zelt, seine Miene angespannt. Er begegnete mir mit keinem Kommentar, was wohl bedeuten musste, dass er bereits in Erfahrung gebracht hatte, dass ich ihm während des Turniers als Knappe dienen sollte.

Lanzenstechen lautete die erste Disziplin. Mordreds Pferd stand bereits seit einer halben Stunde bereit, seine Lanzen befanden sich in der Arena. Alles, was er noch tun musste, war, seine Rüstung anzulegen. Ich half ihm dabei, die Platten nacheinander anzubringen, die Schnüre festzuziehen, sodass nichts verrutschte. Nachdem er seine Handschuhe angezogen hatte, fehlte nur noch sein Helm.

Mordred versuchte, sich keinerlei Nervosität anmerken zu lassen. Aber ich hatte sie bemerkt, seit er das Zelt betreten hatte.

Den Helm unter seinem Arm geklemmt, machte er sich auf den Weg hinaus. Ich eilte ihm hinterher, mit seinem Schwert in meinen Händen – für den Fall, dass er es brauchte. Poet hatte er es genannt, was für Mordred ein recht einfallsreicher Name gewesen war.

Vor seinem Pferd blieb er stehen, streichelte es mit seinen Stahlhandschuhen am Nacken, dann an der Mähne. Mit einem langen Atemzug pustete er die ganze Luft aus seinen Lungen, als könnte er damit sein rasendes Herz zum Schweigen bringen. Ich betrachtete ihn. Stellte fest, dass ich in diesem Moment nicht leugnen konnte, dass ich einen Hauch Sympathie für ihn empfand.

»Ich werde da sein, wenn Ihr mich braucht«, sagte ich höflich.

»Das solltest du besser«, erwiderte er und stieg auf das Pferd.

Vielleicht war es doch keine Sympathie … vielleicht hatte ich einfach nur Mitleid. Ich nahm die Zügel und führte ihn zu einem der insgesamt vier Eingängen der Arena – einer für die Lords und Ladys, einer für all die anderen Zuschauer und zwei für die Teilnehmer. Arthurs Stimme hallte in der Ferne wie das Echo, nachdem man in eine Höhle gerufen hatte. In der Rede, die er hielt, betonte er, wie viel dieses Turnier zum Frieden beitrüge und dass dieser fortbestehen sollte, bis ans Ende der Zeit. Dass mit dem Ende des Turniers der Krieg erst richtig beginnen würde, wusste zu diesem Zeitpunkt noch niemand.

»Wir leben in Zeiten des Friedens, Parzival.«

»Aber er ist zerbrechlich. Er hält nur so lange an, wie die Geduld der Menschen es ihm erlaubt.«

Arthurs Rede endete mit der Ankündigung der ersten Kämpfer – Sir Mordred, Repräsentant des Hauses Pendragon, und Sir Jaquen, Repräsentant des Hauses Dovatel.

Wie es Mordred geärgert haben musste, dass Arthur ihn nicht als Lord, sondern nur als Ritter angekündigt hatte.

Ich führte sein Pferd in die Arena. Die Lanzen warteten bereits auf ihn, drei Stück auf einem Ständer ausgerichtet, die für eine Runde reichen sollten. In einer Runde erfolgten höchstens drei Durchgänge, in denen einer der Ritter den anderen vom Pferd stoßen musste. Wer das geschafft hatte, gewann die Runde und durfte sein Können in der nächsten Runde unter Beweis stellen, so lange, bis er selbst vom Pferd gestoßen wurde.

Saßen beide nach drei Runden noch immer auf dem Pferd, schieden beide aus.

Jede Runde begann damit, dass die Antretenden ihren Lords und Ladys den Respekt zollten. Mordred, mit dem Helm noch immer unter seinem Arm geklemmt, verbeugte sich vor Arthur, die Augen auf ihn gerichtet, seine Miene leer. Sir Jaquen verbeugte sich vor seiner Lady – Svenja Dovatel, Lady von Cyrian.

Danach ritten sie zurück zu ihren jeweiligen Posten, von denen sie starten würden. Mordred setzte seinen Helm auf, das Visier war geschlossen. Ich reichte ihm die erste Lanze, woraufhin er sein Pferd in die Richtung seines Gegners lenkte.

Selbst durch den Helm hörte ich ihn schwer ausatmen.

Musiker standen auf der Tribüne; sie sorgten für Trommelwirbel. Um sie herum saßen all die Zuschauer – Diener der Lords und Ladys, Ritter, die nicht am Turnier teilnahmen, Bewohner Camelots, Herren und Damen des Hofes. Sie alle lauschten dem Trommelwirbel, ihre Gesichter gespannt, erwartungsvoll und aufgeregt.

Ich hörte mein eigenes Herz schlagen, im Takt der Trommeln pumpte es das Blut durch meinen Körper und obwohl es mich mit Sauerstoff versorgte, fühlte es sich an, als würde ich jeden Moment das Bewusstsein verlieren.

Plötzlich schwiegen die Trommeln. Und für einen Moment herrschte absolute Stille. Dann preschten beide Reiter aufeinander los.

Die Hufe der Pferde stampften auf den Boden, ihr Tempo schneller werdend, die Lanzen auf den Körper des anderen gerichtet. Mordred wich dem Stoß seines Gegners aus, fiel dabei beinahe vom Pferd, schaffte es aber, sich an den Zügeln auf dem Sattel zu halten. Er stieß zu und die Spitze der Lanze brach entzwei. Holz zersplitterte in tausend Teile, die Zuschauer schnappten nach Luft, als sie sahen, wie Sir Jaquen kämpfte, um sich auf dem Pferd zu halten.

Er schaffte es.

Woraufhin beide zurück zu ihren Ausgangsposten gingen. Ich nahm Mordred die Lanze ab und ersetze sich durch eine neue. Zwei Versuche blieben ihm noch, um Sir Jaquen aus dem Sattel zu stoßen. Zwei Versuche.

Der nächste Durchgang verlief genau wie der erste, nur dass es diesmal Mordred war, den die Lanze getroffen hatte. Als er wieder bei mir stand, hörte ich ihn heftig atmen. Die Stahlplatten an seinem Körper klapperten wie die Schnäbel hungriger Krähen. Ich musste seine Lanze nicht auswechseln, aber ich tat es nichtsdestotrotz.

Dann bereitete er sich auf den dritten Durchgang vor. Wieder ertönte der Trommelwirbel und mit jedem Durchgang kam es mir vor, als hielte er länger an. Mordreds Körper bewegte sich auf und ab. Ich sah die Anspannung in seiner Haltung. Aber ich konnte sie auch bei Sir Jaquen sehen.

Die Trommeln schwiegen.

Mordred gab seinem Pferd einen heftigen Stoß. Mit einem lauten

Wiehern schoss das Tier los; es gewann an Tempo, schnell, schneller als Sir Jaquens Pferd. Seine Lanze auf den Ritter gerichtet, beugte sich Mordred nach vorn, lehnte sich in den Sattel hinein, bis es nicht mehr ging und rammte Sir Jaquen die Lanze gegen den Brustkorb.

Holz splitterte.

Der Ritter fiel vom Pferd, landete mit einem lauten Klappern seiner Rüstung auf dem Boden.

Die Zuschauer brachen in Applaus aus.

Mordred allerdings schenkte ihnen keinerlei Beachtung. Er warf die Lanze auf den Boden und nahm seinen Helm ab. Sein Blick richtete sich nach vorn, nicht zu all den Menschen, die seinen Namen schrien, nicht zu den Lords und Ladys, die ihm applaudierten, nicht zu Arthur. Sein Kiefer war angespannt. Sein Gesichtsausdruck gleichgültig, beinahe, als wäre er genervt. Die schwarzen Locken klebten an seiner nassen Stirn; doch selbst verschwitzt sah er attraktiv aus – seine schmalen Lippen und die dunkelvioletten Augen das Bild der Verführung.

Als er bei mir ankam, stieg er vom Pferd und übergab mir die Zügel, ohne ein Wort von sich zu geben. Während wir die Arena verließen, begegneten wir bereits dem nächsten Ritter, der darauf wartete, angekündigt zu werden.

»Du hasst ihn«, stellte ich fest, als wir im Zelt angekommen waren und ich wusste, dass uns niemand zuhörte, »weshalb also trittst du für ihn an?«

Mordred betrachtete mich mit seinem verschwitzen Gesicht, mit der Strenge in seinen Muskeln und dem Hass, der ständig in seinen Augen brannte wie ein Feuer, das eine ganze Stadt verschlungen hatte und nun danach strebte, die ganze Welt zu zerfressen.

»Ich habe mich schon gefragt, wie lange deine vorgetäuschten Manieren andauern würden«, war alles, was er mir entgegnete.

Ich war nicht in der Stimmung, diese Art von Gespräch mit ihm zu führen. In Wirklichkeit machte es mich sogar wütend. Er verschwendete meine Zeit – Zeit, die ich bei Arthur verbringen sollte, um für seinen Schutz zu sorgen; um dafür zu sorgen, dass er das Turnier überlebte und besonders jene Momente, in denen er den Köder für seine eigenen Fallen spielte.

»Jetzt eröffnet er selbst die Jagd auf Euch. Und er wird bald hier sein.«

»Warum?«, fragte ich ungeduldig, seine vorherige Aussage ignorierend.

»Denkst du, ich hatte eine Wahl?«, fauchte Mordred.

All der Zorn, den er so vorsichtig für sich behalten hatte, schoss mit einem Mal aus ihm heraus.

»Denkst du, ich wollte für ihn antreten? Ich hasse ihn. Er ist ein Monster. Er ist grausam und ich hasse ihn!«

Mordred atmete heftig. Seine Wut war offensichtlich. Aber in seinen Augen sah ich noch etwas anderes.

»Du fürchtest ihn«, stellte ich fest.

»Das tat ich«, sagte der junge Ritter, sein Mund eine strenge Linie, »einst. Aber jetzt nicht mehr.«

»Lügner!«

Mordred war außer sich vor Wut. Ich sah seine mit spitzen Stahlplatten verzierte Faust auf mich zufliegen. Überraschenderweise schaffte ich es, seinem Schlag auszuweichen. Was ihn nur noch wütender machte – sofern das überhaupt möglich war.

Mit der linken Hand packte er mich am Kragen, zog mich zu sich heran, während er mit der anderen Hand ausholte. Die Klinge an seiner Kehle hielt ihn davon ab, seine Faust in mein Gesicht zu vergraben. Sein Gesicht zeigte keinerlei Schock, nur Anspannung und Wut, als er seine Faust senkte und seinen Griff von meiner Kleidung löste.

Ich ließ den Dolch noch einen Moment lang an seiner Kehle, weil es sich gut anfühlte, ihn besiegt zu sehen – ihn, der mir mit seinem Schwert einen glatten Schnitt verpasst hatte, von der Schläfe bis zum Kinn. Wie fühlte es sich wohl an dasselbe mit ihm zu tun?

Plötzlich erinnerte ich mich an den Moment, in dem er denselben Dolch an meine Kehle gehalten hatte. Schmerz hatte ich in seinen Augen gesehen. Und Schmerz sah ich erneut in ihnen, versteckt hinter dem Hass.

Ich entfernte die Klinge, drehte den Dolch in meiner Hand, sodass der Griff zu ihm zeigte; der Griff mit diesen fabelhaften Schnitzereien.

»Hier«, sagte ich, »er gehört dir.«

Mordred starrte den Dolch an, als hielte ich einen von Maden zerfressenen Kadaver in meiner Hand. Wie gerne hätte ich gewusst, was in diesem Moment in seinem Kopf vorging …

»Behalte ihn«, überraschte er mich, »ich will ihn nicht haben.«

Verwundert sah ich ihn an, seinen Worten nicht ganz trauend. Doch dann erkannte ich, dass er es ernst meinte und steckte den Dolch zurück in die Scheide, die Valden mir gegeben hatte. Danach half ich ihm aus seiner Rüstung, als wäre nichts passiert. Mehrere Stunden blieben uns noch bis zu seinem nächsten Kampf – Stunden, die ich an Arthurs Seite und Mordred entweder in der Burg oder in der Arena verbringen würde.

»Ich weiß, du verabscheust mich«, gab Mordred plötzlich von sich, kurz bevor er das Zelt verließ, »aber du tätest gut daran, nicht zu vergessen, mit wem du sprichst. Ich bin ein Lord – Arthur selbst gab mir den Titel; und Land dazu. Wenn dir dein Leben lieb ist, begegnest du mir endlich mit dem Respekt, der mir gebührt.«

Mit seiner Hand öffnete er einen Spalt, durch den er das Zelt verlassen wollte. Doch er zögerte und drehte sich wieder zu mir um.

»Halte dich während des Festmahls von Arthur fern.«

Er wollte gehen, doch zögerte erneut.

»Es ist ein gut gemeinter Rat«, ergänzte er.

***

Mordred trat am ersten Tag des Turniers noch mehrere Male an. Die meisten seiner Gegner hob er beim ersten Durchgang aus dem Sattel. Nur blieb seine Miene immer gleich, mit derselben Lustlosigkeit, die er nach seinem ersten Sieg gezeigt hatte.

Ich hatte mich regelmäßig dabei ertappt, wie ich nach Morgana Ausschau hielt. Kein einziges Mal hatte ich sie gesehen und ich redete mir ein, dass es unmöglich wäre, sie in dieser gigantischen Menschenmasse zu finden. Was mir jedoch nicht entgangen war, waren die Blicke, die Mordred Arthur gegeben hatte. Sie waren besorgniserregend, besonders, weil ich nicht herausfinden konnte, was sie bedeuteten.

Seine violetten Augen starrten zu dem Lord hinauf, manchmal wie ein Kind, das von seinem im Sterbebett liegenden Vater Abschied nahm; manchmal wie ein Mann, der seinen Rivalen endlich besiegt sah – was er Jahrzehnte lang erstrebt hatte, war nun geschafft, doch was er fühlte, war nicht der Triumph, den er erwartet hatte, sondern eine Leere, die er nicht verstand.

Nach dem, was Mordred mir im Zelt gesagt hatte, behielt ich ein wachsames Auge auf ihn. Er bemerkte es, doch es schien ihn nicht zu stören.

Nach vier Tagen hatte sich Mordred bis an die Spitze gekämpft, hatte einen nach dem anderen vom Pferd gestoßen, während ich ihm die Lanzen gereicht, seine Rüstung gesäubert und mich um sein Pferd gekümmert hatte.

Nicht ein Wort hatten wir seit unserer letzten Unterhaltung im Zelt miteinander gewechselt.

Am Nachmittag des vierten Tages, als sich die Sonne dem Horizont näherte, den Himmel mit einem warmen Orange bedeckte, trat er gegen Ragsnar Marekk an, jüngerer Zwillingsbruder von Iman Marekk, Lord von Trehebitian.

Zu Ehren seines älteren Bruders trug Ragsnar Marekk Imans Rüstung – der Helm in der Form eines zähnefletschenden Biestes, die Platten der Halsstütze wie eine Mähne aus schwarzem Fell, Wolfsköpfe als Schulterstützen, Krallen an den Handschuhen und an den Schuhen. Alles sollte das Wappentier des Hauses darstellen – ein Wolfsmensch, der einen Mann in Stücke gerissen hatte, die Klauen bluttriefend, das Maul offen, Zähne wie Dolche getränkt im Blut.

Ihr werdet verkümmern, lauteten die Worte des Hauses. Und angesichts dessen, was sie mit ihren Gefangenen in Trehebitian taten, glaubte ich, dass dieser Spruch nur zu gut passte. Allein der Gedanke ließ mich erschaudern, als ich die Rüstung weiter betrachtete.

Muskeln waren in den Brustharnisch eingearbeitet worden. Zum Unterkörper hin verwandelten sich die Platten in fellartige Formen, die Ragsnar aussehen ließen wie die Kreatur auf seinem Wappen. Er sah angsteinflößend aus.

Mordred gab seinem Pferd einen Stoß, der das Tier zum Wiehern brachte. Schnelligkeit und Kraft, darauf verließ sich der junge Lord. Aber Ragsnar Marekk besaß einen breiteren Körperbau als Mordred; er saß sicherer in seinem Sattel und ließ sich nichts anmerken, als die Lanze durch den Aufprall auf seinem Schulterpolster zersplitterte.

Dafür erwischte es den jungen Lord umso mehr.

Die Lanze rammte sich in seine Rüstung, knapp über der Stelle, an der sich sein Herz befand. Die Wucht hinter diesem Schlag ließ ihm nicht einmal die Chance, sich an den Zügeln festzuhalten. Sein Pferd fiel mit ihm auf den Boden. Das Wiehern des Tieres vermischte sich mit seinem Schrei, während all die Leute in der Arena erstarrten.

Von seinem Pferd aus starrte Ragsnar auf Mordred hinunter, sein Gesicht konnte ich hinter dem geschlossenen Visier nicht sehen. Ich beobachtete nur, wie er seinem Bruder einen Blick zuwarf. Iman nickte ihm zu, mit einem Gesichtsausdruck so scharf wie ein Dolch.

Dann fiel sein Blick auf mich, als ich an ihm vorbeisprintete. Ich konnte meine Augen nicht von dem Helm abwenden – die scharfen Zähne, die tödlichen Augen. Bei Mordred angekommen, half ich ihm auf. Sein Pferd war bereits von alleine wieder aufgestanden, wodurch ich nur noch Mordreds Arm über meine Schultern legen und in nach oben hieven musste.

Sobald er auf seinen Beinen stand, jubelte das Publikum.

»Ich hole einen Lechitel«, sagte ich, nachdem wir es bis in sein Zelt geschafft und ich ihn auf einen der Stühle abgesetzt hatte.

»Du wirst nichts dergleichen tun«, spuckte Mordred unter zusammengebissenen Zähnen.

Das Pferd war mit seinem ganzen Gewicht auf sein Bein gefallen.

»Ihr seid verwundet«, entgegnete ich, »*my Lord*.«

Mordred warf mir einen scharfen Blick zu. Ich erwiderte ihn, meine Miene stur, meine Zähne zusammengebissen, der Kiefer angespannt. Feuer brannte in dem Violett seiner Augen. Seine Schultern wanderten mit jedem Atemzug auf und ab.

»Hol Valden«, sagte er.

Diese zwei Worte überraschten mich mehr als alles, was er jemals gesagt hatte. Falten bildeten sich auf meiner Stirn. Nichtsdestotrotz tat ich, was er sagte, holte den verrückten Alchemisten – was recht viel Zeit beanspruchte, da sich Valdens Tempo sogar langsamer anfühlte als das einer Schildkröte.

Der alte Mann hastete hinter mir her, versuchte, Schritt zu halten, während er sich den Buckel hielt, als könnte er abfallen, wenn er sich zu schnell bewegte. Aus den Taschen seiner Robe hörte ich das Klimpern der vielen Fläschchen, die er mit sich trug.

Mordreds Miene zeigte Schock, als wir das Zelt betraten. Doch sobald er uns erkannte, verwandelte sich dieser Schock in seine übliche Bitterkeit – die Anspannung in seinem Kiefer am größten. Er war wütend. Und angespannt, zornig, erbost, verbittert und traurig. Aber er gab sich Mühe, all das vor jedem zu verbergen. Vor jedem. Seit dem Beginn des Turniers hatte er sich sonderbar verhalten – sonderbarer als sonst – und hatte alles, was seinen Gemütszustand verraten könnte, sorgfältig für sich behalten.

In Momenten, in denen nur er und ich alleine waren, hatte er mir gezeigt, was er für Arthur, Ector und all die anderen Menschen in Camelot empfand. Ich dachte, er hätte mir in diesen Momenten all seinen Hass gezeigt.

Ich hatte ja keine Ahnung.

Keine Ahnung von seiner Abscheu, die er für Arthur hegte. Und keine Ahnung von dem, was er bereit wäre zu tun. Oder von dem Grund, der ihn zu dem werden ließ, der an diesem Tag vor mir in seiner Rüstung auf dem Stuhl saß, mit seiner Bitterkeit im Gesicht – eine Maske, die nicht nur die Wahrheit verbergen, sondern ihm auch ermöglichen sollte, die Vergangenheit zu vergessen.

Aber er konnte es nicht.

Niemals.

Mordred deutete mit seinem Kinn auf das Bein, auf das sein Pferd gestürzt war. »Mein Fuß«, sagte er, »er schmerzt.«

Valden stand etwas aufrechter, warf Mordred einen Blick zu, der mich etwas nervös machte.

»Was? Denkt Ihr, ich bin fähig, durch Eure Rüstung hindurchzusehen? Oder sind die Schmerzen so groß, dass Ihr sie von allein nicht ablegen konntet?«

»Ich –«, Mordred schien verwirrt.

Noch nie hatte ich ihn so gesehen, unfähig, einem alten Mann mit einem seiner provokanten Kommentare zu begegnen – einem Mann, dessen Rang weit unter seinem lag, nur schaffte er es nicht, ihn daran zu erinnern, wie er es ständig bei mir tat.

Es war ein Anblick, der es mir kaum ermöglichte, mein Schmunzeln für mich zu behalten. Mordred sah es und es gefiel ihm ganz und gar nicht.

»Oh, behalte es ja für dich, Parzival«, drohte er mir.

»Ich sehe, Ihr seid diese scharfe Zunge nie losgeworden«, kommentierte Valden, bevor ich selbst reagieren konnte.

Valden drehte sich halb zu mir nach hinten, nickte auf Mordred und sagte mir, ich solle ihm die Rüstung, die seinen Fuß und sein Bein bedeckte, abnehmen. Der Lord sagte nichts. Nicht einmal, als ich die Platten grob entfernte und dafür sorgte, dass er seine Miene vor Schmerzen verzog.

Valden inspizierte den Knöchel.

»Er ist verstaucht«, stellte der Alchemist fest, woraufhin er eine seiner stinkenden Salben auftrug.

»Zwei Tage dürfte die Heilung dauern – wenn Ihr dafür sorgt, dass das Gelenk nicht belastet wird.«

Valden begab sich zum Ausgang des Zeltes, als Mordred ihm hinterherrief.

»Wartet!«

Dann richteten sich seine Augen auf mich.

»Lass uns allein«, sagte Mordred dann, sein Ton kalt.

Ich verließ das Zelt, kümmerte mich um das Pferd, während ich wartete. Kein Wort von dem, was sich zwischen Valden und Mordred abspielte, konnte ich hören. Nicht einmal ein Flüstern. Und als der verrückte Alchemist nach einer Weile das Zelt verließ, verriet sein Gesichtsausdruck nichts.

»Du wirst ein Auge auf ihn haben müssen – auf Mordred. Und Arthur. Auf sie beide«, sagte er, sein Blick nicht ganz auf mich gerichtet.

Dann nickte der Alte.

»Ja, ja, auf sie beide.«

Er wirkte abwesend. Als befänden sich seine Gedanken noch immer bei Mordred in diesem Zelt.

»Valden, was geht hier vor sich?«

Der Alchemist warf einen flüchtigen Blick auf das Zelt, als könnte er durch das Material hindurch sehen und beobachten, wie Mordred auf dem Stuhl saß, sich seinen verletzten Fuß rieb oder mehr Salbe auftrug oder tat, was auch immer er tat.

»Er bedeutet Ärger, ich weiß – verursacht Ärger, wohin er nur geht, der Bengel.«

Ich hörte Valden schwer ausatmen. Dann drehte er sich wieder zu mir.

»Aber ich vertraue darauf, dass du während des restlichen Turniers auf ihn Acht gibst.«

Ohne auf eine Antwort von mir zu warten, trottete der Alte davon, ließ mich alleine stehen und darüber wundern, ob seine Worte mehr zu bedeuten hatten, als sie von sich gaben.

***

Ragsnar Marekk gewann das Lanzenstechen noch am selben Tag, an dem er Mordred aus dem Sattel gestoßen hatte. Am Abend veranlasste Arthur ein feierliches Mahl, bei dem ich ihm wieder als Knappe diente und den Lords und Ladys Wein einschenkte. Mordred verhielt sich ruhig und vermied alle Gespräche. Er besorgte mich – sein ganzes Verhalten.

»Du wirst ein Auge auf ihn haben müssen – auf Mordred. Und Arthur. Auf sie beide«

Der junge Lord wirkte anders, nicht weniger zornig oder bitter. Teilweise sogar noch mehr – als ob er sich mehr Mühe gab, die Maske auf seinem Gesicht zu bewahren; als würde es immer schwieriger für ihn.

Gelegentlich sah er zu mir und ich wendete meinen Blick nicht von ihm ab, um zu verheimlichen, dass ich ihn beobachtete. Es war mir egal, ob er es wusste oder nicht. Ich würde ein Auge auf ihn behalten – wie Valden es gesagt hatte.

Doch es war nicht nur, was dieser verrückte Alte gesagt hatte, sondern *wie* er es gesagt hatte. Er war besorgt. Valden war nicht der Typ, der sich um andere sorgte – nicht auf diese Art jedenfalls.

Mordred sah wieder zu mir, sein Blick anders als sonst. Er bemühte sich, die Härte seiner Muskeln zu zeigen, die Gleichgültigkeit in seinen Augen zu bewahren. Aber je mehr er sich bemühte, desto weniger gelang es ihm.

Der Schmerz, den ich in seinen Augen entdeckt hatte, in dem Dunkelviolett, das seine Pupillen umschlang, ließ mich nicht los. Ich wollte es verstehen. Aber ich wusste, Mordred würde mich nie lassen.

Arthur war in einem Gespräch mit Iman Marekk vertieft. Vor wenigen Augenblicken noch hatten sie miteinander angestoßen und wie alte Freunde gelacht. Aber als ich jetzt zu ihm sah, bemerkte ich, wie Lord Marekk versuchte, seine Stimme leise zu halten.

Ich konzentrierte mich. Schloss meine Augen, als ich versuchte, das Gemurmel auszublenden, es verstummen zu lassen. Erst hörte ich nur meinen eigenen Atem, als stünde ich selbst neben mir und atmete direkt in mein Ohr. Dann hörte ich ihre Stimmen.

»Ich willige ein«, flüsterte eine Stimme, letal wie das Knurren des Wolfsmenschen, der sein Wappen bedeckte, »Ihr sollt mein König sein, wenn Ihr mir versprecht, den Zauberer meinen Wölfen zu überlassen. Ich will ihn schreien hören. Ich will zusehen, wie die Zähne meiner Tiere sein Fleisch reißen. Und ich will Druiden. Ich will sie *alle* – alle Druiden und Magier, die wir finden. Ich will sie lebend. Bis wir dem Zauberer über den Weg laufen, wird es eine Weile dauern. Meine Wölfe sollen nicht verhungern und meine Männer wollen beschäftigt werden – Krieg ist anstrengend … und was gibt es Besseres, als sich an den Schmerzen anderer zu ergötzen?«

Ich öffnete meine Augen, um zu sehen, wie sich Arthurs Miene verhärtete, nur konnte ich nicht sagen, welches von Iman Marekks Anliegen der Grund dafür war. Vielleicht störte es Arthur schlicht, dass Marekks Wölfe den Zauberer töten durften und nicht er selbst.

»Und ich will noch etwas«, fuhr Lord Iman fort.

Arthur hörte dem Mann aufmerksam zu.

»Euer Repräsentant – Mordred – wisst Ihr, was er ist?«

Schock – das Wort, das mir zuerst in den Sinn kam, als ich Arthur sah. Ein Grinsen befand sich auf Iman Marekks Lippen, tödlich wie Gift.

»Ich weiß es auch«, sagte er, »aber niemand wird es erfahren. Wenn Ihr meinem Bruder und mir erlaubt, ihn mit uns zu nehmen –«

»Wann?«, schoss es sofort aus Arthur heraus.

»Irgendwann«, entgegnete Iman, »nicht heute, nicht nach dem Turnier. Irgendwann, während Eures Kreuzzuges. Oder vielleicht erst danach. Wann immer wir meinen, dass es so weit ist. Bis wir ihn uns holen, gehört er Euch. Aber in der Zwischenzeit dürfen wir mit ihm machen, was wir wollen – ohne dafür belangt zu werden.«

Arthurs Gesichtsausdruck veränderte sich schlagartig. Er sah zu Mordred, bedrückt, schockiert beinahe. Ich sah, wie er überlegte, wie sich seine Muskeln anspannten, seine Lippen in eine feine Linie zogen und wie der Zweifel, den er hegte, wie ein Flüstern im Wind verpuffte.

Arthur nickte. Iman Marekk sah es. Ein Grinsen bildete sich in seinem Gesicht – ein Grinsen, das mehr Zähne zeigte, als mir lieb war. Er flüsterte Arthur etwas zu.

»Auf Euch, mein König«, woraufhin beide wieder miteinander anstießen.

Danach begab sich Arthur zurück zu seiner Gemahlin. Auf dem Weg dorthin fiel sein Blick auf mich und ich musste nicht einmal überlegen, um zu wissen, dass er realisierte, dass ich ihn beobachtet hatte. Nur konnte er nicht wissen, dass ich ihn sogar gehört hatte.

Am Morgen des nächsten Tages begann die zweite Disziplin; die vermutlich gefährlichste von allen. Schwertkampf. Zwölf Ritter traten gleichzeitig gegeneinander an. Jeder kämpfte gegen jeden, solange, bis nur noch einer übrig blieb – entweder weil die anderen aufgegeben hatten oder weil sie schwer genug verwundet waren, um nicht mehr weiterkämpfen zu können.

Die Gewinner der jeweiligen Runden kämpften am Ende gegen die Gewinner aller anderen Runden. Jener, der danach als letzter stand, gewann die Disziplin.

Mordred nahm teil, trotz seiner Verletzung. Er humpelte, was seine Beweglichkeit deutlich einschränkte.

Sein Kampf begann, als die Sonne ihre ersten Schatten auf die Arena warf. Dicke Wolken standen am Himmel. Die Luft war feucht, die Zuschauer angespannt und ich – ich wusste nicht, was ich tun sollte. Ich hatte Mordred abgeraten, teilzunehmen, besonders, nachdem ich gehört hatte, dass Ragsnar Marekk einer seiner Gegner sein würde. Doch er hatte mir nicht zugehört.

Im Grunde hätte es mir egal sein sollen. Schließlich war es Mordred, der mich bedroht hatte, noch bevor ich einen Fuß in Camelot gesetzt hatte. Mit seinem Schwert hatte er mir eine Wunde von der Schläfe bis zum Kiefer verpasst, er hatte seinen Dolch an meine Kehle gehalten – mehr als einmal. Dennoch versuchte ich, ihm zu helfen. Wieso?

Ich wusste, ich tat es nicht allein, weil Valden mich darum gebeten hatte. Vielleicht tat ich es aus Mitleid – weil ich den Schmerz in ihm gesehen hatte, ihn für einen Augenblick gespürt hatte, als wäre es mein eigener. Wie bei Arthur während der Hinrichtung des Jungen.

Wir befanden uns auf dem Weg in die Arena, Mordred humpelnd vor mir, seine schwarzen Locken mit jedem Schritt wackelnd. Verletzte Ritter kamen uns entgegen; nur wenige, die ohne Hilfe gehen konnten. Sie alle bluteten, manche an Stellen, von denen ich wusste, dass eine Wunde den Tod bedeutete. Im gesamten Gang stank es nach Blut.

In der Arena war es noch schlimmer, denn hier befanden sich rote Pfützen, deren Duft bis über die Tribünen reichte.

»Er ist ein Monster.«

Iman Marekk verabscheute Magie anscheinend ebenso sehr wie Arthur, das wusste ich jetzt. Trotzdem hatte ich noch am vergangenen Abend Lancelot über das Haus Marekk befragt. Der Ritter hatte mir erzählt, dass sie Magier und Druiden jagten wie Tiere. Ließen ihre Wölfe von ihrem Fleisch kosten, nahmen sie gefangen, brachten sich nach Trehebitian und folterten sie dort.

Ich wusste nicht, was Iman Marekk mit Mordred vorhatte, aber ich war nicht dumm genug, um zu glauben, dass in Trehebitian ein besseres Schicksal auf ihn wartete.

Die Zuschauer applaudierten, sobald sie sahen, dass die nächsten Ritter die Arena betraten.

»Du wartest hier«, befahl Mordred.

Als letzter humpelte er auf das Feld. Applaus begleitete ihn – Applaus, der nicht lange anhielt, weil Arthur die Zuschauer zum Schweigen brachte. Er nannte die Namen der Teilnehmer, die sich vor ihren Lords und Ladys, für die sie antraten, verbeugten. Dann begann der Kampf.

Ragsnar Marekk stürzte sich nicht gleich auf Mordred, der sich besser schlug, als ich erwartet hatte. In seinen Händen hielt er das Schwert, welches Arthur ihm geschenkt hatte. Das Feuer auf der Klinge schien lebendig, als Mordred sie nach seinem Gegner schwang. Trotz seiner Verwundung bewegte er sich schnell, aber ich sah, wie er mehrmals zusammenzucke, nachdem er sein Gewicht auf das falsche Bein verlagert hatte.

Plötzlich hörte ich Schritte hinter mir, schleifend, als würde jemand seine Füße nicht heben. Ich drehte mich um und sah Valden, die Hände hinter seinem Rücken verschränkt und seine sonderbar gelben Augen auf das Schlachtfeld vor ihm gerichtet.

»Er wird mich brauchen, wenn der Unsinn vorbei ist«, beantwortete er meine Frage, bevor ich sie überhaupt stellen konnte.

Mein Herz trommelte in meiner Brust. Ich drehte mich zurück, gerade im richtigen Moment, um zu sehen, wie Ragsnar Marekk sein Schwert nach Mordred schwang. Gewaltige Kraft steckte hinter diesem Schlag – gewaltige Kraft, die den Kopf eines Menschen mit nur einem Hieb von den Schultern trennen konnte. Mordred streckte dem Stahl seine Klinge entgegen, was ihn allerdings nicht lange vor Ragsnar schützte. Der Ritter trat ihm gegen seinen verletzten Fuß. Ich hörte ihn aufschreien und sah, wie er auf sein Knie stürzte.

Jetzt war es nur noch eine Frage der Zeit, bis Mordred aus dem Kampf ausschied.

Ragsnar holte mit dem Schwert aus. Der junge Lord streckte ihm sein eigenes entgegen. Stahl bebte. So laut, dass es sich anfühlte, als bewegte sich der gesamte Boden mit ihm. Ragsnar griff Mordreds Hand, die sein Schwert hielt, drückte sie in einem üblen Winkel zur Seite. Dann trat er seinem Kontrahenten gegen seinen Helm. Die Platten seiner Rüstung hallten in der Arena, als sie auf den Boden schlugen. Ragsnar – in der Rüstung eines Werwolfs, das Visier in der Form eines Gebisses – starrte auf Mordred, seine Augen das Einzige, was ich von seinem Gesicht sehen konnte. Gier brannte in ihnen.

Er beugte sich zu Mordred hinunter, legte die Hände an dessen Helm an. Der junge Lord versuchte, sich zu wehren, aber Ragsnar schlug ihn an Stellen, wo die Rüstung nur schwach schützte. Dann entfernte er den Helm seines Gegners, schleuderte ihn mehrere Meter weit weg.

Stählerne Wolfskrallen schützten Ragsnars Finger. Sie gruben sich in Mordred Gesicht, als er ihn immer und immer wieder schlug. Blut floss aus seiner Nase, bedeckte seinen Mund, sein Kinn. Ragsnar schlug weiter.

Ich war dabei, zu ihm zu sprinten – Ragsnar und Mordred waren die

Letzten und Ragsnar hatte das Duell für sich entschieden, Mordred lag auf dem Boden, der Kampf war vorbei. Er war vorbei!

Valden hielt mich am Arm fest.

»Es ist vorbei!«, schrie ich den alten Mann an.

Er erwiderte nichts.

Ich sah zurück zu Mordred, der kaum noch bei Bewusstsein war und noch immer weitere Schläge einsteckte. Einige der Zuschauer hielten sich die Hand vor ihren Mündern, andere jubelten, während wieder andere schrien, er solle aufhören.

»Ich gebe auf.«

Nichts weiter als ein Stöhnen. Ich sah, wie seine Lippen die Wörter formten. Ich hörte sie sogar. Zweifelsohne hatte Ragsnar sie auch gehört. Aber niemand sonst.

Ich drehte mich zu Valden, der mich noch immer am Arm hielt.

»Er gibt auf!«, schrie ich.

Doch Valden tat nichts.

Ich riss mich von ihm los, sprintete auf das Feld. Ragsnar Marekk war so konzentriert auf Mordred, dass er mich nicht kommen sah. Ich stieß den Mann weg, mit einer Kraft, die ich von mir nicht erwartet hatte; Kraft, die ein Junge in meinem Alter nicht besaß – normalerweise. Ich schnitt mich an seinen Schulterstücken – ein glatter Schnitt auf der Handfläche, aus dem das Blut sofort rannte wie das Wasser hinter einem gebrochenen Staudamm.

»Er hat aufgegeben!«, schrie ich ihn an.

Ragsnar stand sofort auf, das Schwert in der Hand. Aus den Augenwinkeln sah ich, wie Arthur sich schlagartig von seinem Platz erhob. Er hätte es beenden können, hätte Mordred mit einem einzigen Wort all das ersparen können. Aber er tat es nicht und ich wusste genau, weshalb.

»Bis wir ihn uns holen, gehört er Euch. Aber in der Zwischenzeit dürfen wir mit ihm machen, was wir wollen – ohne dafür belangt zu werden.«

Vielleicht war es dumm von mir einzuschreiten. Aber so sehr ich Mordred verabscheute, konnte ich nicht zusehen, wie Ragsnar Marekk das Leben aus ihm prügelte, mit diesen blutverschmierten Krallen als Finger. Ich tat es auch, um Arthur zu trotzen.

Der Ritter schlug sein Schwert nach mir – volle Wucht versteckte sich in diesem Schlag, der mich in zwei Teile hätte schneiden können. Ich sprang zur Seite. Die Klinge rammte sich in die Erde, steckte noch immer dort drin, als ich gegen die Hand trat, die den Griff hielt. Die Finger lösten sich vom Heft. Mit all meiner Kraft schmiss ich mich auf den Wolfsmann. Das Blut gefror in meinen Adern, aber ich schenkte ihm keine Beachtung. Zusammen stürzten wir auf den Boden. Noch vor unserer Landung riss ich ihm den Helm vom Kopf. Dann, als sich seine Kehle entblößte, presste ich den Dolch heftig gegen seine Haut. Die kleinste Bewegung hätte sein Ende bedeutet.

»Genug!«, hörte ich eine Stimme, weit entfernt.

Ich war mir nicht sicher, ob sie Arthur gehörte. Es hätte auch die von Iman Marekk sein können.

Ich schenkte ihr keine Beachtung, sondern starrte tief in Ragsnars Augen. In ihnen sah ich mich selbst – eine Reflexion, die mich erschreckte. Mein Gesicht zeigte kein Erbarmen.

Zum ersten Mal in meinem Leben hielt ich einen Dolch an die Kehle eines Menschen und scheute mich nicht davor, sie aufzuschlitzen, bis das Blut in mein Gesicht spritzen würde.

Ich war wütend. Auf Mordred – dass er nicht auf mich gehört hatte. Auf Arthur. Auf Iman Marekk, Ragsnar Marekk. Auf mich selbst.

Und die Wut blendete alles andere aus.

***

»Was ist nur in dich gefahren!«, platzte es aus Arthur heraus.

Er hatte keine Ahnung, dass ich wusste, was er mit Iman Marekk besprochen hatte – einen Teil davon jedenfalls. Ich hatte nicht gehört, wie Arthur es geschafft hatte, von Iman Marekk als König anerkannt zu werden.

Wir standen in Mordreds Zelt. Lancelot war bei uns, bewachte den Eingang von innen, während zwei andere Ritter draußen Wache standen. Mordred selbst war nicht bei uns, Valden hatte ihn begleitet, als er auf einer Trage in die Burg gebracht worden war.

Der Anblick seines Gesichtes hatte einen eiskalten Schauer durch mein Blut gejagt und ich spürte ihn erneut, als ich Arthur vor mir betrachtete, außer sich vor Wut – weil ich Ragsnar Marekk einen Dolch an die Kehle gehalten hatte.

Ich bereute es kein bisschen.

Es machte mir Angst, weil der Parzival, den ich einst gekannt hatte, niemals in Betracht gezogen hätte, jemanden zu töten. Vorhin hätte ich ihm, ohne zu zögern die Kehle aufgeschlitzt, hätte diesem Wolfsmenschen ein rotes Lächeln auf den Hals gezeichnet.

Ich konnte nicht mitanhören, wie er sich aufregte. Die ganze Zeit über sah ich Mordred vor mir, sein angeschwollenes Gesicht, die Wunden, das Blut. Ein weiterer Schauer durchfuhr mich.

»Du hast keine Ahnung, was du angerichtet hast«, erklärte Arthur zornig, »vermutlich bist du dir der Konsequenzen nicht einmal bewusst, also glaube mir, wenn ich dir sage –«

»Ich habe Euch gehört«, schoss es aus mir heraus, ohne dass ich es verhindern konnte.

Ich war es leid, seine Stimme nur noch eine Sekunde länger zu erdulden.

Arthur schwieg, warf mir einen Blick zu, der mir erst Verwirrung zeigte. Eine Sekunde später kam die Erleuchtung. Lancelot konnte ich nicht sehen, da er hinter mir stand, aber, bei Raznars Asche, ich hätte schwören können, dass sein Gesicht die Überraschung seines Lords widerspiegelte.

»Ich hörte Euer Gespräch mit Iman Marekk«, fuhr ich fort, bevor Arthur die Gelegenheit hatte, seine Wut weiter zu entfesseln.

»Unmöglich«, schoss Arthur mir entgegen, »du standest zu weit weg. Niemals hättest du uns hören können.«

»Ihr liefert Mordred aus. Ihr lasst Iman und seinen verdammten Zwilling mit ihm anstellen, was sie wollen«, warf ich ihm hektisch entgegen, bevor er zu lange darüber nachdenken konnte, dass ich ihn aus dieser Entfernung tatsächlich niemals hätte hören können.

Es funktionierte.

Arthurs Miene verhärtete sich. Anspannung lag in der Luft zwischen uns, dick genug, dass man sie mit einem Messer hätte zerschneiden können.

»Wenn du davon wusstest, was veranlasste dich dazu einzuschreiten?«, stellte er mir entgegen.

Diesmal war ich es, der seinen Schock öffentlich zeigte.

Reue – das hatte ich erwartet. Nicht, was er mir eben vorgeworfen hatte.

Plötzlich sah ich Ragsnar Marekk vor mir. Abgesehen von wenigen Details war der Mann das Ebenbild seines Bruders – sie beide besaßen spitze Knochen, trugen schwarze Farbe um ihre Augen herum auf, wodurch sie aussahen wie Skelette. Finster. Doch wo Iman Marekk nur Stoppeln besaß, wuchs auf Ragsnars Gesicht ein Bart. Über ihre Lippen besaßen beide einen schmalen Schnurrbart, auch von Imans Kinn aus wuchs ein brauner Strich nach oben, wo er unterhalb des Mundes die Form seiner Unterlippe nachahmte. An Ragsnars Kinn wuchsen mehr Haare.

Alle beide sahen aus wie Menschen, denen man besser nicht im Weg stehen sollte. Ihre Mienen versprachen Brutalität.

Und ich hatte einem der Brüder einen Dolch an die Kehle gehalten.

Ich fragte mich, ob ich der Erste war, der das getan hatte. Oder ob jemals irgendjemand vor mir schon die Gelegenheit ergriffen hatte.

»Sieh mich nicht an, als wäre ich ein Monster«, warf Arthur mir entgegen, »du hast keine Ahnung, was auf dem Spiel stand. Ich gab Mordred die Gelegenheit, sich anzupassen – mir Gehorsam zu erweisen. Mehr als einmal.«

»Also übergebt Ihr in ihn dem Tod – nein, schlimmer: Ihr übergebt ihn der Folter!«

»Ich sagte dir bereits einmal: Dir bin ich keiner Rechenschaft schuldig –«

»Nein, aber Ihr seid es Mordred –«

»GENUG!«

Arthur verlor seine Geduld.

Ich spürte den Hass auf ihn und bereute es, jemals geglaubt zu haben, etwas anderes für ihn zu empfinden als das.

Ich hasste ihn.

»Parzival, ich dachte, die Zeiten lägen weit hinter uns, in denen ich dich für deine Art, mit mir zu reden, bestrafen muss.«

Ich starrte ihn an, starrte auf den Kronreif, der wie ein Heiligenschein auf seinem blonden Haar lag. König von wegen! Niemals würde er Mensch und Magier vereinen können. Nicht, wenn er keine

Reue zeigte; nicht, wenn er die Leben anderer an Menschen wie Iman Marekk verschenkte.

»Ihr seid ein Monster«, hörte ich meine eigene Stimme sagen.

Die Worte klangen, als befänden sie sich nur in meinem Kopf. Doch an Arthurs Gesicht konnte ich erkennen, dass ich sie wirklich von mir gegeben hatte. Bei Raznars Asche, ich genoss die Wut, die ich in seinen Augen sah.

Ich fragte mich, was sich wohl in Lancelots Kopf abspielte.

»Das wirst du bereuen«, versicherte Arthur, sein Ton unheimlich ruhig gehalten.

Mein Herz pochte, aber ich hatte keine Angst. Nicht vor einem Mann wie Arthur. Er verdiente meine Angst nicht, nur meinen Abscheu.

»Weißt du, Parzival, ich glaube, Mordred tut es gut, daran erinnert zu werden, dass die Menschen dieser Burg keine Spielzeuge sind, mit denen er nach Belieben spielen kann – er neigt dazu, es zu vergessen.«

»Sei nicht nachtragend mit ihm, aber lass dich nicht von ihm einschüchtern.«

Das hatte Arthur einst zu mir gesagt. An diesem Tag hatte er den Eindruck hinterlassen, dass er sich für Mordred verantwortlich fühlte, dass er wie ein Vater für den missratenen Burschen war, dessen wahre Eltern von Druiden ermordet wurden.

In diesem Moment verspürte ich jedoch Abscheu vor seinem Verhalten.

Ich hatte versucht, an ihn zu glauben; hatte seit meinem Treffen mit dem Drachen an dessen Worte festgehalten. Aber vielleicht hatte Mordred doch recht gehabt. Und vielleicht würde Arthur immer das Monster bleiben, das er jetzt gerade war.

»Es ist ein Spiel, Parzival, all das ist ein Spiel. Spielst du es richtig, gewinnst du und der Preis für deinen Sieg ist deine Freiheit. Aber verlierst du, stirbst du. Also spiel es richtig oder spiel es gar nicht – denn bist du erst einmal drin, kommst du nicht wieder raus.«

Bevor Arthur die Zeit blieb, mir meine Strafe zu nennen – oder sich überhaupt eine auszudenken – ertönte Lärm vor dem Zelt. Tiefe Stimmen regten sich auf, diskutierten mit den Wachen, die den Eingang blockierten.

»Mit dir bin ich noch nicht fertig«, warnte Arthur, bevor er nachsah, was draußen vor sich ging.

»Was geht hier vor sich?«, hörte ich seine Stimme, abgedämpft von den Wänden des Zeltes.

Gemurmel folgte.

»Lasst ihn eintreten!«, befahl Arthur dann.

Als er ins Zelt zurückkehrte, war er nicht allein. Lord Iman Marekk klebte dicht an seinen Fersen, das Gesicht in eine finstere Miene gelegt.

»Ich war gerade dabei, meinem Knappen die Folgen seiner Handlung bewusst zu machen«, erklärte Arthur dem Mann, der nun dichter neben mir stand, als mir lieb war.

Lancelot behielt ein wachsames Auge auf mich, nur befürchtete ich, dass es nichts nützen würde – Lord Marekk stand dichter bei mir als Lancelot; würde er sich entscheiden, ein Messer in meinen Körper zu rammen, wäre Lancelot erst bei mir, wenn die Klinge bereits bis in meine Organe vorgedrungen war.

»Ihr gabt mir Euer Wort!«, warf Marekk ihm vor.

»Das tat ich –«

»Was ist es wert, wenn Ihr es nicht einen Tag lang halten könnt!«

Arthurs Ungeduld zeigte sich erneut, doch er gab sich Mühe, seine Stimme sachlich zu halten – anders als bei mir.

»Ich gab Euch mein Wort, dass Ihr nicht belangt werdet, was auch immer Ihr oder Euer Bruder Mordred antut. Ich stehe zu meinem Wort, denn schließlich ist es nicht Euer Bruder, der hier vor mir steht, sondern mein Knappe, der einschritt, als Sir Ragsnar Mordred schlug, nachdem er bereits aufgegeben hatte. Nicht Euer Bruder wird eine Strafe erhalten, sondern mein Knappe. Also erklärt mir, my Lord: Wo genau seht Ihr einen Bruch unserer Vereinbarung?«

Iman Marekk biss seine Zähne heftig zusammen; ich hätte schwören können, dass ich das Knirschen gehört hatte.

»Euer Knappe hielt meinem Bruder einen Dolch an die Kehle!«, warf er dann in den Raum.

»Ich weiß, ich sah es«, erwiderte Arthur, ein minimaler Hauch an Gehässigkeit in seiner Stimme, »genau wie jeder andere auch.«

Iman Marekk zeigte Arthur seine Zähne. Er sah aus wie ein knurrender Hund.

»Ich will den Jungen! Händigt ihn mir aus, Arthur, und all das ist vergessen. Ihr werdet König, erhaltet unser Heer, mein Bruder und ich dienen Euch als Generäle und alle sind zufrieden. Gebt mir nur den Jungen. Was ist schon ein Kind im Vergleich zu einem Königreich?«

Mein Körper spannte sich an.

Jeder. Einzelne. Muskel.

Seine Stimme schlich sich in meine Ohren und direkt an meinem Rücken hinunter wie eine Krankheit, die meine Eingeweide verdarb. Weshalb Iman Marekk mich wollte, war kein großes Rätsel für mich – ich wusste, was Haus Marekk mit jenen anstellte, die ihnen trotzten, die sie in aller Öffentlichkeit schwach aussehen ließen. Und ich hatte beides getan. Wie es aussah, würden Mordred und ich bald dasselbe Schicksal teilen. Aber das war nicht alles.

Lord Marekk hatte Arthur sein Heer versprochen – eines der größten und brutalsten im ganzen Land von Voyar. Darüber hinaus würden beide, Iman und Ragsnar, seine Generäle werden, was beutete, dass hauptsächlich sie entschieden, wer gefangen genommen und was mit den Gefangenen angestellt würde. Natürlich würde Arthur als König das letzte Wort haben, aber erst letzten Abend hatte er Lord Marekk das Versprechen gegeben, dass ihm bei dieser Entscheidungsgewalt niemand im Weg stünde.

Arthurs Vorhaben, König zu werden, hing nun einzig und allein von dieser Abmachung ab, denn mit seiner und Lord Marekks Armee könnte er das ganze Land von Voyar erobern.

Ich bezweifelte, er würde all das für mich aufgeben – ein trotziges Kind, das ständig nur Probleme verursachte.

Lancelots Rüstung klapperte hinter mir. Ich wagte nicht, mich zu dem Ritter umzudrehen, aber ich sah, wie sich Arthurs Augen auf ihn richteten. Angespannt neigte er sein Kinn nach oben – wie ein unvollständiges Nicken, als zögerte er oder als gefiel ihm nicht, was er in dem Gesicht seines Ritters sah. Dann blickte Arthur wieder zu Lord Marekk; mir schenkte er keinerlei Beachtung.

Ich fühlte mich wie ein Geist – alle sprachen über mich, aber niemand würdigte mich eines Blickes.

Arthur stöhnte, kniff die Augen kurz zusammen, als wäre er selbst nicht zufrieden mit dem, was er gleich sagen würde.

»Ihr könnt den Jungen nicht haben«, verkündete er schließlich.

Er war noch nicht fertig, öffnete gerade seinen Mund, um fortzufahren, als Iman Marekk ihn unterbrach, wutentbrannt.

»Wenn Ihr wollt, dass unsere Vereinbarung weiterhin besteht –«

»Aber ich überlasse Euch die Entscheidung über seine Strafe«, übertönte Arthur den knurrenden Wolf.

In Wahrheit wusste ich nicht einmal, ob das besser war.

»Ihr dürft über seine Strafe urteilen«, erklärte Arthur, »doch wie auch immer sie lautet, sie darf nicht sein Leben beenden. Ob dieser Junge lebt oder stirbt, bleibt allein mir überlassen. Und fürs Erste … ist er mir lebend nützlicher.«

Arthur sah mich an, ohne seinen Kopf zu mir zu drehen. Dann sah er zurück zu Lord Marekk.

»Sollte sich meine Meinung ändern, gebe ich Euch Bescheid.«

Iman Marekk starrte den blondhaarigen Lord vor sich an, seine Miene in einem finsteren Schatten gelegt und die Knochen in seinem Gesicht spitz, kaum anders als die seines Zwillings.

»Der Junge wird gegen Ragsnar antreten. In der Arena«, sein Blick wanderte zu mir, ich erschauderte, »wollen wir sehen, ob er seine heutige Errungenschaft wiederholen kann.«

Arthur neigte seinen Kopf; Iman erwiderte die Geste. Dann verschwand er aus dem Zelt. Lancelot sah ihm hinterher, sein Gesicht nicht sonderlich freundlich.

»Lasst uns allein«, befahl Arthur seinem Ritter.

Nachdem dieser das Zelt verlassen hatte, wendete sich der baldige König mir zu. Eine Weile lang betrachtete er mich stillschweigend, die Hände hinter seinem Rücken verschränkt.

Ich schluckte heftig, weil ich fürchtete, was mir bevorstand.

Ich würde sterben.

Während ich ihn ansah, dröhnte Morganas Stimme in meinem Kopf.

»Er ist ein Monster.«

»Ich gebe zu, ich war beeindruckt, als du es geschafft hast, Ragsnar Marekk zu überwältigen – einen der brutalsten Männer der Geschichte. Aber sieh, wie weit es dich gebracht hat. Er wird versuchen, dich zu töten.«

»Und Ihr werdet es geschehen lassen.«

»Jeder hat gesehen, was du getan hast. Wenn ich dich damit durchkommen lasse, verliere ich ihren Respekt. Und *das* kann ich nicht geschehen lassen.«

Er betrachtete mich erneut.

»Es mag dir nicht bewusst sein, aber ich habe dir soeben mehr Schmerzen erspart, als du dir vorstellen kannst. Ich rettete dein Leben. Wie du das meine. Ob ich es mir gefällt oder nicht, ich war es dir schuldig.«

»Ihr seid mir zwei weitere Male schuldig«, entgegnete ich, mein Ton scherzend, obwohl ich noch immer wütend war.

Arthur konnte mich ansehen, wie er wollte, es war die Wahrheit. Soweit ich mich erinnerte, hatte ich ihm dreimal das Leben gerettet. Dreimal. Einmal vor Kurzem erst, als uns die Zhynchonten im Thronsaal überrascht hatten. Davor auch, als sein Herz aufgehört hatte zu schlagen, und Valden der Einzige gewesen war, der ihm helfen konnte. Und noch davor, als der Bauer – Praphen – Arthur angegriffen hatte, sich verwandelt hatte, mitten in der Nacht, Arthur vom Pferd gestoßen und mit dieser Kralle seine Schulter durchbohrt hatte.

An Praphen zu denken, fühlte sich seltsam an. Er hatte mir leidgetan – selbst, nachdem er sich in diese Kreatur verwandelt hatte. Und besonders, weil ich es war, der diese Kreatur getötet hatte.

»Wenn du gegen Ragsnar antrittst, werde ich euch keine echten Klingen geben«, wechselte Arthur plötzlich das Thema.

Oder vielleicht war es auch eine Antwort auf meinen Kommentar.

Selbst wenn Arthur daran festhielt, er hätte mir geholfen, würde es Marekks Zwilling nicht davon abhalten, mir dasselbe anzutun, was er mit Mordred angestellt hatte.

Vielleicht sogar Schlimmeres.

Höchstwahrscheinlich sogar.

Denn selbst ein Übungsschwert würde ein Mann mit genug Kraft durch den Bauch eines Kindes rammen können, bis die Spitze aus dem Rücken hinausragte. Ragsnar Marekk war ein solcher Mann. Er war ein Mann mit genügend Kraft, um einen Ochsen mit nichts weiter als einem Besenstiel aufzuspießen.

Anscheinend wurde Arthur gerade dasselbe bewusst.

»Du hast schnell gelernt zu kämpfen«, sagte er, eher verzweifelt als ermutigend, »wer weiß, vielleicht wirst du es sogar mit ihm aufnehmen können.«

»Er wird mir die Kehle durchschneiden«, entgegnete ich.

Arthurs Auge kniff zusammen, als fügten ihm meine Worte Schmerzen zu oder als jagte ihm die bloße Vorstellung einen Schauer den Rücken hinunter.

»Vermutlich wird keiner von euch eine Rüstung tragen«, dachte Arthur laut.

Eine Rüstung würde mich auch nicht lange schützen können.

»Aber ich gebe dir etwas, das du unter deinem Hemd tragen kannst – eine Art Panzer, nur weniger träge. Du wirst mehr Bewegungsfreiheit haben und niemand wird ihn sehen. Ragsnar wird höchstwahrscheinlich kein Oberteil tragen – er mag es, seine Muskeln zu zeigen. Aber was er in den Muskeln hat, fehlt ihm im Kopf.«

Arthur gab mir dieses seltsame Lächeln, welches ihn aussehen ließ wie ein Hund, der nicht wusste, wie er knurren sollte. Als hätte Arthur nie gelernt zu lachen. Als hätte er das Schönste am Leben verpasst. Eine Augenbraue wanderte nach oben.

»Ich bin nicht dumm genug, mein Ass im Ärmel an jemanden wie Iman Marekk zu verlieren – oder schlimmer: an jemanden wie Ragsnar Marekk. Iman hat wenigstens noch etwas im Kopf, wenn es auch nicht weiter reicht als Krieg und Blut und Schmerz und Folter. Aber wenigstens macht es ihn berechenbar. Wir können froh sein, dass er nicht um den Wert weiß, den du für mich hast.«

Stirnrunzeln – das war alles, womit ich ihm begegnen konnte. Welches Männchen stampfte in seinem Kopf herum, dass er plötzlich dachte, ich hätte einen Wert für ihn? Welchen Wert? Wovon sprach er eigentlich?

»Sind die Fallen zugeschnappt?«, sprangen die Worte von meiner Zunge.

»Nein«, antwortete Arthur sichtlich unzufrieden, »keine.«

»Dann vermutlich während des Festmahls.«

Arthur nickte recht gedankenversunken.

Ich verstand es nicht … weshalb sich Arthur für mich eingesetzt hatte und nicht für Mordred – den kleinen Jungen, den er einst von jenen Druiden befreit hatte, die seine Eltern ermordet hatten. Den er großgezogen hatte.

Ich verstand es nicht. Verstand nicht, weshalb … weshalb er Mordred an jemanden wie Iman Marekk auslieferte, aber mich beschützte. Was war Mordred? Was hatte er an sich, dass Marekk ihn haben wollte?

Vielleicht hasste Mordred Arthur deswegen so sehr – weil er geahnt hatte, dass Arthur ihn eines Tages als wertlos erachten würde. Und vielleicht hasste der junge Lord und Ritter mich deswegen – weil er ab einem gewissen Punkt gesehen hatte, wovor ich ständig meine Augen verschloss: Arthur sorgte sich um mich.

Dann erlaubte mir der Lord, mich zu entfernen.

»Parzival!«, rief er mir hinterher.

Ich drehte mich um.

»Leg ihn nicht ab«, sagte er, seine Augen auf den Dolch an meiner Hüfte fokussiert, »auch nicht während des Kampfes. Trag ihn so, dass ihn niemand sieht. Marekk wird seine Tricks haben und wir haben die unseren.«

Wir.

Es war nur ein kleines Wort und dennoch raubte Arthur mir damit den Wind aus den Segeln, als hätte er mir all seine Gefühle dargelegt – etwas, wovon ich bis jetzt geglaubt hatte, dass er gar nicht dazu fähig wäre.

Siebzehn

Trotz aller Erwartungen verlor Ragsnar Marekk die Schwertkampfdisziplin in der letzten Runde. Er verlor, als er Ellaria Ceresc gegenüberstand. Zum ersten Mal erlebte ich die Geschicktheit der Isgardi – jeder Schwerthieb flog mit der Schnelligkeit eines Hurrikans, mit der Härte eines Erdbebens. Ragsnar besaß Muskeln, die ihm Stärke verliehen, aber mit ihnen kam auch die Trägheit, der Ellaria aufgrund ihres schlanken Körperbaus entging. Ihre Schläge trafen den Ritter, bevor ihm Zeit blieb, zu reagieren. Und als Astah Cerescs Tochter dem Biest von Menschen die Klinge ihres Schwertes an seinem entblößten Nacken hielt, blieb ihm nichts anderes übrig, als aufzugeben.

Wie sich herausstellte, war Ragsnar Marekk weder ein fairer Kämpfer noch ein guter Verlierer. Wut kochte in ihm – Wut, die er an mir auslassen würde. Ich sah sie in ihm, als ich vor ihm stand, ein Übungsschwert in meiner Hand, ein Lederpanzer unter meinem Hemd und den Dolch in meinem rechten Schuh versteckt. Der Mann betrachtete mich, wie ein Wolf ein Reh betrachtete – Hunger in seinen Augen, das frische Blut auf seiner Zunge schmeckend.

Wie Arthur gesagt hatte, trug der Ritter nur eine Hose. Sein Oberkörper war frei, zeigte seine Muskeln und die Narben auf seiner Haut.

Auch er hielt ein Übungsschwert, aber sein Blick verriet mir, dass es nicht alles war, was er an Waffen besaß. Und selbst wenn doch, genügten seine Hände, um mir das Genick zu brechen: eine geschmeidige Bewegung, die Hände perfekt an meinem Kopf angelegt. Es bräuchte nichts weiter als eine halbe Drehung. Dann nur noch ein lautes Knacken und alles wäre vorbei.

Oben auf der Tribüne, dicht bei Arthur, sah ich Lord Iman Marekk, die schwarzen Schatten um seine Augen herum finster – exakt wie bei seinem Bruder. Etwas weiter saß Lady Ceresc mit ihrer Tochter, ihr Blick interessiert, als würde sie zwei Wölfe bei einem Konkurrenzkampf beobachten. Arthurs Miene konnte ich nicht beurteilen. Wollte ich auch nicht. Alle anderen Lords und Ladys betrachteten nicht mich, sondern Ragsnar Marekk – mit Abscheu.

Mit ganzer Kraft schlug er plötzlich mit seinem Schwert nach mir, noch während Arthur den Kampf für eröffnet erklärte. Inmitten seines Satzes schnitt er ihn ab, die Klinge sausend in der Luft. Er überraschte mich.

Mir blieb keine Zeit, ihm meine Klinge entgegenzustrecken. Also wich ich aus. Der Stahl streifte meinen Arm, verpasste mir einen glatten Schnitt, aus dem keine Sekunde später Blut floss.

Dann sah ich es in seinen Augen: Er hatte das Übungsschwert geschliffen; hatte dafür gesorgt, dass mich die kleinste Berührung bis zum Knochen aufschlitzen könnte.

Er schlug erneut mit dem Schwert nach mir. Ich wich rasch aus, sah dabei zu, wie sich Erdbrocken und Grasbüschel in die Luft erhoben, als sich der Stahl in den Boden rammte. Dann führte ich meine erste Aktion aus und trat dem Ritter in sein kantiges Gesicht, während die Spitze seines Schwertes noch immer in der Erde steckte.

Ich hörte überraschtes Gelächter – hinter mir, vor mir, überall um mich herum. Ragsnar Marekk drehte seinen Kopf zu mir, Blut an der Unterlippe. Er warf mir einen Blick zu, der mir garantierte, dass ich das bereuen würde.

Gewaltsam riss er sein Schwert nach oben. Er hielt es in beiden Händen, als er auf mich zukam. Ich trat zurück, um genug Abstand zwischen ihm und mir zu halten, um rechtzeitig auf seine Angriffe reagieren zu können.

Der Mann schwang und schwang nach mir, ein Hieb nach dem anderen, Schlag für Schlag. Immer wich ich aus, mit nicht mehr als einem flinken Schritt zur Seite und einer halben Körperdrehung.

Mit jedem Mal wurde der Ritter wütender, aggressiver. Er steckte mehr Gewalt, mehr Kraft, mehr Brutalität in seine Hiebe. Während er nach mir schlug, beobachtete ich ihn wachsam wie ein Geier. Seine

Wut verschloss ihm die Augen vor dem, was ich vorhatte. Er sollte sich selbst zur Erschöpfung treiben, sollte sein Schwert lange genug nach mir schlagen, bis ihm keine Ausdauer mehr blieb und ich nicht mehr tun musste, als ihm ein bis zwei harte Schläge zu versetzten.

Dann, als ich dachte, es wäre so weit, griff ich an. Mein Schwert zielte direkt auf seinen Kopf, als ich mich einzig und allein darauf konzentrierte, die Knochen seines Schädels zu zertrümmern. Seine Hand sah ich nicht kommen. Mit den bloßen Fingern fing er die Klinge in der Luft ab; der Stahl rammte sich in seine Handfläche, doch nicht ein Muskel seines Gesichtes zuckte zusammen, als sogar ich die Vibration bis zum Heft hinauf spürte – im Gegensatz zu seiner Klinge war meine noch immer stumpf.

In der anderen Hand hielt er sein Schwert, dessen Spitze auf meinen Oberkörper zuraste. Panik. Ich ließ mein Schwert los, warf mich nach hinten, um dem Stahl zu entkommen, der mich aufspießen wollte. Ich landete hart auf dem Boden.

Marekk warf mein Schwert weg. Ein Grinsen. Ein Knurren. Gier gab den Takt vor, in dem sein Herz schlug. Ich kroch vor ihm weg, als er näher kam. Nur war ich nicht schnell genug. Er hielt sein Schwert ruhig. Schwang es nicht. Stattdessen packte er mich am Hemd. Seine Hand streifte den Panzer. Seine Augen blitzten auf und ein Schauer lief mir den Rücken hinunter. Mit der Faust schlug er mir ins Gesicht, einmal, zweimal, dreimal, bis ich nur noch stehen konnte, weil er mich am Hemd hielt. Dann riss er mir den Stoff vom Leib, danach den Lederpanzer, den Arthur mir gegeben hatte. Ich merkte nur noch, dass ich auf dem Boden lag, mein Oberkörper nackt, mein Brustkorb frei, die Stelle, an der sich mein Herz befand, eine Zielscheibe.

In meinem Mund schmeckte ich Blut. In meiner Nase roch ich Metall.

Mein Blick richtete sich zur Tribüne, wo Schock Lancelots Augen brandmarkte; derselbe Schock, den ich in ihm gesehen hatte, als er mir ein Messer in die Seite gerammt hatte. Dann sackte mein Kopf nach unten, weil ich nicht mehr die Kraft besaß, ihn hochzuhalten. Stattdessen sah ich den Gang vor mir, durch den ich die Arena betreten hatte.

Morgana stand dort. Doch ich konnte nicht sagen, ob ich mir ihre schwarzen Haare, ihre grünen Augen nur einbildete. Auch in ihrem

Gesicht sah ich Schock – größer sogar als bei Lancelot. Und Angst. Angst, die ich selbst in diesem Moment verspürte.

Ich zog mein rechtes Bein dichter an meine Hand, doch jemand trat es weg.

Ein Schatten beugte sich über mich. Links und rechts neben meinem Körper stand jeweils ein Bein. Über mir spiegelte sich Sonnenlicht im blanken Stahl. Wie ein Edelstein funkelte die Spitze, als sie direkt über mir gehalten wurde. Dann schoss sie auf mich zu. Aber noch bevor sie mich erreichte, schrie Ragsnar laut auf, seine Stimme in der gesamten Arena hallend.

Mein Dolch steckte in seinem Bein. Der Schmerz raubte ihm die Konzentration. Sein Schwert wich von seiner Bahn ab. Ich trat die Klinge weg, während ich gleichzeitig den Dolch nach oben zog, die Wunde vergrößerte. Ragsnar schrie. Sein Blut floss an seinem Fuß hinunter auf die Erde. Als ich den Dolch hinauszog, spritze mir mehr rote Flüssigkeit entgegen.

Schreiend sank Ragsnar auf ein Knie. Ich erhob mich vom Boden, doch sobald ich auf beiden Beinen stand, realisierte ich, dass mir die Kraft fehlte. Als ich fiel, lenkte ich mich in die Richtung von Ragsnars Schwert.

Bei Raznars Asche! Ich griff es, hielt es in beiden Händen und lenkte die Klinge in Marekks Richtung. Der Stahl war schwer und von meinen Knien aus würde ich nicht genug Kraft aufbringen können. Doch glücklicherweise hatte Ragsnar mir den Gefallen getan, es scharf genug zu schleifen.

Ich biss die Zähne zusammen, wodurch ich mehr Blut in meiner Nase roch, holte aus und –

»HALT!«

Die Stimme brachte mich zum abrupten Stopp.

Ich sah zur Tribüne. Das Erste, was ich erblickte, war Astah Cerescs blutiges Lachen. Erst danach schaute ich zum Besitzer der Stimme: Iman Marekk.

Der Lord stand, sein Blick alarmiert. Die Wut ersetzt durch Sorge um das Leben seines Zwillings.

Ich sah zu Arthur. Der Lord nickte mir zu. Ich entfernte mich aus

Ragsnars Reichweite, ließ das Schwert erst fallen, als ich sicher war, dass er nicht schaffen würde, es zu greifen.

Ragsnar stand auf allen vieren, hielt sich mit einer Hand die Wade. Blut quoll über seine Finger. Ein saftiges Dunkelrot. Er stöhnte vor Schmerzen. Erst als ich ihn so winselnd sah, realisierte ich, was geschehen war.

Ich hatte den Kampf überlebt.

Ich hatte ihn nicht nur überlebt, ich hatte ihn für mich entschieden.

Dann sah ich zurück zum Gang, wo ich Morgana hatte stehen sehen. Aber sie war nicht mehr dort.

Achtzehn

Am Abend des achten Tages standen alle Sieger fest: Sir Ragsnar Marekk, der das Lanzenstechen für sich entschieden hatte; Lir Ellaria Ceresc, die all ihre Gegner mit dem Schwert niedergestreckt hatte; Lir Yara Sevata – Tochter von Danestha Sevata, Lady von Gol Volyage – deren Präzision im Bogenschießen die aller anderer übertroffen hatte.

Das Festmahl fand nicht in der Burg, sondern draußen in der Arena statt, unter freiem Himmel, die Sterne strahlend in der Nacht. Sterne, die mich denken ließen, ich wäre in Avalon, säße auf dem Dach meiner Schule und würde die Dächer sehen, wenn ich nach vorne schaute.

Auf die drei Sieger wurde mehr als nur einmal angestoßen. Astah Ceresc feierte ihre Tochter ganz besonders und ließ sich von den Dienern ständig mehr Wein einschenken.

Arthur beobachtete ich dabei, wie er sich mit verschiedenen Lords und Ladys unterhielt – nachdem die meisten in Hülle und Fülle gespeist hatten, hatte er mich von meinen Aufgaben freigestellt.

»Halte ein Auge offen«, hatte er mir zugeflüstert.

»Beide Augen«, hatte ich ihm entgegnet.

In der Mitte der Arena brannte ein gigantisches Feuer; die Flammen spendeten sowohl Licht als auch Wärme und während ich auf den Zuschauertribünen saß, erinnerte mich der Anblick an meine Heimat, an den brennenden Turm meines Schulleiters.

Dutzende Tische standen unten auf der Fläche, an denen die Lords und Ladys sowie deren Repräsentanten und weitere Ritter saßen und feierten. Gemurmel und Gelächter wanderte bis zu mir nach oben. Ich blickte zu ihnen hinunter, entdeckte, wie Astah und Ellaria Ceresc lachten und ihre Weinbecher leerten; beobachtete, wie Iman Marekk seinen Arm um Arthurs Schulter legte und wie Lancelots Hand alarmiert zum Griff seines Schwertes wanderte und sich wieder davon entfernte, als Marekk Arthur losließ, seinen Kopf hinaus zum Mond richtete und heulte wie ein Wolf.

Nicht weit von ihnen weg entdeckte ich Hosta Nasdir, die Schatten in seinem Gesicht düster, die Narben, die über seine Augen und seine Nase fuhren – das Rot, mit dem er sie bemalt hatte – hervorstechend. Er schliff seine Axt, das schleifende Geräusch drang bis in meine Ohren, erinnerte mich daran, wozu Stahl fähig war.

»Wie hast du das geschafft?«, fragte eine junge Stimme.

Tristan stand hinter mir, das Braun-grün in seinen Augen leuchtend, das Braun dominanter als das Grün. Ohne ihm zu antworten, drehte ich mich zurück zur Feier, beobachtete die Leute und lauschte ihrem Lachen. Tristan nahm neben mir Platz.

»Du hast Ragsnar Marekk im Zweikampf besiegt!«, erinnerte er mich, als hätte ich es vergessen können.

Nur teilte ich seine Begeisterung nicht. In meinem Kopf existierte kein Platz dafür, denn während ich Arthur dort unten sah, konnte ich nur an Mordred denken. Der junge Lord und Ritter hatte an der dritten Disziplin nicht teilnehmen können. Ebenso wie Ragsnar, dessen Verletzung ihm kaum ermöglichte, aufrecht zu stehen – dank mir.

Niemand hatte damit gerechnet, dass Iman Marekk die Niederlage seines Bruders so gut verkraften würde. Er und sein Bruder hatten sich unmittelbar nach dem Kampf gestritten – zwei Wölfe, die sich einander ihre scharfen Zähne gezeigt hatten.

»Dieser Junge ist ein Betrüger! Der Dolch, den er bei sich trug –«

»War ebenso verboten wie deine geschliffene Klinge«, hatte Iman seinen Bruder unterbrochen, »wenn du das nächste Mal betrügst, gib deinem Gegner nicht die Zeit, es dir gleichzutun.«

Iman Marekk war außer sich gewesen vor Wut auf seinen Bruder – er selbst hatte diese Strafe für mich gewählt, im Glauben, ich würde keine zwei Minuten überleben. Vor all den anderen Häusern hatte er demonstrieren wollen, was geschehen würde, wenn jemand dem Haus Marekk trotzte. Sein Bruder hatte allen bewiesen, dass selbst ein Kind die Marekks bezwingen konnte. Und ich hatte bewiesen, dass das Haus Pendragon keine Schwäche zeigte. Niemals.

»Wie hast du das angestellt?«, fragte Tristan.

Ich zuckte mit den Schultern. Dann erinnerte ich mich an Morgana, an den Moment, in dem ich sie im Gang hatte stehen sehen.

»Sieht aus, als wärst jetzt du der beste Schwertkämpfer, den ich kenne.«

»Das bin ich nicht«, entgegnete ich, meine Stimme schroffer, als ich es gewollt hatte.

Plötzlich erwischte ich mich selbst dabei, wie ich an Ector dachte, dieser alte Ritter, der mich verprügelt und geschlagen hatte. Nur seinetwegen hatte ich den Kampf gegen Marekk überlebt.

»Ich möchte so nicht sein«, hörte ich auf einmal meine eigene Stimme sagen, »ich hatte nie ein Schwert schwingen wollen. Ich hatte nie ein Knappe oder Ritter werden wollen. Und ich hatte niemals jemanden töten wollen.«

Meine Hände zitterten und es kostete mich viel Mühe, meine Stimme vom Zittern abzuhalten.

»Aber als ich den Dolch an Ragsnars Kehle hielt«, sagte ich, »hätte ich sie, ohne zu zögern aufgeschlitzt. Zweimal hätte ich ihn töten können. Und beide Male hätte ich es getan.«

Die Wut, die sich in mir aufbaute, verstand ich nicht. Weil ich nicht wusste, gegen wen sie sich richtete – Ragsnar Marekk, Arthur, Ector, mich selbst? Ich wusste es nicht.

»Ich wollte auch nie töten«, gestand Tristan plötzlich.

Ich drehte meinen Kopf zu ihm, studierte jeden seiner Gesichtsmuskel. Über meinem linken Auge befand sich eine Platzwunde. Sie jagte mir einen stechenden Schmerz durchs Gesicht, als ich meine Augenbraue nach oben zog.

»Weshalb hast du dich dann entschieden, Ritter werden zu wollen?«, fragte ich.

»Mir blieb nie wirklich eine andere Möglichkeit. Um die zu beschützen, die mir am Herzen liegen, muss ich kämpfen können und niemand wird besser trainiert als ein Ritter. Oder jemand, der eines Tages Ritter wird. Ich will niemandem Schaden zufügen, aber wenn ein Leben nehmen, bedeutet, ein anderes zu bewahren, bin ich bereit, genau das zu tun.

Vielleicht solltest du anfangen, auch so darüber zu denken.«

Ich wendete mich von Tristan ab, weil ich nicht wollte, dass er meinen Gesichtsausdruck sah. In der Dunkelheit vor mir entdeckte ich eine Gestalt – nichts weiter als ein Schatten im Schwarz. Ich stand auf, verließ Tristan, ohne ihm ein Wort zu sagen, begab mich dorthin, wo die vielen Stimmen nicht durch das Dickicht der Dunkelheit drangen. Das Einzige, was herausstach, waren ihre grünen Augen.

»Ich hab dich gesehen«, erzählte ich ihr.

»Ich weiß«, entgegnete Morgana, »anderenfalls wärst du nicht hierhergekommen, oder?«

»Das meinte ich nicht.«

Sie hatte es gewusst, aber es hatte sie nicht davon abgehalten, mir mit diesem strengen Ton entgegenzutreten.

»Du warst dort«, sagte ich, »als –«

»Ja.«

»Warum bist du gegangen?«

»Weil ich den Anblick nicht ertragen konnte. Ich sah das Blut überall auf deinem Gesicht. Ich hatte Angst, die … ich hatte Angst, das von der Hinrichtung würde sich wiederholen, wenn ich –«

Ich kam dichter zu ihr, roch ihren Duft von Wärme und Wildnis. Als ich meine Hand auf ihre Wange legte, spürte ich sie beide.

Ihre Augen starrten in die meinen, das Grün in ihnen kräftig, die Magie lebendig und wild wie ein Tier, das ein Leben lang in Gefangenschaft verbracht hatte und nun zum ersten Mal Freiheit schmeckte.

»Ich habe dich während des gesamten Turniers nicht gesehen. Warum bist du ausgerechnet dann gekommen?«

Morgana schob eine Augenbraue nach oben.

»Hast du Ausschau nach mir gehalten?«, zog sie mich auf.

»Das habe ich«, gestand ich ihr, ein leises Lächeln auf meinen Lippen.

Morgana atmete ein Lachen aus. Ihre Mundwinkel blieben oben, als sie weitersprach.

»Du gibst mir Kraft, Parzival«, erklärte sie, »ich dachte, wenn du sehen würdest, dass ich bei dir bin, würde es *dir* Kraft geben.«

Das hatte es.

Mehr als ihr bewusst war.

***

Morgana trug ein grünes Kleid, in demselben Ton ihrer Augen. Goldene Verzierungen dekorierten ihre Ärmel, ihren Kragen und die Verschlussleiste, sie sich seitlich an ihrer Brust befand. Sie funkelte, strahlte mit jedem Schritt, den sich machte. Das Feuer in der Mitte der Arena umrandete ihr schwarzes Haar mit einem zarten Orange, das sich auch auf ihre Haut legte. Sie war wundervoll; so wundervoll, dass ich meinen Blick nicht von ihr abwenden konnte.

Wir hatten uns nach unten begeben, hatten beschlossen, an der Feier teilzunehmen und waren gerade dabei, mit unseren Bechern, die wir bis zum Rand mit Wein gefüllt hatten, anzustoßen, als Arthur plötzlich mit einem Messer gegen sein Glas klopfte. Das Klirren war zart und dennoch zog es die Aufmerksamkeit aller auf sich. Stille kehrte ein, bis nur noch das Knistern des Feuers zu hören war.

»Wir alle begehen Fehler«, hallte seine Stimme durch die Arena, »wir alle haben Dinge getan, die wir bereuen. Das Einzige, was uns also noch übrig bleibt, ist, aus ihnen zu lernen – denn was ist ein Fehler, wenn nicht eine Lektion?«

Blaue Augen studierten die Masse vor ihm. Der Kronreif auf seinem Kopf spiegelte die Flammen des Feuers wider; in dem Gold sah ich es tanzen, beobachtete die Tentakel wild umher zittern.

»Ich habe Fehler begangen«, fuhr er fort, »und am heutigen Tage habe ich aus ihnen allen gelernt. Dieses Turnier hat uns den Wert unserer Ritter gezeigt. Ob Sieger oder nicht, sie haben uns bewiesen, dass sie für ihre Lords und Ladys bis in den Tod gehen würden.«

Arthur hob seinen Becher. Wein lief am Rand hinunter.

»Auf euch!«, sagte er und trank.

Daraufhin tranken alle, Morgana und ich eingeschlossen. Es war das erste Mal, dass ich die süßliche Flüssigkeit auf meiner Zunge kostete. Ich trank mehr und die Süße stieg mir zu Kopf. Vor mir zogen sich die Lichter in die Länge; Farben vermischten sich und ich fühlte mich leichter als sonst, sorgloser und dafür glücklicher.

»Vor dem Beginn des Turniers verkündete ich, dass ich damit die Wiederherstellung des Friedens im Land von Voyar anstrebte. Es war die Wahrheit – Frieden ist es, für den ich kämpfe; und wenn es sein muss, wird es Frieden sein, für den ich sterben werde.«

Applaus traf auf seine Worte. Arthur genoss es, doch sein Mangel an Geduld sorgte dafür, dass er seine Zuhörer rasch wieder zur Ruhe brachte. Ich trank einen weiteren Schluck Wein; spürte, wie der Saft meine Kehle befeuchtete.

Morgana sah zu mir, ihre grünen Augen gespannt. Als ich ihren Blick erwiderte, erröteten ihre Wangen. Ich lächelte weniger schüchtern als sonst.

»Doch es gibt einen weiteren Grund, weshalb ich euch hierher bat«, lenkte Arthur meine Aufmerksamkeit und die aller anderen auf sich zurück, »einen, den ich euch bis jetzt verschwiegen habe, weil ich ihn mit dem Turnier aus der Welt zu schaffen glaubte.«

Anspannung lag in der Luft. Ich stellte den Weinbecher ab, platzierte meine Hand in die Nähe meines Dolches, während ich wachsam in die verschiedenen Gesichter der Lords und Ladys und Ritter blickte.

»Seit Generationen schon kämpfen wir Menschen gegeneinander. Und vergessen, wer der wahre Feind ist: die Magie. Die Magie und alle, die ihrer mächtig sind.«

In diesem Moment spaltete sich die Einigkeit. Arthurs Worte trafen sowohl auf Zustimmung als auch auf Ablehnung. Ich hörte Ritter schreien und Lords flüstern. Iman Marekk warf seinem Bruder einen garstigen Blick zu. Sein Zwilling erwiderte die Geste. Hosta Nasdir schliff noch immer die Klinge seiner Axt. Um ihn herum befanden sich seine Ritter, alle bewaffnet und in voller Rüstung – nicht anders als sonst – ihre Mienen hart wie Stahl und finster wie der Tod. Lady Astah starrte zu mir. Mein Blick verweilte auf ihrem Gesicht, auf ihren zusammengekniffenen Augen und dem Interesse in ihnen.

»Zu lange schon ließen wir sie in unserer Welt leben«, fuhr der Lord fort, »wir gaben ihnen die Chance einer Koexistenz mit uns. Doch statt mit uns für einen gemeinsamen Frieden zu sorgen, betrogen sie uns. Sie mordeten. Sie nutzen die Macht, die in ihnen lauert, und setzten sie gegen uns ein und gegen jene, die wir zu beschützen versuchten.«

Mehr Protest entstand. Arthur breitete seine Hände vor sich aus, versuchte, die Menge zu beruhigen, doch sie gehorchten ihm nicht.

»Wie euch sicherlich aufgefallen ist«, übertönte seine Stimme den Lärm, »fehlen zwei Lords – Oliver von Cornwall und sein jüngerer Bruder Gloris von Cornwall. Ich habe Informationen, die eine Verbindung zwischen den Cornwalls und schwarzer Magie bestätigen. Lord Gloris hat sich mit der Dunkelheit verbündet. Und mit ihr beschwört er eine Macht, die uns zerstören wird, wenn wir sie nicht aufhalten.«

Stille kehrte ein. Neben mir spürte ich Morganas Anspannung. Ich legte meine Hand auf den Griff meines Dolches.

»Ein Zauberer befindet sich an seiner Seite, der bekannt ist für seine Verwicklung in Nekromantie und andere Dinge, für die ich keine Namen habe. Er verhext Bauern, sorgt dafür, dass sie sich verwandeln und für ihn morden. Zweimal verübten seine Kreaturen ein Attentat auf mich. Beide Male kam ich nur um Haaresbreite mit dem Leben davon. Es ist nur eine Frage der Zeit, bis sie es erneut versuchen werden und irgendwann wird es ihnen gelingen. Doch selbst wenn ich tot bin, wird er nicht aufhören. Er wird weitermachen, bis er euch alle beseitigt hat. Es ist unsere Pflicht, ihn aufzuhalten. Wenn nicht für uns selbst, dann für unsere Kinder, für unser Gefolge, unsere Bauern und Diener – all jene, die unter unserem Schutz stehen!«

Schreie hallten in der Luft. Doch dieses Mal kamen sie alle zu Arthurs Unterstützung. Ich sah zu Arthur nach vorn und entdeckte die versteckte Freude in seinem Gesicht. Ich empfand nur Horror.

»Verbündet euch mit mir! Zieht mit mir in die Schlacht und lasst uns unseren gemeinsamen Feind ein für alle Mal besiegen!«

Schwerter wurden aus ihren Scheiden gezogen, das schleifende Geräusch überall um mich herum. Morgana trat einen Schritt zurück. Sie stieß gegen meinen Körper. Ich hielt sie, bevor sie stolpern konnte, meine Hand viel zu dicht an ihrer Taille. Ihr Körper presste sich gegen meinen und ich war froh, dass sie nicht bemerkte, wie meine Wangen erröteten. Mein Herz pochte, aber ich konnte auch ihren Herzschlag hören. Durch die Berührung spürte ich das Blut durch ihre Adern strömen.

»Ich erhielt Wort von Eurer Gewaltbereitschaft, my Lord«, durchbrach eine weibliche Stimme das Geschrei.

Astah Ceresc stand nicht weit weg von Arthur. Ihre Tochter – Ellaria – dicht hinter ihr, die Hände in der Nähe ihrer Waffen. Alle Augen richteten sich auf sie. Aus den Augenwinkeln bemerkte ich Hosta Nasdir aufstehen, die Axt in der rechten Hand.

»Doch ich fürchte, sie richtet sich gegen die Falschen«, kroch ihre Stimme in meine Ohren.

Arthur kniff seine Augen zu Schlitzen zusammen. Doch bevor er Zeit hatte, auf Astah zu reagieren, sprach die Lady weiter.

»Ich hörte Gerüchte von den Druiden, die Ihr verbranntet und von den Kindern, die Ihr hängen ließt. Und ich bezweifle, irgendjemandem entging die Nachricht von Avalon; eine gesamte Stadt niedergebrannt, das Haus le Fay dem Garaus gemacht. All die Magier geschlachtet. All die Kinder in ihren Betten – erstickt am Rauch oder verbrannt vom Feuer.«

Morgana presste ihren Körper dichter an meinen. Der Schauer, der durch ihren Körper huschte, übertrug sich auf mich.

Avalon. Wann immer ich den Namen meiner Heimat aus dem Mund eines anderen hörte, fühlte es sich an, als würde dieses eine Wort alles in mir zermalmen.

»Was wollt Ihr damit andeuten, my Lady?«, entgegnete Arthur.

Er starrte sie an und Astah Ceresc begegnete ihm mit Härte.

»Dass es mich nicht überraschen würde, wärt Ihr jener, der dahinter steckt. Ihr seid nicht jener Held, als den Ihr Euch selbst betitelt. Ihr zerstört, was Ihr fürchtet. Ihr tötet, aber Ihr schafft keinen Frieden.«

Arthur biss seine Zähne heftig aufeinander. Ich sah zu Astah Ceresc, dachte an ihre Worte und hörte Morganas und Mordreds Stimmen in meinem Kopf. Sie wiederholten sich, sagten immer und immer wieder dasselbe, die Worte dröhnend genug in meinem Schädel, um meine Knochen zum Zittern zu bringen.

»Er ist ein Monster.«

»Er ist ein Monster.«

»Er ist ein Monster.«

»Ich fürchte niemanden«, spuckte Arthur, »und besonders keine Magier.«

Eine Lüge.

Stille flog über die Arena. Anspannung legte sich darüber – wie Schnee über eine Wiese bedeckte sie jeden einzelnen von uns, dick genug, um uns alle zu ersticken.

Dann durchbohrte eine weitere Stimme die Stille. Wie ein Pfeil rammte sie sich durch meinen Körper.

»Oh, aber das solltet Ihr.«

Hosta Nasdir. Der Lord kam auf Arthur zu, seine Axt in der Hand und seine Männer hinter ihm. Zu spät bemerkte ich, was ich längst hätte bemerken sollen.

Ihre Augen.

Schwarz.

Als sich Nasdirs Soldaten verwandelten, wirkte es kontrolliert – als wäre es nicht das erste Mal, dass sich ihre Körper deformierten.

»Ihr solltet fürchten, was Ihr nicht versteht«, warnte Lord Hosta, »und Ihr solltet fürchten, was Ihr nicht bezwingen könnt.«

Schwerter wurden gezogen. Mit nichts weiter als meinem Dolch stellte ich mich zwischen Morgana und die Kreaturen.

Nachdem Hosta Nasdir sein letztes Wort gesprochen hatte, griffen sie an.

Knurren und Geschrei stieg in die Luft auf wie der Rauch des Feuers in der Arena. Die Biester schwärmten aus, warfen ihre Krallen nach allem, was sich dicht genug an ihnen befand. Ich sah eine der Kreaturen einen Mann in Stücke reißen. Ich sah Astah Ceresc ihre Messer nach einer weiteren werfen, die mit ihrer Kralle eine der Isgardi durchbohrt hatte.

Blut floss. Und mit dem Knistern des Feuers im Hintergrund wurde alles nur unheimlicher. Es warf sein Licht auf die Leichen, auf das Blut und die starrenden Augen.

Hosta Nasdir lachte, während die Zhynchonten alle um ihn herum schlachteten.

Morgana zerrte an meiner Kleidung.

»Parzival, wir müssen weg!«

Abwesend schüttelte ich meinen Kopf, die Augen auf Arthur fixiert, auf Lancelot und Tristan, die mit ihrem Lord gegen diese Kreaturen kämpfen.

»Hier«, meinte ich und gab Morgana den Dolch, »lauf in die Burg.

Geh zu Mordred und bleib bei ihm. Hör nicht auf zu rennen und sieh nicht nach hinten.«

Die Angst war es, die in diesem Moment den Takt meines Herzens vorgab.

Morgana könnte sich selbst verteidigen, dessen war ich mir bewusst. Aber als ich mich daran erinnerte, dass Mordred mir gesagt hatte, ich solle mich von Arthur während des Festmahls fernhalten, wurde ich den Gedanken nicht los, dass er etwas damit zu tun hatte.

Also glaubte ich, wo auch immer er sich befand, wäre der sicherste Ort für Morgana.

Panik überschwemmte das Grün in ihren Augen.

»Geh!«, schrie ich sie an.

Sie lief und ich sorgte dafür, dass der Zhynchont, der ihr hinterher wollte, an seinem eigenen Blut erstickte. Ich nahm das Schwert eines Toten und rammte es dem Vieh durch den Hals. Arthur. Ich musste zu Arthur. Er hackte einer Kreatur den Kopf ab, als ich zu ihm sah.

»Oh, ich weiß, Ihr hasst diesen Mann.«

»Aber es ist kein Geringerer als er selbst, der Mensch und Magier vereinen und Frieden ins Land von Voyar zurückbringen wird. Nur wird es ihm nicht gelingen – ohne Euch an seiner Seite.«

Ein anderer Zhynchont stürzte auf mich. Zuerst stach er mit der einen Klaue auf mich ein. Ich wich aus, weit genug, um dafür zu sorgen, dass sich der ganze Arm der Kreatur ausgestreckt vor mir befand. Es brauchte nichts weiter als einen Schwerthieb. Die Kreatur kreischte, als schwarzes Blut aus dem abgetrennten Stummel schoss. Dann schmiss der Zhynchont seine Krallen nach mir. Sie schnitten mich an der Schulter. Die Wunden sandten ein Feuer durch mein Blut. Ich rammte der Kreatur mein Schwert in den Bauch. Zog nach oben, öffnete den Oberkörper dieses Viehs. Dann den Hals.

»Magie ist eine Macht, die ihr niemals bezwingen werdet«, übertönte Hosta Nasdirs Stimme das Chaos, »niemand von euch. Nachdem Haus Pendragon gefallen ist, werden auch die anderen Häuser fallen. Eines nach dem anderen, bis nur noch jene übrig sind, die schlau genug waren, sich der Magie zu unterwerfen.«

Nasdir richtete seine Axt auf Arthur. Als wäre es ein Befehl gewesen, stürmten zwei weitere Zhynchonten auf ihn, ihre Krallen ummantelt vom Rot des Blutes anderer. Ihre Zähne scharf wie Klingen. Als ich zu Arthur rennen wollte, blockierte eine weitere Kreatur meinen Weg. Ein abgetrenntes Bein befand sich noch immer im Maul des Zhynchonten.

»Der Dunkle ist nicht bekannt für seine Gnade«, fuhr Nasdir fort, »doch er schickt mich, um euch seine Botschaft zu übermitteln.«

Der Zhynchont schmiss seine Krallen nach mir. Ich duckte mich, rollte nach vorne und als ich hochkam, spaltete ich den Schädel dieses Biestes.

»Schließt euch ihm an oder sterbt. Denn habt ihr euch erst einmal gegen ihn entschieden, erwartet euch ein schlimmeres Schicksal als der Tod.«

Diesmal versuchte ich nicht, zu Arthur zu gelangen. Ich zielte mit der Klinge auf Hosta Nasdir, der dichter bei mir stand als Arthur. Mein Schwert entzweite die Luft zwischen uns. Ich kam nah genug an ihn heran, um zu glauben, meine Klinge würde sich durch seinen Körper bohren. Aber als Stahl auf Stahl klirrte, wusste ich, ich hatte mich geirrt. Die Überraschung fiel nicht zu meinen Gunsten aus. Hosta Nasdir bewegte seine Axt, sodass die Schneide meines Schwertes an seinem Stahl entlangglitt. Im nächsten Moment grub sich seine Faust in mein Gesicht. Unmittelbar danach spürte ich stechenden Schmerz auf meiner Hand. Das Schwert fiel. Zwei Sekunden später sah ich das andere Ende der Axt auf mich zufliegen. Der Griff schlug auf meine Nase, brachte den Knochen zum Zersplittern und das Blut zum Laufen. Auf meiner Zunge schmeckte ich Metall.

Ich lag auf dem Boden, ohne mir dessen bewusst zu sein. Der Schmerz im Gesicht benebelte mich. Meine Nase fühlte sich an, als würde sie explodieren.

Eine Hand packte mich am Rücken, riss mich an meiner Kleidung nach oben. Ich blickte in Hosta Nasdirs Augen, erkannte kein Schwarz in ihnen, aber auch keine wirkliche Farbe. Aber das Rot über seinen Narben leuchtete. Er hielt seine Axt noch immer; die Spitze der längeren Klinge streifte den Boden neben seinen Füßen.

Im nächsten Augenblick umschlang seine Hand meinen Hals. Er hätte mich erwürgen können, tat es aber nicht.

»Ihr habt die Wahl«, rief der Lord zu den anderen.

Dann sah er zu mir und sein Blick bohrte sich durch meine Haut. Er studierte mich, betrachtete meine zerschmetterte Nase, das Blut in meinem Gesicht und ergötzte sich an dem Anblick.

»Trefft sie schnell«, sagte er, »oder verbrennt in der Einöde, die ihr einst die eure nanntet.«

Er schmiss mich beiseite. Auf dem Boden liegend, sah ich ihn in der Dunkelheit verschwinden. Die Schreie verstummten in meinen Ohren. Vor mir erblickte ich ein Chaos, das ich zuvor nur einmal erlebt hatte. Leichen lagen vor mir, offene Augen starrten mich an. Blut floss. Rot vermischte sich mit Schwarz. Zusammen mit Lancelot und Tristan schwang Arthur sein Schwert nach den Zhynchonten. Tristan kämpfte, als hätte er sein Leben lang nichts anderes getan, seine Miene unerbittlich.

Dann, plötzlich, hörten die Zhynchonten auf, anzugreifen. Ihre Körper spannten sich an, während die schwarzen Augen den Fokus von ihren Opfern abwendeten. Wie auf Kommando stürmten sie los, verschwanden in der Dunkelheit, wie Hosta Nasdir zuvor in ihr verschwunden war.

Dann verlor auch ich mich in ihr.

Ende Band 1 - Teil 1

Danksagung

Überraschenderweise kniffel und knobel ich mehr über die Worte, die hier in der Danksagung stehen sollen, als über die Ausformulierungen in meiner Geschichte. Die ganze Zeit hatte ich ein klares Bild vor Augen – ich wusste genau, wem ich danken will und wie ich versuchen würde, es auszudrücken. Und jetzt, wo es tatsächlich so weit ist und meine Tagträumerei ernst wird, sitze ich hier vor dem Laptop und finde keine Worte.

Aber ich will nicht, dass es mich davon abhält, all die Gedanken, die in meinem Kopf umherschwirren, in die Welt hinauszuschreien.

Ich danke euch – meinen Leserinnen und Lesern – vom ganzen Herzen. Dafür, dass ihr meiner Geschichte eine Chance gegeben hab; dafür, dass ihr euch inspirieren und verzaubern lasst; dafür, dass ich dank euch sein kann, was ich sein will; dafür, dass ihr mir Hoffnung und Zuversicht gebt; dafür, dass ich durch euch meiner Kreativität freien Lauf lassen kann.

Von ganzem Herzen danke ich vor allem euch, liebe Lisa und liebe Anna – die funkelnden Leitsterne des Dunkelstern Verlags. Ich bin euch so unglaublich dankbar, dass ihr meiner Geschichte einen Platz in dieser Welt gegeben habt. Und ich danke euch dafür, dass ihr an mich geglaubt habt und meinen Traum Wirklichkeit werden lassen habt. Denn wenn ich an den Tag denke, an dem ich eure Zusage erhielt, kommen mir noch immer Freudentränen.

Danke, dass ihr dieser Welt Farbe verleiht.

Und auch dir, liebe Hannah, danke ich für die fantastische Zeit während des Lektorats – für die Ratschläge und Anregungen, aber allem voran für deine liebe Art und die begeisterten Kommentare, die mich mehr Vertrauen in meine Geschichte setzen ließen. Dich als Lektorin zu haben, ist eine Bereicherung und dafür danke ich dir. Und wer weiß… vielleicht fieberst du auch so mit, wie es nun mit Parzival weitergeht und vielleicht wirst du wieder eine der Ersten sein, die es erfahren darf. Es wäre mir eine unglaubliche Freude.

Mein Dank gilt ebenfalls der lieben Juliana, die ein Cover erstellt hat, das so unglaublich ist, ich hätte es mir nicht einmal im Traum ausmalen

können. Und ich danke auch dem unglaublichen Team vom Dunkelstern Verlag, all den talentierten Sternen, die sich die größte Mühe für mein Buch gegeben haben.
Danke. Danke, danke, danke, danke!

Mama, Lars und Chaya.
Ihr drei seid mein ganzes Leben, meine Welt. Meine Sonne, meine Sterne. Ohne euch hätte ich es nie bis hierhin geschafft. Ich bin euch so unglaublich dankbar dafür, dass ihr meine kreativen Glaubenskrisen ertragt und mir helft, aus ihnen herauszufinden, wenn ich es allein nicht schaffe. Ihr seid es, die meiner Welt etwas Magisches verleihen. Ihr seid der Grund, weshalb ich an das Unmögliche glaube, und ihr seid es, die mir die Kraft geben, mit der ich jeden Tag sein kann, wer ich sein möchte.
Keine Worte dieser Welt könnten jemals zum Ausdruck bringen, wie viel ihr mir bedeutet. Ihr seid mein Ein und Alles.
Ich liebe euch. Ein Leben lang und darüber hinaus, bis in die Unendlichkeit und noch viel weiter. Mehr und am meisten.
Danke für alles, ihr katastrophalen Abenteurer, denen man einfach nicht böse sein kann.

Wer an dieser Stelle auf keinen Fall vergessen werden darf, ist meine Kim – mein Dudi. Du hast mich und meine Geschichte begleitet, seit meine Finger zum ersten Mal über die Tastatur geglitten sind, um das erste Wort zu schreiben. Und genau dafür werde ich dir immer dankbar sein. Aber noch viel mehr danke ich dir für deine Freundschaft – für die Höhen und Tiefen gleichermaßen. Danke für all die wundervollen Erinnerungen, die du mir beschert hast. Danke, dass du an meiner Seite geblieben bist, seit ich dir damals in der Aula zugewunken habe. Danke, dass du so elegant in mein Leben gepoltert bist.

Auch dir, Alice, möchte ich danke sagen, denn deine Imitation von Morgana aus der Serie „Merlins neue Abenteuer" waren der Funke, der das Feuer entfacht hat, welches diese Geschichte zum Leben erweckte. Es hat mir unglaublichen Spaß gemacht, mich mit dir, Melina (R.), über

Bücher und Serien zu unterhalten und ich danke dir für die Tipps, die du mir gegeben hast, ohne es wirklich zu bemerken.
Auch dir möchte ich danken, Max, weil du ein großer Einfluss auf zentrale Elemente in diesem Buch warst; weil ich durch dich gelernt habe, wie wichtig es ist, zu hoffen; den Glauben an etwas, das einem Kraft gibt, nie zu verlieren. Ich bin nicht sicher, ob du das hier überhaupt lesen wirst, aber wenn dem doch so ist, will ich, dass du weißt, ich hab dich lieb.
Tut mir leid, dass ich damals so ein Nervenbündel war – ich weiß, es ist nicht immer einfach mit mir gewesen.

Darüber hinaus möchte ich mich bei all meinen Freunden bedanken, für all die Stunden, die ich lachend mit euch verbringen durfte; für all die Momente, in denen ihr mir zugehört habt, meinen Tag versüßt habt. Ich danke euch für eure Freundschaft – für jene, die einst zwischen uns bestanden hatte und vor allem für die, die noch immer besteht.
Zudem gilt auch der fabelhaften Asuka Lionera mein Dank. Ich danke dir dafür, dass du mit deinem wundervollen Zeichenstil Leben in meine Charaktere eingehaucht hast. Und für all die Mühe, die hinter dieser atemberaubenden Landkarte steckt.
An dieser Stelle möchte ich mich auch herzlich bei der lieben Isa bedanken. Mit deiner Hilfe hast du meiner Unsicherheit entgegengewirkt. Du warst für mich da und hast mich quasi an die Hand genommen, als ich nicht mehr weiter wusste. Danke, dass du meine erste Bloggerin warst. In meinem Herzen wirst du immer die Erste bleiben. Und ich hoffe so unglaublich sehr, dass ich dich mit dieser Geschichte begeistern kann.
Des Weiteren danke ich meinem fantastischen Bloggerteam: Anna, Scarlet, Ronja, Alina, Chrissi, Tina, July, Kristin, Claudia, Sarah, Corinna, Juliane, Julia und Nicole (und natürlich auch der lieben Isa).
Ihr seid der absolute Wahnsinn! Die Zusammenarbeit mit euch hat mir unglaublichen Spaß gemacht. Ich danke euch für eure Kreativität, für eure Begeisterung und für eure liebenswerten Persönlichkeiten. Jedes kreative Köpfchen kann froh sein, euch an seiner Seite zu haben. Ich danke euch und hoffe, ich konnte euch mit meiner Geschichte in ein Abenteuer entführen.

Ich möchte mich auch bei meinen Mitmenschen bedanken, bei den Fremden in der Bahn, bei den Unbekannten im Park und auf der Straße, bei den Lehrern und Lehrerinnen, den Erziehern und Erzieherinnen, den Ärzten und Ärztinnen, den freundlichen Verkäufern und Verkäuferinnen und all den anderen Helden des Alltags, die mich und andere Menschen inspirieren. Ihr alle seid einzigartig und niemals – niemals, niemals, nie – dürft ihr zulassen, dass dieser kleine Funke in euch erlischt. Lasst ihn wachsen, glaubt an euch. Ich möchte mich bei all jenen bedanken, die anderen ein Lächeln ins Gesicht zaubern, wenn sie es am wenigsten erwarten, es aber am meisten brauchen. Denn ihr seid es, die einer grauen Welt Farbe verleihen.
Danke.
Vielen, vielen Dank.